AF884961

Quantum

Manjit Kumar

Quantum

Einstein, Bohr y el gran debate sobre la naturaleza de la realidad

Traducción de David González Raga

taurus

Papel certificado por el Forest Stewardship Council®

MIXTO
Papel | Apoyando la silvicultura responsable
FSC® C117695

Penguin Random House Grupo Editorial

Título original: *Quantum. Einstein, Bohr and the Great Debate about the Nature of Reality*

Primera edición: febrero de 2026

© 2009, Manjit Kumar
Reservados todos los derechos, incluidos los derechos de reproducción totales o parciales en cualquier modo
© 2026, Penguin Random House Grupo Editorial, S. A. U.
Travessera de Gràcia, 47-49. 08021 Barcelona
© 2008, David González Raga, por la traducción

Penguin Random House Grupo Editorial apoya la protección de la propiedad intelectual. La propiedad intelectual estimula la creatividad, defiende la diversidad en el ámbito de las ideas y el conocimiento, promueve la libre expresión y favorece una cultura viva. Gracias por comprar una edición autorizada de este libro y por respetar las leyes de propiedad intelectual al no reproducir ni distribuir ninguna parte de esta obra por ningún medio sin permiso. Al hacerlo está respaldando a los autores y permitiendo que PRHGE continúe publicando libros para todos los lectores. Ninguna parte de este libro puede ser utilizada o reproducida con el propósito de entrenar tecnologías o sistemas de inteligencia artificial. PRHGE se reserva expresamente la reproducción, la extracción y el uso de esta obra y de cualquiera de sus elementos para fines de minería de textos y datos y el uso a medios de lectura mecánica u otros medios que resulten adecuados (art. 67.3 del Real Decreto Ley 24/2021). Diríjase a CEDRO (Centro Español de Derechos Reprográficos, http://www.cedro.org) si necesita reproducir algún fragmento de esta obra.
En caso de necesidad, contacte con: seguridadproductos@penguinrandomhouse.com

Printed in Spain – Impreso en España

ISBN: 978-84-306-2592-5
Depósito legal: B-21.379-2025

Compuesto en MT Color & Diseño, S. L.
Impreso en Rotoprint By Domingo
Castellar del Vallès (Barcelona)

TA 2 5 9 2 5

Para Lahmber Ram y Gurmit Kaur,
Pandora, Ravider y Jasvinder

ÍNDICE

Tercera parte
DUELO DE TITANES SOBRE LA REALIDAD

Cuarta parte
¿JUEGA DIOS A LOS DADOS?

LISTA DE ILUSTRACIONES

IMÁGENES DEL TEXTO

IMÁGENES DEL PLIEGO CENTRAL

PRÓLOGO
UN ENCUENTRO DE MENTES

Paul Ehrenfest estaba desolado. Finalmente había tomado una decisión. Pronto asistiría a un encuentro que congregaría, durante una semana, en un intento de entender el significado de su trabajo, a muchos de los artífices de la revolución cuántica. Durante ese encuentro, Ehrenfest iba a contarle a su amigo Albert Einstein que había decidido, en el debate que habían emprendido, ponerse del lado de Niels Bohr. A sus treinta y cuatro años, Ehrenfest, el profesor austriaco de física teórica de la Universidad de Leiden (Países bajos), había llegado al convencimiento de que el reino atómico era tan extraño y etéreo como afirmaba Bohr.[1]

Durante una de las sesiones del V Congreso Solvay, Ehrenfest pasó a Einstein una nota en la que había garabateado: «¡No te rías, pero debo decirte que hay, en el purgatorio, una sección especial en la que los profesores de teoría cuántica se ven obligados, diez horas al día, a recibir clases de física clásica!».[2] «Yo solo me río de su ingenuidad —replicó Einstein—. ¿Quién sabe el que, dentro de unos años, seguirá riéndose?».[3] Y es que la cuestión, para él, no era una broma, porque lo que se hallaba en juego era el alma de la física y la naturaleza misma de la realidad.

La fotografía de los asistentes al V Congreso Solvay, celebrado en Bruselas entre el 24 y el 29 de octubre de 1927 en torno al tema «Electrones y protones», resume perfectamente el periodo más extraordinario de la historia de la física. La reunión, a la que asistieron veintinueve invitados, diecisiete de los cuales acabaron recibiendo el Premio Nobel, fue uno de los encuentros de mentes más extraordinarios.[4] Ese encuentro puso punto final a una edad de oro de la física caracterizada por una creatividad científica sin precedentes desde los comienzos de la Revolución Científica encabezada, en el siglo XVII, por Galileo y Newton.

Paul Ehrenfest es el tercero de la última fila empezando por la izquierda, de pie y ligeramente inclinado hacia delante. En la primera fila hay nueve personas sentadas, ocho hombres y una mujer. Seis de ellos recibieron el Premio Nobel por los descubrimientos realizados en los ámbitos de la física o la química, mientras que la mujer, Marie Curie, tiene dos (el de Física de 1903 y el de Química de 1911). El centro, lugar de honor, lo ocupa otro nobel, Albert Einstein, el científico más famoso desde los tiempos de Newton. Mirando directamente hacia delante y apoyándose en la silla con la mano derecha, no parece estar muy cómodo. Pero ¿era el cuello de la camisa y la corbata lo que le incomodaba o lo que llevaba escuchando durante toda la semana?

El último de la derecha de la segunda fila es Niels Bohr, que muestra un aspecto relajado y una sonrisa un tanto enigmática. Pero la verdad es que, por más satisfecho que parezca, Bohr regresaría a Dinamarca decepcionado por no haber podido, durante el encuentro, convencer a Einstein para que adoptase las revelaciones que, sobre la naturaleza de la realidad, hacía la llamada «interpretación de Copenhague».

Einstein no solo no se había mostrado reacio, sino que había pasado toda la semana tratando de subrayar las incoherencias de la mecánica cuántica y los errores de la interpretación de Copenhague. Años más tarde, Einstein dijo que «esa teoría me recuerda los delirios, saturados de ideas incoherentes, de un paranoico sumamente inteligente».[5]

El descubridor de los cuantos fue Max Planck, sentado a la derecha de Marie Curie, con el sombrero en el regazo y un puro entre los dedos de la mano izquierda. En 1900, Planck se vio obligado a aceptar que la energía lumínica y otras formas de radiación electromagnética solo pueden ser emitidas y absorbidas de un modo discreto agrupada en paquetes, por así decirlo, de tamaños diferentes, que bautizó con el nombre de «cuantos». Esa fue la noción que rompería de manera definitiva con la idea profundamente asentada de que la energía, como el agua que sale de un grifo, se emite y absorbe de un modo continuo. En el mundo cotidiano de lo macroscópico, que seguía ateniéndose a la física newtoniana, el agua puede gotear de un grifo, pero la energía no se intercambia en gotitas de tamaños diferentes; los reinos atómico y subatómico constituyen, por el contrario, el dominio de los cuantos.

Luego se descubrió que la energía que, en el interior del átomo, posee el electrón se halla «cuantizada», es decir, que solo puede presentarse en determinadas cantidades y no en otras. Y lo mismo sucedió con otras propiedades físicas, poniendo así de relieve que el reino microscópico no es una versión reducida del mundo a gran escala que habitamos los seres humanos, en donde las propiedades físicas varían de un modo gradual y continuo y en donde, para ir desde A hasta C, hay que pasar por B, sino que es, por el contrario, disparejo y discontinuo. La física cuántica pone de relieve que, dentro del átomo, el electrón puede hallarse en un determinado lugar y reaparecer a continuación, como por arte de magia, en otro lugar, emitiendo o absorbiendo un cuanto de energía, sin necesidad de pasar, para ello, por un punto intermedio. Este es un fenómeno que trasciende por completo la comprensión de la física clásica no cuántica, algo tan extraño como si un objeto desapareciera de forma misteriosa de Londres y reapareciese súbitamente, al instante siguiente, en París, Nueva York o Moscú.

A comienzos de la década de 1920 era ya evidente que los descubrimientos realizados por la física cuántica habían socavado sus cimientos y su misma estructura lógica. De ese estado de confusión y crisis emergió una nueva y osada teoría que acabó conociéndose con el nombre de mecánica cuántica. Entonces fue cuando se abandonó el modelo del átomo como si se tratara de un pequeño sistema solar con un núcleo, en torno al cual giraban los electrones —que todavía sigue enseñándose, por cierto, en las escuelas de hoy en día—, y se vio reemplazado por un modelo que resultaba imposible de visualizar. Y también fue entonces cuando, en 1927, Werner Heisenberg llevó a cabo un descubrimiento tan chocante para el sentido común que ni siquiera él, niño prodigio de la mecánica cuántica alemana, acababa de entender. Según ese descubrimiento, al que llamó principio de incertidumbre, si queremos establecer la velocidad exacta de una partícula, no podremos determinar su localización precisa, y viceversa.

Nadie sabía el modo adecuado de interpretar las ecuaciones de la mecánica cuántica, es decir, cuál era su significado sobre la naturaleza de la realidad. Cuestiones sobre causas y efectos o si la Luna existe cuando nadie la mira que, desde los tiempos de Platón y Aristóteles, habían sido del dominio exclusivo de los filósofos, empezaron a debatirse, con la emergencia de la mecánica cuántica, en los foros de los físicos más importantes del siglo xx.

Contando ya con todas las piezas básicas de la física cuántica, el V Congreso Solvay inauguró un nuevo capítulo en la historia de los cuantos. Y el debate que, en ese encuentro, emprendieron Einstein y Bohr esbozó problemas que siguen, hoy en día, preocupando a muchos físicos y filósofos eminentes: ¿cuál es la naturaleza de la realidad? ¿Qué tipo de descripción de la realidad resulta más interesante? «Jamás se ha mantenido —afirmaba al respecto el científico y novelista C. P. Snow— debate intelectual más profundo que este. Lástima que, debido a su misma naturaleza, resulte inaccesible a tanta gente».[6]

Einstein, uno de los principales protagonistas de este debate, era un auténtico icono del siglo xx. Tengamos en cuenta que, en cierta ocasión, el famoso teatro londinense Palladium le pidió que se fijara él mismo el sueldo para aparecer en su escenario durante tres semanas. Las muchachas le acosaban en Ginebra y las mujeres se desmayaban en su presencia, una forma de devoción reservada, hoy en día, a los cantantes y artistas de cine. Einstein se convirtió, en las secuelas de la Primera Guerra Mundial, en la primera superestrella de la ciencia cuando, en 1919, se confirmó la curvatura de la luz que había pronosticado en su teoría de la relatividad general. Y poco habían cambiado las cosas cuando, en enero de 1931, durante una gira de conferencias por Estados Unidos, asistió al estreno de la película *Luces de la ciudad*, dirigida y protagonizada por Charlie Chaplin. Una gran muchedumbre les ovacionó al verlos juntos. «A mí me quiere todo el mundo porque entienden lo que digo —dijo, en esa ocasión, Chaplin a Einstein—. Y a usted, sin embargo, porque no entienden absolutamente nada de lo que dice».[7]

Pero, mientras que el nombre de Einstein se ha convertido en un sinónimo de genio científico, Niels Bohr, que fue y sigue siendo mucho menos conocido, era, para muchos de sus contemporáneos, el auténtico gigante. En 1923, Max Born, que desempeñó un papel fundamental en el desarrollo de la mecánica cuántica, afirmó que «la influencia de Bohr sobre la investigación teórica y experimental de nuestro tiempo es mayor que la de cualquier otro físico».[8] Y, cuarenta años más tarde, en 1963, Werner Heisenberg seguía afirmando que «la influencia de Bohr sobre la física y los físicos de nuestro siglo ha sido mayor que la de cualquier otro, incluido Albert Einstein».[9]

El primer encuentro entre Einstein y Bohr, que se produjo en 1920 en Berlín, supuso, para ambos, el descubrimiento de un adversario intelectual que, sin amargura ni rencor, podía estimularles a agudizar y perfeccionar sus ideas sobre los cuantos. Ellos y algunos de quienes se congregaron en el Congreso Solvay de 1927 representaban perfectamente el espíritu pionero que caracterizó a los primeros años de la física cuántica. «Fue una época realmente heroica, una época de paciente trabajo de laboratorio, de experimentos audaces y cruciales, de salidas en falso y de conjeturas insostenibles, una época de correspondencia seria, de congresos, de debate, crítica y brillante improvisación matemática. Para quienes participaron en ella se trató de una época sumamente creativa», resumía, en este sentido, el físico estadounidense Robert Oppenheimer, padre de la bomba atómica que, en la década de 1920, todavía era un estudiante. Y luego concluye diciendo que se trató de una época «tan llena de terror como de exaltación».[10]

Sin los cuantos, el mundo en que vivimos sería muy diferente. Durante la mayor parte del siglo XX, sin embargo, los físicos aceptaron que la mecánica cuántica negaba la existencia de una realidad más allá de lo que medían sus experimentos. Ese era el estado de cosas que llevó al premio nobel estadounidense de Física Murray Gell-Mann a describir la mecánica cuántica como «esa disciplina misteriosa y confusa que, pese a no acabar de entender, sabemos cómo utilizar».[11] Y lo cierto es que la hemos utilizado, porque la mecánica cuántica moviliza y da forma al mundo moderno, posibilitando el acceso a los ordenadores, las lavadoras, los teléfonos móviles y las armas nucleares.

La historia de los cuantos empieza a finales del siglo XIX cuando, a pesar de los descubrimientos realizados sobre el electrón, los rayos X, la radiactividad y la continua disputa al uso en torno a la existencia o inexistencia de los átomos, muchos físicos creían que ya no quedaba mucho por descubrir.

«Las leyes y los hechos fundamentales de la ciencia física han sido todos descubiertos y se hallan tan firmemente anclados que la posibilidad de que se vean reemplazados por otros nuevos es muy remota», dijo, en 1899, el físico estadounidense Albert Michelson. Y luego concluyó afirmando: «Debemos acostumbrarnos a que nuestros futuros descubrimientos se limiten a determinar la sexta cifra decimal».[12] Eran muchas las personas que por aquel entonces creían que los problemas que quedaban sin resolver cambiarían poco la física establecida y compartían, en consecuencia, la visión de Michelson de una física de decimales cada vez más exactos que, más pronto o más tarde, volvería a las teorías y los principios avalados por el tiempo.

James Clerk Maxwell, el principal físico teórico del siglo XIX, había advertido ya, en 1871, en contra de esa forma de autocomplacencia: «Este rasgo de los experimentos modernos —que se centra fundamentalmente en las mediciones— resulta tan conspicuo que por doquier parece haberse extendido la opinión de que, dentro de pocos años, se habrán identificado todas las grandes constantes de la física y la única ocupación que quedará a los hombres de ciencia será determinar la nueva cifra decimal».[13] Luego Maxwell señaló que la auténtica recompensa de la «labor de medición cuidadosa» no es tanto la precisión como «el descubrimiento de nuevos campos de investigación» y «el desarrollo de nuevas ideas científicas».[14] El descubrimiento de los cuantos fue un resultado de esa «labor de medición cuidadosa».

Algunos de los principales físicos alemanes de la última década del siglo XIX estaban empeñados en resolver un problema que llevaba mucho tiempo obsesionándoles: ¿cuál es la relación que existe entre la temperatura, el rango de los colores y la intensidad de la luz emitida por un atizador de hierro al rojo vivo? Comparado con el misterio de los rayos X y de la radiactividad, que había obligado a los físicos a apresurarse al laboratorio en busca de sus cuadernos, parecía tratarse de una cuestión trivial. Pero, para una nación que acababa de formarse en 1871, la búsqueda de la solución al problema del atizador de hierro al rojo, que acabó conociéndose como «el problema del cuerpo negro», se hallaba íntimamente ligada a la necesidad de proporcionar a la industria de la iluminación eléctrica alemana una ventaja frente a sus competidores británicos y estadounidenses. Pero la solución, por más que lo intentaban, seguía escapándoseles. En 1896 creyeron haber resuelto el problema, pero, pocos años después, aparecieron nuevos datos experimentales que demostraron la falsedad de tal pretensión. Fue Max Planck quien acabó resolviendo el problema del cuerpo negro... y el precio que, por ello, hubo que pagar fueron, precisamente, los cuantos.

PRIMERA PARTE

Los cuantos

Lo que hice solo puede ser descrito, en resumen, como un acto de desesperación.

MAX PLANCK

Fue como si el suelo que nos sostenía se hubiese esfumado y nada pudiera, en ausencia de todo fundamento sólido, erigirse.

ALBERT EINSTEIN

Estoy convencido de que quienes, al oír hablar por vez primera de física cuántica, no se escandalizan, no la han entendido.

NIELS BOHR

1
REVOLUCIONARIO A SU PESAR

«Una nueva verdad científica no triunfa convenciendo a sus oponentes y haciéndoles ver la luz, sino más bien porque esos acaban muriendo y se ven reemplazados por una nueva generación familiarizada con la nueva verdad», escribió Max Planck cerca del final de su larga vida.[1] Bien podría esta frase, rayana en el cliché, haber servido de epitafio de no haber renunciado «en un acto de desesperación» a las ideas que, durante mucho tiempo, dio por sentadas.[2] «Los ojos penetrantes bajo la gran cúpula de su calva» convertían a Planck, ataviado con traje oscuro, camisa almidonada blanca y pajarita negra, en el arquetipo de funcionario prusiano de finales del siglo XIX.[3] Se mostraba muy cauteloso a la hora de comprometerse en cuestiones científicas o de cualquier otro tipo. «Mi máxima siempre ha sido —contó, en cierta ocasión, a un discípulo— considerar muy atentamente los pasos que debo dar y no permitir luego, si creo que debo llevarlos a cabo, que nada me detenga».[4] Planck no era, pues, hombre que cambiase fácilmente de ideas.

Su aspecto y actitud apenas habían cambiado cuando, a los alumnos de la década de 1920, como recuerda uno de ellos, les «parecía inconcebible que ese hombre hubiese encabezado la revolución».[5] El revolucionario a su pesar apenas si podía creer en sí mismo. Se consideraba «pacíficamente inclinado», huía de «toda aventura dudosa»[6] y confesaba carecer también de «la capacidad de reaccionar rápidamente a la estimulación intelectual».[7] Por más, no obstante, que necesitase varios años para reconciliar las nuevas ideas con su profundo conservadurismo fue Planck quien, en diciembre de 1900, a los cuarenta y dos años, puso en marcha, sin darse siquiera cuenta de ello, la revolución cuántica, al descubrir la ecuación que rige la distribución de radiación emitida por un cuerpo negro.

Todos los objetos, cuando están lo suficientemente calientes, irradian una combinación de luz y de calor cuya intensidad y color varían en función de la temperatura. La punta de un atizador de hierro dejado en el fuego empieza a resplandecer con un rojo apagado apenas visible. A medida que la temperatura aumenta, ese color pasa al cereza y el naranja-amarillento brillante hasta llegar finalmente a un blanco azulado. Cuando lo retiramos de la chimenea, sin embargo, el atizador se enfría atravesando en sentido contrario ese mismo espectro de colores hasta que deja de estar lo suficientemente caliente como para emitir luz visible. A partir de entonces, sigue emitiendo todavía una radiación invisible de calor, hasta que se enfría lo suficiente como para poder volver a tocarlo.

Fue un joven Isaac Newton de veintitrés años quien, en 1666, demostró que un haz de luz blanca está compuesto de hebras luminosas de diferentes colores y que basta con hacerle atravesar un prisma para descomponerlo y poner de manifiesto las siete franjas diferentes que lo componen (rojo, naranja, amarillo, verde, azul, añil y violeta).[8] Hubo que esperar hasta 1800 para aclarar si los extremos rojo y violeta representaban los límites del espectro luminoso o los del ojo humano. Solo entonces, con el descubrimiento de termómetros de mercurio lo suficientemente sensibles y precisos, el astrónomo William Herschel descubrió, colocando un termómetro en las diferentes bandas de colores que conforman el espectro luminoso, que su temperatura aumentaba, desde violeta hasta rojo. Pero su sorpresa aumentó cuando, dejando accidentalmente el termómetro unos centímetros más allá de la región correspondiente a la luz roja, acabó detectando lo que más tarde se llamó radiación infrarroja que, pese a resultar invisible al ojo humano, seguía irradiando calor.[9] Y un año más tarde Johann Ritter, sirviéndose del oscurecimiento del nitrato de plata cuando se ve expuesto a la luz, descubrió, más allá del violeta, otra región de luz invisible en el extremo opuesto del espectro, la llamada radiación ultravioleta. Que los objetos calientes emiten, a la misma temperatura, luz del mismo color era un dato bien conocido por los alfareros desde mucho antes de 1859, año en que Gustav Kirchhoff, físico alemán que, a los treinta y cuatro años, emprendió en la Universidad de Heidelberg una investigación teórica sobre la naturaleza de esta correlación. Para simplificar su análisis, Kirchhoff esbozó el concepto de «cuerpo negro», un cuerpo que absorbe toda la radiación que llega hasta él, un nombre perfecto, porque un cuerpo que absorbe toda radiación, sin reflejar nada, parece negro. Como perfecto emisor, sin embargo, su aspecto sería cualquier cosa menos negro si su temperatura fuese lo suficientemente elevada como para emitir en las longitudes de onda pertenecientes a la franja visible del espectro.

Kirchhoff concibió su cuerpo negro imaginario como un simple contenedor oscuro con un pequeño agujero en una de sus paredes. Y, puesto que cualquier radiación, tanto de luz visible como invisible, que entra en el contenedor lo hace a través de ese agujero, es, en realidad, el agujero el que imita al absorbente perfecto y actúa como cuerpo negro. Una vez dentro, la radiación se refleja de una pared a otra de la cavidad hasta que acaba absorbiéndose completamente. Imaginando que el exterior de este cuerpo negro estuviera aislado, Kirchhoff sabía que, si se calentaba, solo la superficie interior de las paredes emitiría radiaciones que llenarían la cavidad.

Al comienzo las paredes, como el atizador candente, emiten un intenso color cereza aun en el caso de que irradien predominantemente en la franja infrarroja del espectro. Luego, si asciende la temperatura, las paredes acabarán resplandeciendo de un color blanco-azulado, en la medida en que irradian en todo el espectro de longitudes de onda que va desde el infrarrojo hasta el ultravioleta. El agujero actúa como emisor perfecto, puesto que las radiaciones que escapan a través de él muestran *todas* las longitudes de onda presentes, a esa temperatura, en el interior del recipiente.

Kirchhoff demostró matemáticamente lo que, desde hacía mucho tiempo, llevaban observando, en sus hornos, los alfareros. La ley de Kirchhoff afirma que el rango y la intensidad de la radiación en el interior del recipiente no depende del material real, de la forma ni del tamaño del que pueda estar fabricado, sino tan solo de su temperatura. Kirchhoff había reducido ingeniosamente, de este modo, el problema del atizador de hierro: ¿cuál es la relación exacta que existe entre el rango y la intensidad de los colores emitidos a cierta temperatura y la energía irradiada, a esa misma temperatura, por un cuerpo negro? La tarea que Kirchhoff se impuso, tanto a sí mismo como a sus colegas, acabó conociéndose como el problema del cuerpo negro y consistía en medir, a cada temperatura, la distribución de energía espectral de la radiación del cuerpo negro, la cantidad de energía de cada longitud de onda emitida, desde el infrarrojo hasta el ultravioleta, y determinar la ecuación que reprodujese la distribución a una determinada temperatura.

Incapaz de seguir adelante teóricamente sin experimentar con un cuerpo negro real que lo guiase, Kirchhoff indicó, no obstante, a los físicos, el camino que debían seguir. La afirmación de que la distribución es independiente del material del que está construido el cuerpo negro significaba que la ecuación solo debía contener dos variables: la temperatura del cuerpo negro y la longitud de onda de la radiación emitida. Y puesto que se creía que la luz era una onda, la diferencia entre colores y matices dependía de un solo rasgo distintivo: la longitud de onda, es decir, la distancia existente entre dos crestas o dos valles. Inversamente proporcional a la longitud de onda es la frecuencia de la onda, o sea, el número de crestas o valles que pasan, cada segundo, por un determinado punto. Cuanto mayor es, pues, la longitud de onda, menor la frecuencia, y viceversa. Pero también hay una forma diferente, aunque equivalente, de medir la frecuencia de una onda, que se refiere al número de veces que sube y baja, es decir, el número de veces que «ondea», por segundo.[10]

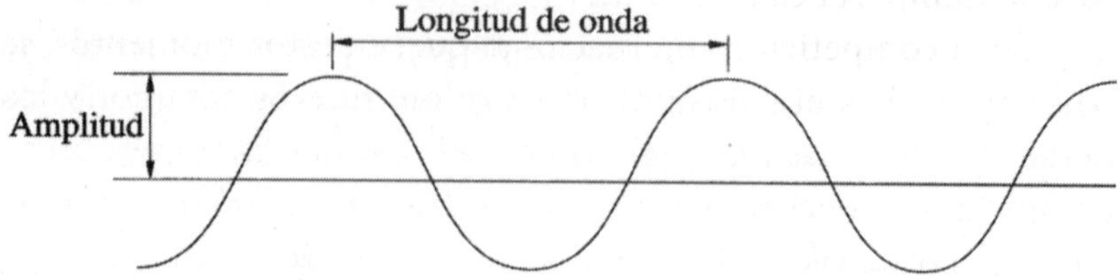

FIGURA 1. Rasgos distintivos de una onda.

Las dificultades técnicas que comportaban la construcción real de un cuerpo negro y los instrumentos de precisión necesarios para detectar y medir la radiación impidieron, durante cuarenta años, el avance de la investigación. Solo durante la década de 1880, cuando las empresas alemanas trataron de desarrollar bombillas y lámparas más eficaces que las de sus rivales británicos y estadounidenses, la medición del espectro del cuerpo negro y la legendaria ecuación de Kirchhoff acabaron convirtiéndose en una necesidad urgente.

La bombilla de filamento incandescente fue el último de una serie de inventos, entre los cuales cabe distinguir la lámpara de arco, la dinamo, el motor eléctrico y la telegrafía, que alentaron el rápido avance de la industria eléctrica. Y cada innovación ponía de relieve la necesidad cada vez más imperiosa de contar con un sistema establecido de unidades y criterios globales para la medida eléctrica.

Doscientos cincuenta delegados de veintidós países se congregaron en el año 1881 en París para asistir a la primera International Conference for the Determination of Electrical Units. Aunque ya se contaba con el voltio, el amperio y otras unidades, que habían sido establecidas y definidas, la falta de acuerdo sobre un criterio de luminosidad empezó a obstaculizar el desarrollo de medidas más eficaces de energía para producir luz artificial. El cuerpo negro, en cuanto emisor perfecto a cualquier temperatura, emite la mayor cantidad de calor (es decir, de radiación infrarroja). Y, en ese mismo sentido, el espectro del cuerpo negro podía servir como criterio de comparación para calibrar y producir una bombilla que, emitiendo la mayor cantidad de luz, redujese también al máximo, al mismo tiempo, el calor emitido.

«En la competición internacional que, en estos momentos, se halla tan activa, el país que antes explore nuevos caminos y los desarrolle en ramas establecidas de la industria será el que obtenga una ventaja decisiva», escribió el industrial e inventor de la dinamo eléctrica Werner von Siemens.[11] Decidido a ser el primero, el Gobierno alemán fundó, en 1887, el Physikalisch-Technische Reichsanstalt (PTR) [el Instituto Imperial de Física y Tecnología]. Ubicado en Charlottenburg, en las afueras de Berlín, en terrenos donados por Siemens, el PTR fue concebido como una institución destinada a desafiar a Inglaterra y Estados Unidos. La construcción del complejo duró más de una década y acabó convirtiéndose en el centro de investigación más caro y mejor equipado de todo el mundo. Su misión era colocar a Alemania en la vanguardia de la ciencia aplicada, desarrollando aparatos y comprobando nuevos productos. Entre su lista de prioridades se hallaba el establecimiento de una unidad de luminosidad reconocida internacionalmente. La necesidad de fabricar una bombilla mejor fue la fuerza impulsora que alentó, durante la última década del siglo XIX, el programa de investigación del cuerpo negro llevado a cabo por el PTR. Y eso fue lo que acabó conduciendo al descubrimiento accidental de los cuantos cuando Planck se convirtió en el hombre adecuado, en el lugar adecuado y en el momento adecuado.

Max Karl Ernst Ludwig Planck nació en Kiel, que por aquel entonces formaba parte de la región danesa de Holstein, el 23 de abril de 1858, en el seno de una familia entregada al servicio de la Iglesia y el Estado. Bien podríamos decir que su herencia era la excelencia en la erudición. Su abuelo y bisabuelo paternos habían sido destacados teólogos y su padre había sido profesor de derecho constitucional de la Universidad de Múnich. Eran hombres honestos, rectos y patrióticos que veneraban las leyes de Dios y de los hombres. Y Max no fue, en este sentido, ninguna excepción.

Planck asistió al Maximilian Gymnasium, el más conocido de los institutos de Múnich. Y, por más que destacara y fuese muy trabajador y disciplinado, nunca fue el primero de la clase. Las cualidades exigidas por ese programa educativo giraban en torno al aprendizaje y la memorización de una extraordinaria cantidad de datos. Un informe escolar afirmaba que a los diez años poseía, «a pesar de su infantilismo, una mente muy clara y muy lógica. Se muestra como una gran promesa».[12] No eran, a sus dieciséis años, las famosas tabernas de Múnich las que llamaban la atención del joven Planck, sino el teatro de la ópera y las salas de conciertos. Pianista talentoso, barajó la posibilidad de dedicarse profesionalmente a la música. Pero cuando, inseguro, solicitó consejo al respecto, recibió la rotunda respuesta: «¡Será mejor, si tiene que preguntarlo, que estudie otra cosa!».[13]

En octubre de 1874 Planck, movilizado por su deseo de entender el funcionamiento de la naturaleza, se matriculó, con dieciséis años, en la Universidad de Múnich, decidido a estudiar física. A diferencia del régimen casi militarista imperante en los Gymnasiums, los universitarios alemanes de la época gozaban de una libertad casi total. Sin tener que satisfacer ningún requisito establecido y con muy poca supervisión académica, el sistema permitía a sus alumnos pasar de una universidad a otra estudiando los cursos que más les interesaban. Más pronto o más tarde, quienes deseaban seguir una carrera académica estudiaban, en las universidades más prestigiosas, con los profesores más famosos. Después de pasar tres años en Múnich, donde le dijeron que «no vale la pena que estudies física» porque ya no queda nada importante por descubrir, Planck se desplazó a la Universidad de Berlín, la más importante de todas las de habla alemana.[14]

Con el establecimiento, después de la victoria prusiana sobre Francia durante la guerra de 1870-1871, de una Alemania unificada, Berlín se convirtió en la capital de una nueva y poderosa nación europea. Ubicada en la confluencia entre los ríos Havel y Spree, las indemnizaciones económicas de la guerra con Francia posibilitaron un rápido desarrollo que aspiraba a equipararla a Londres y París. Entre los años 1891 y 1900, la población pasó de 865.000 habitantes a cerca de dos millones, convirtiendo a Berlín en la tercera ciudad más grande de Europa.[15] Entre los recién llegados se hallaban judíos que habían escapado de la persecución en Europa oriental, especialmente de los pogromos de la Rusia zarista. Era inevitable que, dadas esas condiciones, el coste de la vida y la vivienda aumentase, generando un gran número de indigentes y personas sin techo. Los fabricantes de cajas de cartón anunciaban «cajas buenas y baratas para vivir», mientras los barrios de chabolas crecían en varias partes de la ciudad.[16]

A pesar de la realidad poco halagüeña que muchos encontraban al llegar a Berlín, Alemania estaba entrando en una época de desarrollo industrial, progreso tecnológico y prosperidad económica sin precedentes. Fundamentalmente impulsado por la abolición de los aranceles que siguió a la unificación, de las indemnizaciones de la guerra con Francia y del estallido de la Primera Guerra Mundial, el poder económico e industrial de Alemania solo era inferior al de Estados Unidos. Por aquel entonces producía cerca de las dos terceras partes del acero y la mitad del carbón que consumía la Europa continental y generaba más electricidad que Inglaterra, Francia e Italia juntas. La recesión y la ansiedad que afectaron a Europa después de la crisis bursátil de 1873 solo enlentecieron unos pocos años el avance del desarrollo alemán.

La unificación trajo consigo la necesidad de asegurarse de que Berlín, en cuanto símbolo del nuevo Reich, tuviese una universidad equiparable a cualquier otra. El más reconocido médico de toda Alemania, Herman von Helmholtz, se vio tentado a cambiar Heidelberg por Berlín. Diestro cirujano, Helmholtz era también un famoso fisiólogo que, gracias a la invención del oftalmoscopio, había llevado a cabo contribuciones fundamentales en la comprensión del funcionamiento del ojo humano. Buen conocedor de sus méritos, el erudito de cincuenta años no solo recibió un salario muy superior al habitual, sino que exigió también un nuevo instituto de física. Todavía estaba construyéndose en 1877 cuando Planck llegó a Berlín y empezó a pronunciar conferencias en el principal edificio de la universidad, un antiguo palacio ubicado en Unter den Linden [«Bajo los tilos», el principal bulevar de la ciudad], frente al Teatro de la Ópera.

Como profesor, Helmholtz resultaba muy decepcionante. «Era evidente —dijo posteriormente Planck— que nunca se preparaba las clases».[17] Gustav Kirchhoff, que también se había trasladado desde Heidelberg para asumir el cargo de profesor de física teórica, se hallaba, por su parte, tan bien preparado que daba sus conferencias «de memoria, como si se tratara de un texto seco y monótono».[18] Ansioso de inspiración, Planck admitió que «las clases de esos hombres no me hicieron avanzar gran cosa».[19] Fue entonces cuando, buscando saciar su «sed de conocimiento científico avanzado», tropezó accidentalmente, en la Universidad de Bonn, con Rudolf Clausius, un físico alemán de cincuenta y seis años.[20]

A diferencia de la deslustrada enseñanza de sus dos estimados maestros, Planck se quedó inmediatamente cautivado por «el estilo lúcido y la iluminadora claridad del razonamiento» de Clausius.[21] Y fue también así como, apenas leyó los artículos de termodinámica escritos por Clausius, recuperó el entusiasmo por la física. Centrada en el calor y en sus relaciones con diferentes tipos de energía, los fundamentos de la termodinámica se hallaban, por aquel entonces, encerrados en un par de leyes.[22] La primera de ellas era una rigurosa formulación del hecho de que la energía, considerémosla como la consideremos, posee la propiedad especial de conservarse. En este sentido, la energía no se crea ni se destruye, sino que tan solo se transforma de una modalidad a otra. Una manzana colgada de un árbol posee, en virtud de la posición que ocupa en el campo gravitatorio de la Tierra, es decir, de su altura sobre el suelo, una determinada energía potencial. Y, cuando cae, la energía potencial de la manzana se convierte en energía cinética, es decir, en la energía del movimiento.

Planck era un simple estudiante cuando tuvo la primera noticia de la ley de conservación de la energía y se vio sacudido por ella —como posteriormente dijo— «como si de una revelación se tratara, por su validez absoluta y universal, independiente de toda intervención humana».[23] Fue como si, en ese momento, hubiese percibido un vislumbre de lo eterno, a partir del cual el descubrimiento de leyes absolutas o fundamentales de la naturaleza acabó convirtiéndose, para él, en «la búsqueda científica más sublime de la vida».[24] Luego se quedó nuevamente embelesado al leer la formulación de Clausius de la segunda ley de la termodinámica: «El calor no pasa *espontáneamente* de un cuerpo más frío a otro más caliente».[25] La posterior invención del frigorífico ilustró lo que Clausius entendía por «espontáneamente» porque, para que el calor pudiese fluir de un cuerpo más frío a otro más caliente, era necesaria la conexión con una fuente externa de energía, en este caso, la energía eléctrica.

Pero Planck se dio cuenta de que Clausius no estaba afirmando simplemente una evidencia, sino algo mucho más profundo. El calor, es decir, la transferencia de energía desde A hasta B debida a la diferencia de temperatura existente entre ambos puntos explica ocurrencias cotidianas como el enfriamiento de una taza de café o que los cubitos de hielo de un vaso de agua acaben fundiéndose.

Lo contrario es, en ausencia de intervención externa, imposible. ¿Por qué? La ley de conservación de la energía no prohíbe que una taza de café se caliente y que el aire que la rodea se enfríe, ni tampoco que el vaso de agua se caliente y el hielo se enfríe. Pero, por más que tampoco prohíba el flujo espontáneo de calor de un cuerpo frío a otro caliente, algo impide que eso ocurra. Clausius descubrió de qué se trataba y lo llamó entropía, algo que explica por qué, en la naturaleza, algunos procesos ocurren y otros no.

Cuando una taza de café caliente se enfría, el aire que la rodea se calienta, al tiempo que la energía se disipa y se pierde irremediablemente, mientras que lo contrario no puede ocurrir. Si la conservación de la energía fuese el modo en que la naturaleza equilibra cualquier *posible* transacción física, la naturaleza exigiría un precio por cada transacción *real*. La entropía es, según Clausius, el precio que hay que pagar para que algo suceda o no suceda. Por eso, en los sistemas aislados, solo son posibles aquellos procesos o transacciones en los que la entropía aumenta o se mantiene igual. Cualquier cosa que conduzca a una reducción de la entropía se halla estrictamente prohibida.

Clausius definió la entropía como la cantidad de calor dentro o fuera de un cuerpo o de un sistema dividido por la temperatura a la que se produce. Si un cuerpo caliente que se encuentra a 500 °C transmite 1.000 unidades de energía a un cuerpo más frío que se encuentra a 250 °C, su entropía se ha reducido –1.000/500, es decir, –2. Por su parte, el cuerpo más frío a 250 °C ha ganado 1.000 unidades de energía, +1.000/250, y su entropía, en consecuencia, ha aumentado 4. Así es como la entropía global del sistema, que combina la de los cuerpos caliente y frío, ha aumentado un par de unidades de energía por grado. Todos los procesos reales son irreversibles, porque van acompañados de un aumento de la entropía. De este modo, la naturaleza impide que el calor pase espontáneamente, por sí mismo, de algo frío a algo caliente. Solo los procesos ideales, es decir, aquellos procesos en los que la entropía se mantiene, pueden invertirse. Pero tal cosa, sin embargo, jamás ocurre en la práctica, sino tan solo en la mente de los físicos. De ahí que la entropía del universo siempre tiende a aumentar.

Planck consideraba que la entropía es, junto a la energía, «la propiedad más importante de los sistemas físicos».[26] Pasada su estancia de un año en Berlín, regresó a la Universidad de Múnich, donde dedicó su tesis doctoral a la investigación del concepto de irreversibilidad, que acabó convirtiéndose en su tarjeta de visita. Para su consternación, esa tesis «no despertó el menor interés, ni siquiera entre los físicos que más interesados estaban por el tema».[27] Helmholtz no la leyó, y, pese a que Kirchhoff sí lo hizo, se mostró en desacuerdo con ella. Por su parte, Clausius, que tanta influencia había tenido en él, ni siquiera respondió a su carta. «El efecto que mi tesis tuvo sobre los físicos de la época fue nulo», recordaba, con cierta amargura, setenta años más tarde. Pero la «compulsión interna» que le movía parecía irrevocable.[28] La termodinámica, especialmente su segunda ley, se convirtió, cuando emprendió su carrera académica, en el foco de la investigación de Planck.[29]

Las universidades alemanas eran instituciones estatales. Tanto los profesores ordinarios como los extraordinarios (adjuntos) eran funcionarios civiles contratados y pagados por el Ministerio de Educación. En 1880, Planck se convirtió en *privatdozent* [es decir, persona que posee todos los requisitos necesarios para convertirse en profesor universitario] de la Universidad de Múnich. Sin estar contratado por el Estado ni por la universidad, se ganaba la vida a cambio de un salario financiado por los alumnos que asistían a sus clases. Pasó cinco años esperando en vano que le contratasen como profesor adjunto. Como teórico interesado en dirigir experimentos, sus oportunidades de ascenso eran muy pequeñas, porque la física teórica todavía no se hallaba firmemente establecida como disciplina académica. En 1900 solo había, por ejemplo, en toda Alemania, dieciséis profesores de física teórica.

Planck sabía bien que, para su carrera profesional, era muy interesante «labrarse una reputación en el campo de la ciencia».[30] Esa oportunidad le llegó cuando la Universidad de Gotinga anunció que el tema de su conocido certamen de ensayo era «La naturaleza de la energía». Mientras estaba trabajando en este artículo recibió, en 1855, a los veintisiete años, lo que él mismo calificó como «un mensaje de liberación».[31] La carta en cuestión le ofrecía un puesto como profesor adjunto en la Universidad de Kiel.

Y aunque Planck sospechaba que la amistad de su padre con el jefe del Departamento de Física de Kiel no era ajena a esa oferta y que había otros que merecían el puesto más que él, decidió finalmente aceptar. Poco después de llegar a su ciudad natal presentó también su solicitud al concurso de Gotinga.

A pesar de que solo se presentaron tres artículos, tuvieron que pasar dos sorprendentes años antes de que se anunciase que el primer premio había quedado vacante. Y aunque Planck consiguió el segundo premio, le negaron el primero debido a su apoyo a Helmholtz en una disputa científica con un miembro de la Facultad de Gotinga. Fue precisamente la conducta de esos jueces la que llamó la atención de Helmholtz hacia Planck y su obra. Pasados tres años en Kiel, en noviembre de 1888 Planck recibió un honor inesperado. Y es que, después de que otros declinasen la oferta, le pidieron, con el apoyo de Helmholtz, que sucediese a Gustav Kirchhoff como profesor de física teórica en la Universidad de Berlín.

La capital distaba mucho, durante la primavera de 1889, de ser la ciudad que, once años antes, había abandonado Planck. El moderno alumbrado eléctrico iluminaba, por la noche, las principales calles y el nuevo sistema de alcantarillado había reemplazado a los viejos sumideros al aire libre, poniendo así fin al hedor que tan desagradable resultaba para los visitantes. Helmholtz había dejado de ser director del Instituto de Física de la universidad y había pasado a dirigir el PTR, la impresionante nueva institución ubicada a unos cuatro kilómetros. August Kundt, su sucesor, que no había desempeñado papel alguno en el contrato de Planck, le dio la bienvenida como «una excelente adquisición» y «un hombre espléndido».[32]

En 1894, Helmholtz, de setenta y tres años, y Kundt, de tan solo cincuenta y cinco, murieron con pocas semanas de diferencia. Fue entonces cuando Planck, que por aquel entonces solo hacía dos años que había logrado un puesto como profesor ordinario, pasó a ser, a los treinta y seis años, el físico más importante de la mayor universidad alemana. No le quedó entonces más alternativa que asumir el peso de las responsabilidades que todo ello comportaba, convirtiéndose también en asesor de física teórica de la revista *Annalen der Physik*. Se trataba de una posición de inmensa influencia que le proporcionaba el derecho a vetar cualquier artículo teórico publicado en la más importante de todas las revistas de física alemana. La presión de su nuevo cargo y la profunda sensación de pérdida debida a la muerte de sus dos queridos colegas le llevaron a buscar consuelo en su trabajo.

Como líder de la comunidad estrechamente unida de físicos de Berlín, Planck era muy consciente de que el programa del PTR seguía impulsado por la investigación del cuerpo negro apoyada por la industria. Aunque la termodinámica era central para cualquier análisis teórico de la luz y el calor irradiado por un cuerpo negro, la falta de datos experimentales fiables impidió a Planck determinar la forma exacta de la ecuación desconocida de Kirchhoff. Entonces fue cuando un viejo amigo del PTR llevó a cabo un gran descubrimiento que impidió que siguiera eludiendo por más tiempo el problema del cuerpo negro.

En febrero de 1893 Wilhelm Wien, que por aquel entonces tenía veintinueve años, descubrió una sencilla relación matemática que describía el efecto del cambio de temperatura en la distribución de la radiación emitida por el cuerpo negro.[33] Wien vio que, en la medida en que aumenta la temperatura del cuerpo negro, disminuye la longitud de onda a la que se produce el pico de emisión.[34] Hacía tiempo que se sabía que el aumento de temperatura podía ir acompañado de un aumento en la cantidad total de energía emitida, pero la «ley de desplazamiento» de Wien revelaba algo mucho más exacto: que la longitud de onda a la que se emite la mayor radiación multiplicada por la temperatura de un cuerpo negro es siempre una constante. En este sentido, por ejemplo, si la temperatura se duplica, la longitud de onda «cumbre» será la mitad de la anterior.

El descubrimiento de Wien significaba que, una vez calculada la constante numérica midiendo la longitud de onda a la que, a determinada temperatura, se produce el pico de emisión, podía calcularse la longitud de onda pico para cualquier otra temperatura.[35] Y también explicaba, dicho sea de paso, el cambio de color del atizador de hierro candente. Empezando a baja temperatura, el atizador emite radiación de longitud de onda predominantemente larga en la región infrarroja del espectro. Cuanto más aumenta la temperatura, mayor es la energía que se irradia en cada región y más disminuye la longitud de onda pico, que se «desplaza» así hacia longitudes de onda más cortas. En consecuencia, el color de la luz emitida cambia, a medida que aumenta la cantidad de radiación emitida desde el extremo ultravioleta del espectro, de rojo a naranja, luego a amarillo y, finalmente, a un blanco azulado.

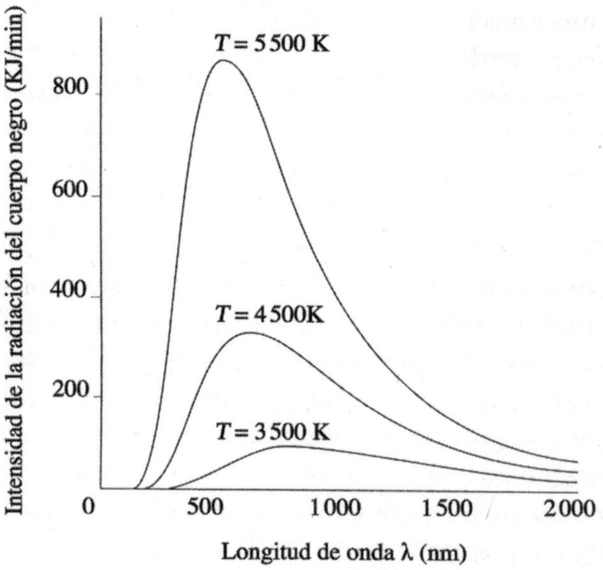

FIGURA 2. Distribución de la radiación del cuerpo negro que muestra la ley de desplazamiento de Wien.

Wien formaba parte de esa generación de físicos, ciertamente en peligro de extinción, que eran, al mismo tiempo, teóricos competentes y hábiles experimentadores. Descubrió, en su tiempo libre, la ley del desplazamiento y se vio obligado a publicarla como «comunicación privada», sin el respaldo del PTR. Durante esa época trabajó como asistente del laboratorio de óptica de este instituto bajo la dirección de Otto Lummer. El trabajo cotidiano de Wien era un requisito para cualquier investigación experimental sobre la radiación del cuerpo negro.

Su primera tarea fue construir un mejor fotómetro, un instrumento capaz de comparar la intensidad de la luz —es decir, la cantidad de energía de un determinado rango de longitud de onda— procedente de fuentes diversas como, por ejemplo, lámparas de gas y bombillas eléctricas. Fue en otoño de 1895, antes de que Lummer y Wien diseñasen un nuevo y mejorado cuerpo negro vacío capaz de ser calentado a una temperatura uniforme. Mientras él y Lummer desarrollaban, durante el día, su nuevo cuerpo negro, Wien pasaba las tardes buscando la ecuación de Kirchhoff para la distribución de la radiación del cuerpo negro. En 1896, Wien estableció una ecuación que Friedrich Paschen, de la Universidad de Hannover, no tardó en confirmar que coincidía con los datos que había recogido sobre la distribución de la energía entre las longitudes de onda cortas de la radiación del cuerpo negro.

En junio de ese mismo año, el mismo mes en que se publicaba la «ley de distribución», Wien abandonaba el PTR por una cátedra extraordinaria en la Technische Hochschule de Aquisgrán. Finalmente ganaría, en 1911, el Premio Nobel de Física, por su trabajo sobre la radiación del cuerpo negro, pero permitió que Lummer sometiera a una rigurosa prueba su ley de la distribución. Pero ello requería llevar a cabo mediciones de temperatura de un rango más amplio y elevado que nunca. Trabajando con Ferdinand Kurlbaum y posteriormente con Ernst Pringsheim, Lummer necesitó dos largos años de perfeccionamientos y modificaciones, pero en 1898 contaba con un cuerpo negro calentado eléctricamente de última generación. El logro, capaz de alcanzar temperaturas de 1.500 °C, representó la culminación de más de una década de minucioso esfuerzo del PTR.

Representando la intensidad de la radiación en el eje de ordenadas [vertical] de una gráfica y la longitud de onda de la radiación en el eje de abscisas [horizontal], Lummer y Pringsheim descubrieron que la intensidad aumentaba al mismo tiempo en que lo hacía la longitud de onda de la radiación, hasta llegar a un punto en el que volvía a caer. La distribución del espectro de energía emitido por la radiación de un cuerpo negro se asemejaba a una curva en forma de campana o, mejor dicho, a la aleta dorsal de un tiburón. De este modo, cuanto más elevada era la temperatura, más acusada era la forma, en la misma medida en que aumentaba la intensidad de la radiación emitida. La representación gráfica de las lecturas y las curvas obtenidas calentando el cuerpo negro a diferentes temperaturas mostraba que, si la temperatura aumentaba, la longitud de onda a la que se producía el pico de emisión se desplazaba hacia el extremo ultravioleta del espectro.

Lummer y Pringsheim presentaron sus resultados en un encuentro celebrado el 3 de febrero de 1889 en la Sociedad de Física Alemana de Berlín.[36] Lummer contó a todos los físicos reunidos, entre los que se hallaba Planck, que sus descubrimientos confirmaban la ley del desplazamiento de Wien. Pero la situación al respecto no estaba clara porque, aunque hablando en términos generales los datos experimentales coincidían con las predicciones teóricas de Wien, había ciertas discrepancias en la región infrarroja del espectro.[37] Y aunque esas discrepancias se debieran, con toda probabilidad, a errores experimentales, se trataba de una cuestión que solo podía dirimirse ampliando «el experimento hasta incluir un espectro más amplio de longitudes de onda y desplegando también un abanico más amplio de temperaturas».[38]

Al cabo de tres meses, Friedrich Paschen anunció que sus datos, aunque recopilados a temperaturas inferiores a las de Lummer y Pringsheim, coincidían perfectamente con las predicciones de la ley de distribución de Wien. Planck dio un suspiro de alivio y leyó en voz alta, en una sesión de la Academia Prusiana de Ciencias, el artículo de Paschen. Para Planck, la búsqueda teórica de la distribución de la energía espectral de la radiación del cuerpo negro era una forma de búsqueda de lo absoluto, y, «como siempre había considerado la búsqueda de lo absoluto como el objetivo más elevado de toda actividad científica, me aposté ansiosamente a trabajar».[39]

Poco después de que Wien publicase, en 1896, su ley de la distribución, Planck se empeñó en asentarla sobre fundamentos sólidos estableciendo los principios de los que se derivaba. Tres años más tarde creyó haberlo logrado basándose en la autoridad de la segunda ley de la termodinámica. Hubo entonces quienes empezaron a referirse a ella, desatendiendo las afirmaciones y réplicas de los experimentalistas, como la ley de Wien-Planck. Planck confiaba en que «los límites de validez de esta ley, en el caso de que los haya, coinciden con los de la segunda ley fundamental de la teoría del calor».[40] Y, en ese mismo sentido, abogaba por la necesidad urgente de corroborar la ley de distribución que, para él, representaba simultáneamente un espaldarazo a la segunda ley. Lo cierto es que su deseo no tardó en convertirse en una realidad.

A comienzos de noviembre de 1899, después de pasar nueve meses ampliando el rango de sus medidas y eliminando también posibles fuentes de errores experimentales, Lummer y Pringsheim afirmaron haber «descubierto discrepancias sistemáticas entre la teoría y el experimento».[41] Y es que, aunque en el rango de las longitudes de onda cortas el acuerdo era perfecto, la ley de Wien sobrestimaba de un modo aparentemente coherente la intensidad de la radiación en el rango de las longitudes de onda largas. A las pocas semanas, sin embargo, Paschen contradijo a Lummer y Pringsheim, presentando un nuevo conjunto de datos y concluyendo que «la ley de la distribución parece rigurosamente una ley válida de la naturaleza».[42]

Como la mayoría de los expertos al respecto vivían y trabajaban en Berlín, los encuentros que se celebraban en la Sociedad de Física Alemana celebrados en la capital se convirtieron en el principal foro de discusiones relativas a la radiación del cuerpo negro y el estatus de la ley de Wien. Ese fue de nuevo el tema central, según rezan las actas, de la reunión quincenal de la sociedad que se llevó a cabo el 2 de febrero de 1900. Durante ese encuentro, Lummer y Pringsheim revelaron sus últimos datos, que ponían de manifiesto que las discrepancias sistemáticas existentes entre sus medidas y las predicciones de la ley de Wien en la región infrarroja del espectro no podían ser el resultado de un error experimental.

A este fracaso de la ley de Wien le siguió un considerable revuelo tratando de encontrar un adecuado reemplazo. Pero las alternativas improvisadas resultaron ser poco satisfactorias, lo que alentó la necesidad de proseguir los experimentos en longitudes de onda más largas para establecer inequívocamente la magnitud del fracaso de la ley de Wien. Eso, después de todo, coincidía con los datos disponibles referidos a las longitudes de onda más cortas y otros experimentos, exceptuando los esgrimidos a su favor por Lummer y Pringsheim.

Sin embargo, Planck era muy consciente de que cualquier teoría se encuentra a merced de los datos experimentales duros y creía firmemente que «cualquier conflicto entre observación y teoría solo podía ser corroborado como válido más allá de toda duda cuando, en ello, coinciden varios observadores».[43] Fue así como el desacuerdo entre los experimentalistas le obligó a reconsiderar la solidez de sus ideas. Así fue como, a finales de septiembre de 1900, mientras revisaba sus datos, acabó confirmando el fracaso de la ley de Wien en la región infrarroja lejana.

Fueron Heinrich Rubens, amigo íntimo de Planck, y Ferdinand Kurlbaum quienes acabaron dirimiendo esta cuestión. Mientras trabajaba en la Technische Hochschule de la Berlinerstrasse en la que, a los treinta y cinco años, acababa de verse ascendido a profesor ordinario, Rubens pasaba la mayor parte de su tiempo como trabajador invitado en el cercano PTR. Fue ahí donde, junto a Kurlbaum, construyó un cuerpo negro que permitió llevar a cabo mediciones en las dimensiones inexploradas de la región correspondiente al infrarrojo lejano. Fue durante ese verano cuando corroboraron la ley de Wien entre las longitudes de onda de los 0,03 y 0,06 mm en temperaturas que iban desde los 200 hasta los 1.500 °C. En esas longitudes de onda más largas descubrieron una diferencia tan acusada entre la teoría y la observación experimental que solo podía ser evidencia del fracaso de la ley de Wien.

Rubens y Kurlbaum quisieron presentar sus resultados en un artículo que leerían ante la Sociedad de Física Alemana el siguiente encuentro, que se llevaría a cabo el viernes 5 de octubre. Sin tiempo, no obstante, para escribir el artículo, decidieron esperar hasta la próxima reunión, para la que todavía faltaban quince días. Entretanto, Rubens se enteró de que Planck estaba ansioso por enterarse de sus descubrimientos.

Planck vivió durante casi cincuenta años en una gran mansión con un jardín inmenso entre las elegantes villas de abogados y otros profesores en la zona residencial de Grunewald, ubicada al oeste de Berlín. El domingo 7 de octubre, Rubens y su esposa habían sido invitados a almorzar. No es de extrañar que la conversación entre los dos amigos no tardase en encaminarse hacia el campo de la física y el problema del cuerpo negro. Rubens le explicó que sus últimas medidas no albergaban la menor duda: la ley de Wien no se cumplía en las longitudes de onda más largas ni en las temperaturas más elevadas. Los datos de ese experimento demostraban, según descubrió entonces Planck, que en tales longitudes de onda la intensidad de la radiación del cuerpo negro era proporcional a la temperatura.

Esa misma noche, Planck trató de esbozar la ecuación que pudiese reproducir el espectro de energía de la radiación del cuerpo negro. Ahora contaba, para componer el rompecabezas, con tres piezas fundamentales. En primer lugar, la ley de Wien, que explicaba la intensidad de la radiación en la región de las longitudes de onda más cortas. En segundo lugar, fracasaba en la región del infrarrojo en la que Rubens y Kurlbaum habían descubierto que la intensidad era proporcional a la temperatura. Y, en tercer lugar, la ley de desplazamiento de Wien estaba en lo cierto. Esas eran las tres piezas del rompecabezas con las que contaba Planck para formular su ecuación del cuerpo negro. Esa situación puso a prueba sus años de experiencia difícilmente ganados para manipular los diferentes símbolos matemáticos de las ecuaciones.

Al cabo de unos cuantos intentos infructuosos, y gracias a una adecuada combinación de intuición e inspirada conjetura científica, Planck había descubierto su ecuación. Parecía prometedora. Pero… ¿se trataba de la ecuación tan buscada por Kirchhoff? ¿Era válida para cualquier temperatura en todo el espectro? Planck se apresuró a garabatear una nota para Rubens y salió en medio de la noche para enviársela. Al cabo de un par de días, Rubens llegó a casa de Planck con la respuesta. Había cotejado la ecuación de Planck con los datos y descubierto que cuadraban perfectamente.

El viernes 19 de octubre se celebró la reunión quincenal de la Sociedad de Física Alemana. Rubens y Planck se hallaban sentados entre el público y fue Ferdinand Kurlbaum el encargado de anunciar formalmente que la ley de Wien, válida en las longitudes de onda más cortas, fracasaba en las más largas del infrarrojo. Luego se levantó Planck para hacer un breve «comentario» titulado «Una mejora de la ecuación de Wien del espectro». Comenzó admitiendo haber creído «que la ley de Wien debía ser necesariamente cierta» y que así lo había dicho en un encuentro anterior.[44] Pronto quedó claro que Planck no solo estaba proponiendo «una mejora», un simple ajuste de la ley de Wien, sino una ley suya completamente nueva.

Después de hablar durante menos de diez minutos, Planck escribió en la pizarra su ecuación del espectro del cuerpo negro. Luego se giró y, mirando directamente al rostro de sus conocidos colegas, les dijo que esa ecuación «cuadra, en mi opinión, con los datos publicados hasta el momento».[45] Y cuando volvió a sentarse, recibió los educados gestos de aprobación de sus colegas. El silencio era comprensible. Después de todo, Planck acababa de proponer una ecuación elaborada *ad hoc*, para dar cuenta de los datos recopilados por la experimentación. No era el primero en esbozar una ecuación que pudiese llenar el vacío dejado al confirmarse el fracaso de la ley de Wien en el caso de las longitudes de onda largas.

Al día siguiente, Rubens visitó a Planck para tranquilizarlo. «Vino para decirme que, después de la reunión, había cotejado los datos de la experimentación con los obtenidos con mi ecuación y descubrió que coincidían perfectamente»,[46] comentó Planck, al respecto. Antes de que hubiera pasado una semana, Rubens y Kurlbaum le comentaron que, después de haber comparado sus medidas con las predicciones de cinco ecuaciones diferentes, habían descubierto que la de Planck era la más exacta de todas. Paschen también confirmó que la ecuación de Planck concordaba perfectamente con los datos de su investigación. A pesar de esta rápida corroboración de los experimentalistas sobre la superioridad de su ecuación, Planck no dejaba, sin embargo, de estar confuso.

Es verdad que contaba con una ecuación, pero ¿qué significaba eso? ¿Cuál era la física en la que se sustentaba? Planck sabía que, a falta de respuesta a esa pregunta, la suya solo sería, en el mejor de los casos, una «mejora» a la ley de Wien y «el mero resultado de una ley descubierta por una intuición afortunada que solo poseía, en consecuencia, un significado estrictamente formal».[47] «Por eso, el mismo día que esbocé esa ley —escribió posteriormente— me empeñé en descubrir también cuál era su verdadero significado físico».[48] Y eso era algo que solo podía descubrir derivando paso a paso su ecuación de los principios de la física. Planck conocía perfectamente su destino, pero ignoraba el camino que debía seguir para llegar hasta él. Y si bien poseía una guía excepcional, que era la ecuación misma, ignoraba el precio que, por tal viaje, debía pagar.

Durante las seis semanas siguientes que, según Planck, fueron «las más agotadoras de mi vida, la niebla se disipó y ante mí se desplegó un paisaje completamente inesperado».[49] El 13 de noviembre escribió a Wien: «Estoy muy satisfecho de mi nueva ecuación. Ahora he esbozado también una teoría que puede sustentarla y que, dentro de cuatro semanas, presentaré en la sede local de la Sociedad de Física [de Berlín]».[50] Planck no dijo nada a Wien sobre esa teoría ni sobre el intenso esfuerzo intelectual que le había llevado hasta ella. Habían sido varias semanas de un trabajo arduo y esforzado por reconciliar su ecuación con las dos grandes teorías de la física del siglo XIX: la termodinámica y el electromagnetismo. Él había fracasado.

«Hay que encontrar, cueste lo que cueste y por más elevado que sea el precio, una interpretación teórica».[51] «Y, para ello, estoy dispuesto a sacrificar cualquiera de mis convicciones anteriores sobre las leyes de la física»,[52] con tal de que «me lleve a un resultado positivo».[53] Este era, para un hombre emocionalmente tan contenido y que solo se expresaba libremente delante de un piano, un lenguaje muy cargado. Y fue entonces cuando, en un esfuerzo supremo por entender su nueva ecuación, Planck descubrió, en pleno «acto de desesperación», los cuantos.[54]

Cuando las paredes de un cuerpo negro están muy calientes emiten radiación infrarroja, visible y ultravioleta en el seno de esa cavidad. En su búsqueda por llegar a una versión teóricamente coherente de su ley, Planck había esbozado un modelo físico que reproducía la distribución espectral de energía de la radiación del cuerpo negro. Ya había estado jugando con una idea y poco importaba que el modelo no llegase a capturar lo que realmente estaba ocurriendo, porque lo que Planck necesitaba era un modo de llegar a la combinación completa de frecuencias, y en consecuencia de longitudes de onda, de las radiaciones presentes en el interior del recipiente. Y para esbozar el modelo más sencillo posible se apoyaba en el supuesto de que esa distribución es independiente del material del que está construido el cuerpo negro y que solo depende de su temperatura.

«A pesar del gran éxito del que, hasta entonces, había disfrutado —escribió Planck en 1882—, la teoría atómica acabará abandonada en favor de la creencia en una materia continua».[55] Dieciocho años más tarde, y a falta de demostración palpable de su existencia, Planck seguía sin creer en los átomos. Sabía, por la teoría del electromagnetismo, que una carga eléctrica oscilando a determinada frecuencia solo emite y absorbe radiación de esa frecuencia. Por eso tomó la decisión de representar las paredes del cuerpo negro como un enorme conjunto de osciladores. Aunque cada oscilador solo emite a una determinada frecuencia, grupalmente lo hacen en todo el amplio espectro de frecuencias que se hallan en el interior del cuerpo negro.

La frecuencia de un péndulo consiste en el número de oscilaciones por segundo, siendo la oscilación el movimiento de ida y vuelta a su punto de partida. Un peso colgado de un muelle es otra forma de oscilador. Su frecuencia, en este caso, consiste en el número de veces por segundo que el peso, al que se ha alejado de su posición de equilibrio y luego se ha soltado, sube y baja. En la época en la que Planck utilizaba osciladores, como él los llamaba, la física que se refería a ese tipo de oscilaciones se conocía, desde hacía mucho tiempo, con el nombre de «movimiento armónico simple».

Planck contempló su colección de osciladores como muelles sin masa sometidos a diferentes tensiones para reproducir las diferentes frecuencias, cada una de ellas asociada a una determinada carga eléctrica. Calentar las paredes del cuerpo negro proporcionaba la energía necesaria para poner en marcha los osciladores. Que un oscilador estuviese activo o no dependía exclusivamente de la temperatura. Si lo estaba, emitiría radiación al recipiente y absorbería radiación de él. Y, con el tiempo, si la temperatura se mantenía constante, esa dinámica radiante provocaría un intercambio de energía entre los osciladores hasta que la radiación del recipiente alcanzase un estado de equilibrio térmico y se estabilizara.

Puesto que la distribución espectral de la energía de la radiación del cuerpo negro representa el modo en que la energía total se distribuye entre las diferentes frecuencias, Planck suponía que el número de osciladores asociados a cada frecuencia era el que determinaba la distribución. Después de formular su modelo hipotético diseñó una forma de distribuir la energía total disponible entre los distintos osciladores. Durante las semanas siguientes, Planck descubrió que no podía derivar su ecuación utilizando la física que, desde hacía tanto tiempo, había asumido como dogma. Entonces fue cuando, desesperado, dirigió su atención hacia las ideas del físico austriaco Ludwig Boltzmann, que fue el primer defensor del átomo. Durante el camino que condujo a su ecuación del cuerpo negro, Planck acabó aceptando, después de años de «hostilidad hacia la teoría atómica»,[56] que los átomos eran algo más que una ficción conveniente.

Hijo de un recaudador de impuestos, Ludwig Boltzmann era pequeño y corpulento y con una barba impresionante característica de finales del siglo XIX. Nacido en Viena el 20 de febrero de 1844 aprendió, durante un tiempo, piano con el compositor Anton Bruckner, pero, mejor físico que pianista, acabó doctorándose, en 1866, en la Universidad de Viena. No tardó en ser conocido por su contribución fundamental a la teoría cinética de los gases, llamada así debido a que sus defensores creían que los gases estaban compuestos por átomos o moléculas que se hallaban en estado de continuo movimiento. Posteriormente, en 1884, Boltzmann proporcionó una justificación teórica al descubrimiento de su mentor Josef Stefan de que la energía total radiada por un cuerpo negro es proporcional a T^4, es decir, la temperatura elevada a la cuarta potencia, o $T \times T \times T \times T$. Eso significaba que doblar la temperatura de un cuerpo negro suponía multiplicar por 16 la energía irradiada.

Boltzmann fue un profesor y teórico muy famoso y, a pesar de ser muy corto de vista, un experimentalista muy capaz. Cada vez que quedaba libre una plaza en una de las principales universidades europeas, su nombre se barajaba entre los posibles candidatos. Solo después de rechazar la vacante que, en la Universidad de Berlín, había dejado la muerte de Gustav Kirchhoff, le ofrecieron a Planck un puesto de categoría inferior. En 1900, un Boltzmann muy viajado, y universalmente conocido como uno de los grandes teóricos, se hallaba en la Universidad de Leipzig. Pero eran muchos los que, como Planck, consideraban inaceptable su visión de la termodinámica.

Boltzmann creía que las propiedades de los gases, como la presión, eran la manifestación macroscópica de un fenómeno microscópico regulado por las leyes de la mecánica y de la probabilidad. La física clásica de Newton gobernaba, para quienes creían en los átomos, el movimiento de las moléculas del gas, pero resultaba prácticamente imposible utilizar las leyes newtonianas del movimiento para determinar el movimiento de cada una de las incontables moléculas de un gas. Fue el físico escocés de veintiocho años James Clerk Maxwell quien, en 1860, determinó la velocidad de las moléculas de un gas sin necesidad de medirlas a todas ellas. Utilizando la estadística y la teoría de probabilidades, Maxwell esbozó la distribución más probable de velocidades mientras las moléculas del gas colisionaban entre sí y con las paredes del recipiente que las contenía. El uso de la estadística y de la probabilidad resultó tan atrevido como innovador y permitió a Maxwell explicar muchas de las propiedades observadas de los gases. Trece años más joven, Boltzmann apuntaló, siguiendo los pasos de Maxwell, la teoría cinética de los gases. Durante la década de 1870 dio un paso más y esbozó una interpretación estadística de la segunda ley de la termodinámica vinculando la entropía al desorden. La entropía, según lo que acabaría siendo conocido como principio de Boltzmann, es una medida de la probabilidad de encontrar un sistema en un determinado estado. Un mazo de cartas bien barajadas, por ejemplo, es un sistema desordenado de alta entropía. Pero una baraja nueva en la que las cartas se hallan divididas en palos y ordenadas partiendo del as es un sistema muy ordenado y de baja entropía. Para Boltzman, la segunda ley de la termodinámica tiene que ver con la evolución de un sistema de baja probabilidad y también, en consecuencia, de baja entropía, a otro de alta probabilidad y alta entropía. Pero la segunda ley, no obstante, no es una ley absoluta, porque siempre es posible que un sistema pase de un estado desordenado a otro más ordenado, del mismo modo que un mazo de cartas barajado también puede, si vuelve a barajarse, acabar ordenado. Pero la probabilidad, no obstante, de que tal cosa ocurra es tan astronómicamente baja que su ocurrencia requeriría un tiempo muchas veces superior a la edad del universo.

Planck creía que la segunda ley de la termodinámica era absoluta, es decir, que la entropía siempre aumenta. Pero, según la interpretación estadística de Boltzmann, la entropía *casi* siempre aumenta. Y ambas formulaciones, en lo que respecta a Planck, solo se diferencian en una palabra. Apoyarse en Boltzmann suponía, para él, renunciar a lo que más le interesaba como físico, pero si quería establecer adecuadamente su ecuación del cuerpo negro, no le quedaba otra alternativa. «No era mucha la atención que, hasta entonces, había prestado a la relación existente entre entropía y probabilidad, en la que yo tenía poco interés, puesto que cada probabilidad permite excepciones y, en esa época, creía que la segunda ley de la termodinámica era válida en términos absolutos, sin excepción alguna».[57]

El estado más probable de un sistema es un estado de máxima entropía, es decir, el estado de máximo desorden. Y ese estado es, para el caso del cuerpo negro, el equilibrio térmico, un estado semejante al estado al que Planck se enfrentaba en su intento de tratar de encontrar la distribución de energía más probable entre sus osciladores. Si contamos con cien osciladores y diez de ellos tienen una frecuencia v, son ellos los que determinan la intensidad de la radiación emitida a esa frecuencia. Mientras que la frecuencia de cualquiera de los osciladores eléctricos de Planck es fija, la cantidad de energía que emiten y absorben depende exclusivamente de su amplitud, es decir, de la magnitud de su oscilación. Un péndulo que completa cinco oscilaciones en cinco segundos tiene una frecuencia de una oscilación por segundo. Si oscila, sin embargo, en un arco más amplio, posee más energía que si lo hace en uno más pequeño. La frecuencia es la misma debido a que la longitud del péndulo la establece, pero la energía extra le permite un desplazamiento más rápido a través del arco. De ese modo, el péndulo lleva a cabo las mismas oscilaciones en el mismo tiempo que un péndulo idéntico oscilando a través de un arco más estrecho.

Aplicando las técnicas de Boltzmann, Planck descubrió que solo podía derivar su ecuación de la distribución de la radiación del cuerpo negro si los osciladores absorbían y emitían paquetes de energía proporcionales a su frecuencia de oscilación. El aspecto «más esencial de todo el cálculo», dijo Planck, consistía en considerar que la energía de cada frecuencia estaba compuesta por un número de «elementos de energía» iguales e indivisibles a los que posteriormente denominó cuantos.[58]

Guiado por su ecuación, Planck se había visto obligado a dividir la energía (E) en paquetes de tamaño hv, en donde v es la frecuencia del oscilador y h es una constante. En este sentido, la ecuación $E = hv$ acabaría convirtiéndose en una de las más famosas de toda la historia de la ciencia. Si, por ejemplo, la frecuencia es 20 y h 2, cada cuanto de energía tiene una magnitud de 20 × 2 = 40. Y, si la energía total disponible en esta frecuencia es de 3.600, habrá 3.600 / 40 = 90 cuantos para ser distribuidos entre los diez osciladores de esa frecuencia. Planck aprendió de Boltzmann a determinar la distribución más probable de esos cuantos entre los osciladores.

Fue entonces cuando descubrió que sus osciladores solo podían tener energías 0 hv, 2 hv, 3 hv, 4 hv... hasta n hv, en donde n es un número entero. Esto correspondía a cualquier absorción o emisión de un número entero de «elementos de energía» o «cuantos» de tamaño hv. Era como un cajero del banco que solo pudiese recibir y entregar dinero en cantidades de 1 euro, 2 euros, 5 euros, 10 euros, 20 euros y 50 euros. Y puesto que los osciladores de Planck no podían tener otra energía, la amplitud de sus oscilaciones se hallaba limitada. Las extrañas implicaciones de esto quedan al descubierto si aumentamos de escala hasta el mundo cotidiano de un muelle que lleva atado un peso.

Si el peso oscila con una amplitud de 1 cm, entonces tiene una energía de 1 (independientemente de la unidad de medida de la energía que tengamos en cuenta). Si el peso es de 2 cm y puede oscilar, su frecuencia sigue siendo la misma que antes, pero su energía, que es proporcional al cuadrado de la amplitud, pasa a ser de 4. Si la restricción de los osciladores de Planck se aplica al peso, entre 1 y 2 cm solo puede oscilar con una amplitud de 1,42 y 1,73 cm, porque poseen energías de 2 y de 3.[59] No puede, por ejemplo, oscilar con una amplitud de 1,5 cm, porque la energía asociada sería de 2,25. Los cuantos de energía son indivisibles. Un oscilador no puede recibir una fracción de cuanto de energía, sino que debe recibir, en términos que contradecían la física de la época, todo o nada. La física clásica no establecía restricciones sobre el tamaño de las oscilaciones ni, en consecuencia, sobre la cantidad de energía que un oscilador podía emitir o absorber en una simple transacción, y podía asumir cualquier magnitud.

Desesperado, Planck había realizado un descubrimiento sorprendente e inesperado cuyo significado, sin embargo, no alcanzaba a entender. No era posible que sus osciladores absorbieran o emitiesen energía continuamente como el agua que sale de un grifo. Solo podían, por el contrario, ganar o perder energía de forma discontinua, en unidades pequeñas e indivisibles de $E = hv$, en donde v es la frecuencia a la que el oscilador vibra, lo que se corresponde exactamente con la frecuencia de la radiación que puede absorber o emitir.

La razón por la que los osciladores de gran escala no se comportan como los de tamaño atómico de Planck es porque h es igual a 0,000000000000000000000000006626 erg segundos, es decir, 6,626 dividido por mil cuatrillones. No podía haber, según la ecuación de Planck, valor más pequeño que h en el aumento o disminución de la energía, pero el tamaño infinitesimal de h provocaba efectos cuánticos invisibles en el mundo de lo cotidiano que afectaba a péndulos, columpios y pesos vibratorios.

Los osciladores de Planck le obligaron a dividir la radiación de energía de un modo que pudiese proporcionarnos los chunks correctos de hv. Él no creía que la energía de la radiación se hallase realmente dividida en cuantos, sino tan solo que ese era el modo en que sus osciladores podían recibir y emitir energía. El problema, para Planck, fue que el procedimiento utilizado por Boltzmann para dividir energía requería, en última instancia, que los fragmentos fuesen tan pequeños que su magnitud matemática fuese 0 y se desvaneciese, lo que permitiría restaurar la totalidad. Pero operar con tales magnitudes requería una técnica matemática sumamente precisa. Por desgracia para Planck, si él hacía lo mismo, su ecuación también acababa desvaneciéndose. Se hallaba atrapado en los cuantos, pero eso tampoco le preocupaba. Tenía su ecuación... el resto vendría después.

«¡Caballeros!», dijo Planck, a las cinco en punto de la tarde del viernes 14 de diciembre de 1900, a los miembros de la Sociedad de Física Alemana, que estaban sentados en la sala de actos del Instituto de Física de la Universidad de Berlín. Frente a él se hallaban, cuando empezó su conferencia titulada «Zur Theorie des Gesetzes der Energieverteilung im Normalspektrum», es decir, «Sobre la teoría de la ley de distribución de la energía del espectro normal», Rubens, Lummer y Pringsheim. «Hace varias semanas —prosiguió— tuve el privilegio de llamar su atención sobre una nueva ecuación que parecía, en mi opinión, adaptarse a la ley de distribución de la energía radiante de todas las regiones del espectro»,[60] y luego esbozó la física en la que parecía asentarse su nueva ecuación.

Al finalizar el encuentro, todos sus colegas le felicitaron. Del mismo modo que Planck consideraba la introducción de los cuantos, es decir, de los paquetes de energía, como un «supuesto puramente formal» en el que «realmente no he pensado mucho», lo mismo pensó ese día todo el auditorio. Pero lo importante era el hecho de que Planck había proporcionado una justificación física para la ecuación presentada el mes de octubre. A decir verdad, su idea de dividir la energía en cuantos para los osciladores resultaba bastante extraña, pero se vería fortalecida con el paso del tiempo. Todos creían que no era más que el habitual recurso teórico, un nuevo malabarismo matemático que no tenía un verdadero significado físico y solo servía como paso intermedio provisional en el camino que conducía a la respuesta correcta. Lo que siguió impresionando a sus colegas fue la exactitud de su nueva ley de la radiación. Nadie, ni siquiera el mismo Planck, pareció prestar mucha atención a los cuantos de energía.

A primera hora de la mañana, Planck salió de su casa con Erwin, su hijo de siete años. Padre e hijo se encaminaron hacia el cercano bosque de Grunewald, uno de los pasatiempos favoritos de Planck, que disfrutaba paseando con su hijo. Erwin recordó posteriormente que, mientras caminaban, su padre le dijo: «¿Sabes que hoy he hecho un descubrimiento tan importante como el de Newton?».[61] Cuando, muchos años más tarde, Erwin contaba esta anécdota, no podía recordar exactamente el momento exacto de ese paseo. Es muy probable que fuese poco antes de la conferencia de diciembre. ¿Es posible que, después de todo, Planck se diera cuenta de las implicaciones de los cuantos? ¿O lo que estaba tratando de transmitir a su joven hijo no era más que la importancia de su nueva ley de la radiación? Yo no creo que fuese nada de ello, sino tan solo una expresión de alegría por haber descubierto no una, sino dos, constantes fundamentales: *k* (a la que denominó constante de Boltzmann), y *h* (a la que los físicos acabarían llamando constante de Planck). Se trataba de dos constantes fijas y eternas, de dos absolutos, por tanto, de la naturaleza.[62]

Planck reconoció su deuda con Boltzmann. Después de bautizar a *k* —la constante que había descubierto durante la investigación que condujo a la ecuación del cuerpo negro— con el nombre del austriaco, Planck también propuso, en 1905 y 1906, a Boltzmann para el Premio Nobel. Pero entonces era ya muy tarde, porque su salud era muy frágil: padecía asma, migrañas, problemas de visión y angina de pecho. Aunque ninguna de esas dolencias resultaba tan debilitadora como los severos ataques maniacodepresivos que padecía. En 1906, mientras se hallaba de vacaciones en Duino, cerca de Trieste, Boltzmann se ahorcó. Tenía setenta y dos años, y a pesar de que algunos de sus amigos temían lo peor, las noticias de su muerte provocaron una auténtica conmoción. Boltzmann llevaba tiempo sintiéndose cada vez más aislado y menospreciado. Y aunque eso fuese falso, porque era uno de los físicos más respetados y admirados de su tiempo, las continuas disputas sobre la existencia de los átomos le habían tornado vulnerable y creía que la obra de su vida estaba siendo socavada. Boltzmann regresó a la Universidad de Viena por tercera y última vez en 1902. A su muerte, le pidieron a Planck que le sucediera. Describiendo la obra de Boltzmann como «uno de los triunfos más hermosos de la investigación teórica», Planck se sintió tentado por la oferta vienesa, pero acabó declinando la invitación.[63]

La constante *h* fue el eje que sirvió para cortar la energía en cuantos y Planck había sido el primero en darse cuenta de ello. Pero lo que había cuantizado fue el modo en que sus osciladores imaginarios podían recibir y emitir energía. Planck no cuantizó ni cortó la energía en paquetes de magnitud $h\nu$. Una cosa es descubrir algo y otra muy diferente entender, especialmente en una época de transición como la que le tocó vivir, las implicaciones de ese descubrimiento. Gran parte de lo que hizo Planck no solo estaba implícito, sino que ni siquiera resultaba claro para él. Y nunca cuantizó explícitamente, como debería haber hecho, las oscilaciones individuales, sino tan solo grupos de ellas.

Parte del problema era que Planck pensaba que al final acabaría desembarazándose de los cuantos. Solo mucho más tarde se dio cuenta de las consecuencias a largo plazo de su descubrimiento. Su profundo instinto conservador le llevó a pasarse casi una década tratando de incorporar los cuantos al marco de referencia de la física existente. Y era muy consciente de que algunos de sus colegas consideraban que eso se asemejaba bastante a una tragedia. «Pero yo lo siento de manera diferente —escribió Planck—. Ahora sé que el cuanto elemental de acción [*h*] desempeña, en el ámbito de la física, un papel mucho más importante que lo que originalmente estaba dispuesto a admitir».[64]

Durante los años que siguieron a la muerte de Planck, que sucedió en 1947, a los ochenta y nueve años, su antiguo alumno y colega James Franck recordó su desesperada lucha «por evitar la teoría de los cuantos y sus esfuerzos, al advertir lo infructuoso de tal intento, de minimizarla tanto como pudiera».[65] Para Franck, Planck «era un revolucionario a su pesar», que «finalmente llegó a la conclusión de que "No lo he conseguido. Tendré que acostumbrarme a vivir con la teoría de los cuantos. Y creedme cuando os digo que acabará expandiéndose"».[66] Quizá este sea el mejor de los epitafios que podría dedicársele.

Y tenía toda la razón, porque los físicos tuvieron que acostumbrarse a «convivir» con los cuantos. Y el primero en hacerlo no fue ninguno de los distinguidos colegas de Planck, sino un joven que vivía en Berna (Suiza). Él fue el primero en darse cuenta de la naturaleza radical de los cuantos. Y lo más curioso es que no se trataba de un físico profesional, sino de un funcionario que, gracias a Planck, se enteró de que la energía misma está cuantizada. Su nombre era Albert Einstein.

2
EL ESCLAVO DE LAS PATENTES

Berna (Suiza), viernes, 17 de marzo de 1905. Eran cerca de las ocho de la mañana cuando un joven ataviado con un extraño traje a cuadros y un sobre en la mano se apresuraba para llegar a tiempo a su trabajo. Los transeúntes con los que se cruzaba lo miraban sorprendidos por que no se diese cuenta de que llevaba un par de zapatillas verdes con flores bordadas.[1] Seis días por semana, a esa misma hora, dejaba a su esposa y a su pequeño hijo Hans Albert en el pequeño apartamento de dos habitaciones en el que vivían en pleno casco antiguo de Berna e iba caminando hasta el gran edificio de arenisca que se hallaba a escasos diez minutos. Con su *Zytloggeturm* [que literalmente significa, en dialecto, «reloj del campanario»] y las arcadas que adornaban ambos lados de la calzada empedrada, Kramgasse era una de las calles más hermosas de la capital suiza. Ese era el camino que Einstein recorría a diario ensimismado y sin prestar atención al entorno, mientras se encaminaba hacia la oficina del Servicio Federal de Correos y Teléfonos. Una vez dentro se dirigía directamente a las escaleras y subía al tercer piso, que albergaba la Oficina Federal de la Propiedad Intelectual, más conocida como Oficina Suiza de Patentes, en la que él y una docena de técnicos, hombres ataviados con trajes oscuros bastante más sobrios que el suyo, se afanaban, ocho horas al día, en diferenciar, en sus despachos, lo escasamente factible de lo lamentablemente inútil.

Acababa de cumplir veintiséis años y llevaba tres siendo, como él decía, «esclavo de las patentes»,[2] un trabajo que, no obstante, le había permitido poner fin «a la angustiosa necesidad de matar el hambre».[3] El trabajo le gustaba por su variedad, porque alentaba una forma de «pensamiento multifacético» y por el clima relajado de la oficina. Era un entorno que Einstein llegaría posteriormente a calificar como un «monasterio mundano». Y por más humilde que fuera el puesto de técnico de tercera clase, estaba bien pagado y le proporcionaba el suficiente tiempo libre como para seguir con su propia investigación. A pesar del ojo vigilante de su jefe, el formidable herr Haller, era tanto el tiempo que Einstein pasaba, entre patente y patente, llevando a cabo sus propios cálculos, que su despacho acabó convirtiéndose, para él, en su «oficina de física teórica».[4]

«Fue como si el suelo que nos sostuviera se hubiese esfumado y nada pudiera, en ausencia de todo fundamento sólido, erigirse», fueron las palabras con las que Einstein describió el modo en que se sintió después de haber leído, poco después de que se publicara, la solución de Planck al problema del cuerpo negro.[5] Lo que contenía el sobre que ese día, 17 de marzo de 1905, envió al editor de *Annalen der Physik*, la revista de física más importante del mundo, era todavía más extremo que la presentación original que Planck había hecho de los cuantos. Einstein sabía perfectamente que su bosquejo de una teoría cuántica de la luz se asemejaba bastante a una herejía.

Dos meses más tarde, a mediados de mayo, Einstein escribió una carta a su amigo Conrad Habicht en la que prometía enviarle los cuatro artículos que esperaba publicar antes de finalizar el año. El primero de ellos era el mencionado artículo sobre los cuantos. El segundo era su tesis doctoral en la que presentaba un nuevo método para determinar el tamaño de los átomos. El tercero ofrecía una explicación del movimiento browniano, es decir, de la danza errática de las pequeñas partículas, como los granos de polen, por ejemplo, cuando se hallan suspendidas en un líquido. «El cuarto artículo —admitió Einstein— no es, por el momento, más que un borrador, sobre la electrodinámica de los cuerpos en movimiento, que emplea una modificación de la teoría del espacio y del tiempo».[6] Se trata de una lista realmente extraordinaria. Solo hay, en los anales de la ciencia, otro científico y otro año que pueda equipararse a Einstein y a los logros que llevó a cabo en 1905: Isaac

Newton, cuando, en 1666, el inglés de veintitrés años sentó las bases del cálculo y la teoría de la gravedad y esbozó su teoría de la luz.

Y, como es bien sabido, Einstein acabaría convirtiéndose en sinónimo de la teoría que esbozó por vez primera en el cuarto de los artículos recién mencionados: la teoría de la relatividad. Aunque sus descubrimientos acabaron modificando la visión que la humanidad tenía de la naturaleza del espacio y el tiempo, lo que, en su opinión, era «auténticamente revolucionario», no fue tanto la relatividad como la ampliación realizada por Planck del concepto de cuanto de luz y de radiación.[7] La relatividad, no era, para Einstein, más que una simple «modificación» de ideas ya desarrolladas y establecidas por Newton y otros, mientras que su concepto de cuanto de luz era algo completamente nuevo, algo propio, algo que representaba la primera gran ruptura con la física del pasado. Se trataba, aun para un físico aficionado, de un auténtico sacrilegio.

La luz, desde hacía más de medio siglo, era considerada universalmente como un fenómeno ondulatorio. En su «Un punto de vista heurístico sobre la producción y transformación de la luz», Einstein esbozó la idea de que la luz no estaba compuesta de ondas, sino de cuantos semejantes a partículas. En su solución al problema del cuerpo negro, Planck se había visto obligado a introducir a regañadientes la idea de que la absorción y emisión de la energía se produce en forma de cuantos, es decir, de conglomerados discretos. No obstante, él, como cualquier otro, consideraba la radiación electromagnética como un fenómeno ondulatorio continuo, sea cual fuese el mecanismo a través del cual, en su interacción con la materia, intercambiase energía. Lo revolucionario del «punto de vista» de Einstein era que la luz, y de hecho toda radiación electromagnética, no está, en modo alguno, compuesta por ondas, sino dividida, por así decirlo, en pequeñas partes: los cuantos de luz. Pero él fue casi el único que, durante los siguientes veinte años, creyó en los cuantos de luz.

Einstein sabía, desde el mismo comienzo, que la suya iba a ser una empresa muy difícil. A eso parece referirse el comienzo «Un punto de vista heurístico...» del título de su artículo. El término «heurístico», según *The Shorter Oxford English Dictionary*, significa «acto o proceso que ayuda a encontrar o descubrir». Lo que él estaba ofreciendo a los físicos no era tanto una teoría bien elaborada derivada de principios fundamentales como un modo de explicar lo inexplicable en lo que respecta a la luz. Pero, aunque su artículo no fuese, en ese sentido, más que un indicador que apuntaba en tal dirección, resultaba excesivo para quienes llevaban mucho tiempo dando por sentada la teoría ondulatoria de la luz y no estaban dispuestos a cambiar de opinión.

Recibidos por *Annalen der Physik* entre el 18 de marzo y el 30 de junio, los cuatro artículos de Einstein acabarían transformando, en los años siguientes, la faz de la física. Resulta tan curioso como notable que, ese mismo año, encontrase tiempo y energía para escribir reseñas de veintiún libros para la revista. Y luego, como si se tratara de una idea de último momento, porque lo cierto es que no le había contado nada a Habicht al respecto, escribió un quinto artículo, el que contenía la más conocida de todas sus ecuaciones, $E = mc^2$. «Una tormenta se desencadenó en mi mente», fue el modo en que describió la irrupción de creatividad que le desbordó la gloriosa primavera y verano de Berna de 1905 cuando escribió su revolucionaria sucesión de artículos.[8]

Max Planck, asesor de física teórica de *Annalen der Physik*, fue uno de los primeros en leer «Sobre la electrodinámica de los cuerpos en movimiento» y se vio inmediatamente seducido por lo que él, y no Einstein, acabaría denominando teoría de la relatividad. En lo que respecta a los cuantos de luz, aunque en profundo desacuerdo con él, Planck aceptó la publicación del artículo de Einstein. Y estoy seguro de que, cuando lo hizo, debió de haberse preguntado por la identidad de este físico tan capaz de lo sublime como de lo ridículo.

«¡Los habitantes de Ulm son buenos matemáticos!» era el curioso lema medieval de la ciudad de los banqueros en la que Albert Einstein había nacido, ubicada, junto al Danubio, en el sur de Alemania. Era un lugar perfecto para que, el 14 de marzo de 1879, naciese el hombre que acabaría convirtiéndose en el arquetipo de genio científico. La parte posterior de su cabeza era tan grande y estaba tan deformada que su madre temía que el recién nacido fuese deforme. Luego tardó tanto en empezar a hablar que sus padres se preguntaban si alguna vez lo haría. Poco después del nacimiento, en noviembre de 1881, de Maja, su única hermana, Einstein adoptó el extraño ritual de repetir en voz baja cada frase hasta asegurarse de que, cuando la pronunciase en voz alta, lo haría bien. A los siete años, sin embargo, para liberación de sus padres Hermann y Pauline, empezó a hablar con normalidad. Por aquel entonces, la familia llevaba seis años en Múnich, adonde se había desplazado para que, con su hermano menor Jakob, Hermann pudiese abrir una empresa de electricidad.

Como, en octubre de 1885, la última de las escuelas judías privadas de Múnich llevaba cerrada más de una década, Einstein, que por aquel entonces tenía seis años, comenzó a estudiar en la escuela más próxima. Como es lógico, la educación religiosa constituía, en el centro del catolicismo alemán, una parte fundamental del programa educativo, pero los profesores, recordaba muchos años después, «eran liberales y no establecían distinciones confesionales».[9] No obstante, por más liberales y tolerantes que sus maestros pudieran haber sido, el antisemitismo siempre estuvo presente, de un modo más o menos larvario, en la sociedad y, en consecuencia, en las aulas de las escuelas alemanas. Einstein jamás olvidó la lección en la que su maestro de religión contó a la clase el modo en que los judíos crucificaron a Cristo. «El antisemitismo —recordaba posteriormente Einstein— se hallaba muy vivo entre los niños, sobre todo en la escuela elemental».[10] No es de extrañar que, en la escuela, tuviese tan pocos amigos, si es que tenía alguno. «En realidad soy un viajero solitario y jamás he pertenecido, de todo corazón, a mi país, mi hogar, mis amigos o mi familia inmediata», escribió en 1930. En este sentido, se consideraba un *Einspänner*, es decir, un carro tirado por un solo caballo.

Como escolar prefería las actividades solitarias y solo parecía disfrutar construyendo elevados castillos de naipes. Su paciencia y tenacidad eran tales que, a los diez años, llegaba a construirlos de once pisos. Estos rasgos, que constituían una parte esencial de su carácter, le permitieron seguir adelante con sus ideas científicas cuando otros habían ya renunciado. «Dios me dio la obstinación de un mulo —dijo posteriormente— y un olfato muy agudo».[11] Por más que haya quienes no estén de acuerdo, Einstein afirmaba no poseer talentos especiales, sino tan solo una apasionada curiosidad. Fue esta cualidad, que muchas otras personas poseían, la que, junto a su obstinación, le incitaba a seguir buscando respuesta a cuestiones casi infantiles que sus colegas habían aprendido a dejar de preguntarse como aquella que decía: «¿Cómo sería cabalgar a lomos de un rayo de luz?». Fue el intento de responder a esta pregunta lo que movilizó a Einstein durante los diez años de trabajo que acabaron conduciéndole a la teoría de la relatividad.

En 1888, un Einstein de nueve años de edad entró en el Luitpold Gymnasium, del que tiempo después hablaría muy amargamente. Mientras que el joven Max Planck disfrutó y avanzó bajo la disciplina marcial del Gymnasium, basada en el aprendizaje memorístico, a Einstein le resultó insoportable. A pesar del resentimiento que sentía hacia sus maestros y sus autoritarios métodos y de que el currículum se orientara hacia las humanidades, sus resultados académicos eran notables. Sobresalía en latín y se desenvolvía bien en griego, aunque uno de sus maestros llegó a decirle que «nunca haría nada bueno».[12]

El sofocante énfasis que la escuela y los profesores que, en casa, le enseñaban música ponían en el aprendizaje mecánico contrastaba en profundidad con la influencia extraordinariamente positiva que, sobre su educación, tuvo un pobre estudiante de medicina polaco. Max Talmud tenía veintiún años y Albert diez cuando, cada viernes, siguiendo su particular versión de la vieja tradición judía que consistía en invitar a comer, el *sabbat*, a un pobre erudito religioso, empezó a cenar con los Einstein. Talmud de inmediato se dio cuenta de la afinidad que le unía a ese joven tan curioso. No tardaron mucho tiempo en pasar horas discutiendo sobre los libros que Talmud le había recomendado o le había dado para leer. Empezaron con libros de divulgación científica que pusieron fin a lo que Einstein acabó denominando el «paraíso religioso de su juventud».[13]

Los años pasados en una escuela católica y las clases de judaísmo que le daba en casa un pariente dejaron su huella. Entonces fue cuando Einstein, para sorpresa de sus padres, desarrolló lo que describió como una «profunda religiosidad». Dejó de comer carne, cantaba canciones religiosas camino de la escuela y aceptaba como un hecho la historia bíblica de la creación. Luego, mientras devoraba un libro de ciencia tras otro se dio cuenta de que la mayor parte de los relatos de la Biblia no podían ser ciertos. Esa constatación desató en su interior lo que denominó «un librepensador fanático junto a la abrumadora sensación de que el Estado engaña deliberadamente a los jóvenes con todo tipo de mentiras».[14] Esta sensación sembró las semillas de la suspicacia con la que, durante el resto de su vida, contemplaría todo tipo de autoridad. Llegó a considerar la pérdida de su «paraíso religioso» como el primer intento de liberarse de las «cadenas» de lo «estrictamente personal», de una existencia dominada por deseos, esperanzas y sentimientos rudimentarios».[15]

No tuvo entonces problema alguno en reemplazar la pérdida de su fe en las enseñanzas del libro sagrado por las sorpresas que le deparaba su pequeño libro de geometría. Todavía se hallaba en la escuela primaria cuando su tío Jakob le introdujo en los rudimentos del álgebra y empezó a plantearle problemas para que los resolviera. Por eso, en la época en la que Talmud le dio un libro de geometría euclidiana, la educación matemática de Einstein superaba a la habitual de un chiquillo de doce años. Talmud estaba sorprendido de la rapidez con la que Einstein demostraba los teoremas y resolvía los ejercicios propuestos en el libro. Y su celo era tal que durante las vacaciones de ese verano aprendió las matemáticas que, al año siguiente, le enseñarían en la escuela.

Con un padre y un tío trabajando en la industria eléctrica, Einstein no solo aprendió ciencia a través de la lectura, sino que también se hallaba cotidianamente rodeado de la tecnología derivada de sus aplicaciones prácticas. Fue su padre quien, de manera inconsciente, le introdujo en las maravillas y misterios de la ciencia. Un día que su hijo yacía tumbado en cama con fiebre, Hermann le enseñó una brújula. Al niño de cinco años, el movimiento de la aguja le pareció tan milagroso que le entraron escalofríos y, a partir de ese momento, creció con la idea de que «algo muy oculto debía haber detrás de las cosas».[16]

El negocio de los hermanos Einstein inicialmente prosperó. Fabricaban aparatos eléctricos y se dedicaban a la instalación de redes eléctricas y de alumbrado. El futuro parecía muy prometedor mientras los Einstein cosechaban un éxito tras otro, incluido el contrato para encargarse del primer alumbrado eléctrico de la famosa Oktoberfest de Múnich.[17] Finalmente, sin embargo, Siemens y AEG se encargaron de llevar a cabo el proyecto, dejando a un lado la empresa de los hermanos Einstein. Eran muchas las pequeñas empresas de electricidad que sobrevivían y prosperaban a la sombra de esos gigantes, pero Jakob era demasiado ambicioso y Hermann demasiado indeciso para que su empresa fuese una de ellas. Heridos, pero no derrotados, los hermanos decidieron entonces mudarse a Italia, donde estaba recién empezado el proceso de electrificación, un lugar que se les antojaba perfecto para comenzar de nuevo. Así fue como, en junio de 1894, los Einstein emigraron a Milán… es decir, todos menos un Albert de quince años, que quedó al cuidado de parientes lejanos para completar los tres años que todavía le quedaban hasta graduarse en una escuela que detestaba.

Albert, que no quería molestar a sus padres, fingió que, en Múnich, todo iba bien, aunque aumentaba su preocupación por el servicio militar obligatorio. Según la ley alemana, si cumplía los diecisiete en el país se vería en la necesidad, so pena de ser declarado desertor, de cumplir con esa obligación. Solo y deprimido, pensaba en la forma de escapar de ese dilema cuando súbitamente se presentó la ocasión perfecta. El doctor Degenhart, su profesor de griego, que creía que Einstein jamás llegaría a nada, también era su tutor formal. Durante una acalorada discusión, Degenhart le dijo que debía abandonar la escuela. Sin necesidad de estímulo adicional, Einstein respondió que lo haría gustoso después de conseguir un certificado médico que afirmase que padecía agotamiento y necesitaba, para curarse, descanso completo. Al mismo tiempo, Einstein solicitó el testimonio de su profesor de matemáticas confirmando que dominaba la asignatura lo suficiente como para graduarse. Entonces se tomó seis meses para visitar a su familia y, cruzando los Alpes, llegó hasta Italia.

De poco sirvieron los intentos realizados por sus padres para hacerle entrar en razón, porque Einstein se negó a volver a Múnich. Tenía un plan alternativo. Quería permanecer en Milán y prepararse para el examen de admisión, que tendría en el mes de octubre, al Federal Polytechnikum de Zúrich. Fundado en 1854 y rebautizado en 1911 como Eidgenossische Technische Hochschule (EIB), el «Poli» no era una institución tan prestigiosa como las principales universidades alemanas. Y, entre los requisitos de ingreso, no se hallaba la condición de haberse graduado en un *gymnasium*. Lo único que bastaba, para ser admitido, era aprobar los exámenes de entrada.

No tardaron sus padres en enterarse de la segunda parte del plan de su hijo. Quería renunciar a la nacionalidad alemana y evitar, de ese modo, la obligación de servir al Reich. Pero Einstein era demasiado joven y necesitaba, para ello, el consentimiento paterno. Cuando Hermann finalmente aceptó, Albert solicitó la renuncia formal a las autoridades. En enero de 1896 recibieron la notificación oficial de que Albert, por el precio de tres marcos, había dejado de ser ciudadano alemán. Durante los cinco años siguientes careció legalmente de nacionalidad hasta que acabó convirtiéndose en ciudadano suizo. Concedida la nacionalidad suiza, el Einstein que acabaría convirtiéndose en uno de los pacifistas más renombrados pasó, el 13 de marzo de 1901, un día antes de cumplir los veintidós años, la revisión médica preceptiva ante el servicio médico del ejército suizo. Afortunadamente le declararon inútil para el servicio debido a las varices y a los pies planos y sudorosos.[18] Y es que lo que más le molestaba, mientras era un adolescente en Múnich, no era tanto la perspectiva de servir al ejército como vestir el uniforme gris, símbolo del tan odiado militarismo que caracterizaba al Reich alemán.

«Los meses que pasé en Italia son los recuerdos más felices de mi vida», fue el modo en que, cincuenta años más tarde, Einstein recordaba su nueva y despreocupada existencia.[19] Ahí ayudó a su padre y a su tío con su empresa de electricidad y viajó de un lado a otro visitando a amigos y familiares. Durante la primavera de 1895, la familia se mudó a Pavía, al sur de Milán, donde los hermanos abrieron una nueva fábrica que duró poco más de un año, hasta que se vio finalmente también obligada a cerrar. Por más que se esforzó, Albert acabó suspendiendo el examen de ingreso al Poli. Pero su trabajo en matemáticas y en física resultó tan sobresaliente que el profesor de física le invitó a seguir asistiendo a sus clases. A pesar de lo tentadora que resultaba la oferta, Einstein tuvo la sensatez de seguir un consejo acertado. Y es que sus resultados de lenguaje, literatura e historia habían sido tan malos que el director del Poli le aconsejó volver a intentarlo y pasar un año preparándose en una escuela suiza que él mismo le recomendó.

A finales de octubre, Einstein estaba en Aarau, un pueblo situado a unos cincuenta kilómetros al oeste de Zúrich. Con sus valores liberales, la escuela del cantón de Argovia le proporcionó un entorno estimulante que contribuyó muy positivamente a su avance. La experiencia de vivir con el maestro de lenguas clásicas y su familia dejó en él una impronta indeleble. Jost Winteler y su esposa Pauline alentaban el espíritu librepensador de sus tres hijas y de sus cuatro hijos, y la cena representaba, cada noche, un acontecimiento lleno de vida. Pronto los Winteler se convirtieron, para Einstein, en una especie de segundos padres a los que, a partir de entonces, se refirió como «papá Winteler» y «mamá Winteler». Independientemente de lo que el viejo Einstein dijese sobre ser un viajero solitario, el joven Einstein necesitaba a personas que cuidaran de él y a los que pudiese cuidar. Pronto llegó septiembre de 1896 y el momento del examen, que Einstein aprobó con cierta facilidad y acabó abriéndole las puertas de Zúrich y del Federal Polytechnikum.[20]

«El hombre feliz está demasiado satisfecho con el presente como para preocuparse mucho por el futuro», escribió Einstein al comienzo del corto ensayo que redactó durante su examen de francés de dos horas de duración titulado «Mis planes futuros». Pero una inclinación por el pensamiento abstracto y la falta de sentido práctico le habían llevado a decidirse por un futuro como profesor de matemáticas y física.[21] Así fue como Einstein llegó a ser, en octubre de 1896, el más joven de los once nuevos alumnos que ingresaron en la Escuela Politécnica para Profesores de Matemáticas y Ciencias. Él era uno de los cinco que aspiraban al título de profesor de matemáticas y física, entre los cuales se hallaba también una mujer, que acabaría convirtiéndose en su futura esposa.

Ninguno de los amigos de Albert pudo entender lo que le atraía de Mileva Maric, serbohúngara, cuatro años mayor que él y con una leve cojera, secuela de una tuberculosis infantil. Durante el primer año pasaron las cinco asignaturas obligatorias de matemáticas y mecánica, el único curso de física que debían estudiar ese año. Y aunque, mientras estaba en Múnich, había devorado su pequeño libro sagrado de geometría, ahora había dejado de estar interesado por las matemáticas puras. Hermann Minkowski, su profesor de matemáticas en el Poli, lo calificó como «perro gandul». Pero, como posteriormente confesó, su problema no era tanto apatía como el fracaso en entender «que la profundización del conocimiento de los principios básicos de la física se hallaba inextricablemente unida a complejos métodos matemáticos».[22] Eso fue algo que se vio obligado a aprender durante los años de investigación que siguieron, en los que lamentó no haberse esforzado más en establecer «unos sólidos fundamentos matemáticos».[23]

Por suerte, Marcel Grossmann, uno de los otros tres integrantes, junto a Einstein y Mileva, del curso, era mejor matemático y más estudioso que ellos. A Grossmann se dirigió precisamente Einstein más tarde para que le ayudase a esbozar el desarrollo matemático necesario para formular su teoría general de la relatividad. Los dos se convirtieron rápidamente en amigos y hablaban «de todo aquello que puede interesar a un joven de mentalidad abierta».[24] Un año mayor que Einstein, Grossmann se hallaba tan impresionado por su compañero de clase que no tardó en presentárselo a sus padres. «Este es Einstein —dijo, en esa ocasión—, que estoy seguro de que no tardará mucho en convertirse en una persona muy importante».[25]

Fueron las excelentes notas de Grossman las que contribuyeron a que, en octubre de 1898, Einstein superase el examen parcial. En su vejez, Einstein se preguntaba lo que hubiese ocurrido de no haber contado, cuando empezó a saltarse las clases, con la ayuda de Grossmann. Todo había sido muy diferente al comienzo del curso de física del Heinrich Weber, cuando Einstein esperaba anhelante «la llegada de la próxima clase».[26] Weber, que por aquel entonces tenía más de cincuenta años, sabía cómo hacer que la física estuviese viva para sus alumnos y, según Einstein, daba clases de termodinámica con «gran maestría». Pero también le decepcionó, porque Weber no enseñó la teoría del electromagnetismo ni ninguno de sus desarrollos posteriores. Pronto la actitud y los modales desafiantes de Einstein empezaron a desagradar a sus profesores. «Usted es un muchacho inteligente —le dijo Weber—, pero tiene el gran defecto de no aceptar la crítica».[27] En los exámenes finales de julio de 1900, Einstein fue el cuarto de los cinco. Los exámenes tenían, en él, un efecto tan negativo que, como más tarde dijo: «Durante el siguiente año me resultó muy desagradable considerar seriamente cualquier problema científico».[28] Mileva fue la última y la única en suspender. Fue un golpe muy amargo para la pareja, que ahora se llamaban con afecto «Johonzel» (Johnny) y «Doxerl» (Dollie), un golpe muy duro… al que pronto siguió otro.

El futuro como maestro de escuela dejó entonces de interesar a Einstein. Cuatro años en Zúrich habían abierto la puerta a una nueva ambición: ser físico. Las oportunidades de conseguir un trabajo de jornada completa en la universidad eran, hasta para los mejores estudiantes, muy escasas. El primer paso consistía en convertirse en ayudante de alguno de los profesores del Poli. Pero ninguno le quiso a su lado, y Einstein tuvo que abrirse camino en otras direcciones. «¡Pronto habré llamado a la puerta de todos los físicos, desde el mar del Norte hasta la punta sur de Italia!», escribió, mientras visitaba a sus padres, con Mileva, en abril de 1901.[29]

Uno de ellos fue Wilhelm Ostwald, un químico de la Universidad de Leipzig. Einstein le escribió en un par de ocasiones, sin obtener respuesta. Debe haber sido muy inquietante para su padre ver la desesperación creciente de su hijo porque Hermann, sin que Albert se enterase —ni entonces ni luego—, se dispuso a intervenir. «Le ruego que perdone el atrevimiento de un padre tan orgulloso de su hijo como para dirigirme a usted, estimado *Herr professor* y llamarle la atención sobre él», escribió a Ostwald.[30] «Todos los que están en posición de emitir un juicio al respecto valoran muy positivamente su talento. En cualquier caso, le aseguro que es muy estudioso y diligente y que ama profundamente la ciencia».[31] Y aunque la sincera súplica de Hermann quedó sin respuesta, Ostwald sería el primero en postular a Einstein para el Premio Nobel.

Por más que el antisemitismo pudo haber desempeñado un papel en todas esas negativas, Einstein estaba convencido de que, detrás de su fracaso por conseguir una ayudantía, se hallaban las pobres referencias de Weber. Estaba muy desanimado cuando llegó una carta de Grossmann informándole de la posibilidad de conseguir un trabajo aceptable y bien pagado. El padre de Grossmann, que se había enterado de la desesperada situación de Einstein y quería ayudar al joven a quien su hijo tenía en tan alta estima, recomendó a Einstein a su amigo Friedrich Haller, director de la Oficina de Patentes de Berna, para ocupar un puesto en ella, cuando apareciese la primera vacante. «Cuando ayer recibí tu carta —escribió Einstein a Marcel— me sentí profundamente conmovido por tu amistad y compasión y por no olvidarte de tus amigos más desfavorecidos».[32] Además, después de cinco años de ser apátrida, le fue concedida la ciudadanía suiza, lo que Einstein consideraba que podía ayudarle a conseguir ese trabajo.

Quizá su suerte, después de todo, estuviese empezando a cambiar. Le habían ofrecido y había aceptado un trabajo provisional como profesor en la escuela de Winterthur, un pequeño pueblo ubicado a poco más de treinta kilómetros de Zúrich. Las cinco o seis clases que debía dar cada mañana le dejaban las tardes libres para seguir dedicándose a la física. «No puedo decirte que me sienta feliz con este trabajo —escribió a papá Winteler poco antes de finalizar esa temporada—. Y aunque he renunciado a mi ambición de trabajar en la universidad, veo que, a pesar de ello, tengo también la fuerza y la motivación necesarias para continuar con el quehacer científico».[33] Pero esa fortaleza no tardó en verse puesta a prueba cuando Mileva le anunció que estaba embarazada.

Después de fracasar, por segunda vez, en el examen del Poli, Mileva regresó a Hungría a esperar, en casa de sus padres, la llegada de su hijo. Einstein se tomó con calma la noticia de su embarazo. Ya había pensado en buscar trabajo como empleado en una compañía de seguros y ahora juró conformarse con cualquier otro trabajo, independientemente de lo humilde que fuese, para poder casarse. Pero cuando nació su hija, Einstein estaba en Berna y no llegó a conocer a Lieserl. Ese fue un episodio de la vida de Einstein que sigue envuelto en el misterio y todavía no se sabe si la niña murió durante la infancia o fue entregada en adopción.

En diciembre de 1901, Friedrich Haller escribió a Einstein invitándole a solicitar un puesto que acababa de quedar vacante en la Oficina de Patentes y que estaba a punto de ser anunciado.[34] La larga búsqueda de un trabajo permanente parecía haber tocado a su fin cuando Einstein envió su solicitud antes de Navidad. «Creo que nos aguarda un futuro muy halagüeño —escribió a Mileva—. ¿Ya te he dicho lo ricos que seremos en Berna?».[35] Convencido de que todo iba a cambiar rápidamente, Einstein abandonó, al cabo de cuatro meses, una tutoría de un año que había conseguido en una escuela privada de Schaffhausen.

La población de Berna era, cuando Einstein llegó, la primera semana de febrero de 1902, de unas sesenta mil personas. Poco había cambiado la elegancia medieval de su casco antiguo en los cerca de quinientos años transcurridos desde la reconstrucción que siguió a un incendio que destruyó la mitad de la ciudad. Fue precisamente en ese barrio donde Einstein encontró una habitación en Gerechtigkeitgasse, no lejos del conocido foso de los osos.[36]

«La gran y hermosa habitación», como escribió a Mileva, costaba veintitrés francos al mes.[37] Apenas deshizo sus maletas, Einstein fue al periódico local y colocó un anuncio ofreciendo sus servicios como profesor particular de matemáticas y física. El anuncio en cuestión apareció el miércoles 5 de febrero, ofreciendo una lección de prueba gratis, que no tardó en dar sus frutos. Uno de sus alumnos describió a su nuevo tutor con las siguientes palabras: «Cerca de 1,75 m de estatura, ancho de espaldas, ligeramente encorvado, piel de color moreno claro, boca sensual, bigote negro, nariz levemente aguileña, voz agradable y hablando francés correctamente con un ligero acento».[38]

Un joven judío rumano llamado Maurice Solovine vio también el anuncio mientras paseaba por la calle leyendo el periódico. Estudiante de filosofía de la Universidad de Berna, Solovine estaba muy interesado en la física, pero frustrado por su ignorancia de las matemáticas, que le impedía entender más profundamente la física.

Por ello se encaminó hacia la dirección del anuncio. Cuando Solovine tocó el timbre, Einstein se dio cuenta de inmediato de que acababa de conocer a un espíritu afín. Estudiante y tutor hablaron durante un par de horas, dándose cuenta de los muchos intereses que compartían. Pasada otra media hora, charlando en la calle, decidieron encontrarse al día siguiente. Y, cuando lo hicieron, el entusiasmo compartido les llevó a dejar de lado cualquier idea preconcebida que pudiesen albergar sobre atenerse a una lección estructurada. «A decir verdad —le contó Einstein el tercer día—, estas son las primeras clases de física que doy».[39] A Solovine le gustaba mucho la lucidez con la que Einstein, su nuevo amigo, presentaba un tema o un problema.

Poco tiempo después, el alumno sugirió la posibilidad de leer un determinado libro y discutirlo posteriormente. Y como eso había sido precisamente lo que, en su adolescencia, Talmud había hecho con él en Múnich, a Einstein le pareció una idea excelente. Pronto se les unió Conrad Habicht. Amigo de la época en la que Einstein daba clases en la escuela de Schaffhausen, Habicht se había mudado a la capital suiza para concluir su tesis de matemáticas en la Universidad de Berna. Unidos en su entusiasmo por estudiar y dilucidar, para su propia satisfacción, los problemas de la física y de la filosofía, los tres jóvenes empezaron a autodenominarse con el nombre de «academia Olimpia». Aunque Einstein había sido encarecidamente recomendado por un amigo, Haller tuvo que asegurarse de que era capaz de llevar a cabo el trabajo. El creciente número de solicitudes de patentes de todo tipo de inventos eléctricos obligaba a la oficina a contar, junto al habitual equipo de ingenieros, con un físico competente. Einstein impresionó a Haller lo suficiente para contratarlo provisionalmente como «técnico especialista de tercera» con un sueldo de 3.500 francos. Así fue como, a las ocho de la mañana del día 23 de junio de 1902, Einstein se incorporó a su primera jornada de trabajo como «respetable cagatintas federal».[40] «Como físico —le dijo Haller a Einstein—, usted no tendrá la menor idea de planos».[41] Por eso no le formalizó un contrato permanente hasta que no supo entender y valorar adecuadamente los dibujos técnicos, una tarea que asumió en persona Haller, incluyendo también el arte de expresarse de manera clara, concisa y correcta. Y aunque nunca había aceptado de buena gana, ni en la escuela ni más adelante, que le enseñasen, se dio entonces perfecta cuenta de la necesidad de aprender todo lo que pudiese de Haller, a quien consideraba «un carácter espléndido y una mente muy despierta».[42] «Uno no tarda en acostumbrarse a sus modales bruscos —escribió Einstein—. Le tengo en muy alta estima».[43] Y como Einstein no tardó en demostrar su valía, Haller acabó respetando a su joven protegido y considerándolo como uno de los miembros más importantes de su plantilla.

Cuando, en octubre de 1902, su padre, de solo cincuenta y cinco años, cayó gravemente enfermo, Einstein viajó a Italia para verlo por última vez. Fue entonces cuando, en su lecho de muerte, Hermann dio permiso a Albert para casarse con Mileva, una perspectiva a la que él y Pauline, su madre, se habían opuesto durante mucho tiempo. Con Solovine y Habicht como únicos testigos, Einstein y Mileva se casaron durante el siguiente mes de enero en una ceremonia civil que se celebró en el registro civil de Berna. «El matrimonio consiste —dijo Einstein más tarde— en el infructuoso intento de convertir en duradero un mero incidente».[44] En 1903, sin embargo, Albert estaba feliz de tener una esposa que cocinaba, limpiaba o simplemente le cuidaba.[45] Lo cierto es que Mileva esperaba algo más.

La Oficina de Patentes le obligaba a trabajar cuarenta y ocho horas por semana. De lunes a sábado, Einstein empezaba a trabajar a las ocho de la mañana y acababa a mediodía. Luego iba a comer a casa o con un amigo a un café cercano y volvía a la oficina desde las dos hasta las seis. De ese modo, como le contó en cierta ocasión a Habicht, tenía «ocho horas al día para hacer tonterías» y además «también tenía el domingo libre».[46] Eso ocurrió en septiembre de 1904, antes de que su situación provisional se convirtiera en permanente y su salario aumentase cuatrocientos francos. Durante la primavera de 1906, Haller estaba tan impresionado por la capacidad de Einstein para «enfrentarse técnicamente a solicitudes de patentes muy difíciles» que le consideraba como «uno de los expertos más valiosos con que contaba».[47] Entonces fue cuando le ascendió a técnico especialista de segunda clase.

«Estaré agradecido a Haller durante toda mi vida», escribió Einstein a Mileva, poco después de mudarse a Berna con la expectativa, que no tardó en convertirse en realidad, de que, más pronto o más tarde, entraría a trabajar en la Oficina de Patentes.[48] Hasta mucho más tarde, sin embargo, no reconoció la magnitud del impacto que Haller y la Oficina de Patentes habían dejado en él: «Quizá no hubiese muerto, pero me hubiese quedado intelectualmente atrofiado».[49] Haller le pidió entonces que considerase cualquier solicitud de patente con el rigor suficiente como para poder enfrentarse adecuadamente a una demanda judicial.

«Piense, cuando abra un nuevo expediente —aconsejó Haller a Einstein—, que todo lo que dice el inventor está equivocado. De otro modo, se verá obligado a atenerse al camino mental que haya seguido el inventor, lo que generará muchos prejuicios. La actitud más adecuada consiste en permanecer críticamente vigilante».[50] Conviene decir ahora que Einstein había encontrado un trabajo que no solo se adaptaba a la perfección a su temperamento, sino que le ayudaba también a perfeccionar sus habilidades. La atención crítica con la que valoraba las esperanzas y sueños de un inventor, a menudo basándose en dibujos poco fiables y especificaciones técnicas inadecuadas, llevó a Einstein a revisar la física sobre la que se asentaba. Así fue como acabó considerando el «pensamiento multifacético» que entrañaba su trabajo como «una auténtica bendición».[51]

«Tenía una habilidad especial para descubrir el significado que había detrás de hechos insignificantes y familiares que escapaban a cualquier otra persona —recordaba su amigo y colega físico teórico Max Born—. No fueron sus habilidades matemáticas las que lo distinguieron de todos nosotros, sino su misteriosa intuición sobre el funcionamiento de la naturaleza».[52] Einstein sabía que carecía del conocimiento matemático necesario para diferenciar lo básico «de la erudición más o menos prescindible».[53] Pero su olfato era, en lo que respecta a la física, insuperable. En este sentido, decía: «Aprendí a oler lo fundamental y a soslayar todo lo demás, es decir, la multitud de cosas que suelen llenar la mente y desviarla de lo esencial».[54]

Los años que pasó en la Oficina de Patentes agudizaron su sentido del olfato. Como había aprendido a hacer con las solicitudes de patentes enviadas por los inventores, Einstein buscaba errores e incoherencias sutiles en los planos de funcionamiento de la naturaleza esbozados por los físicos. Y cuando descubría alguna contradicción en una teoría, la ponía incesantemente a prueba hasta que llegaba a una nueva comprensión que llevaba a su descarte o a esbozar una nueva alternativa donde antes no había ninguna. Su principio «heurístico» de que la luz se comportaba, en ciertos casos, como si estuviera compuesta por una corriente de partículas, es decir, por cuantos de luz, fue la solución que esbozó para tratar de salvar una contradicción existente en el núcleo mismo de la física.

Einstein había aceptado, desde hacía mucho tiempo, que todo estaba compuesto de átomos y que esas pequeñas partículas discretas de materia poseen energía. La energía de un gas, por ejemplo, consiste en la suma total de las energías de los átomos individuales que lo componen. Pero, en el caso de la luz, la situación era completamente diferente. Según la teoría del electromagnetismo de Maxwell o cualquier teoría ondulatoria, la energía de un rayo de luz se expande de manera semejante a las ondas que, desde el punto en el que una piedra impacta en la superficie de un estanque, irradian hacia fuera. Einstein, que consideraba que esa era una «profunda diferencia formal» que le incomodaba y estimulaba, al mismo tiempo, su «pensamiento multifacético»,[55] se dio cuenta de que la disparidad existente entre la discontinuidad de la materia y la continuidad de las ondas electromagnéticas se disolvería si pudiese demostrar que la luz es también discontinua, es decir, que está compuesta de cuantos.[56]

El concepto de cuanto de luz fue el fruto de la revisión realizada por Einstein de la ecuación de Planck relativa a la ley de radiación del cuerpo negro. Y es que, aunque el análisis de Einstein le llevaba a admitir la corrección de la ecuación de Planck, también revelaba lo que siempre había sospechado, es decir, que debía haber llegado a una ecuación completamente diferente. Fue, en su opinión, el conocimiento de la ecuación que estaba buscando lo que acabó determinando el camino seguido por Planck para obtenerla.

Einstein, por su parte, partió precisamente del punto en que Planck se había extraviado. En su empeño por justificar una ecuación que sabía que coincidía con los datos experimentales, Planck no había aplicado coherentemente las ideas y técnicas que utilizaba y con las que contaba. Einstein se dio cuenta de que, de haberlo hecho, Planck hubiese llegado a una ecuación que discrepaba de los resultados experimentales. En junio de 1900, lord Rayleigh había propuesto originalmente esa otra ecuación, pero Planck le había prestado muy poca atención, si es que le había prestado alguna. Todavía no creía, por aquel entonces, en la existencia de los átomos y desaprobaba, en consecuencia, el uso del teorema de equipartición de Rayleigh. Los átomos solo son libres para moverse en tres direcciones diferentes: hacia arriba y hacia abajo, hacia delante y hacia atrás, y hacia un lado y hacia el otro. Cada una de esas dimensiones, llamadas «grado de libertad», es una forma independiente en la que un átomo puede recibir y almacenar energía. Pero, además de esos tres tipos de movimientos de «traslación», una molécula está compuesta de dos o más átomos que tienen tres tipos de movimiento de «rotación» en torno a los ejes imaginarios que unen los átomos, lo cual nos da un total de seis grados de libertad. Según el teorema de equipartición, la energía de un gas debe hallarse equitativamente distribuida entre sus moléculas y repartida luego de un igual modo entre las diferentes formas en que la molécula puede moverse.

En una aplicación perfecta de la física de Newton, Maxwell y Boltzmann, Rayleigh había empleado el teorema de equipartición para dividir la energía de la radiación del cuerpo negro entre las diferentes longitudes de onda de la radiación presente dentro de una cavidad. Pero esa solución, dejando de lado un error numérico posteriormente corregido por James Jeans, conducía a otro problema que acabó conociéndose como ley de Rayleigh-Jeans. El problema en cuestión predecía un aumento infinito de la energía en la región ultravioleta del espectro. Ese era un fallo de la física clásica que, muchos años más tarde, en 1911, acabó conociéndose como «catástrofe ultravioleta». Afortunadamente se trataba de una alternativa imposible, porque la vida humana no hubiese sido viable en un universo sumido en un océano de radiación ultravioleta.

Einstein había derivado la ley de Rayleigh-Jeans de la suya y sabía que la distribución de radiación del cuerpo negro que pronosticaba contradecía los datos experimentales y abocaba al absurdo de una cantidad infinita de energía en la franja ultravioleta del espectro. Puesto que la ley de Rayleigh-Jeans solo coincidía con la conducta de la radiación del cuerpo negro en las longitudes de onda largas (es decir, a frecuencias muy bajas), el punto de partida de Einstein fue la anterior ley de radiación del cuerpo negro formulada por Wilhelm Wien. Esa era, en su opinión, la única decisión segura, aunque la ley de Wien solo conseguía replicar la conducta de la radiación del cuerpo negro a longitudes de onda cortas (es decir, a elevadas frecuencias) y no consiguiera hacerlo en las más largas (es decir, a frecuencias más bajas) del infrarrojo. Pero ello todavía comportaba, para Einstein, varias ventajas. No había la menor duda de la validez de su análisis y describía perfectamente una región, al menos, del espectro del cuerpo negro al que restringir su discusión.

Einstein diseñó un plan sencillo, pero muy ingenioso. Un gas no es más que un conjunto de partículas, y cuando se halla en equilibrio termodinámico, son las propiedades de esas partículas las que determinan, por ejemplo, la presión ejercida por el gas a una determinada temperatura. Si se descubriesen semejanzas entre las propiedades de la radiación del cuerpo negro y las propiedades de un gas, podría afirmarse que la radiación electromagnética se asemeja a las partículas. Einstein empezó su análisis con un cuerpo negro imaginario vacío, pero, a diferencia de Planck, lo llenó de partículas gaseosas y electrones. Los átomos de las paredes del cuerpo negro, sin embargo, contenían otros electrones. Si el cuerpo negro se calienta, oscila con un rango de frecuencias mayor que es el resultado de la emisión y absorción de la radiación. Pronto el interior del cuerpo negro rebosa de partículas gaseosas, de electrones veloces y de la radiación emitida por los electrones oscilantes. Al cabo de un rato se alcanza el equilibrio térmico cuando la cavidad y todo su interior se halla a la misma temperatura T.

La primera ley de la termodinámica, que afirma la conservación de la energía, puede traducirse relacionando la entropía de un sistema con su energía, su temperatura y su volumen. Fue entonces cuando Einstein utilizó esta ley, la ley de Wien y Boltzmann, para analizar el modo en que la entropía de la radiación del cuerpo negro depende del volumen ocupado «sin establecer modelo alguno para la emisión y propagación de la radiación».[57] Lo que descubrió fue una ecuación que parecía exactamente igual a la que describía el modo en que la entropía de un gas, compuesto de átomos, depende del volumen que ocupa. La radiación del cuerpo negro se comporta como si estuviese compuesto de partículas individuales de energía.

Einstein había descubierto el cuanto de luz sin necesidad de recurrir a la ley de la radiación del cuerpo negro de Planck ni a su método. Así fue como, manteniendo a raya a Planck, Einstein acabó esbozando una ecuación levemente diferente que, aunque significaba y codificaba la misma información que $E = hv$, insistía en que la energía se halla cuantizada, es decir, que solo llega en unidades de hv. Así, mientras que Planck únicamente había cuantizado la emisión y absorción de radiación electromagnética de modo que sus osciladores imaginarios pudiesen producir la correcta distribución espectral de la radiación del cuerpo negro, Einstein había cuantizado la radiación electromagnética y, por tanto, la luz. En este sentido, pues, la energía que posee un cuanto de luz amarilla es la constante de Planck multiplicada por la frecuencia de la luz amarilla.

Einstein era muy consciente de que, demostrando que hay ocasiones en que la radiación electromagnética se comporta del mismo modo en que lo hacen las partículas de un gas, habría colado de rondón, por la puerta trasera, de manera analógica, sus cuantos de luz. Para convencer a los demás sobre el valor «heurístico» de su nuevo «punto de vista» relativo a la naturaleza de la luz, lo aplicó a la explicación de un fenómeno poco conocido.[58]

El físico alemán Heinrich Hertz observó, por vez primera, el efecto fotoeléctrico en 1887, mientras estaba llevando a cabo una serie de experimentos destinados a demostrar la existencia de las ondas electromagnéticas. Casualmente advirtió que la chispa entre dos esferas de metal se tornaba más brillante cuando una de ellas se hallaba iluminada con luz ultravioleta. Después de pasar meses investigando «un fenómeno nuevo y completamente desconcertante», no pudo esbozar ninguna explicación, pero creía, de forma incorrecta, que se hallaba confinado al uso de la luz ultravioleta.[59]

«Naturalmente estaría bien que fuese menos problemático —admitió Hertz—, pero tengo la esperanza de que, cuando esta confusión se resuelva, se aclararán también nuevos hechos, como si fueran más sencillos de resolver».[60] Y aunque se trató de una afirmación profética, no vivió para verla, porque murió trágicamente en 1894 a los treinta y seis años.

Fue Philipp Lenard, ayudante de Hertz, quien en 1902 profundizó el misterio del efecto fotoeléctrico al descubrir que se producía también al ubicar dos placas de metal dentro de un tubo de vidrio en el que se había hecho el vacío. Conectando los alambres de cada placa a una batería, Lenard descubrió la presencia de una corriente cuando iluminaba con luz ultravioleta una de las placas. El efecto fotoeléctrico fue explicado como la emisión de electrones desde la superficie metálica iluminada. Cuando la luz ultravioleta incide sobre la placa proporciona a los electrones la suficiente energía como para escapar del metal y atravesar el espacio que los separa de la otra placa, completando así el circuito para producir una «corriente fotoeléctrica». Pero Lenard también descubrió hechos que contradecían la física establecida, lo que abrió la puerta a Einstein y su cuanto de luz.

Se esperaba que, al aumentar la intensidad del rayo luminoso, haciéndose más brillante, se mantendría el número de electrones de la superficie metálica, pero que cada uno poseería más energía. Sin embargo, Lenard descubrió exactamente lo contrario, la presencia de un mayor número de electrones emitidos sin cambio alguno en su energía individual. La solución cuántica de Einstein, por su parte, era sencilla y elegante: si la luz está compuesta de cuantos, el aumento de la intensidad del rayo supondrá también que está compuesto por un número mayor de cuantos. En este sentido, cuanto más intenso es el rayo de luz que golpea la placa metálica, el aumento en el número de cuantos de luz conduce al correspondiente aumento en el número de electrones emitidos.

El segundo curioso descubrimiento de Lenard fue que la energía de los electrones emitidos no dependía de la intensidad del rayo, sino de su frecuencia. Y este era un resultado para el que

Einstein tenía una respuesta preparada. Siendo la energía del cuanto de luz proporcional a su frecuencia, el cuanto de luz roja (baja frecuencia) tendrá menos energía que el de luz azul (alta frecuencia). El cambio en el color (es decir, en la frecuencia) de la luz no modifica el número de cuantos de rayos de la misma intensidad. Así es como, independientemente del color, se emitirá el mismo número de electrones, puesto que el mismo número de cuantos golpeará la placa metálica. Sin embargo, como la luz de frecuencia diferente está compuesta de cuantos de energías diferentes, los electrones emitidos tendrán, dependiendo de la luz utilizada, más o menos energía. Por eso la energía cinética de los electrones de luz ultravioleta es mayor que la emitida por los cuantos de luz roja.

Y también hay que reseñar otro rasgo muy interesante. Cada metal posee una frecuencia mínima, denominada «frecuencia umbral», por debajo de la cual no se emite, independientemente del tiempo y la intensidad con la que se ilumine el metal, ningún electrón. Superado, no obstante, ese umbral, los electrones se emiten, independientemente de lo débil que sea el haz de luz. El cuanto de luz de Einstein proporcionaba, de nuevo, una explicación de este fenómeno, al tiempo que introducía un nuevo concepto, al que Einstein denominó «función trabajo».

Einstein consideraba que el efecto fotoeléctrico es el resultado de un electrón al que un cuanto de luz proporciona la energía suficiente para poder superar las fuerzas que le mantienen atado a la superficie metálica y escapar. La función trabajo es la energía mínima que necesita un electrón para escapar de la superficie, algo que varía dependiendo del metal. Si la frecuencia de la luz es demasiado elevada, los cuantos de luz no poseen la energía suficiente como para permitir al electrón romper los lazos que le mantienen unido al metal.

Einstein resumió toda esa información en una simple ecuación, la energía cinética máxima de un electrón emitido por una superficie metálica es igual a la energía de los cuantos de luz absorbidos menos la función trabajo. Utilizando esta ecuación, Einstein predijo que un gráfico que representara la energía cinética máxima de los electrones en función de la frecuencia de luz utilizada sería una línea recta, que comenzaría en la frecuencia umbral del metal. El gradiente de la línea, independientemente del metal utilizado, sería siempre igual a la constante de Planck, *h*.

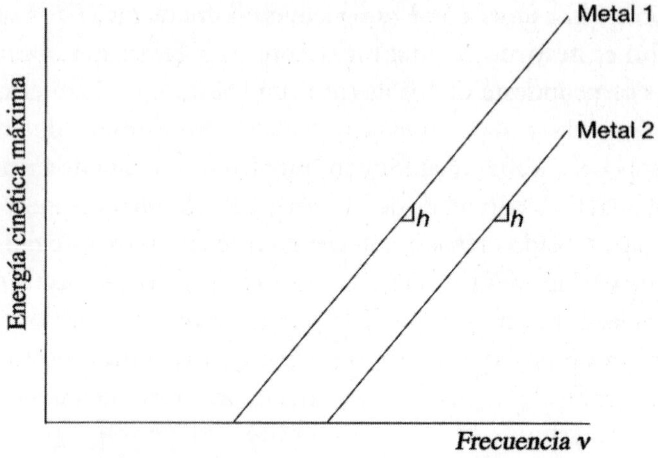

FIGURA 3. El efecto fotoeléctrico.
Relación existente entre la energía cinética máxima de los electrones emitidos y la frecuencia de la luz que impacta en la superficie del metal.

«Después de pasarme diez años de mi vida tratando de poner a prueba la ecuación de Einstein de 1905 me vi finalmente obligado, pese a su aparente irracionalidad —que parecía violar todo lo que sabíamos acerca de la interferencia de la luz y contradecir todas mis expectativas—, a aceptarla sin reservas», se quejó, en este sentido, el físico experimental estadounidense Robert Millikan.[61] Aunque Millikan ganó en 1923 el Premio Nobel en reconocimiento a su trabajo, se mostró reacio, aun frente a sus propios datos, a aceptar la hipótesis cuántica subyacente, arguyendo que «la teoría física sobre la que se basa la ecuación es completamente insostenible».[62] Desde el mismo comienzo, los físicos de todo el mundo habían recibido con una mezcla de suspicacia y cinismo la teoría cuántica de la luz de Einstein. Algunos se preguntaban si los cuantos de luz existían o si sencillamente se trataba de una artimaña cuyo valor era estrictamente provisional. En el mejor de los casos pensaban que la luz, y en consecuencia la radiación electromagnética, no está compuesta por cuantos, sino que solo se comporta como tal cuando intercambia energía con la materia.[63] Y, entre todos ellos, destacaba Planck.

Mientras, en 1913, Planck y los otros tres defensores de la postulación de Einstein a la Academia Prusiana de las Ciencias concluyeron su testimonio tratando, con las siguientes palabras, de excusar su propuesta de los cuantos de luz:

> Bien podría decirse que, entre los problemas importantes, tan abundantes en la física moderna, casi no hay ninguno sobre el que Einstein no haya tomado una posición clara. El hecho de que, en ocasiones, sus especulaciones puedan haberse equivocado como es el caso, por ejemplo, de su hipótesis de los cuantos de luz, no debería tomarse como un argumento en su contra. Porque sin asumir, de vez en cuando, riesgos resulta imposible, aun en el campo de las ciencias naturales más exactas, descubrir nada nuevo.[64]

Dos años más tarde, los detallados experimentos realizados por Millikan hicieron imposible seguir desdeñando la validez de la ecuación fotoeléctrica de Einstein. En 1922 habría sido casi imposible, en la medida en que a Einstein se le otorgó tardíamente en 1921 el Premio Nobel de Física por su ley del efecto fotoeléctrico, descrito por su ecuación y no por su explicación subyacente empleando los cuantos de luz. Por aquel entonces había dejado ya de ser un oscuro empleado de la Oficina de Patentes de Berna y era mundialmente famoso por su teoría de la relatividad y ampliamente reconocido como el mayor científico desde la época de Newton. Pero su teoría cuántica de la luz seguía siendo demasiado radical para que los físicos la aceptasen.

La testaruda oposición a la idea de los cuantos de luz de Einstein descansaba en la abrumadora evidencia en favor de la teoría ondulatoria de la luz. La cuestión de si la luz era una partícula o una onda llevaba tiempo en el candelero. Todo el siglo XVIII y el comienzo del XIX se hallaron sometidos a la visión corpuscular de la luz de Isaac Newton. «Mi objetivo en este libro no pretende explicar las propiedades de la luz recurriendo a hipótesis —escribió

Newton al comienzo de su libro *Opticks*, publicado en 1704—, sino proponerlas y demostrarlas mediante la razón y la experimentación».[65] En 1666 llevó a cabo los primeros experimentos al respecto al descomponer, con un prisma, la luz blanca en los colores del espectro del arcoíris, que volvió luego a recomponer, utilizando un segundo prisma. Newton creía que los rayos de luz estaban compuestos de partículas o, como él los llamaba, de «corpúsculos», es decir, de «cuerpos muy pequeños emitidos por las sustancias brillantes».[66] Como las partículas de luz viajan en línea recta, tal teoría explica, según Newton, el hecho cotidiano de que, aunque podamos escuchar a una persona hablando desde una esquina, no podamos verla, porque la luz no puede doblar las esquinas.

Newton fue capaz de proporcionar un detallado relato matemático de una serie de observaciones ópticas, incluida la reflexión y la refracción —es decir, el cambio de dirección que experimenta la luz cuando pasa de un medio material menos denso a otro más denso—. Pero también había otras propiedades de la luz que Newton, no obstante, no pudo explicar. Cuando un rayo de luz, por ejemplo, incide sobre una superficie de cristal, una parte atraviesa la superficie y otra parte se refleja. La cuestión a la que Newton debía responder era por qué algunas partículas de luz se veían reflejadas y otras no. Y para responder a esta pregunta, se vio obligado a modificar su teoría. Las partículas luminosas provocan perturbaciones ondiculares en el éter. Estos «ajustes de fácil reflexión y de fácil transmisión», como los llamó, eran el mecanismo que permitía que algunos rayos luminosos se transmitiesen a través del cristal y que el resto se reflejasen.[67] Newton relacionó la «magnitud» de estas perturbaciones con el color. En este sentido, las mayores perturbaciones, es decir, las que, según una terminología posterior, se dan a longitudes de onda más largas, son las responsables de producir el color rojo, mientras que las más pequeñas, las de menor longitud de onda, producen el violeta.

El físico holandés Christiaan Huygens sostenía que no existe ninguna partícula newtoniana de la luz. Trece años mayor que Newton, Huygens esbozó, en 1678, una teoría ondulatoria de la luz que explicaba la reflexión y la refracción. Aunque su libro sobre el tema, titulado *Traité de la Lumière*, no se vio publicado hasta 1690,

Huygens creía que la luz era una onda que viajaba a través del éter. La luz, en su opinión, se asemejaba a las ondas que se despliegan al arrojar una piedra sobre la tranquila superficie de un estanque. Dónde estaba, si la luz realmente estuviese compuesta de partículas, se preguntaba Huygens, la prueba de las colisiones que se llevan a cabo cuando se entrecruzan dos rayos de luz. No existe la menor evidencia de este tipo de fenómeno, respondía Huygens. Las ondas acústicas no colisionan, ergo la luz debe ser de naturaleza ondicular.

Aunque las teorías de Newton y Huygens podían explicar la reflexión y la refracción, cada una de ellas predecía, en lo que respecta a determinados fenómenos ópticos, resultados diferentes. Y aunque ninguno, sin embargo, pudo ser verificado con precisión durante décadas, uno de ellos sí fue posible ser observado. Un haz de luz compuesto por los corpúsculos newtonianos viajando en línea recta provocaría sombras definidas al golpear los objetos, mientras que las ondas de Huygens, como las ondas de agua que rodean cualquier objeto que encuentran, provocan sombras de perfil ligeramente borroso. El jesuita y matemático italiano padre Francesco Grimaldi bautizó a este curvado de la luz en torno al borde de un objeto, o en torno al borde de una estrecha ranura, con el nombre de difracción. En un libro publicado en 1665, dos años después de su muerte, describía el modo en que un objeto opaco ubicado en un estrecho rayo de luz que puede atravesar un pequeño agujero en una ventana cerrada arroja una sombra más larga que la que debería esperarse si la luz estuviese compuesta por partículas viajando en línea recta. También descubrió, en torno a la sombra, la presencia de halos de luz coloreada y borrosa donde debía haber una separación clara y nítida entre luz y oscuridad.

Newton era muy consciente del descubrimiento de Grimaldi y llevó posteriormente a cabo su propio experimento para investigar la difracción, que parecía explicarse con mayor facilidad utilizando la teoría ondulatoria de Huygens. Sin embargo, Newton sostenía que la difracción era el resultado de fuerzas ejercidas sobre las partículas de luz e indicadoras de la naturaleza misma de la luz. Dada su preeminencia, la teoría corpuscular de la luz sostenida por Newton era aceptada como la ortodoxia, aunque en realidad se trataba de un extraño híbrido entre onda y partícula. También hay que decir que Newton vivió más que Huygens, que murió en 1695, a los treinta y dos años. El famoso epitafio de Alexander Pope que dice «La naturaleza y sus leyes yacían ocultas en la noche; / Dios dijo: "Que sea Newton" y todo se hizo luz» testimonia claramente el respeto que Newton despertaba en su época. Durante los años que siguieron a su muerte, que acaeció en 1727, la autoridad de Newton no disminuyó y su visión de la naturaleza de la luz permaneció casi sin ser rebatida. A comienzos del siglo XIX, sin embargo, el erudito inglés Thomas Young cuestionó esa visión, lo que supuso una reactivación de la teoría ondulatoria de la luz.

Young, nacido en 1773, era el mayor de diez hijos. A los dos años leía con fluidez y, a eso de los seis, había leído la Biblia entera un par de veces. Dominando más de doce idiomas, Young hizo contribuciones muy importantes al descifrado de los jeroglíficos egipcios. Como físico muy diestro, pudo permitirse sus muchas investigaciones intelectuales gracias a la herencia de un tío que le dejó en buena posición económica. Su interés por la naturaleza de la luz le llevó a dedicarse a examinar las similitudes y diferencias existentes entre la luz y el sonido y a estudiar «uno o dos problemas del sistema newtoniano».[68] Convencido de que la luz era una onda, diseñó un experimento destinado a jalonar el comienzo del fin de la teoría corpuscular de la luz de Newton.

Young iluminó con luz monocromática una pantalla con una simple ranura. De esta ranura salía un haz de luz que se expandía hasta llegar a una segunda pantalla en la que había un par de ranuras estrechas y paralelas muy próximas. Estas dos ranuras, como los faros delanteros de un coche, actuaban como nuevas fuentes de luz o, como dijo Young, «como centros de divergencia, desde donde la luz se difractaba en todas direcciones».[69] Lo que Young descubrió en otra pantalla ubicada a cierta distancia de los dos agujeros fue una brillante banda central rodeada a cada lado por una onda de bandas oscuras y brillantes.

Para explicar la aparición de estas «franjas» brillantes y oscuras, Young utilizaba una analogía. Cuando arrojamos una piedra sobre la superficie de un estanque tranquilo se despliegan, en torno al punto de impacto, una serie de ondas que se expanden circularmente por toda la superficie del agua. Y cuando son dos las piedras arrojadas al mismo tiempo a una distancia lo suficientemente próxima, las ondas originadas por una se entrecruzan con las de la otra. Y en el punto en que se encuentran dos valles o dos crestas, se funden produciendo, en lo que se llama interferencia constructiva, un nuevo valle o una nueva cresta. Cuando lo que se encuentran, por el contrario, son un valle y una cresta, o viceversa, acaban anulándose, en un fenómeno conocido con el nombre de interferencia destructiva, y dejando, en ese punto, el agua en un nivel neutro.

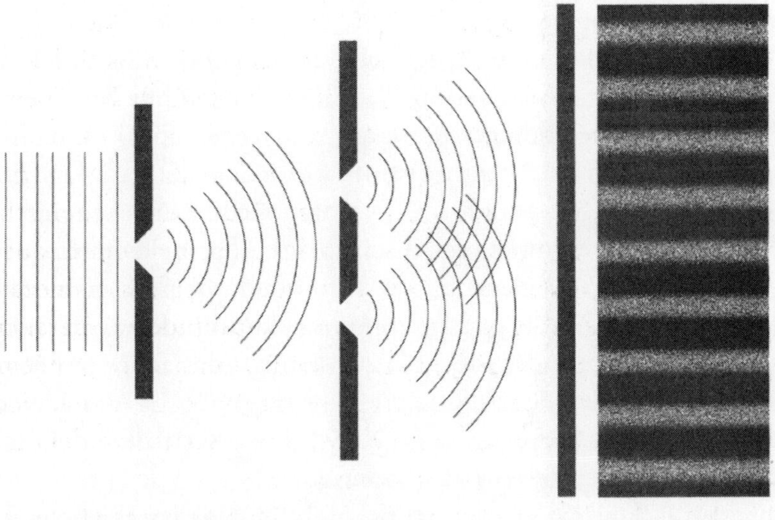

FIGURA 4. Experimento de las dos ranuras de Young.
Véase, en el extremo de la derecha, la pauta de interferencia resultante.

Las ondas luminosas que se originan en las dos ranuras del experimento de Young interfieren de manera parecida antes de impactar finalmente con la pared. Las franjas brillantes ilustran, en este sentido, la interferencia constructiva, mientras que las oscuras, por el contrario, son un ejemplo de la interferencia destructiva. Estos resultados solo pueden, en opinión de Young, ser explicados si la luz es un fenómeno ondulatorio. Si la luz estuviese compuesta, como decía Newton, por partículas, solo produciría dos imágenes brillantes correspondientes a las ranuras separadas por una franja oscura. La pauta de interferencia de franjas luminosas y oscuras es, desde la perspectiva corpuscular de la luz, sencillamente inexplicable.

La primera vez que, en 1801, Young esbozó la noción de interferencia y presentó sus resultados, la prensa le atacó ferozmente por atreverse a cuestionar la autoridad de Newton. Él trató de defenderse escribiendo un folleto en el que mostraba con claridad y con las siguientes palabras sus sentimientos sobre Newton: «Por más que venere el nombre de Newton no estoy obligado, sin embargo, a creer en su infalibilidad. Por eso veo, no con alegría sino, por el contrario, con gran tristeza, que él también podía equivocarse y retrasar quizá su autoridad, en algunas ocasiones, el avance de la ciencia».[70] Lo cierto es que, de ese escrito, no se vendió más que una sola copia.

Fue finalmente un ingeniero civil francés el que, siguiendo los pasos de Young, acabó yendo más allá de la sombra de Newton. Augustin Fresnel, quince años más joven, redescubrió, de manera independientemente y muy distinta y desconocida para Young, la interferencia. Comparados, sin embargo, con los del inglés, los experimentos elegantemente diseñados por Fresnel eran más amplios e incluían una presentación de resultados y un análisis matemático tan impecable que la teoría ondulatoria fue empezando a reclutar, durante la década de 1820, distinguidos adeptos. Fresnel les convenció de que la teoría ondulatoria explicaba más adecuadamente que la corpuscular de Newton una serie de fenómenos ópticos. También respondía a la antigua objeción de la teoría ondulatoria, según la cual la luz no podía doblar las esquinas. De hecho, en opinión de Fresnel, sí lo hace. Pero, puesto que las ondas luminosas son millones de veces más pequeñas que las sonoras, la desviación del camino recto que experimenta un rayo de luz es muy muy pequeña y mucho más difícil, por tanto, de detectar. Las ondas solo se curvan en torno a obstáculos no mucho mayores que ellas. Las ondas sonoras son muy largas y, en consecuencia, pueden sortear con facilidad la mayoría de las barreras con las que tropiezan.

Una forma de decidir entre dos teorías rivales consiste en observar fenómenos para los que predicen resultados diferentes. Los experimentos llevados a cabo en Francia en 1850 revelaron que la velocidad de la luz era más lenta, como predecía exactamente la naturaleza ondulatoria de la luz, en un medio denso como el cristal o el agua que en el aire. Los corpúsculos de Newton, por su parte, fracasaban en viajar tan rápido como se esperaba. Pero todavía quedaba una pregunta muy importante por responder: ¿cuáles son, si la luz es una onda, sus propiedades?

Ahí es donde entra en escena James Clerk Maxwell y su teoría del electromagnetismo. Nacido en 1831 en Edimburgo, Maxwell, hijo de un hacendado escocés, estaba destinado a convertirse en el mayor físico teórico del siglo XIX. A la edad de quince años escribió su primer artículo publicado sobre un método geométrico para trazar óvalos. En 1855 ganó el Premio Adams de la Universidad de Edimburgo por demostrar que los anillos de Saturno no podían ser sólidos, sino que debían estar compuestos por pequeños fragmentos de materia. En 1860 promovió la fase final del desarrollo de la teoría cinética de los gases, la explicación de las propiedades de los gases basada en el supuesto de que están compuestos por partículas de movimiento. Pero su mayor logro, sin embargo, fue la teoría del electromagnetismo.

En 1819, el físico danés Hans Christian Oersted descubrió que el paso de una corriente eléctrica por un cable desvía la aguja de una brújula que se encuentra en sus proximidades. Un año después, el francés François Arago descubrió que un cable por el que discurre una corriente eléctrica se comporta como un imán y puede atraer limaduras de hierro. Poco después, su compatriota André Marie Ampère demostró que, cuando la corriente fluía por dos cables paralelos en la misma dirección, se veían atraídos y que se repelían cuando la corriente fluía en direcciones contrarias. Intrigado por el hecho de que un flujo de electricidad pudiese generar magnetismo, el gran experimentalista británico Michael Faraday decidió descubrir si, partiendo del magnetismo, podía generar electricidad. Entonces colocó una barra imantada dentro y fuera de una bobina de alambre en espiral y descubrió la posibilidad de generar corriente eléctrica, que cesaba cuando el imán se mantenía inmóvil dentro de la bobina.

Del mismo modo que las moléculas de agua se organizan de tal forma que se pueden manifestar en estado sólido (hielo), líquido y gaseoso (vapor), Maxwell acabó demostrando, en 1864, que la electricidad y el magnetismo son manifestaciones diferentes de un mismo fenómeno subyacente, al que denominó electromagnetismo. Así fue como terminó resumiendo el comportamiento de la electricidad y el magnetismo en cuatro elegantes ecuaciones matemáticas. Al verlas, Ludwig Boltzmann reconoció de inmediato la magnitud del logro de Maxwell y solo pudo citar admirativamente a Goethe: «¿Fue acaso un dios quien escribió estos signos?».[71] Esas ecuaciones le permitieron realizar la sorprendente predicción de que las ondas electromagnéticas viajaban por el éter a la velocidad de la luz. Y si estaba en lo cierto, la luz era una forma de radiación electromagnética. Pero ¿existían, de hecho, las ondas electromagnéticas? ¿Y viajaban realmente, en tal caso, a la velocidad de la luz? Maxwell no vivió lo suficiente para ver confirmada experimentalmente su predicción porque murió de cáncer en noviembre de 1879, el mismo año en que Einstein nació, a los cuarenta y dos años. Antes de que hubiese transcurrido una década, en 1887, Heinrich Hertz proporcionó la corroboración experimental que convirtió a la unificación de Maxwell de la electricidad, el magnetismo y la luz en el logro capital de la física del siglo XIX.

Hertz proclamó en el artículo en el que subrayaba sus investigaciones: «Los experimentos descritos descartan, en mi opinión, cualquier duda sobre la identidad de la luz, el calor radiante y el movimiento ondulatorio electromagnético. Creo que, a partir de ahora, podremos servirnos de las ventajas que nos proporciona esta identidad tanto en el estudio de la óptica como en el de la electricidad».[72] Resulta paradójico que, durante esos mismos experimentos, Hertz descubriese el efecto fotoeléctrico que proporcionó a Einstein pruebas de un caso de identidad equivocada. Sus cuantos luminosos cuestionaban la teoría ondulatoria de la luz que Hertz y otros daban completamente por sentada. La concepción de la luz como forma de radiación electromagnética había demostrado ser tan exitosa que, para los físicos, resultaba impensable la posibilidad de descartarla en favor de los cuantos de luz de Einstein. Fueron muchos los que encontraron absurda la teoría cuántica de la luz. Después de todo, la energía cuántica de la luz está determinada por la frecuencia de esa luz, pero seguramente la frecuencia tenga que ver con las ondas, no con bits de energía viajando a través del espacio.

Einstein aceptó fácilmente que la teoría ondulatoria de la luz «se había mostrado insuperable» para explicar la difracción, la interferencia, la reflexión y la refracción y que, en consecuencia, «jamás se vería reemplazada por otra teoría».[73] Pero este éxito descansaba, en su opinión, en el hecho vital de que todos esos fenómenos ópticos implicaban la conducta de la luz a lo largo de un periodo de tiempo, y que las propiedades corpusculares no podrían manifestarse. La situación era completamente diferente en lo que respecta a la emisión y absorción casi «instantánea» de luz. Esa era la razón, en opinión de Einstein, de las «extraordinarias dificultades» con las que tropezaba la teoría ondulatoria para explicar el efecto fotoeléctrico.[74]

Futuro ganador del Premio Nobel, pero, en 1906, *privatdozent* de la Universidad de Berlín, Max von Laue escribió a Einstein diciéndole que estaba dispuesto a aceptar que los cuantos podían estar implicados en la emisión y absorción de la luz. Pero eso fue todo. La luz no estaba compuesta por cuantos, advertía Von Laue, sino que «solo se comporta como tal cuando intercambia energía con la materia».[75] Lo cierto es que eran muy pocos los que estaban dispuestos a aceptar este punto. Parte del problema tenía que ver con el mismo Einstein. En su artículo original decía que la luz «se comporta» como si estuviera compuesta por cuantos. Y esa afirmación distaba mucho de ser un refrendo categórico de la visión cuántica de la luz. Einstein no quería «un mero punto de vista heurístico» y aspiraba a una teoría en toda regla.

El efecto fotoeléctrico había demostrado ser el campo de batalla de la lucha entre la supuesta continuidad de las ondas luminosas y la discontinuidad de la materia, los átomos. Pero, en 1905, todavía había quienes dudaban de la realidad de los átomos. El 11 de mayo, menos de dos meses después de haber concluido su artículo cuántico, la revista *Annalen der Physik* recibió el segundo escrito de Einstein de ese año. Se trataba de su explicación del movimiento browniano que acabó convirtiéndose en una prueba fundamental de la existencia de los átomos.[76]

Cuando, en 1827, el botánico escocés Robert Brown contempló a través del microscopio unos granos de polen suspendidos en el agua, se sorprendió al advertir que se hallaban en un continuo movimiento azaroso, como si se viesen movidos por una fuerza invisible. Algunos habían advertido ya que este movimiento errático se intensificaba al aumentar la temperatura del agua, lo que parecía implicar la presencia, detrás del fenómeno, de algo de orden biológico. Pero Brown descubrió que, cuando utilizaba granos de polen de veinte años de antigüedad, se comportaban exactamente del mismo modo. Fue entonces cuando, intrigado, se aprestó a convertir a fino polvo, antes de suspenderlas en el agua, todo tipo de sustancias inorgánicas, desde vidrio hasta un pedazo de la Esfinge. Y como en todos los casos descubrió la presencia del mismo movimiento zigzagueante, quedó claro que no podía deberse a ningún tipo de fuerza vital. Brown publicó los resultados de su investigación en un folleto titulado *A Brief Account of Microscopical Observations Made in the Months of June, July, and August 1827, on the Particles Contained in the Pallen of Plants; and on the General Existence of Active Molecules in Organic and Inorganic Bodies*. Otros ofrecieron también explicaciones alternativas del «movimiento browniano», pero todas ellas demostraron, a la postre, resultar deficientes. A finales del siglo XIX, quienes creían en la existencia de los átomos y de las moléculas aceptaron que el movimiento browniano era el resultado de las colisiones con las moléculas del agua.

Lo que Einstein reconoció fue que el movimiento browniano de un grano de polen no está causado por una colisión individual con una molécula de agua, sino que es el producto de un gran número de esas colisiones. En este sentido, el zigzagueo azaroso del grano de polen o de las partículas en suspensión no es más que la resultante colectiva de todas esas colisiones. Einstein sospechaba que la clave para entender este movimiento impredecible descansaba en fluctuaciones y desviaciones de la conducta estadística «promedio» esperada de las moléculas de agua. Son muchas, dado su tamaño relativo, las moléculas de agua que pueden golpear, hablando en términos generales, a un determinado grano de polen desde diferentes direcciones. Y cada colisión, en esa escala, supone un empuje infinitesimal en una determinada dirección, pero el efecto global acabaría anulando esos movimientos. Einstein se dio entonces cuenta de que el movimiento browniano se debía a moléculas de agua que se desviaban de forma regular de su conducta «normal» en la medida en que algunas de ellas se agrupaban y golpeaban simultáneamente al polen, desplazándolo en una determinada dirección.

Sobre esa base, Einstein logró calcular la distancia horizontal promedio que, en su movimiento zigzagueante, podía viajar una partícula en un determinado periodo de tiempo. Predijo que las partículas de una milésima de milímetro suspendidas en agua a 17 °C se moverían un promedio de seis milésimas de milímetro por minuto. Así fue como Einstein, armado tan solo con un termómetro, un microscopio y un cronómetro, acabó elaborando una ecuación que permitía determinar el tamaño de los átomos. Tres años después, en 1908, las predicciones de Einstein se vieron confirmadas por una serie de minuciosos experimentos realizados en la Sorbona por Jean Perrin que, en 1926, acabaron haciéndole acreedor al Premio Nobel.

Después de que su teoría de la relatividad se ganase la aceptación de Planck y el análisis del movimiento browniano fuese reconocido como un avance decisivo en favor del átomo, la reputación de Einstein creció independientemente del rechazo provocado por su teoría cuántica de la luz. Eran muchas las cartas que, dirigidas a él, recibía la Universidad de Berna, porque muy pocos sabían que se trataba de un humilde funcionario de la Oficina de Patentes. «Debo decirle que me he sorprendido mucho al enterarme de que debe pasar ocho horas al día sentado en una oficina —le escribió Jakob Laub desde Wurzburgo—. La historia está llena de bromas de mal gusto».[77] Era el mes de marzo de 1908 y Einstein estaba de acuerdo. Hacía seis meses que ya no quería seguir siendo esclavo de las patentes.

Entonces buscó trabajo como profesor de matemáticas en una escuela de Zúrich, afirmando estar dispuesto a enseñar también física. Y, adjunta a la solicitud, mandó también una copia de la tesis que, al tercer intento, le había servido para doctorarse en la Universidad de Zúrich en 1905 y establecer también los cimientos de su artículo sobre el movimiento browniano. Esperando aumentar sus posibilidades, adjuntó también todos los artículos que había publicado. A pesar de sus impresionantes logros científicos, Einstein no llegó a formar parte, de los veintiún candidatos, de los tres primeros.

Fue a instancias de Alfred Kleiner, profesor, a la sazón, de física experimental de la Universidad de Zúrich, que Einstein trató, por tercera vez, de convertirse en *privatdozent*, es decir, en profesor no contratado de la Universidad de Berna. La primera de las solicitudes se vio rechazada porque, en esa época, ni siquiera tenía un doctorado. En 1907 volvió a fracasar, por no haber enviado un *habilitationsschrift*, esto es, un artículo inédito de investigación. Kleiner quería que Einstein lograse una plaza, que no tardaría en ser creada, de profesor extraordinario de física teórica y una de las condiciones para lograrla era ser *privatdozent*. Fue así como escribió el tan necesario *habilitationsschrift* que, llegado el momento, le abrió las puertas para empezar a trabajar, durante la primavera de 1908, como *privatdozent*.

Solo tres alumnos acudieron a su primera clase del curso de teoría del calor. Los tres eran amigos y las clases se impartían los martes y sábados entre las siete y ocho de la mañana. La asistencia a los cursos ofrecidos por un *privatdozent* era optativa y no había muchos alumnos dispuestos a levantarse tan temprano. Como profesor, tanto entonces como luego, Einstein estaba poco preparado e incurría en frecuentes errores. Y cuando tal cosa ocurría, se dirigía sencillamente a los alumnos y les preguntaba: «¿Quién puede decirme dónde he cometido un error?», o «¿Dónde me he equivocado?». Y si un alumno le señalaba un error en sus formulaciones matemáticas, Einstein respondía sin el menor empacho: «Ya os había dicho que las matemáticas nunca han sido mi fuerte».[78]

La habilidad docente era una competencia fundamental para la tarea que le habían encomendado. Y para asegurarse de que realmente se hallaba preparado, Kleiner se dispuso a asistir a una de sus clases. Incómodo por «tener que pasar ese examen», el desempeño de Einstein resultó bastante pobre.[79] Kleiner, sin embargo, le concedió una segunda oportunidad que le dejó, por cierto, impresionado. «Tuve suerte —escribió más tarde Einstein a su amigo Jakob Laub— porque, contrariamente a lo habitual, la clase estuvo, en esa ocasión, bien y superé con creces el examen».[80] Eso ocurría en mayo de 1909 y Einstein pudo finalmente presumir de haberse convertido, cuando le fue concedido el puesto de Zúrich, en «miembro oficial del gremio de prostitutas».[81] Antes de instalarse en Suiza con Mileva y Hans Albert, su hijo de cinco años, Einstein viajó a Salzburgo en septiembre para pronunciar una conferencia ante la flor y nata de los físicos alemanes, y otra en el Gesellschaft Deutscher Naturforscher und Ärtze. Ahora estaba bien preparado.

Era todo un honor que le hubiesen considerado apto para dar esa conferencia. Habitualmente estaba reservada a un físico mayor y reconocido, no a alguien que acababa de cumplir los treinta años y estaba a punto de asumir su primer profesorado extraordinario. Todos los ojos estaban puestos en él, pero Einstein parecía ensimismado cuando subió a la tarima y pronunció la que acabaría convirtiéndose en una famosa conferencia titulada «Acerca del desarrollo de nuestra visión sobre la naturaleza y la constitución de la radiación». «El siguiente estadio —según dijo— de la física teórica consistirá en el desarrollo de una teoría de la luz que fusione la teoría ondicular con la teoría corpuscular».[82] Pero la suya no era una corazonada, sino que estaba basada en el resultado de un inspirado experimento mental que implicaba un espejo suspendido en el interior de un cuerpo negro. Ese experimento le permitió esbozar una ecuación de las fluctuaciones de la energía y del momento de radiación que contenía dos partes muy diferentes. Una de ellas correspondía a una teoría ondulatoria de la luz, mientras la otra presentaba todos los rasgos distintivos de que la radiación estaba compuesta de cuantos. Ambas parecían indispensables, como también lo parecían las dos teorías de la luz. Esa fue la primera predicción de lo que más tarde acabaría denominándose dualidad onda-partícula, es decir, de una concepción simultánea de la luz como onda y como partícula.

Planck, que hasta entonces había permanecido sentado, fue quien tomó la palabra después de que Einstein concluyera su presentación y se sentara. Entonces le dio las gracias por la conferencia y, dirigiéndose a la audiencia, dijo estar en desacuerdo, reiterando su creencia de que los cuantos solo eran necesarios en el intercambio entre materia y radiación. Creer, como Einstein, que la luz estaba realmente compuesta de cuantos, dijo Planck, «todavía es innecesario». Solo Johannes Stark se puso en pie y apoyó a Einstein. Lamentablemente, Stark acabaría convirtiéndose en nazi y atacando —junto a Lenard— a Einstein y su obra como «física judía».

Einstein había abandonado la Oficina de Patentes a fin de poder disponer de más tiempo para la investigación. Llegar a Zúrich supuso para él un amargo despertar. Se quejaba de que, para preparar las siete clases de una hora que debía dar cada semana, «todavía le quedaba menos tiempo libre que en Berna».[83] Los estudiantes se quedaban sorprendidos por la apariencia desastrada de su nuevo profesor, aunque Einstein no tardaba en ganarse su respeto y afecto por su estilo informal y el modo en que, cuando alguna de sus explicaciones no quedaba clara, les alentaba a interrumpir. Al margen de las conferencias formales, se llevaba a sus alumnos, al menos una vez por semana, al café Terasse a charlar hasta que cerraban. Al poco, sin embargo, se acostumbró a su trabajo y se aprestó a emplear la teoría cuántica para tratar de resolver problemas muy antiguos.

En 1819, los científicos franceses Pierre Dulong y Alexis Petit midieron el calor específico, es decir, la cantidad de energía necesaria para elevar un grado centígrado la temperatura de un kilo de diferentes metales, desde el cobre hasta el oro. Nadie que creyera en los átomos dudó, durante los cincuenta años siguientes, de su conclusión de que «los átomos de todos los cuerpos simples poseen exactamente el mismo poder calorífico».[84] Fue una gran sorpresa cuando, en la década de 1870, se descubrieron excepciones.

Suponiendo que, al ser calentados, los átomos de una sustancia oscilan, Einstein adaptó el enfoque de Planck para tratar de explicar las anomalías del calor específico. Los átomos no pueden oscilar a cualquier frecuencia, sino que están «cuantizados», es decir, que solo pueden hacerlo a frecuencias que son múltiplos de determinada frecuencia «fundamental». A partir de ahí, Einstein esbozó una nueva teoría tratando de explicar el modo en que los sólidos absorben calor. Los sólidos solo pueden absorber energía en cantidades discretas, es decir, en cuantos. Sin embargo, si baja la temperatura, la cantidad de energía de la sustancia disminuye, hasta que deja de disponer de la que necesita para proporcionar a cada átomo el cuanto adecuado de energía. Esto provoca una disminución de la energía asumida por el sólido y la correspondiente reducción del calor específico.

Pasaron tres años apenas sin gran interés en lo que Einstein estaba haciendo, a pesar de haber mostrado el modo en que la cuantización de la energía —es decir, el modo en que la energía asume, a nivel atómico, magnitudes discretas— resolvía un problema en un área completamente nueva de la física. Fue Walter Nernst, un eminente físico de Berlín, quien hizo que los demás se sentaran, y cuando les explicó el motivo que les había llevado a visitar a Einstein en Zúrich, pronto quedó claro. Nernst había logrado medir con precisión el calor específico de sólidos a bajas temperaturas y había descubierto que sus resultados coincidían exactamente con las predicciones basadas en su solución cuántica, la de Einstein.

Su reputación se disparaba con cada éxito pasajero, hasta que le ofrecieron un puesto como profesor ordinario en la Universidad Alemana de Praga. Era una oportunidad que no podía rechazar, aunque ello le obligase, después de cinco años, a abandonar Suiza. Entonces fue cuando Einstein, Mileva y sus hijos Hans Albert y Eduard, que todavía no había cumplido el primer año, se mudaron, en abril de 1911, a Praga.

«Ya no me pregunto por la existencia real de los cuantos —escribió Einstein a su amigo Michele Besso, poco después de hacerse cargo de su nuevo puesto—. Y tampoco insisto en ese punto, porque sé que mi cerebro no puede, por ese camino, llegar hasta el final». En lugar de ello, dijo a Besso que se limitaría a tratar de entender las consecuencias de los cuantos.[85] Pero había otros que también querían intentarlo. Todavía no había pasado un mes cuando, el 9 de junio, Einstein recibió una carta y una invitación de un insólito corresponsal. Ernst Solvay, un industrial belga que había hecho una considerable fortuna revolucionando el proceso de fabricación del carbonato de sodio, le ofrecía mil francos para cubrir sus gastos del viaje si accedía a asistir a un «congreso científico» de una semana de duración que iba a celebrarse en Bruselas desde el 29 de octubre hasta el 4 de noviembre de ese mismo año.[86] Él sería uno de los veintidós físicos elegidos de toda Europa que se reunirían para hablar de «cuestiones relativas a las teorías molecular y cinética». A él asistirían, entre otros, Planck, Rubens, Wien y Nernst. Iba a ser un encuentro cumbre que versaría sobre los cuantos.

Planck y Einstein se hallaban entre los ocho asistentes a los que se había pedido que preparasen informes sobre un determinado tema. Los informes en cuestión, que debían presentarse en francés, alemán o inglés, debían enviarse a los participantes antes del encuentro y servirían como punto de partida para encauzar las discusiones durante las sesiones planificadas. Planck hablaría sobre la teoría de la radiación del cuerpo negro, mientras a Einstein se le asignó una exposición sobre su teoría cuántica del calor específico. Y, por más que se le concedió el honor de dar la conferencia de clausura del congreso, su teoría cuántica de la luz no se hallaba en la agenda.

«La empresa me parece extraordinariamente atractiva —escribió Einstein a Walter Nernst— y no dudo de que usted es su corazón y su alma».[87] En 1910, Nernst creía que había llegado ya el momento de tratar de entender los cuantos que, en su opinión, no eran más que «una regla con propiedades curiosas y hasta grotescas».[88] Él fue quien convenció a Solvay para financiar el encuentro y el belga no escatimó gastos contratando como sede el hotel Metropole. En un entorno tan lujoso, Einstein y sus colegas pasaron cinco días hablando sobre los cuantos, con todas sus necesidades satisfechas. Sean cuales fueren las exiguas expectativas que albergaba sobre lo que denominó «el *sabbat* de las brujas», lo cierto es que Einstein regresó decepcionado a Praga quejándose de no haber aprendido nada que no supiera.[89]

Lo cierto es que Einstein disfrutó conociendo a algunos de los otros «brujos». Marie Curie, a la que había descrito como «una mujer muy sencilla» y de la que valoraba muy positivamente «su lucidez mental, la sagacidad con la que controlaba sus datos y la profundidad de su conocimiento».[90] Durante ese encuentro, Curie se enteró de que acababa de ser recompensada con el Premio Nobel de Química, convirtiéndose en la primera científica en conseguir dos porque, en 1903, ya le habían concedido el de Física. Se trataba de un logro extraordinario que se vio ensombrecido por un escándalo que, durante el congreso, estalló a su alrededor. Según la prensa francesa, se había fugado con el físico francés Paul Langevin, un hombre esbelto y con un elegante bigote que estaba casado y era, a la sazón, delegado del congreso. Einstein, que no había visto el menor signo de relación especial entre los dos, descartó la noticia como mera basura. Y es que, a pesar de su «brillante inteligencia», consideraba que Curie no era «lo suficientemente atractiva como para representar un problema para nadie».[91]

Aunque a veces parecía vacilar, sobre todo cuando se hallaba bajo presión, Einstein había sido el primero en aprender a vivir con los cuantos revelando, al hacerlo, una faceta oculta de la verdadera naturaleza de la luz. Otro joven teórico había aprendido también a vivir con los cuantos después de utilizarlos para resucitar un modelo atómico descuidado e incompleto.

3
EL DANÉS DE ORO

Manchester (Inglaterra), miércoles, 19 de junio de 1912. «Estimado Harald: Quizá haya descubierto algo importante sobre la estructura de los átomos —escribió Niels Bohr a su hermano menor. Y luego añadió—: No se lo cuentes a nadie porque, de otro modo, no te hubiese escrito tan pronto».[1] El silencio era, para Bohr, esencial, porque esperaba cumplir el sueño de todo científico, desvelar «algo sobre la realidad». «Todavía es mucho el trabajo que me queda por hacer y te aseguro que estoy ansioso por concluirlo. Por ello me he tomado un par de días libres del laboratorio (este es también un secreto)». Pero ese danés de veintiséis años ignoraba que, para convertir sus efímeras ideas en una trilogía de artículos a los que dio el título genérico de «Sobre la constitución de los átomos y de las moléculas», necesitaría mucho más tiempo del que creía. En el primero de esos artículos, publicado en julio de 1913, que fue auténticamente revolucionario, presentó su visión cuántica del mundo atómico.

Niels Henrik David Bohr nació el 7 de octubre de 1885 en Copenhague, el mismo día que su madre Ellen celebraba su vigésimo quinto cumpleaños en su hogar paterno, a cuya comodidad había regresado para dar a luz a su segundo hijo. Ubicada al otro lado de la calle empedrada y frente al castillo de Christianborg, sede del Parlamento danés, Ved Stranden 14 era una de las mansiones más espléndidas de la ciudad. Banquero y político, su padre era uno de los hombres más ricos de Dinamarca. Y aunque los

Bohr no permanecieron ahí mucho tiempo, esa fue la primera de las grandes y lujosas residencias en las que Niels vivió a lo largo de su vida.

Christian Bohr era el distinguido profesor de fisiología de la Universidad de Copenhague. Su descubrimiento del papel desempeñado por el anhídrido carbónico en la liberación de oxígeno llevada a cabo por la hemoglobina y su investigación sobre la respiración le llevaron a ser propuesto para el Premio Nobel de Fisiología o Medicina. Desde 1886 hasta su muerte prematura, en 1911, a los cincuenta y seis años, la familia vivía en un espacioso apartamento situado en la Academia de Cirugía de la universidad.[2] Ubicada en la calle más famosa de la ciudad y a diez minutos a pie de la escuela local, la casa era ideal para los hijos de los Bohr, Jenny (dos años mayor), Niels y Harald (dieciocho meses más joven).[3] Con tres doncellas y una niñera que se ocupaba de ellos, disfrutaron de una infancia privilegiada y cómoda que en nada se parecía a la escasez y hacinamiento que afectaba a la mayoría de los habitantes de la capital danesa.

El estatus académico de su padre y la posición social de su madre convirtieron a los Bohr en anfitriones regulares de muchos científicos, eruditos, escritores y artistas punteros de Dinamarca. Entre ellos cabe destacar al físico Christian Christiansen, el filósofo Harald Høffding y el lingüista Vilhelm Thomsen que eran, como el padre de Niels, miembros de la Real Academia Danesa de las Ciencias y de las Letras. Por eso, después de la reunión semanal de la academia el encuentro solía continuar en casa de uno de los cuatro. Y era habitual que, durante su adolescencia, Niels y Harald tuviesen permiso para presenciar en silencio sus animados debates. Esa fue una singular ocasión para enterarse de las preocupaciones intelectuales que aquejaban a un grupo de hombres con el espíritu de *fin-de-siècle* que cautivó a Europa y que dejaron en los chicos, como dijera Niels posteriormente, «algunas de nuestras impresiones más tempranas y profundas».[4]

Bohr destacaba en matemáticas y ciencia, pero no era muy diestro con los idiomas. «No temía, en esos días —recordaba un amigo—, apelar a su fuerza y tampoco eran infrecuentes las ocasiones en las que se peleaba durante el recreo».[5] En 1903, época en la que Bohr se matriculó para estudiar física en la Universidad de Copenhague, que por aquel entonces era la única de Dinamarca, Einstein llevaba más de un año trabajando en la Oficina de Patentes de Berna.[6] Cuando recibió su doctorado en 1909, Einstein era profesor extraordinario de física teórica de la Universidad de Zúrich y había sido, por vez primera, propuesto para recibir el Premio Nobel. También, por aquel tiempo, Bohr había sido distinguido, aunque a una escala mucho menor. En 1907, a los veintiún años, ganó la medalla de oro de la Real Academia Danesa por un artículo sobre la tensión superficial del agua. Fue entonces cuando su padre, que en 1885 había sido merecedor de la medalla de plata, proclamó orgullosamente: «Yo soy de plata, pero Niels es de oro».[7]

Bohr recibió esa medalla después de que su padre le persuadiese de que abandonara el laboratorio por un lugar en el campo para acabar de escribir el artículo por el que recibió el premio. Aunque envió la solicitud pocas horas antes de la fecha límite, todavía le quedaba algo que añadir, que adjuntó en una posdata escrita un par de días después. La necesidad de revisar cualquier escrito hasta estar seguro de que transmitía exactamente su pensamiento rayaba, en su caso, la obsesión. Un año antes de haber concluido su tesis doctoral, Bohr admitió haber esbozado «unos catorce borradores más o menos diferentes».[8] Hasta la simple redacción de una carta se convirtió, para él, en un proyecto interminable. Un buen día, su hermano Harald, viendo una carta en el escritorio de su hermano, se ofreció a enviarla, pero recibió como respuesta: «¡No! ¡No! ¡Ese no es más que uno de los primeros esbozos de un borrador!».[9]

Los dos hermanos siguieron siendo grandes amigos durante toda su vida. Además de estar interesados por las matemáticas y la física, también compartían la pasión por el deporte, especialmente el fútbol. Harald, que en este sentido era mejor, ganó una medalla de plata en las Olimpiadas de 1908 como miembro del equipo de fútbol danés que perdió la final ante Inglaterra. Considerado también por muchos como intelectualmente más dotado, se doctoró en matemáticas un año antes de que Niels, en mayo de 1911, recibiera su doctorado en física. Su padre, sin embargo, siempre consideró que su hijo mayor era «el más especial de la familia».[10]

Vestido, como exigía la costumbre, de etiqueta, Bohr emprendió la presentación pública de su tesis doctoral, que duró hora y media, el menor de todos los tiempos registrados. Uno de los dos examinadores, el amigo de su padre Christian Christiansen, se lamentó de que ningún físico danés «conociera lo suficiente la teoría de los metales como para estar en condiciones de valorar una tesis sobre el tema».[11] Pero Bohr recibió finalmente el doctorado y envió copias de la tesis a hombres como Max Planck y Hendrik Lorentz. Pero, cuando nadie respondió, se dio cuenta del error que había cometido al enviar una traducción inglesa realizada por un amigo y no haberlo traducido al alemán o el francés, idiomas que muchos grandes físicos hablaban con soltura.

Mientras que su padre había elegido Leipzig y su hermano Gotinga, universidades alemanas a las que tradicionalmente acudían para completar sus estudios los daneses con un futuro más prometedor, Bohr eligió la Universidad de Cambridge. El hogar intelectual de Newton y Maxwell era, para él, «la capital de la física».[12] La tesis traducida sería su carta de presentación, con la que esperaba llegar a sir Joseph John Thomson, el hombre al que posteriormente describió como «el genio que nos mostraba el camino».[13]

Después de un perezoso verano dedicado a la pesca y las excursiones, Bohr llegó a Inglaterra a finales de septiembre de 1911 dispuesto a disfrutar de una beca de un año financiada por la famosa cervecería danesa Carlsberg. «Estaba disfrutando de la mañana cuando, de pie frente a una puerta, leí "Cambridge"», escribió a su novia Margrethe Nørland.[14] Las cartas de presentación y el nombre de Bohr despertaron la calurosa acogida de los fisiólogos de la universidad que todavía recordaban a su difunto padre. Fueron ellos quienes le ayudaron a encontrar, en uno de los extremos del pueblo, un pequeño piso de dos habitaciones en el que llevó a cabo «encuentros, visitas y cenas».[15] Pero su principal expectativa era encontrarse con Thomson, J. J. para sus amigos y discípulos.

Hijo de un librero de Manchester, Thomson había sido elegido, en 1884, una semana antes de cumplir los veintiocho años, tercer jefe del Cavendish Laboratory. Después de que James Clerk

Maxwell y lord Rayleigh dirigieran la institución de investigación experimental, la elección de Thomson resultaba bastante improbable... y no solo debido a su juventud. «J. J. era manualmente muy torpe —admitió posteriormente uno de sus asistentes— y descubrí que era necesario alentarle a manejar los instrumentos».[16] Pero, por más torpe que fuese, eran muchas las personas que subrayaban la «extraordinaria capacidad intuitiva para entender el funcionamiento interno de aparatos complicados sin necesidad de utilizarlos siquiera» que poseía el hombre que recibió el Premio Nobel por su descubrimiento del electrón.[17]

Los educados modales de un Thomson ligeramente despeinado, con sus gafas redondas, chaqueta de tweed y cuello de puntas que lo convertían en la imagen perfecta del profesor despistado, contribuyeron a tranquilizar, cuando se encontraron por vez primera, los nervios de Bohr. Ansioso por impresionarle, había entrado en la oficina del profesor armado con su tesis y un libro escrito por Thomson, y abriendo el libro y señalando directamente una ecuación, Bohr dijo: «¡Esto está equivocado!».[18] Y aunque no estaba acostumbrado a que le echasen tan directamente en cara sus errores, J. J. prometió leer la tesis y, dejándola encima de la pila de artículos que atestaban su escritorio, invitó al joven danés a cenar el próximo domingo.

Inicialmente muy contento, Bohr empezó a ponerse nervioso al ver que pasaban las semanas sin que Thomson leyera la tesis. «No es una persona tan fácil de tratar —comentó en una carta a Harald— como me pareció el primer día».[19] Pero no por ello disminuyó su admiración por el viejo profesor de cincuenta y cinco años: «Es un hombre extraordinario, muy inteligente, imaginativo (deberías asistir a una de sus clases) y muy amistoso, pero son tantas las cosas que le ocupan y se halla tan absorto en su trabajo que me resulta muy difícil hablar con él».[20] Y Bohr era muy consciente de que su pobre inglés no resultaba de gran ayuda. Así fue como, armado con un diccionario, empezó, en un esfuerzo por superar la barrera del idioma, a leer *Los papeles póstumos del club Pickwick*.

A comienzos de noviembre, Bohr fue a visitar a un antiguo alumno de su padre que ahora era profesor de fisiología en la Universidad de Manchester. Durante esa visita Lorrain Smith le presentó a Ernest Rutherford, que acababa de regresar de un congreso de física al que había asistido en Bruselas.[21] El carismático neozelandés, recordaba Bohr años después, «hablaba con gran entusiasmo de las grandes perspectivas que se abrían ante la ciencia física».[22] Después de haber disfrutado del «vívido relato de las discusiones que mantuvieron en el Congreso Solvay», Bohr abandonó Manchester encantado e impresionado por las dimensiones humana y científica de Rutherford.[23]

El día 1 de mayo de 1907 en que el nuevo jefe del Departamento de Física de la Universidad de Manchester ocupó su cargo provocó un auténtico revuelo. «Todos nos quedamos sorprendidos del modo en que Rutherford subía los escalones de tres en tres», recordaba un asistente de laboratorio.[24] Pocas semanas después, su visión sensata y terrenal y la infatigable energía de sus treinta y seis años había cautivado a sus nuevos colegas. Rutherford estaba a punto de crear un equipo de investigación excepcional que no tendría parangón en la próxima década. Se trataba de un grupo del que él no era tan solo la cabeza, sino también el corazón, y que se vio conformado tanto por la personalidad de Rutherford como por su ingenuidad y su inspirado juicio científico.

Nacido el 30 de agosto de 1871 en una casa de madera de una sola planta en Spring Grove en la isla del sur de Nueva Zelanda, Rutherford era el cuarto de doce hermanos. Su madre era maestra de escuela y su padre acabó trabajando en un molino de lino. Dada la dureza de la vida en una comunidad rural dispersa, James y Martha Rutherford hicieron todo lo que estuvo en su mano para asegurarse de que sus hijos tuviesen la oportunidad de llegar donde su talento y fortuna los llevase. Y esto supuso, en el caso de Ernest, una serie de becas que acabaron conduciéndolo al otro lado del mundo y a la Universidad de Cambridge.

Cuando, en octubre de 1895, llegó al Cavendish Laboratory con la intención de estudiar con Thomson, Rutherford estaba lejos de ser el personaje exuberante y confiado en el que, pocos años después, acabaría convirtiéndose. La transformación comenzó en el momento en que empezó a trabajar, en Nueva Zelanda, con la detección de las ondas «inalámbricas», que no tardarían en conocerse con el nombre de ondas de radio. Pocos meses después, Rutherford diseñó un receptor mucho mejor y hasta jugó con la idea de ganar algún dinero con él. Pero no tardó en darse cuenta de que, en una cultura científica en la que las patentes eran raras, la idea de explotar la investigación para ganar dinero podría reducir las oportunidades de alguien que todavía no se había labrado una reputación. Cuando el italiano Guglielmo Marconi amasó una fortuna que bien podía haber sido suya, Rutherford jamás lamentó haber abandonado su receptor para explorar un descubrimiento que acabó ocupando la primera página de los periódicos de todo el mundo.

El 8 de noviembre de 1895, el profesor de física de cincuenta años de la Universidad de Wurzburgo Wilhelm Röntgen descubrió que, cada vez que hacía pasar una corriente eléctrica de alto voltaje por un tubo del que se había extraído el aire, una radiación desconocida provocaba la fluorescencia de una pequeña pantalla de papel cubierta de platinocianuro de bario. Cuando le preguntaron a Röntgen lo que pensaba de sus nuevos y misteriosos rayos, respondió: «Yo no pienso, investigo».[25] Durante las seis semanas siguientes llevó a cabo «el mismo experimento una y otra vez hasta estar completamente seguro de la existencia de los rayos»[26] y confirmar que el tubo era la fuente de la extraña emanación causante de la fluorescencia.[27]

Röntgen pidió a su esposa Bertha que colocase una mano sobre una placa fotográfica mientras la exponía a los «rayos X», como llamaba a esa radiación desconocida. Quince minutos después de que Röntgen revelase la placa, Bertha se asustó al ver el contorno de sus huesos y de sus dos anillos y la sombra oscura de su carne. El día 1 de enero de 1896, Röntgen envió copias de su artículo «Un nuevo tipo de rayos» junto con una fotografía de los huesos de la mano de Bertha, y de pesos dentro de una caja, a los principales físicos de Alemania y el resto del mundo. A los pocos días, la noticia del descubrimiento de Röntgen se había propagado como un reguero de pólvora y las fantasmales fotografías que revelaban los huesos de la mano de su esposa aparecieron en la prensa de todo el mundo. Un año más tarde se habían publicado cuarenta y nueve libros y cerca de mil artículos científicos y de divulgación sobre los rayos X.[28]

Thomson empezó a estudiar los siniestros rayos X antes de que apareciese, en el número del 23 de enero de la revista científica semanal *Nature*, la primera traducción al inglés del artículo de Röntgen. Decidido a investigar la conducción de la electricidad a través de los gases, Thomson se interesó rápidamente por los rayos X al enterarse de que convertían un gas en un conductor. A fin de confirmar esa noticia solicitó la ayuda de Rutherford para que midiera el efecto del paso de los rayos X a través de un gas. Ese trabajo llevó a Rutherford a escribir cuatro artículos, publicados durante los dos años siguientes, que le proporcionaron un reconocimiento internacional. Thomson escribió una breve nota sobre el primero de ellos sugiriendo, corrigiendo y, finalmente, demostrando que los rayos X, como la luz, eran una forma de radiación electromagnética.

Mientras Rutherford estaba ocupado en sus experimentos, el francés Henri Becquerel se esmeraba en descubrir, en París, si las sustancias fosforescentes, que resplandecen en la oscuridad, pueden emitir también rayos X. En lugar de ello descubrió que, independientemente de que sean o no fosforescentes, los compuestos de uranio emiten radiaciones. La curiosidad que despertó el anuncio de Becquerel de sus «rayos uránicos» fue tan poca que ninguna revista científica se interesó en publicar su descubrimiento. Eran muy escasos los físicos que mostraron interés por los rayos de Becquerel porque la mayoría, como su descubridor, creían que solo los emiten los compuestos de uranio. Sin embargo, Rutherford tomó la decisión, que con el paso del tiempo acabó revelándose como la más decisiva de toda su vida, de investigar los efectos de los rayos uránicos sobre la conductividad eléctrica de los gases.

En un intento de determinar la capacidad de penetración de los rayos uránicos, Rutherford descubrió, utilizando hojas muy delgadas del llamado «metal holandés» (una aleación de cobre y zinc), que la tasa de radiación detectada dependía del número de capas utilizadas. De poco servía, llegados a cierto punto, seguir añadiendo capas porque cuantas más capas se añadían, más caía la intensidad de la radiación. Después de repetir el experimento con diferentes materiales y de descubrir la presencia de la misma pauta general, Rutherford solo pudo ofrecer una explicación, diciendo que nos hallábamos ante dos tipos de radiación diferentes a las que llamó rayos alfa y rayos beta.

Cuando el físico alemán Gerhard Schmidt anunció que el torio y sus compuestos también emiten radiación, Rutherford los comparó con los rayos alfa y los rayos beta, descubriendo que la radiación del torio era más poderosa y concluyendo «la presencia de rayos de una modalidad más penetrante»,[29] que acabó denominando rayos gamma.[30] Fue Marie Curie quien se refirió a esa emisión con el término «radiactividad» y denominó también «radiactivas» a las sustancias que emiten «rayos Becquerel». Según suponía, puesto que la radiactividad no se halla estrictamente limitada al caso del uranio, debía tratarse de un fenómeno atómico. Eso fue lo que la puso en camino para acabar descubriendo, junto a su esposo Pierre, los elementos radiactivos radio y polonio.

En abril de 1898, época en la que se publicó el primer artículo de Curie en París, Rutherford se enteró de la existencia de una plaza vacante de profesor en la Universidad McGill de Montreal (Canadá). Aunque reconocido como pionero en el nuevo campo de la radiactividad, Rutherford presentó su solicitud sin grandes expectativas, pese a la brillante carta de recomendación firmada por Thomson. «No he tenido alumno con más entusiasmo y capacidad de investigación original que Mr. Rutherford —escribió Thomson—. Estoy convencido de que, en el caso de ser elegido, acabará asentando los cimientos de una importante escuela de física en Montreal».[31] La carta concluía: «Considero afortunada a cualquier institución que cuente con los servicios, como profesor de física, de Mr. Rutherford». Después de un viaje plagado de dificultades, Rutherford, que por aquel entonces acababa de cumplir veintisiete años, llegó a Montreal a finales de septiembre, donde permaneció durante los nueve años siguientes.

Aun antes de abandonar Inglaterra, Rutherford era consciente de que «se esperaba que hiciese mucho trabajo original y que crease una escuela de investigación que hiciese palidecer a los yanquis».[32] Y lo cierto es que eso fue precisamente lo que hizo, empezando con el descubrimiento de que la radiactividad del torio se reducía a la mitad en un minuto y de nuevo a la mitad en el siguiente minuto. Así era como, al cabo de tres minutos, su valor original se había dividido por ocho.[33] Rutherford denominó «vida media» a esta reducción exponencial de la radiactividad, el tiempo requerido para que la intensidad de la radiación emitida cayera a la mitad. Y cada elemento radiactivo tiene, en este sentido, una vida media característica. Entonces fue cuando llegó el descubrimiento que le hizo merecedor tanto de una cátedra en Manchester como del Premio Nobel.

En octubre de 1901, Rutherford y Frederick Soddy, un químico británico de veinticinco años de Montreal, emprendieron un estudio sobre el torio y su radiación y no tardaron en verse ante la posibilidad de que pudiese estar convirtiéndose en otro elemento. Soddy recordaba que, al pensarlo, se quedó tan estupefacto que dejó escapar «pero eso es una transmutación». «¡Por el amor de Dios, Soddy, no le llames transmutación —atajó Rutherford— o acabarán cortándonos la cabeza como si fuésemos alquimistas!».[34]

No tardaron mucho tiempo en darse cuenta de que la radiactividad consistía en la transformación de un elemento en otro a través de la emisión de radiaciones. Su herética teoría chocó de lleno con el escepticismo, pero la evidencia experimental resultó francamente decisiva. Entonces fue cuando los críticos se vieron obligados a descartar creencias largamente acariciadas sobre la inmutabilidad de la materia. Ya no se trataba de un sueño alquimista, sino de un dato científico: todos los elementos radiactivos acababan transformándose espontáneamente en otros, y la vida media es el tiempo que tardan en hacerlo la mitad de sus átomos.

«Joven, enérgico y bullicioso, parecía cualquier cosa menos científico —es el modo en que Chaim Weizmann, que acabaría convirtiéndose en el primer presidente de Israel, pero que por aquel entonces era químico en la Universidad de Manchester, recordaba a Rutherford—. Hablaba rápida y vigorosamente sobre cualquier tema sin importar, a menudo, si sabía o no de él. Todavía recuerdo cómo, cuando bajaba al refectorio, se escuchaba su voz fuerte y amistosa avanzando por el corredor».[35] Según Weizmann, Rutherford «carecía de todo conocimiento y sentimiento político y solo le interesaba su revolucionario trabajo científico».[36] Y en el centro mismo de su trabajo descansaba su empleo de la partícula alfa para demostrar la existencia del átomo.

Pero ¿qué es exactamente una partícula alfa? Esa era una cuestión que había desconcertado a Rutherford desde el momento en que descubrió que los rayos alfa eran, de hecho, partículas cargadas positivamente que se veían desviadas por fuertes campos magnéticos. Él creía que la partícula alfa era un ion de helio, es decir, un átomo de helio que había perdido un par de electrones, aunque jamás llegó a publicarlo, porque la evidencia con la que contaba al respecto era meramente circunstancial. Ahora, casi diez años después de haber descubierto los rayos alfa, Rutherford esperaba encontrar pruebas concluyentes de su verdadero carácter. Con la ayuda de su joven asistente Hans Geiger, un alemán de veinticinco años, Rutherford confirmó, en el verano de 1908, algo que sospechaba desde hacía mucho tiempo, es decir, que la partícula alfa es, en realidad, un núcleo de helio ionizado que ha perdido un par de electrones.

«La dispersión es el diablo», se quejaba Rutherford cuando, con la ayuda de Geiger, trataban de desentrañar la partícula alfa.[37] Él había sido el primero en advertir, un par de años antes, ese efecto en Montreal, cuando la trayectoria recta de algunas partículas alfa se vio ligeramente desviada de su camino, al atravesar una hoja de mica, provocando una imagen borrosa en una placa fotográfica. Rutherford tomó, en esa ocasión, nota del efecto para estudiarlo en un momento posterior con más detenimiento. Cuando, poco después de su llegada a Manchester, elaboró una lista de posibles temas de investigación, solicitó la ayuda de Geiger para investigar uno de ellos: la dispersión de las partículas alfa.

Juntos diseñaron entonces un sencillo experimento que consistía en contar los centelleos, es decir, los pequeños flashes luminosos producidos por las partículas alfa al golpear, después de atravesar una delgada hoja de oro, una hoja de papel fluorescente recubierta de sulfuro de zinc. Se trataba de una tarea difícil y que requería pasar muchas horas sumido en la oscuridad. Afortunadamente, según Rutherford, Geiger era «un demonio en el trabajo que podía pasarse toda la noche contando, sin que eso perturbase su ecuanimidad».[38] Fue él quien descubrió, como se esperaba, que las partículas alfa atravesaban la hoja de oro sin experimentar ninguna desviación o con una ligera distorsión de uno o dos grados. Pero aunque eso era lo que se esperaba, Geiger se sorprendió al descubrir también que algunas partículas alfa «experimentaban desviaciones realmente notables».[39]

Antes de considerar con detenimiento las implicaciones, si es que las había, de los resultados de Geiger, Rutherford recibió el Premio Nobel de Química por descubrir que la radiactividad consistía en la transformación de un elemento en otro. Para alguien que consideraba que «la ciencia es física o mera filatelia», no dejaba de ser curiosa la transmutación personal que lo convirtió de físico en químico.[40] Después de regresar de Estocolmo con su premio, Rutherford aprendió a valorar las posibilidades asociadas a diferentes grados de dispersión de las partículas alfa. Sus cálculos revelaron la existencia de una probabilidad casi nula de que la partícula alfa que atraviesa una hoja de oro experimente un amplio abanico de ángulos de dispersión diferentes.

Fue mientras Rutherford estaba ocupado con estos cálculos cuando Geiger habló con él sobre la posibilidad de asignarle un proyecto a Ernest Marsden, un estudiante muy prometedor. «¿Por qué —dijo Rutherford— no investiga la posibilidad de que la partícula alfa experimente un amplio grado de dispersión?».[41] Y lo cierto es que, cuando lo hizo, Marsden se quedó sorprendido. Cuando la investigación prosiguió con ángulos cada vez mayores, no descubrió ninguno de los destellos luminosos indicadores del impacto de las partículas alfa sobre la pantalla de sulfuro de zinc.

Y cuando Rutherford trató de dar sentido a «la naturaleza de las extraordinarias fuerzas eléctricas o magnéticas que podían desviar o dispersar un rayo de partículas alfa», pidió a Marsden verificar si alguna de ellas se veía reflejada hacia atrás.[42] Como no esperaba descubrir nada, se vio sorprendido cuando Marsden descubrió la existencia de que algunas partículas alfa rebotaban sobre la hoja de oro. «Fue —dijo posteriormente Rutherford— tan increíble como si, después de lanzar un obús de quince pulgadas sobre un pedazo de papel descubriese que, al llegar a él, rebotaba y volvía directamente contra mí».[43] Fue entonces cuando, partiendo de los datos comparativos utilizando diferentes metales, Geiger y Marsden descubrieron que esa dispersión casi doblaba, en el caso del oro, la descubierta en la plata y que era veinte veces superior a la del aluminio. Solo una de entre ocho mil partículas alfa rebotaba, por último, sobre una hoja de platino. Cuando, en junio de 1909, Geiger y Marsden publicaron estos y otros resultados, simplemente describieron el experimento y presentaron los hechos sin mayor comentario. Un Rutherford perplejo se pasó los ocho meses siguientes cavilando y tratando de encontrar alguna explicación.

La existencia de los átomos había sido, a lo largo de todo el siglo XIX, un tema científica y filosóficamente muy debatido, pero en 1909 la realidad de los átomos había quedado establecida más allá de toda duda razonable. Los críticos del atomismo se veían ahora silenciados por el peso de una evidencia fundamentalmente basada en la explicación einsteniana del movimiento browniano, y en su corroboración experimental, y en el descubrimiento de Rutherford de la transformación radiactiva de los elementos. Después de décadas de polémica al respecto, durante las cuales muchos físicos y químicos eminentes habían negado su existencia, la representación prevalente del átomo era el llamado modelo del «pudin de pasas» [*plum-pudding*] esbozado por J. J. Thomson.

En 1903, Thomson sugirió que el átomo era una especie de pelota sin masa y positivamente cargada en la que, como las pasas en un pastel, se hallaban incrustados los electrones cargados negativamente que, seis años antes, había descubierto. La carga positiva neutralizaría las fuerzas de repulsión entre electrones que, de otro modo, acabarían provocando la disgregación del átomo.[44] Thomson consideraba que, para cualquier elemento dado, esos electrones atómicos se hallaban dispuestos en una serie de anillos concéntricos. La diferencia que existía entre el átomo del oro y el de la plata residía, en su opinión, en el número y distribución de los electrones. Y puesto que toda la masa del átomo de Thomson se debía a los electrones que contenía, significaba que, aun en los átomos más pequeños, había miles de ellos.

En 1803, exactamente un siglo antes, el químico inglés John Dalton esgrimió, por vez primera, la idea de que los átomos de los diferentes elementos se caracterizan exclusivamente por su peso.

Careciendo de método directo para medir el peso de los átomos, Dalton estableció su peso relativo examinando la proporción en la que los diferentes elementos se combinan para formar los distintos compuestos. Y el patrón de referencia que utilizo para ello se lo proporcionó el hidrógeno, el más ligero de todos los elementos, al que le asignó un peso atómico de 1. Así fue como el hidrógeno acabó convirtiéndose en el punto de partida para la determinación del peso atómico de los distintos elementos.

Thomson se dio cuenta de que su modelo estaba equivocado después de analizar los resultados de sus experimentos sobre la dispersión que los átomos provocaban sobre los rayos X y las partículas beta. Su modelo también sobreestimaba el número de electrones. Un átomo, según sus nuevos cálculos, no podía tener más electrones que los prescritos por su peso atómico. Y aunque el número exacto de electrones de los átomos de los diferentes elementos resultaba desconocido, ese límite superior se vio rápidamente aceptado como primer paso en la dirección correcta. Por eso el átomo de hidrógeno, con un peso atómico de 1, solo puede tener un electrón. El átomo de helio, sin embargo, con un peso atómico de 4, puede tener 2, 3 o hasta 4 electrones y algo parecido podríamos decir con respecto a los otros elementos.

Esta drástica reducción del número de electrones puso claramente de relieve que la mayor parte del peso del átomo se debía a la difusa esfera de carga positiva. Así fue como el artificio de cálculo introducido originalmente por Thomson para producir un átomo neutro y estable acabó asumiendo una realidad propia. Pero ese nuevo modelo mejorado tampoco podía explicar la dispersión de las partículas alfa y fracasaba en su intento de determinar el número exacto de electrones que posee un determinado átomo.

Rutherford creía que las partículas alfa se ven dispersadas por un inmenso campo eléctrico que se halla en el interior del átomo. Pero no existe, en el modelo atómico de J. J., en el que la carga positiva se halla equitativamente distribuida, un campo eléctrico tan intenso. Y no hay pues modo alguno, desde la perspectiva proporcionada por el modelo de Thomson, de explicar el rebote de las partículas alfa. En diciembre de 1910, Rutherford consiguió finalmente «diseñar un átomo muy superior al de J. J.».[45] «¡Ahora —dijo entonces a Geiger— sé cuál es el aspecto de los átomos!»;[46] y no tenía nada que ver con el de Thomson.

El átomo de Rutherford está compuesto por un pequeño centro, llamado núcleo, cargado positivamente, que contiene casi toda la masa del átomo. El núcleo es unas cien mil veces más pequeño que el átomo y ocupa un volumen minúsculo que, en sus mismas palabras, era «como el de una mosca dentro de una catedral».[47] Rutherford sabía que los electrones del átomo no pueden ser los causantes de la gran desviación de las partículas alfa, de modo que no era necesario determinar su configuración exacta en torno al núcleo. Su átomo había dejado de ser «el átomo de una sola pieza, rojo o gris, según prefiera» en el que, como dijo irónicamente en cierta ocasión, le habían enseñado a creer.[48]

La mayoría de las partículas alfa atravesarían el átomo de Rutherford sin experimentar ninguna «colisión», porque pasan demasiado lejos del núcleo que ocupa su centro como para desviarse. En la medida en que su trayectoria se acercara al campo eléctrico generado por el núcleo, algunas partículas experimentarían una ligera desviación. Y cuanto más cerca pasaran del núcleo, más intenso sería el efecto de su campo eléctrico y mayor, en consecuencia, la desviación de su trayectoria original. Aquellas partículas alfa, por último, que se dirigiesen directamente hacia el núcleo, se verían sometidas a una fuerza de repulsión que las llevaría a rebotar como la pelota que impacta en una pared de ladrillos. Pero, como Geiger y Marsden habían descubierto, ese impacto directo resulta sumamente raro y tan improbable, como dijo Rutherford al respecto, como «darle a un mosquito dentro del Albert Hall en plena noche».[49]

El modelo de Rutherford le permitió realizar, utilizando una sencilla ecuación, estimaciones exactas de la fracción de partículas alfa desviadas que era probable encontrar en tal o cual ángulo de deflexión. Pero no quiso presentar su modelo atómico hasta llevar a cabo una cuidadosa investigación que le permitiera corroborar la distribución angular de las partículas alfa dispersadas. Fue Geiger quien se ocupó de esta tarea, descubriendo que la distribución de partículas alfa coincidía perfectamente con las estimaciones teóricas llevadas a cabo por Rutherford.

El 7 de marzo 1911, Rutherford presentó su modelo atómico en un artículo leído en una reunión de la Manchester Literary and Philosophical Society. Cuatro días más tarde recibió una carta de William Henry Bragg, profesor de física de la Universidad de Leeds, informándole de que «hará unos cinco o seis años», el físico japonés Hantaro Nagaoka había construido un átomo con «un gran centro positivo».[50] Pero aunque Bragg lo ignoraba, Rutherford había recibido, el verano anterior, la visita de Nagaoka, que por aquel entonces estaba realizando una gira por los grandes laboratorios de física europeos. Antes de que pasaran quince días de haber recibido la carta de Bragg, Rutherford recibió otra carta procedente de Tokio, en la que Nagaoka le mostraba su agradecimiento «por la gran amabilidad con la que le recibió en Manchester» y subrayaba que, en 1904, había presentado un modelo «saturniano» del átomo,[51] que consistía en un gran y pesado centro en torno al cual giraban anillos de electrones.[52]

«Sin duda advertirá usted que la estructura asumida por mi átomo se asemeja a la que, hace ya unos años, sugirió usted en su artículo», reconoció Rutherford en su carta de respuesta. Pero por más parecidos que sean en algunos sentidos, las diferencias que separan ambos modelos son, sin embargo, muy importantes. El cuerpo central del modelo de Nagaoka está cargado positivamente, es pesado y ocupa la mayor parte de un átomo plano como un pastel. El modelo esférico del átomo de Rutherford, por su parte, está compuesto por un pequeño núcleo cargado positivamente que contiene la mayor parte de la masa, dejando el resto fundamentalmente vacío. Ambos modelos, sin embargo, estaban equivocados y pocos físicos volvieron a pensar en ellos.

Un átomo con electrones fijos ubicados en torno a un núcleo positivo sería inestable porque, en tal caso, los electrones, con su carga negativa, se verían irremisiblemente atraídos hacia el núcleo. Si se movían girando alrededor del núcleo, como hacen los planetas en torno al Sol, el átomo acabaría colapsándose. Muchos años antes Newton había demostrado que cualquier objeto moviéndose en círculo experimenta una aceleración. Según la teoría del electromagnetismo de Maxwell, si se trata de una partícula cargada, como un electrón, por ejemplo, perderá energía en forma de radiación electromagnética mientras va acelerándose. El electrón da, cada billonésima de segundo, una vuelta en torno al núcleo. La misma existencia del mundo material es una evidencia palpable que contradice su modelo atómico nuclear.

Rutherford era, desde hacía mucho tiempo, muy consciente de lo que parecía ser un problema insoluble. «Esta necesaria pérdida de energía de un electrón acelerado —escribió en su libro de 1906 *Radiactive Transformations*— ha sido una de las mayores dificultades con las que he tropezado en mi empeño por deducir la constitución de un átomo estable».[53] En 1911, sin embargo, decidió ignorar esta dificultad: «Todavía no estamos en condiciones de considerar la cuestión de la estabilidad del átomo propuesto, porque tal cosa dependerá finalmente de la estructura detallada del átomo y del movimiento de las partículas cargadas que lo componen».[54]

La corroboración realizada por Geiger de la ecuación de la dispersión de Rutherford había sido rápida y de alcance limitado. Durante la mayor parte del año siguiente llevó a cabo, con la colaboración de Marsden, una investigación más detenida al respecto y, en el mes de julio de 1912, sus resultados confirmaron la ecuación de la dispersión y las conclusiones principales de la teoría de Rutherford.[55] «Esa investigación más detenida —recordó Marsden, años más tarde— resultó una tarea laboriosa, pero excitante».[56] Durante ese proceso, también descubrieron que la carga del núcleo era, teniendo en cuenta el error experimental, de aproximadamente la mitad del peso atómico. Y es que, exceptuando el caso del hidrógeno, con un peso atómico de 1, el número de electrones de todos los demás átomos debía ser aproximadamente igual a la mitad de su peso atómico. Ahora era posible determinar que el número de electrones del átomo de helio, por ejemplo, era de 2, donde antes podría haber llegado a ser hasta 4. Esta reducción, por tanto, del número de electrones implicaba que el átomo de Rutherford irradiaba mucha más energía de la que anteriormente se había sospechado.

Pero por más historias que Rutherford contase a Bohr sobre el primer Congreso Solvay no mencionó, no obstante, que en Bruselas nadie habló de su átomo nuclear.

De nuevo en Cambridge, Bohr jamás pudo establecer con Thomson la relación intelectual que tanto anhelaba. Años más tarde, Bohr atribuía como posible causa de ese fracaso a «mi pobre conocimiento del inglés y a mis dificultades para expresarme. Lo único que podía decir era lo que estaba mal y Thomson no estaba muy interesado en que nadie le acusara de haber incurrido en tal o cual error».[57] Famoso por no responder a artículos y cartas de alumnos y colegas, Thomson había dejado también de interesarse activamente por la física del electrón. Bohr, cada vez más desencantado, se encontró de nuevo con Rutherford en la cena anual de los estudiantes de investigación de Cavendish. Celebrada a comienzos de diciembre, se trataba de un encuentro bullicioso e informal con una cena seguida de brindis, canciones y poemas satíricos. Nuevamente atrapado por la personalidad del hombre, Bohr empezó a pensar muy en serio en cambiar Cambridge y Thomson por Manchester y Rutherford. Poco después viajó a Manchester y discutió la posibilidad con Rutherford. Llevaba ya un tiempo separado de su novia y Bohr quería tener algo palpable para mostrarle lo que, durante ese año, había hecho. Así fue como, con la excusa de que quería «saber algo más de radiactividad», Bohr recibió el necesario beneplácito de Thomson para irse a finales del nuevo trimestre.[58] «Eran muchas las cosas interesantes que pasaban en Cambridge —admitió, muchos años después—, pero la mayoría de ellas eran también completamente inútiles».[59]

A solo cuatro meses del final de su estancia en Inglaterra, Bohr llegó a Manchester a mediados de marzo de 1912 para asistir a un curso de siete semanas sobre las técnicas experimentales de la investigación radiactiva. Sin tiempo que perder, Bohr pasaba las tardes esforzándose en aplicar la física de los electrones a la comprensión de las propiedades físicas de los metales. Después de haber recibido un curso impartido, entre otros, por Geller y Marsden, Rutherford le encargó un pequeño proyecto de investigación.

«Rutherford es un hombre con quien uno no puede equivocarse —escribió Bohr a Harald—. Viene regularmente a enterarse de cómo va todo y habla de muy pocas cosas».[60] A diferencia de Thomson, que parecía no muy preocupado por el avance de sus discípulos, Rutherford «se mostraba realmente interesado por el trabajo de todas las personas que le rodeaban». Tenía un olfato misterioso para reconocer a los científicos más prometedores. Once de sus discípulos, entre los que se hallaban varios colaboradores próximos, acabarían consiguiendo el Premio Nobel. Al poco de llegar a Manchester, Rutherford escribió a un amigo: «Bohr, un danés, ha venido desde Cambridge para conseguir experiencia sobre el trabajo radiactivo».[61] Pero no había nada en lo que hasta la fecha Bohr había realizado, excepto en el hecho de que era un teórico, que le destacase del resto de los jóvenes ansiosos de su laboratorio.

Rutherford tenía una opinión muy mala de los teóricos y jamás perdía la ocasión de exteriorizarla. «Juegan con los símbolos —dijo en cierta ocasión a un colega—, pero se alejan de los hechos realmente sólidos de la naturaleza».[62] En otra ocasión, cuando le invitaron a pronunciar una conferencia sobre los rasgos distintivos de la física moderna, replicó: «No puedo hacer un artículo sobre eso. No duraría más de dos minutos. ¡Lo único que puedo decir es que los físicos teóricos están muy contentos y que ya es hora de que los experimentalistas vuelvan a colocarlos en su sitio!».[63] Lo cierto es que a él le gustaba ese danés de veintiséis años. «Bohr es diferente —decía—. ¡Le gusta jugar al fútbol!».[64]

Cada tarde el trabajo se detenía y estudiantes y personal se reunían a charlar en torno a una taza de té, pasteles y rebanadas de pan con mantequilla. Rutherford también estaba ahí, sentado en un taburete y dispuesto a hablar de cualquier cosa. La mayor parte del tiempo, sin embargo, conversaban sobre física, especialmente sobre el átomo y la radiactividad. Rutherford había logrado crear un entorno en el que el espíritu del descubrimiento casi podía palparse, un clima en el que las ideas se intercambiaban abiertamente y se discutían con un espíritu de cooperación sin que nadie, ni siquiera los recién llegados, tuviesen miedo de hablar. Y todo eso giraba alrededor de Rutherford, que Bohr sabía que siempre estaba dispuesto a «escuchar a cualquier joven, cuando sentía que tenía alguna idea, por más modesta que fuese».[65] Lo único que Rutherford no soportaba era la «charla pomposa». A Bohr le gustaba hablar, pero a diferencia de Einstein, que hablaba y escribía con facilidad, hacía frecuentes paradas y se esforzaba por encontrar la palabra adecuada para expresarse, independientemente de que lo hiciera en danés, inglés o alemán. Cuando Bohr hablaba, a menudo lo hacía pensando en voz alta en aras de una mayor claridad. Fue durante esos descansos para tomar el té cuando conoció al húngaro Georg von Hevesy, que acabaría consiguiendo el Premio Nobel de Química en 1943 por poner a punto la técnica del rastreo radiactivo que ha acabado convirtiéndose en una poderosa herramienta diagnóstica en el campo de la medicina, con aplicaciones que se extienden a los ámbitos de la química y la biología.

Extranjeros en tierra extraña y hablando una lengua que no dominaban, Bohr y Von Hevesy entablaron una amistad que duró toda la vida. «Sabía cómo ayudar a un extranjero», dijo Bohr, recordando el modo en que Von Hevesy, solo unos meses mayor que él, le introdujo en la vida del laboratorio.[66] Durante estas conversaciones Bohr empezó a centrar su atención en el átomo, mientras Von Hevesy le explicaba que eran tantos los elementos radiactivos que se habían descubierto que no había suficiente espacio para acomodarlos en la tabla periódica. El mismo nombre de esos «radioelementos», engendrados durante los procesos de desintegración radiactiva de un átomo en otro, capturaba la sensación de incertidumbre y confusión que rodeaba el auténtico lugar que, en el reino atómico, les correspondía: uranio-X, actinio-E, torio-C. Pero, como Von Hevesy le contó a Bohr, había una posible solución propuesta por Frederick Soddy, antiguo colaborador de Rutherford en Montreal.

En 1907 se descubrió que los elementos producidos durante la degradación radiactiva, el torio y el radiotorio, eran físicamente diferentes, aunque químicamente idénticos. Todas las pruebas químicas realizadas con el objetivo de diferenciarlos habían fracasado. Durante los años siguientes se descubrieron otros conjuntos de elementos químicamente inseparables. La única diferencia entre esos nuevos radioelementos y aquellos con los que compartían una «identidad química completa» era, según Soddy —que, a la sazón, se encontraba en la Universidad de Glasgow—, su peso atómico.[67] Eran gemelos idénticos que tan solo se distinguían por una ligera diferencia de peso.

Soddy propuso en 1910 que los radioelementos químicamente inseparables, es decir, los «isótopos», como acabó llamándolos, eran

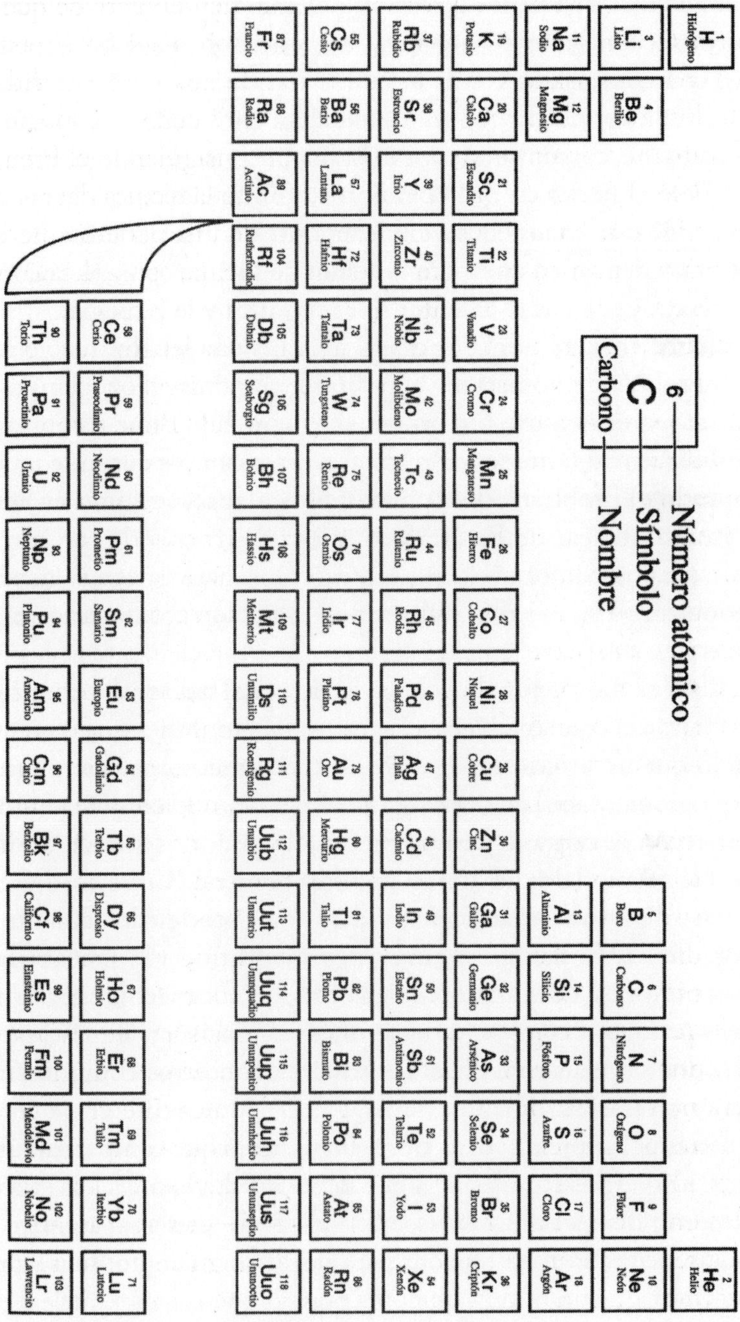

FIGURA 5. Tabla periódica de los elementos.

modalidades diferentes del mismo elemento y debían compartir, en consecuencia, el mismo lugar en la tabla periódica.[68] Era una idea que contrastaba con la organización de los elementos dentro de la tabla periódica, que se enumeraban en orden de peso atómico creciente, comenzando por el hidrógeno y acabando por el uranio. Pero el hecho de que el radiotorio, el radiactinio, el ionio y el uranio-X sean todos ellos químicamente idénticos al torio era una fuerte evidencia en apoyo de la visión de los isótopos de Soddy.[69]

Hasta sus charlas con Von Hevesy, Bohr no había mostrado el menor interés por el modelo atómico de Rutherford. Pero ahora sabía que no bastaba con diferenciar entre las propiedades físicas y químicas de un átomo, sino que había que diferenciar también entre fenómenos nucleares y fenómenos atómicos. Ignorando el problema de su inevitable colapso, se tomó en serio el átomo nuclear de Rutherford mientras trataba de reconciliar los isótopos con el uso del peso atómico para ordenar la tabla periódica. «Todo —dijo más tarde— se colocó entonces súbitamente en su sitio».[70]

Bohr se dio cuenta de que era la carga del núcleo del átomo de Rutherford la que establecía el número de electrones que contenía. Dado que un átomo era neutro, es decir, que no poseía ninguna carga global, sabía que la carga positiva del núcleo debía equilibrarse con la carga negativa combinada de todos sus electrones. Por eso, el modelo del átomo de hidrógeno de Rutherford debía consistir en una carga nuclear de +1 y un solo electrón con una carga de −1. El helio, con una carga nuclear de +2, debía poseer dos electrones. Este aumento de la carga nuclear acompañado del correspondiente número de electrones terminaba en el más pesado de todos los elementos hasta entonces conocidos, el uranio, con una carga nuclear de 92.

La conclusión era, para Bohr, incuestionable: era la carga nuclear, y no el peso atómico, la que determinaba la posición que un elemento ocupa en la tabla periódica. Solo quedaba, a partir de ahí, un pequeño paso que dar para llegar al concepto de isótopo. Fue Bohr, que no Soddy, quien reconoció que la carga nuclear era la propiedad fundamental que vinculaba radioelementos químicamente idénticos, aunque físicamente diferentes. La tabla periódica podía albergar todos los radioelementos, pero para ello tenían que ser clasificados en función de su carga nuclear.

De golpe, Bohr se dio cuenta de por qué Von Hesevy no había podido separar el plomo y el radio-D. Si los electrones determinaban las propiedades químicas de un elemento, dos que posean el mismo número y configuración electrónica serán gemelos idénticos químicamente inseparables. El plomo y el radio-D tienen la misma carga nuclear de 82 y, en consecuencia, el mismo número de electrones, 82, lo que significaría una «identidad química completa». Físicamente, sin embargo, resultaban diferentes debido a sus distintas masas nucleares, alrededor de 207 para el plomo y de 210 para el radio-D. Bohr había esbozado que el radio-D era un isótopo del plomo, razón por la cual no había medio químico alguno que pudiese separarlos. Posteriormente, todos los isótopos se vieron etiquetados con el nombre del elemento del que eran isótopo seguido de su peso atómico. Así, por ejemplo, el radio-D era plomo-210.

Bohr había entendido el hecho esencial de que la radiactividad no es un fenómeno atómico, sino nuclear. Y ello le permitiría explicar como un evento nuclear el proceso de desintegración radiactiva en la que un radioelemento se degrada en otro con la emisión de radiación alfa, beta o gamma. Bohr se dio cuenta de que si la radiactividad se originaba en el núcleo, un núcleo de uranio con una carga de +92 transmutándose en uranio-X emitía una partícula alfa y perdía 2 unidades de carga positiva, dejando tras de sí un núcleo con una carga de +90. Este nuevo núcleo no podía sostener los 92 electrones atómicos originales, y rápidamente perdía dos para establecer un nuevo átomo neutro. Cada nuevo átomo producto de la desintegración radiactiva adquiere o pierde electrones de inmediato a medida que va recuperando su neutralidad. El uranio-X, con una carga nuclear positiva de 90, es un isótopo del torio. «Ambos poseen la misma carga nuclear y solo difieren en la masa y en la estructura intrínseca del núcleo», explicaba Bohr.[71] Esa fue la razón por la que, quien lo trataba, fracasaba en el intento de separar el torio, con un peso atómico de 232, del uranio-X, que es torio-234.

Bohr afirmaría posteriormente que esta teoría de lo que sucede a nivel nuclear durante la desintegración radiactiva implica que «a través de la degradación radiactiva, un elemento, de manera completamente independiente de cualquier cambio en su peso atómico, cambia el lugar que ocupa en la tabla periódica bajando un par de casillas o subiendo una, como correlato de la disminución o aumento de la carga nuclear que acompaña a la emisión de rayos alfa o beta, respectivamente».[72] Así, por ejemplo, la degradación del uranio con la emisión de una partícula alfa en torio-234 termina dos casillas más abajo de la tabla periódica.

Las partículas beta, electrones de rápido movimiento, poseen una carga negativa de –1. Si un núcleo emite una partícula beta, su carga positiva aumenta una unidad —como si un par de partículas, una positiva y otra negativa, que existen armónicamente como un par neutro, se hubiesen visto separadas, con la emisión del electrón y dejando detrás su pareja positiva—. El nuevo átomo producido por la degradación beta tiene una carga nuclear mayor que el átomo desintegrado, y se desplaza una casilla hacia la derecha de la tabla periódica.

Cuando Bohr expuso sus ideas a Rutherford, este le advirtió del peligro que suponía «extrapolar conclusiones partiendo de poca evidencia experimental».[73] Sorprendido por una recepción tan sucinta, trató de convencer a Rutherford de que «esa podría ser la prueba final de su átomo».[74] Lo cierto es que fracasó.

Parte del problema radicaba en la incapacidad de Bohr de expresar claramente sus ideas. Rutherford, que por aquel entonces estaba escribiendo un libro, no tenía tiempo para entender completamente el alcance de lo que Bohr había hecho. Rutherford creía que, aunque las partículas alfa eran emitidas desde el núcleo, las partículas beta no eran más que electrones atómicos expulsados, de algún modo, de un átomo radiactivo. A pesar de los cinco intentos que Bohr realizó para llamar su atención, no consiguió, sin embargo, que siguiera su lógica hasta su conclusión.[75] Entonces, temiendo que estuviera «impacientándose» con él y con sus ideas, Bohr decidió aparcar provisionalmente el tema.[76] Pero otros no hicieron lo mismo.

Frederick Soddy no tardó en descubrir las mismas «leyes del desplazamiento» que Bohr, pero, a diferencia del joven danés, publicó su investigación sin necesidad de contar antes con la aprobación de un superior. Aunque nadie se sorprendió de que Soddy llevase a cabo ese descubrimiento, nadie hubiese sospechado tampoco que el excéntrico abogado holandés de cuarenta y dos años pudiese introducir una idea tan importante. En julio de 1911, en una carta enviada anteriormente a la revista *Nature*, Antonius Johannes van den Broek había especulado con el dato de que la carga nuclear de un elemento concreto no estuviese determinada por su peso atómico, sino por el lugar que ocupa en la tabla periódica. Inspirado por el modelo atómico de Rutherford, las ideas de Van den Broek se basaban en creencias que resultaron estar equivocadas, como que la carga nuclear era igual a la mitad del peso atómico del elemento. Rutherford estaba comprensiblemente molesto por el hecho de que un abogado publicase, «por mera diversión, un montón de conjeturas despojadas de adecuado fundamento».[77]

Después de fracasar en conseguir cualquier apoyo, el 27 de noviembre de 1913, en otra carta a *Nature*, Van den Broek descartó la creencia de que la carga nuclear era igual a la mitad del peso atómico. Y lo hizo así después de la publicación del amplio estudio de Geller y Marsden sobre la dispersión de las partículas alfa. Una semana más tarde, Soddy escribió a *Nature* explicando que la idea de Van den Broek aclaraba el significado de las leyes de desplazamiento. Entonces fue cuando llegó el respaldo de Rutherford: «La sugerencia original de Van den Broek de que la carga del núcleo es igual al número atómico y no a la mitad del peso atómico me parece muy prometedora». Así fue como Rutherford alabó la propuesta de Van den Broek aproximadamente un año y medio después de desaconsejar a Bohr que siguiera semejante camino.

Bohr nunca se quejó de que la falta de entusiasmo de Rutherford pudiese haberle hecho perder la oportunidad de ser el primero en publicar el concepto de número atómico, o las ideas que hicieron a Soddy acreedor, en 1921, del Premio Nobel de Química.[78] «La confianza en su juicio —recordaba cariñosamente Bohr— y nuestra admiración por su poderosa personalidad fue el fundamento de la inspiración que sentíamos todos los que trabajábamos en su laboratorio y motivó nuestros mejores esfuerzos para merecer el interés amable e incansable con el que acogía el trabajo de todo el mundo».[79] De hecho, Bohr siguió considerando las palabras de aprobación de Rutherford como «el mayor aliento que cualquiera podría desear».[80] Y la razón por la que pudo ser tan generoso, cuando otros habían sido tan críticos y negativos, se hallaba en lo que sucedió después.

Después de que Rutherford le disuadiese de publicar sus innovadoras ideas, Bohr tropezó por casualidad con un artículo recientemente publicado que llamó su atención.[81] Se trataba de la obra del único físico teórico que formaba parte del personal de Rutherford, Charles Galton Darwin, nieto del gran naturalista. El artículo se ocupaba de la energía perdida por las partículas alfa que no se veían dispersadas, sino que atravesaban la materia. Ese era un problema que J. J. Thomson había investigado originalmente utilizando su propio modelo atómico, pero que ahora Darwin revisaba desde la perspectiva proporcionada por el modelo de Rutherford.

Rutherford había desarrollado su modelo atómico empleando los datos recopilados por Geiger y Marsden sobre la dispersión en gran ángulo de las partículas alfa. Como sabía que los electrones atómicos no podían ser los causantes de tal dispersión, los ignoró. Al formular su ley de la dispersión que predecía la fracción de partículas alfa dispersadas que podrían encontrarse en cualquier ángulo, Rutherford había tratado el átomo como un núcleo desnudo. Luego colocó simplemente el núcleo en el centro del átomo y lo rodeó de electrones, sin agregar nada más sobre su posible configuración. En su artículo, Darwin adoptó un enfoque parecido ignorando cualquier influencia que el núcleo pudiese ejercer sobre las partículas alfa pasajeras y centró exclusivamente su atención en los electrones atómicos. También señaló que la energía perdida por una partícula alfa cuando pasaba a través de la materia se debía casi exclusivamente a las colisiones entre ella y los electrones atómicos.

Darwin no estaba seguro de la disposición de los electrones dentro del átomo de Rutherford. Su mejor conjetura era que se hallaban equitativamente distribuidos a través de todo el volumen del átomo o en su superficie. Sus resultados dependían tan solo del tamaño de la carga nuclear y del radio atómico. Pero Darwin descubrió que sus valores de los diferentes radios atómicos estaban en desacuerdo con las estimaciones que ya existían.

Cuando leyó este escrito, Bohr identificó con rapidez el punto en que Darwin se había equivocado. Había tomado de forma errónea los electrones cargados negativamente como si fueran libres, en lugar de estar atados a núcleos cargados positivamente. Una de las mayores habilidades de Bohr era su capacidad para identificar y servirse de los errores de una teoría existente, una habilidad que le sirvió mucho durante toda su carrera, en el momento en que empezó la mayor parte de sus trabajos partiendo de los errores y las incoherencias que detectaba en los demás. En esta ocasión, el error de Darwin acabó convirtiéndose en el punto de partida de Bohr. Mientras que Rutherford y Darwin habían considerado separadamente el núcleo y los electrones como si fuesen entidades aisladas, Bohr se dio cuenta de que una teoría que lograse explicar el modo en que las partículas alfa interactuaban con los electrones atómicos revelaría la verdadera estructura del átomo.[82] Así fue como su intento de corregir el error de Darwin puso fin a cualquier decepción que pudiera albergar con la respuesta de Rutherford a sus anteriores ideas.

Bohr abandonó su práctica habitual de hacer borradores de todos sus escritos, incluidas las cartas que mandaba a su hermano. «Te aseguro que, por el momento —dijo Bohr a Harald— no lo hago tan mal. Hace un par de días que tengo una pequeña idea sobre la comprensión de la absorción de los rayos alfa (las cosas ocurrieron de este modo: un joven matemático de aquí, C. G. Darwin [nieto del conocido naturalista], acaba de publicar una teoría sobre este problema y yo sentí no solo que estaba matemáticamente equivocada [aunque solo se trataba un error menor], sino que su concepción básica era muy insatisfactoria, de modo que elaboré una pequeña teoría al respecto que quizá pueda arrojar cierta luz sobre algunas cuestiones relativas a la estructura de los átomos). Ahora estoy pensando en publicar en breve un pequeño artículo al respecto».[83] El hecho de no tener que ir al laboratorio «ha sido muy adecuado y me ha proporcionado tiempo para elaborar mi propia pequeña teoría», admitió.[84]

Hasta que acabase de rellenar con carne el esqueleto de sus nuevas ideas, Rutherford era la única persona de Manchester en la que

Bohr estaba dispuesto a confiar. Aunque sorprendido por la dirección que el danés había decidido tomar, Rutherford escuchó y, en esta ocasión, le alentó a seguir adelante. Con su aprobación, Bohr dejó de ir al laboratorio. Fue bajo presión, dado que su tiempo en Manchester estaba casi terminado. «Creo que he descubierto algunas cosas, pero lo cierto es que necesito, para trabajar con ellas, más tiempo del que inicialmente suponía —escribió a Harald el 17 de julio, un mes después de compartir su secreto con él—. Espero escribir un pequeño artículo para mostrárselo a Rutherford antes de marcharme así que estoy muy ocupado, demasiado ocupado. Y el calor de Manchester tampoco contribuye precisamente a mi diligencia. ¡Qué ganas tengo de hablar contigo!».[85] Quería contarle a su hermano que tenía la esperanza de corregir el error del átomo nuclear de Rutherford, convirtiéndolo en un átomo cuántico.

4
EL ÁTOMO CUÁNTICO

Slagelse (Dinamarca), jueves, 1 de agosto de 1912. Las calles empedradas del pequeño y pintoresco pueblo ubicado a unos ochenta kilómetros al sudoeste de Copenhague estaban engalanadas con banderines. Pero Niels Bohr y Margrethe Nørland no se casaron en la hermosa iglesia medieval de la localidad, sino en la casa consistorial, en una formalidad de un par de minutos oficiada por el jefe de la policía. Harald fue, en ausencia del alcalde, que estaba de vacaciones, padrino de boda y a la ceremonia únicamente asistió la familia más cercana. Como sus padres antes que él, Bohr no quiso una ceremonia religiosa. Había dejado de creer en Dios cuando era adolescente, cuando confesó a su padre: «No puedo entender cómo he podido creer en todo eso. Hoy en día no significa absolutamente nada para mí».[1] De haber vivido, Christian Bohr hubiese aprobado, con toda seguridad, la decisión de su hijo de renunciar formalmente, meses antes de la boda, a la Iglesia luterana.

Aunque la pareja pensaba pasar la luna de miel en Noruega, se vio finalmente obligada a cambiar de planes cuando Bohr no logró terminar a tiempo un artículo sobre las partículas alfa. Así fue como los recién casados decidieron viajar a Cambridge para pasar quince días del mes de luna de miel de los que disponían.[2] Por fin, entre visitas a los viejos amigos y enseñarle a Margrethe los alrededores de Cambridge, Bohr concluyó su artículo. Fue un esfuerzo conjunto porque, mientras Niels dictaba, tratando de buscar siempre la palabra que más se adaptase al significado que quería transmitir, Margrethe corregía y mejoraba su inglés. Y el equipo resultó tan bien conjuntado que, durante los años siguientes, Margrethe acabó convirtiéndose en su secretaria.

Como a Bohr no le gustaba escribir eludía esa tarea siempre que podía. Pudo concluir su tesis doctoral dictándosela a su madre. «No deberías ayudar tanto a Niels —le decía, en vano, su padre—. Tiene que aprender a escribir sin ayuda».[3] Cuando escribía lo hacía muy lentamente y con garabatos casi indescifrables.

«Le resultaba difícil —recordaba un colega— pensar y escribir al mismo tiempo».[4] Para elaborar sus ideas necesitaba hablar, es decir, pensar en voz alta. Por ello pensaba mejor mientras se movía, habitualmente dando vueltas en torno a una mesa. Más tarde, un asistente o cualquier persona adecuada que se prestase a la tarea se sentaba a escribir al dictado en un idioma u otro. Rara vez satisfecho con la preparación de un artículo o con la elaboración de una conferencia, Bohr la «reescribía» más de una docena de veces. El resultado final de esta búsqueda excesiva de claridad y precisión solía abocar al lector a un texto en el que los árboles, en muchas ocasiones, no dejaban ver el bosque. Después de haber concluido y enviado finalmente el manuscrito, Niels y su esposa cogieron el tren en dirección a Manchester. Cuando conocieron a Margrethe, Ernest y Mary Rutherford se dieron cuenta de inmediato de que el joven danés había sido muy afortunado porque había encontrado a su mujer ideal. El matrimonio, de hecho, resultó lo suficientemente largo, feliz y fuerte como para superar la muerte de dos de sus seis hijos. Rutherford se quedó tan prendado de Margrethe que, en cierta ocasión, llegó a darle una pequeña conferencia sobre física. También encontró tiempo libre para leer el artículo de Bohr y prometió enviarlo, con su aprobación, a la revista *Philosophical Magazine*.[5] Liberados y felices, los Bohr emprendieron, a los pocos días, un viaje a Escocia, en donde disfrutaron de una breve luna de miel.

De nuevo en Copenhague, se mudaron, a comienzos del mes de septiembre, a una pequeña casa en el próspero barrio costero de Hellerup. En un país con una sola universidad, rara vez quedaba vacante una plaza de físico.[6] Pocos días antes de su boda, Bohr aceptó un trabajo como profesor auxiliar en el Lœrenstalt, la Escuela Técnica. Cada mañana, Bohr iba en bicicleta a su nuevo despacho: «Llegaba al patio en bicicleta a toda velocidad —recordaba posteriormente un colega—.[7] Era inagotable y siempre parecía tener prisa». El relajado físico fumador de pipa que nos muestran las fotografías todavía no había despertado y permanecía, por aquel entonces, aletargado en algún rincón de su futuro.

Bohr también empezó a enseñar termodinámica como *privatdozent* en la universidad, pero, como a Einstein, la preparación de sus clases le resultaba muy laboriosa. En cualquiera de los casos, un alumno, al menos, valoraba muy positivamente sus esfuerzos y agradecía a Bohr «la claridad y concisión» con la que había «organizado el material difícil» y «su excelente presentación».[8] Esas obligaciones docentes le dejaban muy poco tiempo libre para poder enfrentarse a los problemas que asediaban al átomo de Rutherford. Y la lentitud del avance resultaba desagradable para un joven impaciente. Había esperado que un informe escrito por Rutherford comentando sus nuevas ideas sobre la estructura atómica mientras todavía se hallaba en Manchester, que posteriormente tituló «Memorándum Rutherford», sirviera como fundamento de un artículo que pudiese publicar poco después de su luna de miel.[9] Pero las cosas no fueron así.

«Ya ve usted —dijo Bohr, cincuenta años más tarde, en una de las últimas entrevistas que concedió—. Lamento que casi todo eso estuviera equivocado».[10] Lo cierto es que había identificado el problema fundamental, la inestabilidad del átomo de Rutherford. La visión del electromagnetismo de Maxwell predecía que el electrón que gira en torno al núcleo emite una radiación continua. Esta incesante pérdida de energía acaba provocando la caída del electrón en el núcleo. Ese fenómeno de inestabilidad radioactiva era tan conocido que, en su Memorándum, Bohr ni siquiera lo menciona. Lo que realmente le interesaba era la inestabilidad mecánica que afectaba al átomo de Rutherford.

Más allá de afirmar que los electrones giran en torno al núcleo como los planetas en torno al Sol, Rutherford no decía nada sobre su posible disposición. Se sabía que un anillo de electrones negativos girando en torno a un núcleo era inestable debido a las fuerzas de repulsión que cada electrón ejerce, por compartir la misma carga, sobre los demás. Tampoco podían estar quietos porque, como las cargas opuestas se atraen, los electrones hubiesen acabado colapsándose sobre el núcleo cargado positivamente. Era un hecho que Bohr reconocía en la frase con la que comenzaba su Memorándum:

«No puede, en tal átomo, haber [con]figuración equilibrada sin movimiento de los electrones».[11] Los problemas a los que el joven danés debía enfrentarse eran cada vez mayores. Los electrones no podían formar un anillo, tampoco podían permanecer quietos ni podían dar vueltas en torno al núcleo y, por último, tampoco había, con tan diminuto núcleo en su centro, modo alguno, en el modelo de Rutherford, de determinar el radio de un átomo.

Mientras otros habían interpretado estos problemas de inestabilidad como una prueba irrefutable en contra del átomo nuclear de Rutherford, lo cierto es que no hacía, para Bohr, más que subrayar las limitaciones de la física subyacente que predecía su defunción. Su identificación de la radiactividad con un fenómeno «nuclear» (que no «atómico») y su trabajo pionero con los radioelementos (posteriormente denominados por Soddy «isótopos») y la carga nuclear acabaron convenciendo a Bohr de la estabilidad del átomo de Rutherford. Y es que, aunque no podía soportar el peso de la física establecida, tampoco experimentaba el supuesto colapso. Esa fue la pregunta a la que Bohr le tocó responder.

Dado que la aplicación de la física de Newton y Maxwell pronosticaba la caída de los electrones en el núcleo, Bohr acabó asumiendo que la «cuestión de la estabilidad debe ser contemplada desde una perspectiva diferente».[12] Entonces se dio cuenta de que, para salvar el átomo de Rutherford, se necesitaba un «cambio radical» y apeló, para ello, a los cuantos descubiertos a regañadientes por Planck y defendidos por Einstein.[13] El hecho de que la emisión y absorción de energía en la interacción entre radiación y materia no fuese continua, sino que se llevase a cabo en paquetes de tamaño diferente, era algo que trascendía el dominio de la física «clásica» consagrada por el tiempo. Aunque no creía, como casi todos los demás, en los cuantos de luz de Einstein, Bohr tenía claro que el átomo «se halla, de algún modo, gobernado por los cuantos».[14] Pero, en septiembre de 1912, ignoraba cómo eso ocurría.

A Bohr le gustaron, durante toda su vida, las novelas policiacas. Y como buen detective, buscaba pistas en la misma escena del crimen. La primera de ellas se la proporcionaron las predicciones de la inestabilidad. Convencido de la estabilidad del átomo de

Rutherford, Bohr esbozó una idea que, con el paso del tiempo, resultó esencial para su investigación posterior: el concepto de estados estacionarios. Planck había confeccionado su ecuación del cuerpo negro para explicar los datos experimentales acumulados de que disponía. Solo posteriormente emprendió el intento de establecer su ecuación tropezando accidentalmente, a lo largo de ese proceso, con los cuantos. Y la estrategia seguida por Bohr al respecto fue, en este sentido, parecida. Para ello empezó reconstruyendo un modelo atómico de Rutherford en el que, al orbitar en torno al núcleo, los electrones no irradian energía. Solo posteriormente trató de justificar lo que había hecho.

La física clásica no imponía restricción alguna sobre la órbita que un electrón podía ocupar dentro de un átomo. Pero Bohr lo hizo. Como si fuese un arquitecto que estuviese diseñando un edificio adaptado a una serie de estrictas condiciones impuestas por su cliente, Bohr restringió el movimiento de los electrones a determinadas órbitas «especiales» en las que no pueden emitir radiación continua y caen sobre el núcleo. Ese movimiento acabó demostrando ser un auténtico golpe de genio. Bohr creía que, en el mundo atómico, no eran válidas determinadas leyes de la física, lo que le llevó a «cuantizar» las órbitas en las que podían moverse los electrones. Del mismo modo que, para esbozar su ecuación del cuerpo negro, Planck había cuantizado la absorción y emisión de energía de sus osciladores imaginarios, Bohr renunció a la idea aceptada de que los electrones pueden desplazarse en torno al núcleo atómico a cualquier distancia. En su opinión, sin embargo, el electrón solo puede ocupar, de todas las órbitas posibles permitidas por la física clásica, unas pocas, los llamados «estados estacionarios».

Fue una condición que, en cuanto teórico tratando de recomponer las piezas que le permitiesen elaborar un modelo sencillo del funcionamiento del átomo, Bohr se hallaba perfectamente autorizado a imponer. Se trataba de una propuesta completamente innovadora y todo lo que, por el momento, había hecho era asumir un discutible argumento circular que contradecía la física establecida —los electrones ocupan órbitas especiales en las que no irradian energía y no irradian energía porque ocupan órbitas especiales—. A menos, pues, que pudiese esbozar una explicación física real de sus estados estacionarios, su concepto de órbitas electrónicas acabaría desdeñado como un mero armazón teórico erigido para sostener una estructura atómica desacreditada.

«Espero acabar el artículo en unas pocas semanas», escribió Bohr a Rutherford a comienzos de noviembre.[15] Después de leer la carta de Bohr y de percibir la ansiedad que trasuntaba, Rutherford replicó que no había motivos «para sentirse obligado a publicarlo a toda prisa», puesto que era muy improbable que hubiese otros trabajando en la misma línea.[16] Sin embargo, a medida que pasaba el tiempo sin alcanzar su objetivo, Bohr estaba cada vez más inquieto. Que otros, a fin de cuentas, no estuvieran empeñados en resolver el misterio del átomo era una mera cuestión de tiempo. Por ello solicitó a Knudsen, en diciembre, unos meses sabáticos... que, por cierto, le fueron concedidos. Entonces se recluyó con Margrethe en una casa de campo y se aprestó a buscar más pistas atómicas. Justo antes de Navidades descubrió una en la obra de John Nicholson. Y aunque al principio temió lo peor, pronto se dio cuenta de que el inglés no era un competidor.

Bohr había conocido a Nicholson durante su estancia frustrada en Cambridge y no se había sentido muy impresionado por él. Solo unos pocos años mayor que Bohr, Nicholson había sido contratado, a los treinta y un años, como profesor de matemáticas del King's College de la Universidad de Londres. También había estado muy ocupado construyendo su propio modelo atómico. Creía que los diferentes elementos estaban compuestos de varias combinaciones de cuatro «átomos primordiales». Cada uno de esos «átomos primordiales» consistía en un núcleo rodeado por un número diferente de electrones que conformaban un anillo rotatorio. Sin embargo, como dijo Rutherford, aunque Nicholson había hecho un «espantoso picadillo» del átomo, Bohr había encontrado su segunda pista. Esa era la explicación física de los estados estacionarios, la razón por la que los electrones solo podían ocupar determinadas órbitas en torno al núcleo.

Un objeto que se mueve en línea recta posee un determinado momento lineal, que no es más que la masa del objeto por su velocidad. Un objeto que se mueve en círculo posee un determinado «momento angular», llamado L, que es la masa del electrón multiplicada por su velocidad y por el radio de su órbita, es decir, $L = mvr$. No existen límites, en el ámbito de la física clásica, para el momento angular de un electrón ni de cualquier otro objeto que se mueva en círculo.

Cuando Bohr leyó el escrito de Nicholson descubrió que su antiguo colega de Cambridge afirmaba que el momento angular de un anillo de electrones solo podía cambiar en múltiplos de $h / 2\pi$, en donde h es la constante de Planck y π es la conocida constante numérica de las matemáticas 3,14...[17] Nicholson demostraba que el momento angular de un anillo de electrones en movimiento rotatorio solo podía ser $h / 2\pi$, $2(h / 2\pi)$, $3(h / 2\pi)$, $4(h / 2\pi)$ hasta $n(h / 2\pi)$, en donde n es un número entero. Esa fue, para Bohr, la pista perdida que podía ayudarle a sustentar su concepto de estados estacionarios. Solo estaban, pues, permitidas aquellas órbitas en las que el momento angular del electrón era un número entero n multiplicado por h y dividido por 2π. Así pues, $n = 1, 2, 3$, etcétera, generaba los estados atómicos estacionarios en los que el electrón no emite radiación y puede, en consecuencia, girar indefinidamente en torno al núcleo. Todas las demás órbitas, es decir, los estados no estacionarios, están prohibidos. Dentro del átomo, pues, el momento angular se halla cuantizado y solo puede asumir el valor $L = nh / 2\pi$.

Del mismo modo que una persona, en una escalera, solo puede hallarse en este o en aquel peldaño y no en cualquier punto intermedio entre ambos, el hecho de que las órbitas de los electrones se hallan cuantizadas implica que también lo están las energías que, dentro del átomo, posee el electrón. En el caso del hidrógeno, Bohr se sirvió de la física clásica para calcular la energía individual que, en cada órbita, posee el electrón. El conjunto de órbitas permitidas y las energías electrónicas asociadas son los estados cuánticos del átomo, sus niveles de energía E_n. El peldaño más bajo de esta escalera de energía atómica es $n = 1$, cuando el electrón se halla en la primera órbita, el estado cuántico de energía inferior. El modelo de Bohr predice que el nivel de energía mínimo, E_1, es decir, el llamado «estado fundamental» del átomo de hidrógeno era de −13,6 eV (electronvoltios, la unidad de medida de la energía a escala atómica), y el signo menos indica que el electrón está atado al núcleo.[18] Si el electrón ocupa cualquier otra órbita diferente a *n* = 1, se dice que el átomo se halla en un «estado excitado». Posteriormente denominado número cuántico principal, *n* siempre es un número entero que designa la serie de estados estacionarios que puede ocupar el electrón y la correspondiente serie de niveles de energía, es decir, En, del átomo.

Cuando Bohr calculó los valores de los niveles de energía del átomo de hidrógeno, descubrió que la energía de cada nivel era igual a la energía del estado fundamental dividida por n^2, (es decir, E_1 / n^2) eV. Así pues, el valor de la energía para *n* = 2, primer estado excitado, es de −13,6 / 4 = −3,40 eV. El radio de la primera órbita del electrón, es decir, *n* = 1, determina el tamaño del átomo de hidrógeno en el estado fundamental. Basándose en su modelo, Bohr calculó que ese tamaño era de 5,3 nm (nanómetros, la milmillonésima parte del metro), lo que concordaba perfectamente con las mejores estimaciones experimentales de su época. También descubrió que el radio de las otras órbitas permitidas aumentaba en función de un factor n^2. Así pues, cuando *n* = 1, el radio es *r*; cuando *n* = 2, el radio es *4r*; cuando *n* = 3, el radio es *9r*, etcétera.

«Espero no tardar mucho en poder enviarle mi artículo sobre los átomos —escribió Bohr a Rutherford el 31 de enero de 1913—. Y aunque me ha exigido mucho más tiempo del que pensaba, creo que, en los últimos tiempos, he llevado a cabo algunos avances importantes».[19] Así fue como estabilizó el átomo nuclear cuantizando el momento angular de los electrones giratorios y explicando, de ese modo, por qué solo podían, de todas las órbitas posibles, ocupar algunas de ellas los llamados estados estacionarios. A los pocos días de escribir a Rutherford, Bohr descubrió la tercera y última pista que le permitió completar la construcción de su modelo atómico cuántico.

Hans Hansen, un año menor y amigo de Bohr desde su época de estudiante en Copenhague, acababa de regresar a la capital danesa después de terminar sus estudios en Gotinga. Cuando se encontraron, Bohr le contó sus últimas ideas sobre la estructura atómica. Después de haber llevado a cabo investigaciones sobre espectroscopia, el estudio de la absorción y emisión de radiación por los átomos y las moléculas en Alemania, Hansen le preguntó a Bohr si su trabajo arrojaba cierta luz sobre la producción de las líneas espectrales. Desde hacía tiempo se sabía que la apariencia de una llama cambiaba de color dependiendo del metal que estaba siendo vaporizado: amarillo claro en el caso del sodio, rojo oscuro en el del litio y violeta en el del potasio. Durante el siglo XIX se había descubierto que cada elemento produce un conjunto único de líneas espectrales, es decir, de franjas en el espectro luminoso. El número, el espaciamiento y la longitud de onda de las líneas espectrales producidas por los átomos de cada elemento son únicos y constituyen una especie de huella luminosa que puede utilizarse para identificarlo.

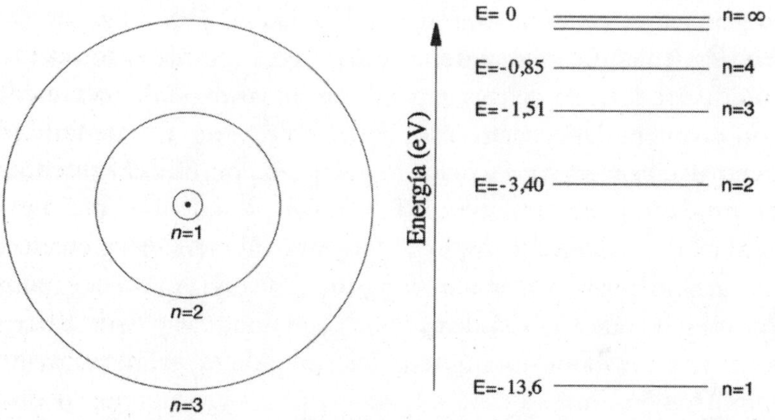

FIGURA 6. Algunos de los estados estacionarios y de los correspondientes niveles de energía del átomo de hidrógeno (el dibujo no se halla a escala).

Los espectros parecían mucho más complicados, dada la extraordinaria diversidad de pautas desplegadas por las líneas espectrales de los diferentes elementos, para cualquiera que creyera seriamente que podrían ser la clave con la que descubrir el funcionamiento interno del átomo. Aunque la hermosa secuencia de colores presente en el ala de una mariposa sea muy interesante, dijo Bohr posteriormente, «nadie cree en la posibilidad, partiendo de ellos, de entender los fundamentos de la biología».[20] No cabía la menor duda de la existencia de un vínculo entre un átomo y sus líneas espectrales, pero a comienzos de febrero de 1913, Bohr no tenía la menor idea de lo que podía ser. Hansen le sugirió que echase un vistazo a la ecuación de Balmer de las líneas espectrales del hidrógeno. Pero Bohr no parecía haber oído hablar nunca de ella. Lo más probable, sin embargo, era que lo hubiese olvidado. Hansen le presentó la ecuación, subrayando que nadie sabía por qué funcionaba.

Johann Balmer era profesor de matemáticas de una escuela de chicas de Basilea que también daba, de vez en cuando, clases en la universidad local. Conociendo su interés por la numerología, un colega le pidió, en una ocasión en la que se quejaba de no tener nada interesante que hacer, que investigase las cuatro líneas del espectro del hidrógeno. Intrigado por la propuesta, Balmer se aprestó entonces a buscar una relación matemática entre las líneas donde no parecía haber ninguna. Durante la década de 1850, el físico sueco Anders Ångström había determinado con notable exactitud las longitudes de onda de las cuatro líneas en las regiones roja, verde, azul y violeta del espectro visible del hidrógeno. Etiquetándolas como alfa, beta, gamma y delta, respectivamente, descubrió que sus longitudes de onda eran 656,210; 486,074; 434,01 y 410,12 nm.[21] En 1884, a punto de cumplir los sesenta años, Balmer descubrió la ecuación que reproducía las longitudes de onda (λ) de las cuatro líneas espectrales: $\lambda = B\,[m^2/(m^2 - n^2)]$, en donde m y n son enteros y b es una constante, un número determinado experimentalmente como 364,56 nm.

Balmer descubrió que, fijando n como 2 y equiparando m a 3, 4, 5 y 6, su ecuación reproduce casi exactamente las cuatro longitudes de onda de la línea alfa roja. Por ejemplo, cuando $n = 2$ y $m = 3$, tenemos la longitud de onda de la línea roja alfa. Pero Balmer no se limitó a generar las cuatro líneas espectrales conocidas del hidrógeno que, en su nombre, se denominó posteriormente serie de Balmer, sino que también predijo la existencia de una quinta línea en la que $n = 2$ y $m = 7$, sin saber que Ångström, cuyo trabajo ya había sido publicado en sueco, había descubierto y medido su longitud de onda. Y la coincidencia entre los valores experimental y teórico era casi perfecta.

De haber vivido, Ångström (que murió en 1874 a la edad de cincuenta y nueve años) se hubiese asombrado del uso dado por Balmer a su ecuación para predecir la existencia de otra serie de líneas espectrales para el átomo de hidrógeno en las regiones infrarroja y ultravioleta atribuyendo a *n* los valores 1, 3, 4 y 5 y dejando el ciclo *m* a través de diferentes números, como había hecho estableciendo *n* como 2 para generar las cuatro líneas originales. Con $n = 3$ y $m = 4, 5$ o $6\ldots$, Balmer predijo, por ejemplo, la serie de líneas del infrarrojo descubiertas, en 1908, por Friedrich Paschen. Y aunque las diferentes series pronosticadas por Balmer fueran descubiertas posteriormente, nadie había sido capaz de explicar de dónde procedía el éxito de su ecuación. ¿En qué mecanismo físico se asentaba esta, a la que se llegó a través de un proceso de ensayo y error?

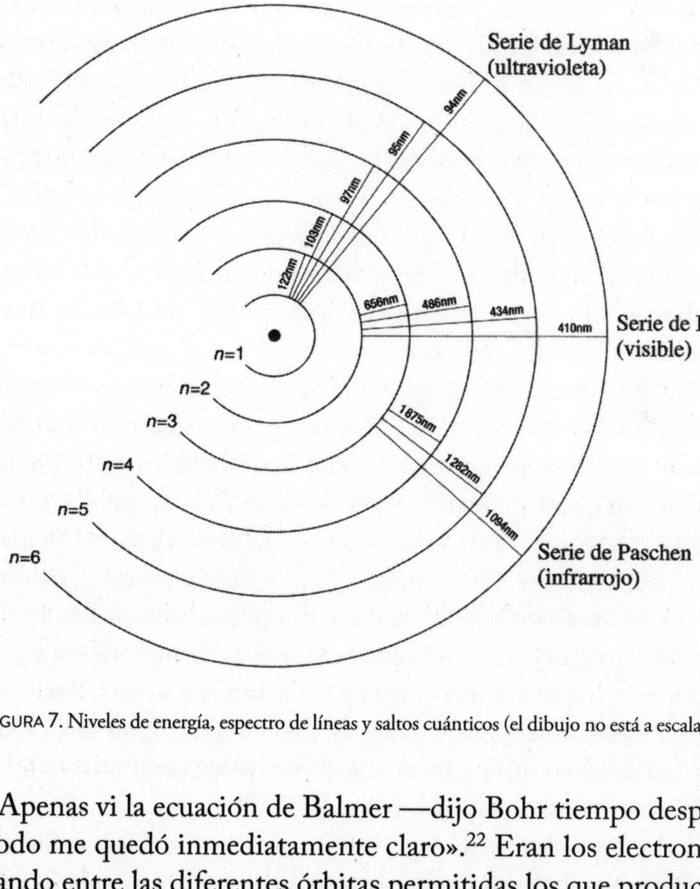

FIGURA 7. Niveles de energía, espectro de líneas y saltos cuánticos (el dibujo no está a escala).

«Apenas vi la ecuación de Balmer —dijo Bohr tiempo después—, todo me quedó inmediatamente claro».[22] Eran los electrones saltando entre las diferentes órbitas permitidas los que producían las líneas espectrales emitidas por un átomo. Cuando un átomo de hidrógeno que se encuentra en el estado fundamental (es decir, en $n = 1$) absorbe la suficiente energía, «salta» a una órbita de energía superior ($n = 2$). Entonces el átomo se halla en un estado inestable y excitado y regresa rápidamente al estado fundamental estable cuando el electrón salta de nuevo de $n = 2$ a $n = 1$. Y tal cosa solo puede ocurrir emitiendo un cuanto de energía equivalente a la diferencia energética que existe entre ambos niveles, es decir, 10,2 eV. La longitud de onda de la línea espectral resultante puede calcularse empleando la ecuación de Planck-Einstein $E = hv$, en donde v es la frecuencia de la radiación electromagnética emitida.

El electrón que salta desde un rango de niveles superiores de energía al mismo nivel de energía inferior produce las cuatro líneas espectrales de la serie de Balmer. El tamaño de los cuantos emitidos solo depende de los niveles de energía inicial y final implicados. Por eso la ecuación de Balmer genera las longitudes de onda adecuadas equiparando n a 2 y m a 3, 4, 5 o 6. Bohr pudo derivar las demás líneas espectrales preestablecidas por Balmer fijando el nivel de energía inferior al que el electrón podía saltar. Las transiciones que finalizaban con el salto del electrón a $n = 3$, por ejemplo, producían la serie de Paschen en el infrarrojo, mientras que las que finalizaban en $n = 1$ generaban la llamada serie de Lyman en la región ultravioleta del espectro.[23]

Pero Bohr descubrió la existencia de un rasgo muy extraño asociado al salto cuántico del electrón. Y es que resulta imposible identificar dónde se encuentra, durante un determinado momento del salto, un electrón; dicho en otras palabras, la transición entre una órbita y órbita, es decir, entre un nivel de energía y otro, ocurre de manera instantánea. De no ser así, la emisión de energía, durante el salto de una órbita a otra, sería continua. En el átomo de Bohr, pues, un electrón no puede hallarse en ningún punto del espacio que existe entre una órbita y otra. Por eso en un determinado momento desaparece, como por arte de magia, de una órbita y reaparece misteriosa e instantáneamente en otra.

Resulta curioso que, en febrero de 1908, Planck escribiese en un cuaderno las siguientes palabras: «Estoy completamente convencido de que el problema de las líneas espectrales está íntimamente ligado a la naturaleza de los cuantos».[24] Pero, en su continuo empeño por minimizar el impacto de los cuantos y antes del átomo de Rutherford, llegó sencillamente lo más lejos que pudo. Bohr abrazó la idea de que la absorción y emisión electromagnética de los átomos se daba de forma cuántica, pero en 1913 no aceptaba que la radiación electromagnética misma se hallase cuantizada. Seis años más tarde, en 1919, pocos creían en el cuanto de luz de Einstein cuando Planck declaró, en su conferencia de recepción del Premio Nobel, que el átomo cuántico de Bohr era «la anhelada llave que abría la puerta al maravilloso mundo» de la espectroscopia.[25]

El 6 de marzo de 1913, Bohr envió a Rutherford el primero de una trilogía de artículos, y le pidió que los enviase al *Philosophical Magazine*. Durante esa época y en muchos años posteriores, los jóvenes científicos como Bohr que querían asegurar la pronta publicación de un artículo en una revista británica necesitaban apelar a alguien de la autoridad de Rutherford que los «presentase». «Estoy ansioso por saber lo que usted piensa con respecto a todo esto», escribió, en su carta a Rutherford.[26] En este sentido, Bohr estaba especialmente preocupado por la reacción de Rutherford a su combinación de física cuántica y física clásica. Bohr tuvo que esperar mucho para obtener la respuesta a su pregunta: «Sus ideas con respecto al origen del espectro del hidrógeno me parecen muy ingeniosas y parecen funcionar bien, pero la mezcla de las ideas de Planck con las de la vieja mecánica no permiten que uno se forme una idea clara del fundamento de todo esto».[27]

Rutherford, como muchos otros, tenía dificultades para imaginarse el modo en que, en el átomo de hidrógeno, un electrón «saltaba» desde un nivel de energía a otro. Y la dificultad descansaba en el hecho de que Bohr había violado una regla fundamental de la física clásica. Un electrón moviéndose en círculo es una especie de sistema oscilante en el que cada órbita completa es una oscilación y el número de vueltas por segundo es la frecuencia de la oscilación. Un sistema oscilante irradia energía a la frecuencia de su oscilación, pero, como los niveles de energía implicados durante el «salto cuántico», las frecuencias de oscilación también son, en este caso, dos. Y, en este sentido, Rutherford se quejaba de que no hubiera vínculo entre esas frecuencias, entre la «vieja» mecánica y la frecuencia de la radiación emitida por el electrón al saltar de un nivel de energía a otro.

Pero Rutherford identificó la existencia de otro problema más serio todavía: «Me parece que su hipótesis entraña una grave dificultad, que no creo que usted tenga dificultades en entender. ¿Cómo decide el electrón a qué frecuencia vibra y cuándo pasa de un estado estacionario a otro? Creo que usted tiene que asumir que el electrón sabe de antemano dónde debe detenerse».[28] Un electrón que se halle en el nivel energético $n = 3$ puede saltar al nivel $n = 2$ o al nivel $n = 1$. Y, para dar el salto, parece «saber» a qué nivel de energía dirigirse, a fin de poder emitir la radiación a la frecuencia adecuada. Esas eran las debilidades del modelo del átomo cuántico para las que Bohr no tenía respuesta.

También había otra crítica menor que preocupaba mucho más a Bohr. Rutherford creía que «el artículo debe ser reducido», porque «los artículos largos asustan a los lectores, que temen no disponer de tiempo para profundizar en ellos».[29] Después de ofrecerse a corregir el inglés de Bohr donde fuese necesario, Rutherford añadió una posdata: «¿Supongo que no tendrá usted objeción alguna en servirse de mi juicio para recortar el material que considere necesario de sus artículos? Espero su pronta respuesta».[30]

Tratándose de un hombre que agonizaba ante cada palabra y que se veía obligado a realizar borrador tras borrador y revisión tras revisión, la mera idea de que alguien, aunque fuese el mismísimo Rutherford, pudiese introducir algún cambio le horrorizaba. Así fue como, quince días después de recibir el artículo original, Bohr le envió un manuscrito revisado en el que había introducido modificaciones y adiciones, pero aún más largo. Rutherford coincidió en que los cambios eran «excelentes y parecían muy razonables», pero de nuevo le invitó a recortarlo. Antes de recibir esta última carta, sin embargo, Bohr escribió a Rutherford anunciándole que, durante las próximas vacaciones, iría a Manchester.[31]

Cuando Bohr llamó a la puerta, Rutherford estaba ocupado atendiendo la visita de su amigo Arthur Eve. Posteriormente, Bohr recordó que Rutherford llevó de inmediato a ese «muchacho de aspecto delicado» a su estudio, dejando que la señora Rutherford explicase a los visitantes que se trataba de un joven danés cuyo trabajo su esposo «tenía en muy alta estima».[32] Después de las largas horas de discusiones que se produjeron durante los días siguientes, Bohr admitió que Rutherford «demostró tener una paciencia casi seráfica» ante su empeño por defender todas y cada una de las palabras contenidas en su artículo.[33]

Rutherford acabó finalmente renunciando a su intento de modificar el artículo y empezó a contar a amigos y colegas pormenores de ese encuentro: «Me impresionó lo mucho que había sopesado cada palabra y la determinación con la que defendía cada frase, cada expresión y cada cita. Todo tenía su razón de ser, y aunque yo creía en la posibilidad de eliminar algunas frases, resultaba evidentemente imposible, cuando me lo explicaba con tanto detenimiento, cambiar nada».[34] Es irónico que, años después, Bohr acabase admitiendo que «la objeción de Rutherford a una presentación más que complicada» estaba en lo cierto.[35]

La trilogía de Bohr fue publicada casi sin cambios en el *Philosophical Magazine* con el título «Sobre la constitución de los átomos y las moléculas». El primer artículo en ver la luz, fechado el 5 de abril de 1913, apareció durante el mes de julio. La segunda y la tercera parte, publicadas en los meses de septiembre y noviembre, exponían sus ideas con respecto a la posible disposición de los electrones dentro de los átomos, un tema que, durante la siguiente década, preocuparía a Bohr, mientras seguía utilizando el átomo cuántico para explicar la tabla periódica y las propiedades químicas de los elementos.

Bohr había elaborado su átomo empleando un cóctel embriagador de física clásica y física cuántica. Y, en el proceso, había violado principios aceptados de la física al proponer que, dentro de los átomos, los electrones solo pueden ocupar determinadas órbitas (los llamados estados estacionarios); que, mientras permanecen en esas órbitas, los electrones no pueden irradiar energía; que un átomo solo puede hallarse en una serie de estados energéticos discretos y que el más bajo de todos ellos es el «estado fundamental»; que, «de algún modo», los electrones saltan de un estado estacionario de alta energía a un estado estacionario de baja energía y que la diferencia de energía entre ambos se ve jalonada por la emisión de un cuanto de energía. Pero su modelo predecía adecuadamente varias propiedades del átomo de hidrógeno, como su radio, al tiempo que proporcionaba una explicación física de las líneas espectrales. El átomo cuántico, como concluyó Rutherford más tarde, representaba «un auténtico triunfo de la mente sobre la materia» y, hasta el momento en que Bohr lo desveló, creía que la solución del misterio de las líneas espectrales «requeriría siglos».[36]

Una clara medida del logro de Bohr fue la reacción inicial con la que fue recibido. El modelo fue presentado públicamente por primera vez el 12 de septiembre de 1913 en el encuentro anual de la British Association for the Advancement of Science (BAAS), celebrado ese mismo año en Birmingham. Con Bohr entre la audiencia, recibió una acogida más bien lacónica y con división de opiniones. Entre los presentes se hallaban J. J. Thomson, Rutherford, Rayleigh y Jeans destacando, y entre el distinguido contingente extranjero, Lorentz y Curie. «Los hombres de más de setenta años no deberían apresurarse en expresar su opinión sobre las nuevas teorías», fue la diplomática respuesta de Rayleigh cuando le preguntaron lo que pensaba sobre el átomo de Bohr aunque, en privado, no creía que «la naturaleza se comportase así» y admitía tener «dificultades en aceptarla como una imagen de lo que realmente estaba ocurriendo».[37] Thomson, por su parte, señaló que la cuantización del átomo llevada a cabo por Bohr resultaba completamente innecesaria. James Jeans no estaba de acuerdo... y en un informe que presentó a los congregados afirmó que la única justificación que el modelo de Bohr requería era «la que le proporcionaba el éxito».[38]

En Europa, el átomo cuántico fue recibido con incredulidad. «¡No son más que tonterías! Las ecuaciones de Maxwell son válidas en todas las circunstancias», dijo Max von Laue, durante una acalorada discusión. «Un electrón que describe una órbita circular debe emitir radiación»,[39] mientras Paul Ehrenfest confesó a Lorentz que el átomo de Bohr «ha llegado a desesperarme».[40] «Si este es el modo de alcanzar su objetivo —prosiguió— me veré obligado a abandonar la física».[41] En Gotinga, según comentaba su hermano Harald, su trabajo despertaba un cierto interés, aunque sus supuestos se consideraban demasiado «atrevidos» y «fantásticos».[42]

Uno de los primeros triunfos de la teoría de Bohr fue ganarse el apoyo de algunos, entre los que se hallaba Einstein. Bohr predijo que una serie de las líneas del espectro de la luz solar atribuidas al hidrógeno pertenecían, en realidad, al helio ionizado, es decir, al helio que ha perdido uno o dos electrones. Pero esta interpretación de las llamadas «líneas de Pickering-Fowler» no coincidía con la que le habían dado sus descubridores. ¿Quién estaba en lo cierto? La cuestión se vio dirimida, a instancias de Bohr, por uno de los miembros del equipo de Rutherford de Manchester después de un detallado estudio de las líneas espectrales. Así fue como, poco antes de la reunión de la BAAS de Birmingham, se descubrió que el danés había estado en lo cierto en atribuir al helio las líneas de Pickering-Fowler. Fue Georg von Hevesy, el amigo de Bohr, quien contó todas estas novedades a Einstein durante un congreso celebrado, a finales de septiembre, en Viena. «Los grandes ojos de Einstein —escribió Von Hevesy a Rutherford al respecto— se abrieron todavía más y me dijo: "Este es un descubrimiento extraordinariamente importante"».[43]

Cuando, en noviembre de 1913, vio la luz la tercera parte de la trilogía, Henry Moseley, otro miembro del equipo de Rutherford, había confirmado la idea de que la carga nuclear del átomo, es decir, su número atómico, era un número entero característico de cada elemento y el parámetro clave que decidía su ubicación dentro de la tabla periódica. Solo después de que Bohr visitara Manchester en julio de ese año y hablase con Moseley sobre el átomo, el joven inglés empezó a lanzar rayos de electrones sobre elementos diferentes y a analizar el espectro resultante de rayos X.

Por aquel entonces se sabía que los rayos X eran una forma de radiación electromagnética de una longitud de onda miles de veces más corta que la de la luz visible generada cuando un haz de electrones que poseían la energía suficiente impactaba sobre un determinado metal. Bohr creía que los rayos X se emitían cuando un electrón de los niveles más internos se veía expulsado de un átomo y otro electrón procedente de un nivel superior saltaba al inferior para rellenar el hueco. La diferencia existente entre los dos niveles de energía era tal que el cuanto de energía emitido en la transición era un rayo X. Bohr se dio cuenta de que, con su modelo atómico, era posible determinar la carga del núcleo utilizando la frecuencia de los rayos X emitidos. Era un hecho intrigante que había discutido con Moseley.

Con una capacidad de trabajo extraordinaria que solo podía equipararse a su fortaleza, Moseley permanecía en el laboratorio toda la noche, mientras todo el mundo dormía. Al cabo de un par de meses había medido la frecuencia de los rayos X emitidos por todos los elementos que separan al calcio del zinc. De ese modo descubrió que cuanto más pesados eran los elementos bombardeados, mayor era el aumento de frecuencia de los rayos X emitidos. Y también fue así como, basándose en el hecho de que cada elemento produce una serie característica de líneas espectrales de rayos X y de la similitud que al respecto, presentan los elementos adyacentes de la tabla periódica, Moseley predijo la existencia de elementos perdidos con números atómicos de 42, 43, 72 y 75.[44] Sin embargo, cuando esos cuatro elementos fueron posteriormente descubiertos, Moseley ya había muerto porque, al empezar la Primera Guerra Mundial, se enroló en el cuerpo de ingenieros y sirvió como oficial de señales. Murió, de un tiro en la cabeza, el 10 de agosto de 1915 en Galípoli, una trágica muerte que, a los veintisiete años, le privó de un Premio Nobel seguro. Rutherford le dio personalmente el mayor de los elogios, alabándole como «un experimentador innato».

La atribución exacta de Bohr a las líneas de Pickering-Fowler y el revolucionario trabajo de Moseley sobre la carga nuclear estaban empezando a respaldar el átomo cuántico. Un momento todavía más decisivo para su aceptación final sucedió en el mes de abril de 1914, cuando los jóvenes físicos alemanes James Franck y Gustav Hertz descubrieron, bombardeando átomos de mercurio con electrones, que, durante esas colisiones, los electrones perdían 4,9 eV de energía. Franck y Hertz creyeron entonces haber logrado medir la cantidad de energía necesaria para arrancar un electrón de un átomo de mercurio. Y como el escepticismo generalizado con el que había sido recibida la obra de Bohr en Alemania había impedido que esos investigadores leyeran su artículo, le correspondió a este la tarea de interpretar adecuadamente esos datos.

Cuando la energía de los electrones que impactan sobre el átomo de mercurio es inferior a 4,9 eV no ocurre absolutamente nada. Pero cuando un electrón cuya energía supera los 4,9 eV logra un impacto directo pierde esa cantidad de energía y el átomo de mercurio emite una luz ultravioleta. Bohr señaló que 4,9 eV era la diferencia de energía que existe entre el estado fundamental del átomo de mercurio y su primer estado excitado. Esa era la energía que acompañaba al salto del electrón entre los dos primeros niveles de energía del átomo de mercurio, una diferencia claramente establecida por su modelo atómico. Cuando el átomo de mercurio regresa a su estado fundamental, y el electrón salta al primer nivel de energía, emite un cuanto de energía que produce una luz ultravioleta de una longitud de onda de 253,7 nm en las líneas espectrales de mercurio. Así fue como los resultados de Franck y Hertz proporcionaron evidencia experimental directa tanto del átomo cuantizado de Bohr como de la existencia de los niveles de energía atómica. Y a pesar de haber malinterpretado inicialmente sus datos, Franck y Hertz acabaron recibiendo, en 1925, el Premio Nobel de Física.

Cuando, en julio de 1913, se publicó la primera parte de la trilogía, a Bohr le fue ofrecido finalmente un puesto de profesor en la Universidad de Copenhague. Al poco tiempo, sin embargo, se sintió decepcionado, porque su mayor responsabilidad consistía en enseñar física elemental a estudiantes de medicina. A comienzos de 1914, con su reputación en alza, Bohr emprendió la tarea de tratar de establecer una nueva cátedra de física teórica para sí mismo. Pero esa sería una empresa difícil porque, fuera de Alemania, la disciplina de la física teórica no contaba con un gran reconocimiento. «En mi opinión —escribió Rutherford en su recomendación al Departamento de Asuntos Religiosos y Educativos en apoyo de Bohr y su propuesta—, el doctor Bohr es uno de los más capaces y más prometedores jóvenes físicos matemáticos europeos de la actualidad».[45] Aunque el inmenso interés que despertó internacionalmente su trabajo le garantizó el respaldo de todo el cuadro docente, la dirección de la universidad decidió posponer una vez más cualquier decisión. Fue entonces cuando un Bohr desalentado recibió una carta de Rutherford ofreciéndole una vía de escape.

«Me atrevo a decirle que la titularidad del puesto de Darwin ha expirado y que estamos buscando a un sucesor con un salario de doscientas libras —escribió Rutherford—.[46] Las investigaciones preliminares que, al respecto, hemos realizado no parecen prometer la presencia de muchos candidatos. Me gustaría contar con un joven original». Y no cabía la menor duda, después de haber subrayado la «gran originalidad y méritos» del danés, de lo que Rutherford estaba pidiéndole.[47]

En septiembre de 1914, tras haber obtenido permiso para tomarse un año de excedencia porque la cátedra a la que aspiraba resultaba, por el momento, inaccesible, Niels y Margrethe Bohr llegaron a Manchester donde, después de un peligroso viaje a través de Escocia, recibieron una cordial bienvenida. La Primera Guerra Mundial había estallado y, con ella, todo había cambiado. La ola de patriotismo que barría el país se había llevado a quienes cumplían con los requisitos a alistarse vaciando, en consecuencia, los laboratorios. La esperanza de que la guerra fuese breve e intensa se desvaneció el mismo día que los alemanes invadieron Bélgica y entraron en Francia. Hombres que hasta hacía muy poco habían sido colegas, se veían ahora enfrentados y en bandos opuestos. Marsden, por ejemplo, no tardó en unirse al frente occidental, mientras Geiger y Von Hevesy pasaron a engrosar el ejército de las llamadas «potencias centrales». Rutherford no estaba en Manchester cuando llegó Bohr. Se había marchado en junio para asistir al congreso anual de la British Association for the Advancement of Science que, ese año, se reuniría en Melbourne (Australia). Recientemente nombrado sir, visitó a su familia en Nueva Zelanda antes de viajar, como pensaba, a Estados Unidos y Canadá. De nuevo en Manchester, Rutherford dedicó gran parte de su tiempo a la guerra antisubmarina. Como Dinamarca era neutral, Bohr no podía tomar parte en ninguna actividad relacionada con la guerra. Y como la investigación tampoco era posible debido a la falta de revistas y a la censura de la correspondencia con Europa, se centró fundamentalmente en la enseñanza. Pese a la idea original de pasar solo un año en Manchester, Bohr todavía estaba ahí cuando, en mayo de 1916, se vio formalmente designado para el puesto recién creado de profesor de física teórica de Copenhague. El creciente reconocimiento de su obra le había garantizado el trabajo, pero a pesar de sus éxitos había problemas que el átomo cuántico no podía resolver. Las respuestas que proporcionaba para los átomos con más de un electrón no coincidían con los resultados experimentales. A decir verdad, ni siquiera podían explicar el caso del helio, que solo tenía un par de electrones. Y aún peor, el modelo atómico de Bohr predecía la existencia de líneas espectrales que no podían ser encontradas. Pese a la introducción de «reglas de selección» *ad hoc* para explicar por qué, a veces, se observaban algunas líneas y otras no, todos los rasgos fundamentales del átomo de Bohr acabaron siendo, a finales de 1914, finalmente aceptados: la existencia de niveles discretos de energía, la cuantización del momento angular de los electrones que giraban en torno al núcleo y el origen de las líneas espectrales. Si existiera, no obstante, una línea espectral que no pudiera ser explicada, aun con la introducción de alguna regla nueva, el átomo cuántico se hallaría en serios problemas.

En 1892 apareció un instrumental perfeccionado que puso de relieve que las líneas alfa roja y gamma azul de Balmer del espectro del hidrógeno no eran una sola línea, sino que estaba compuesta por dos. Durante más de veinte años hubo dudas de si esas líneas eran «auténticos dobletes» o no. Bohr creía que no. A comienzos de 1905, sin embargo, cambió de opinión al descubrir que los experimentos revelaban que las líneas roja, azul y violeta de Balmer eran dobletes. Utilizando su modelo atómico, Bohr no podía explicar esa «estructura fina», como había sido bautizado ese fenómeno. Cuando emprendió su nueva tarea como profesor en Copenhague, Bohr descubrió una gran cantidad de artículos de un alemán que había resuelto el problema con una versión modificada de su átomo.

Arnold Sommerfeld era un distinguido profesor de física teórica de cuarenta y ocho años de la Universidad de Múnich. A lo largo de los años, algunos de los físicos y estudiantes más brillantes trabajarían bajo su atenta mirada cuando convirtió a la universidad alemana en un centro floreciente de física teórica. Como a Bohr, le gustaba el esquí e invitaba a sus alumnos y colegas a su casa en los Alpes bávaros para esquiar y hablar de física. «Déjeme decirle que, si estuviese en Múnich y tuviese tiempo, asistiría a sus clases para perfeccionar mi conocimiento de la física matemática», había escrito Einstein a Sommerfeld en 1908, mientras todavía trabajaba en la Oficina de Patentes.[48] Era un auténtico cumplido, sobre todo teniendo en cuenta que procedía de alguien a quien su profesor de matemáticas de Zúrich había calificado como un «perro perezoso».

En un intento de simplificar su modelo, Bohr había considerado que los electrones solo se movían en órbitas circulares en torno al núcleo. Pero Sommerfeld soslayó esta restricción y permitió que los electrones se moviesen describiendo órbitas elípticas, como los planetas en su periplo alrededor del Sol. Él sabía que, desde una perspectiva matemática, los círculos son una clase especial de elipse. Así pues, las órbitas electrónicas circulares no son más que un subconjunto de todas las posibles órbitas elípticas cuantizadas. El número cuántico n del modelo de Bohr especificaba un determinado estado estacionario, una órbita electrónica circular permitida y el correspondiente nivel de energía. El valor de n también especificaba el radio de una determinada órbita circular. Pero son necesarios, no obstante, dos números para codificar la forma de una elipse. Por eso Sommerfeld introdujo k, el número cuántico «orbital», para cuantizar la forma de una órbita elíptica.

Así fue como, de todas las formas posibles de una órbita elíptica, k determinaba las que estaban permitidas para un determinado valor de n.

En el modelo modificado de Sommerfeld, el principal número cuántico n determinaba los valares que k podía asumir.[49] Si $n = 1$, entonces $k = 1$; si $n = 2$, $k = 1$ y 2; y si $n = 3$, $k = 1$, 2 y 3. Para un determinado valor de n, k es igual a cualquier número entero que vaya desde 1 hasta llegar e incluir a n. Cuando $n = k$, la órbita es siempre circular. Si k, sin embargo, es inferior a n, la órbita es elíptica. Si, por ejemplo, $n = 1$ y $k = 1$, la órbita es circular y con un radio r, llamado el radio de Bohr. Si $n = 2$ y $k = 1$, la órbita es elíptica, pero si $n = 2$ y $k = 2$, se trata de una órbita circular con un radio $4r$. Así pues, cuando el átomo de hidrógeno se halla en el estado cuántico $n = 2$, su electrón puede hallarse tanto en la órbita $k = 1$ como en la $k = 2$. En el estado $n = 3$, el electrón puede ocupar cualquiera de las tres órbitas $n = 3$ y $k = 1$ (elíptica); $n = 3$ y $k = 2$ (elíptica) y $n = 3$ y $k = 3$ (circular). Mientras que, en el modelo de Bohr, $n = 3$ no era más que una órbita circular, en la versión modificada de Sommerfeld las órbitas permitidas eran tres. Estos estados extraestacionarios podían explicar la división de las líneas espectrales de las series de Balmer.

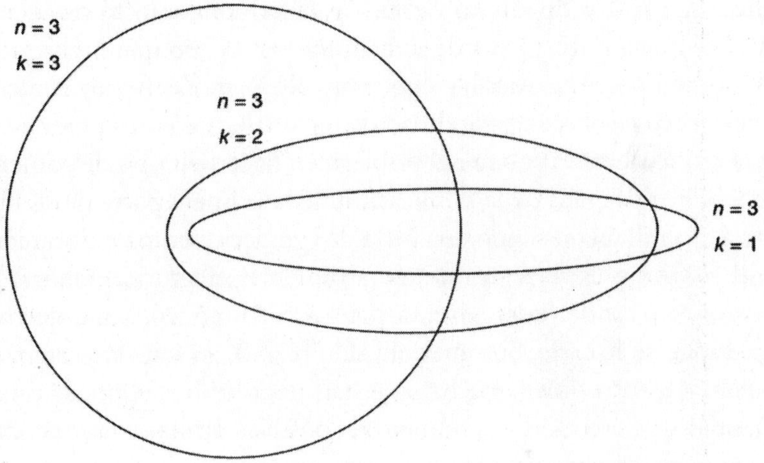

FIGURA 8. Órbitas electrónicas para $n = 3$ y $k = 1$, 2 y 3 en el modelo Bohr-Sommerfeld del átomo de hidrógeno.

Para dar cuenta de la división de las líneas espectrales, Sommerfeld apeló a la teoría de la relatividad de Einstein. Como un cometa gravitando en torno al Sol, el electrón que describe una órbita elíptica aumenta su velocidad a medida que se acerca al núcleo. A diferencia, sin embargo, de lo que sucede con el cometa, la velocidad del electrón es lo suficientemente grande para que, como predice la teoría de la relatividad, su masa aumente. Y este aumento relativístico de la masa da lugar a un cambio de energía muy pequeño. Los estados $n = 2$, las dos órbitas, $k = 1$ y $k = 2$, tienen diferentes energías porque $k = 1$ es elíptica y $k = 2$ es circular. Esta pequeña diferencia de energía da lugar a dos niveles energéticos que producen dos líneas espectrales donde el modelo de Bohr solo predice uno. Pero todavía quedaban un par de fenómenos que el modelo del átomo cuántico modificado de Bohr-Sommerfeld no era capaz de explicar.

En 1897, el físico holandés Pieter Zeeman descubrió que, en el seno de un campo magnético, una sola línea espectral se divide en varias líneas o componentes separados. Este efecto, que fue llamado efecto Zeeman, se esfumaba apenas desaparecía el campo magnético. En 1913, el físico alemán Johannes Stark descubrió que cuando los átomos eran ubicados en un campo eléctrico, una sola línea espectral se dividía en varias.[50] Rutherford contactó con Bohr apenas Stark publicó sus descubrimientos: «Creo que ha llegado el momento de que escriba algo sobre el efecto Zeeman y el efecto eléctrico y sobre la posibilidad de reconciliarlos con su teoría».[51]

Pero Rutherford no fue el primero en hacer ese tipo de comentario. Poco después de la publicación de la primera parte de su trilogía, Bohr había recibido una carta de agradecimiento de Sommerfeld. «¿Cómo explica su modelo atómico el efecto Zeeman?», le preguntó. «Tendré que enfrentarme a eso»,[52] replicó. Y aunque no fue capaz de hacerlo, Sommerfeld sí lo hizo. Y su solución fue muy ingeniosa. Anteriormente había optado por órbitas elípticas y aumentado, de ese modo, el número de posibles órbitas cuantificadas que puede ocupar un electrón cuando un átomo se halla en un determinado estado energético como, por ejemplo, $n = 2$. Bohr y Sommerfeld habían esbozado órbitas, independientemente de que fuesen circulares o elípticas, moviéndose en un plano. Pero cuando trató de explicar el efecto Zeeman, Sommerfeld se dio cuenta de que la orientación de la órbita era un aspecto esencial que hasta ese momento no había recibido la atención merecida. Dentro de un campo magnético, el electrón puede moverse entre determinadas órbitas permitidas que apuntan en direcciones diferentes con respecto al campo. Fue entonces cuando Sommerfeld introdujo lo que denominó número cuántico «magnético» m para cuantizar la orientación de esas órbitas. Así, para un determinado número cuántico principal n, m solo puede tener valores que vayan desde $-n$ hasta n.[53] Si $n = 2$, m puede asumir los valores de −2, −1, 0, 1 y 2.

«Creo que ninguna lectura me ha producido más alegría que su hermoso trabajo», escribió Bohr a Sommerfeld, en marzo de 1916.

La orientación de las órbitas electrónicas, o «cuantización del espacio», como acabó siendo conocida, se vio experimentalmente confirmada cinco años después, en 1921. De ese modo podía disponerse de estados de energía extra, ahora etiquetados con los tres números cuánticos *n*, *k* y *m* que, en presencia de un campo magnético externo, puede ocupar un electrón, lo que acaba conduciendo al efecto Zeeman.

Siendo la necesidad la madre de la creación, Sommerfeld se vio obligado a introducir entonces los números cuánticos *k* y *m* para explicar datos revelados por la experimentación. Apoyándose básicamente en el trabajo de Sommerfeld, hubo quienes explicaron el efecto Stark como resultado de los cambios en el espacio que existe entre niveles de energía debido a la presencia de un campo eléctrico. Aunque todavía había ciertas debilidades como, por ejemplo, la incapacidad de reproducir la intensidad relativa de las líneas espectrales, los éxitos logrados por el modelo de Bohr-Sommerfeld alentaron la reputación de Bohr y le hicieron merecedor de un instituto propio en Copenhague. De ese modo, estaba en camino de convertirse, como Sommerfeld le llamó más tarde, en «el director de la física atómica», no solo gracias a su trabajo, sino también a la inspiración que proporcionó a otros.[54]

Ese es un cumplido que, sin duda alguna, hubiese complacido mucho a Bohr, que siempre había querido reproducir el modo en que Rutherford dirigía su laboratorio y el clima que generaba entre sus colaboradores. Fue mucho más que física lo que Bohr aprendió de su mentor. Vio el modo en que Rutherford movilizaba a su equipo para sacar lo mejor de ellos. Así fue como, en 1917, Bohr llegó a reproducir lo que, en su momento, había tenido la oportunidad de vivir en Manchester. Se acercó a las autoridades de Copenhague con la intención de solicitar la creación de un instituto de física teórica en la universidad. El proyecto finalmente fue aprobado, y los amigos consiguieron el dinero necesario para comprar los terrenos y construir el edificio. Las obras empezaron al año siguiente, apenas acabada la guerra, junto a un hermoso parque, no muy lejos del centro de la ciudad.

Apenas había empezado a trabajar cuando llegó una carta que inquietó mucho a Bohr. Era de Rutherford y le ofrecía un puesto de profesor permanente de física teórica en Manchester. «Creo que —escribió Rutherford—, en esas condiciones, podríamos poner en marcha un movimiento que revolucionaría el mundo de la física».[55] Pero, por más tentadora que la oferta resultara, Bohr no podía, después de haber conseguido todas sus aspiraciones, abandonar Dinamarca. Quizá, de haberlo hecho, Rutherford no hubiese abandonado Manchester en 1919 para reemplazar a J. J. Thomson como director del Cavendish Laboratory de Cambridge.

Conocido oficiosamente como Instituto Bohr, el Universitetets Institut Teoretisk Fysik abrió oficialmente sus puertas el 3 de marzo de 1921.[56] Los Bohr ya se habían mudado, con su creciente familia, a la planta de siete habitaciones ubicada en el primer piso. Pasada la agitación de la guerra y las dificultades de los años de la posguerra, el instituto no tardó en convertirse en el paraíso creativo que Bohr esperaba y en un auténtico imán para muchos de los principales físicos del mundo, pero el más talentoso de todos siempre fue un extranjero.

5
CUANDO EINSTEIN CONOCIÓ A BOHR

«Los locos son los únicos que no se ocupan de la teoría cuántica», dijo Einstein a un colega, mirando a través de la ventana de su despacho del Instituto de Física Teórica de la Universidad Alemana de Praga.[1] Desde su llegada de Zúrich, en abril de 1911, estaba desconcertado por el hecho de que el hermoso jardín contiguo se hallara reservado, por las mañanas, a las mujeres y que los hombres solo pudieran acceder a él por la tarde. Pronto se enteró, no obstante, de que el jardín en cuestión pertenecía a un asilo de lunáticos. A Einstein le resultaba difícil vivir con la teoría cuántica y la naturaleza dual de la luz. «Le aseguro que no soy el ortodoxo cuantizador de la luz por el que usted me toma —le dijo, en cierta ocasión, a Hendrik Lorentz en este sentido—.[2] Esa es una falsa impresión derivada —según dijo— de la forma imprecisa en la que me expreso en mis artículos».[3] Pronto dejó incluso de preguntarse «por la existencia real de los cuantos».[4] Después de volver del primer Congreso Solvay, celebrado en noviembre de 1911 sobre el tema «La teoría de la radiación y los cuantos», Einstein decidió que, por el momento, ya tenía bastante y dejó a un lado la locura de los cuantos. Así fue como, durante los cuatro años siguientes, Bohr y su átomo pasaron a ocupar el centro del escenario, mientras Einstein abandonaba los cuantos y centraba todos sus esfuerzos en la ampliación de su teoría de la relatividad para que llegase a abarcar la gravedad.

Fundada a mediados del siglo XIV, la Universidad de Praga estaba dividida, desde 1882, por las fronteras de la nacionalidad y el idioma, en dos universidades separadas, la checa y la alemana. Esa división reflejaba una sociedad en la que checos y alemanes convivían en un clima de suspicacia y desconfianza mutua. Después del entorno sencillo y tolerante de Suiza y de la combinación cosmopolita de Zúrich, Einstein no se encontraba a gusto en Praga, pero la cátedra y el sueldo le permitían vivir con cierta holgura y le proporcionaban, a pesar de la creciente sensación de aislamiento, una cierta tranquilidad.

A finales de 1911, durante la época en la que Bohr estaba calibrando la posibilidad de cambiar Cambridge por Manchester, Einstein no dejaba de pensar en regresar a Suiza. Fue entonces cuando acudió en su rescate su viejo amigo de siempre. Recientemente nombrado decano del Departamento de Matemáticas y Física de la Universidad Técnica Federal Suiza (ETH), Marcel Grossman ofreció a Einstein una cátedra en el Politécnico de Zúrich. Pero aunque la decisión estaba tomada, Grossman sabía que todavía había que cumplir con ciertas formalidades. En primer lugar, debía buscar el apoyo de físicos eminentes sobre el posible contrato de Einstein. Uno de los consultados fue el gran teórico francés Henri Poincaré, que describió a Einstein como «una de las mentes más originales» que conocía.[5] Poincaré admiraba la facilidad con la que Einstein se adaptaba a los nuevos conceptos, su capacidad para ver más allá de los principios clásicos establecidos y «la prontitud con la que, al enfrentarse a un problema físico, sopesaba todas las posibilidades».[6] De esta forma, Einstein empezó a trabajar, en julio de 1912, como profesor de física en el mismo lugar en el que tiempo atrás había fracasado en su intento de trabajar como asistente.

Resultó inevitable que Einstein acabase convirtiéndose en el principal interés de los físicos de Berlín. Así, en julio de 1913, Max Planck y Walther Nernst tomaron un tren a Zúrich. Sabían que no resultaría sencillo convencer a Einstein de que volviese a un país que, casi veinte años antes, había abandonado, pero estaban dispuestos a hacerle una oferta imposible de rechazar.

Apenas Einstein vio a Planck y Nernst bajando del tren, se dio cuenta de inmediato, aunque ignorase los detalles concretos de la propuesta que estaban a punto de hacerle, del motivo de su visita.

Acababa de ser elegido miembro de la prestigiosa Academia Prusiana de las Ciencias, e iban a ofrecerle uno de sus dos únicos cargos remunerados. Eso, por sí solo, ya era un gran honor, pero los dos emisarios de la ciencia alemana le ofrecieron también una cátedra que, sin obligación docente alguna, le permitiría dedicarse exclusivamente a la investigación y la dirección, en el momento en que se crease, del Instituto Káiser Guillermo de Física Teórica.

Como Einstein necesitaba tiempo para reflexionar sobre la extraordinaria oferta que acababan de hacerle, invitó a Planck y Nernst a que, mientras consideraba la propuesta, hiciesen una pequeña excursión en tren por las montañas, y les dijo que cuando volvieran, conocerían de inmediato su respuesta por el color de la rosa que llevase, roja si se inclinaba por Berlín, y blanca si había decidido permanecer en Zúrich. Así fue como, al regresar de su viaje, Planck y Nernst supieron, al ver a Einstein con una rosa roja, que habían logrado su objetivo.

Parte del atractivo de Berlín era, para Einstein, la libertad de «dedicarse completamente a pensar» sin tener ninguna obligación docente.[7] Pero, con ello, llegaba también la presión de tener que dedicarse al tipo de física que le había convertido en el bien más preciado de la ciencia. «Los berlineses están especulando conmigo como si fuese una gallina ponedora ganadora de todos los premios»,[8] dijo, en ese sentido. De este modo, poco después de celebrar en Zúrich su trigésimo quinto cumpleaños, Einstein acabó mudándose a Berlín a finales de marzo de 1914. Fueran cuales fuesen, no obstante, las reservas que albergase sobre su vuelta a Alemania, pronto acabaron disipándose: «La estimulación intelectual abunda hasta un punto que nunca calificaría como excesiva».[9] Pero es que, además de acercarle a colegas como Planck, Nernst y Rubens, la «odiosa» Berlín le permitía estar más cerca también de su prima Elsa Lowenthal.[10]

Dos años antes, en marzo de 1912, Einstein había empezado a mantener relaciones con Ilse, divorciada de treinta y seis años con dos hijos, Ilse (de trece) y Margot (de once). «La relación que mantengo con mi esposa es la misma que tendría con un empleado al que no pudiese despedir», le contó, en este sentido, a Elsa.[11] Una vez en Berlín, Einstein empezó a desaparecer días enteros sin dar ninguna explicación. Pronto abandonó el hogar familiar y elaboró la larga lista de condiciones bajo las que, de ser aprobadas, estaría dispuesto a volver. Si Mileva aceptaba sus términos, acabaría convirtiéndose en una empleada que Einstein, no obstante, estaba decidido a despedir.

El pliego de condiciones elaborado por Einstein decía: «1) que mi ropa esté en orden; 2) que se me sirvan tres comidas regulares al día *en mi habitación*, y 3) que mi dormitorio y mi estudio estén siempre en orden y que nadie, *excepto yo*, toque mi escritorio». Además, ella tenía que «renunciar a toda relación personal» y no criticarle, ni de palabra ni de obra, delante de sus hijos. Por último, también insistió en que Mileva aceptase los siguientes puntos: «1) no deberás esperar ninguna muestra de afecto mía ni me reprocharás por ello; 2) deberás dejar de hablarme cuando así te lo pida, y 3) deberás abandonar de inmediato y sin protestar, si así te lo pido, el estudio o el dormitorio».[12]

Aunque Mileva accedió a sus demandas y Einstein volvió a casa, el nuevo pacto no duró mucho tiempo. A finales de julio, solo tres meses después de haberse mudado a Berlín, Mileva y los niños tomaron el tren de vuelta a Zúrich. Cuando subieron al andén y se despidieron, Einstein derramó unas lágrimas, pero no tanto por Mileva y el recuerdo de lo que habían sido, sino por verse obligado a alejarse de sus dos hijos. A las pocas semanas, sin embargo, estaba disfrutando felizmente de vivir a solas y «tranquilo en mi gran apartamento».[13] Pero esa tranquilidad no duró mucho, pues Europa se sumía en la guerra.

«Un buen día —afirmó, según dicen, Bismarck, en cierta ocasión— estallará en los Balcanes una guerra europea por alguna maldita tontería».[14] Ese día llegó cuando, el domingo 28 de junio de 1914, el archiduque Francisco Fernando, heredero de la Corona de Austria y Hungría, fue asesinado en Sarajevo. Austria, apoyada por Alemania, declaró entonces la guerra a Serbia. El primero de agosto, los alemanes declararon la guerra a Rusia, aliada de Serbia, y un par de días más tarde, a Francia. Inglaterra, preocupada por la independencia de Bélgica, declaró, el 4 de agosto, la guerra a Alemania, después de que esta violase la neutralidad belga.[15] «¡Europa se ha vuelto loca y se ha embarcado en una aventura absurda!», escribió Einstein, el 14 de agosto, en una carta a su amigo Paul Ehrenfest.[16]

Pero mientras Einstein sentía «una mezcla de disgusto y compasión», Nernst se enroló voluntario, a sus cincuenta años, como conductor de ambulancia.[17] Planck, incapaz de contener su patriotismo, declaró que «esta es una ocasión en la que uno se siente orgulloso de poder considerarse alemán».[18] Y creyendo que estaba viviendo un momento glorioso, no tuvo el menor empacho en exhortar, como rector de la Universidad de Berlín, a sus discípulos sobre la importancia de «una guerra justa» y enviarlos a las trincheras. Einstein no podía creer que Planck, Nernst, Röntgen y Wien se hallasen entre las noventa y tres luminarias que firmaron la *Llamada al mundo civilizado*.

Los firmantes de este manifiesto, que se publicó el 4 de octubre de 1914 en los principales periódicos alemanes y en muchos otros de todo el mundo, protestaban contra «las mentiras y difamaciones con las que nuestros enemigos se empeñan en ensuciar la causa justa de Alemania en la encarnizada lucha a vida y muerte en la que se nos ha obligado a participar».[19] También aseguraban que Alemania no era la responsable de la guerra, que no había violado la neutralidad belga y que no había cometido atrocidades, y concluían afirmando que Alemania era «una nación culta para la que el legado de Goethe, Beethoven y Kant es tan sagrado como sus hogares y su territorio».[20]

Planck no tardó en lamentar haber firmado tal manifiesto y, en privado, empezó a pedir perdón a los científicos extranjeros amigos. De todos los que habían prestado su nombre a las falsedades y medias verdades contenidas en el que acabó conociéndose como *Manifiesto de los noventa y tres*, Einstein había esperado algo mejor de Planck. El mismo canciller alemán había admitido públicamente la violación del estatus de neutralidad de Bélgica con las siguientes palabras: «No cejaremos en nuestro empeño de reparar, apenas logremos nuestros objetivos militares, los agravios que hayamos podido cometer».[21]

A Einstein, en cuanto ciudadano suizo, no le solicitaron que firmase. Él, sin embargo, estaba tan profundamente preocupado por el efecto a largo plazo del desenfrenado chovinismo desatado por el manifiesto que redactó un contramanifiesto titulado *Llamada a los europeos*. En ese escrito instaba a «los hombres educados de todos los estados» a asegurarse de que «las condiciones de paz no acaben convirtiéndose en fuente de futuras guerras».[22] Asimismo, cuestionaba la actitud expresada por el *Manifiesto de los noventa y tres* como «indigno de lo que, hasta el momento, el mundo ha entendido como mundo civilizado y que demostrará ser un desastre si se convierte en propiedad común de la gente educada».[23] También fustigaba a la intelectualidad alemana por haberse comportado «de manera casi unánime, como si no tuviese el menor interés en las relaciones internacionales».[24] Pero solo cuatro personas, Einstein incluido, firmaron el documento.

Durante la primavera de 1915, Einstein se hallaba profundamente consternado por la actitud asumida, tanto en Alemania como en el extranjero, por sus colegas: «Aun los eruditos de diferentes naciones se comportan como si, ocho meses atrás, se les hubiese extirpado el cerebro».[25] Pronto se disipó cualquier expectativa de que se trataría de una guerra breve y, en 1917, «me sumí en una continua depresión por la interminable tragedia que me veía obligado a presenciar».[26] «Ni siquiera hallaba consuelo en la física, mi refugio habitual», confesó a Lorentz.[27] A pesar de todo, los cuatro años de guerra demostraron hallarse entre los más productivos y creativos porque, durante ellos, Einstein publicó un libro, cerca de cincuenta artículos científicos y concluyó, en 1915, su obra maestra, la relatividad general. Incluso antes de Newton se suponía que el tiempo y el espacio eran fijos y distintos y que constituían el escenario en el que se representaba el drama interminable del cosmos. La masa, la longitud y el tiempo eran, en ese escenario, absolutos y constantes, un entorno en el que la distancia que separaba dos puntos del espacio y el intervalo temporal entre dos eventos diferentes eran idénticos para todos los observadores. Einstein, sin embargo, acabó poniendo de relieve que la masa, la longitud y el tiempo no son constantes ni absolutos. Las distancias y los intervalos temporales dependen del movimiento relativo de los observadores. Comparado con su gemelo ubicado en la Tierra, el tiempo, por ejemplo, se enlentecería para un astronauta que viajase a una velocidad cercana a la de la luz (es decir, las manecillas del reloj se moverían más despacio), el espacio se contraería (es decir, la longitud de los objetos en movimiento se reduciría) y la masa de un objeto en movimiento aumentaría. Esas eran las consecuencias de la relatividad especial, que acabaron viéndose confirmadas experimentalmente a lo largo del siglo xx, pero la teoría no incluía la aceleración. La relatividad general, por su parte, sí lo hacía. En medio de su esfuerzo por elaborarla, Einstein dijo que la relatividad general convertía a la relatividad especial en un «juego de niños».[28] Del mismo modo que los cuantos estaban desafiando, en el reino atómico, la visión aceptada de la realidad, Einstein acercaba a la humanidad a una comprensión más exacta de la verdadera naturaleza del espacio y el tiempo. La relatividad general era su teoría de la gravedad y acabó conduciendo a otros hasta el Big Bang que originó el universo.

Según la teoría newtoniana de la gravedad, la fuerza de atracción entre dos objetos, como el Sol y la Tierra, por ejemplo, es directamente proporcional al producto de sus masas e inversamente proporcional al cuadrado de la distancia que separa el centro de sus masas. En ausencia de todo contacto entre masas, la gravedad es, en la física newtoniana, una fuerza misteriosa que «actúa a distancia». Desde la perspectiva de la relatividad general, sin embargo, la gravedad se debe a la curvatura del espacio que provoca la presencia de una gran masa. Que la Tierra se mueva en torno al Sol no se debe a una fuerza invisible y misteriosa, sino a la curvatura del espacio provocada por la enorme masa del Sol. La materia, pues, curva el espacio, y es esa curvatura la que determina el movimiento de la materia.

En noviembre de 1915, Einstein aplicó su teoría de la relatividad general a un rasgo de la órbita de Mercurio que no podía ser explicado por la teoría newtoniana de la gravitación. El caso es que, en su viaje en torno al Sol, Mercurio no sigue exactamente cada vez la misma ruta. Los astrónomos disponían de medidas exactas que revelaban una ligera rotación de la órbita del planeta. Einstein utilizó la teoría de la relatividad general para calcular este cambio de órbita. Y cuando descubrió que los resultados matemáticos obtenidos cuadraban, dentro de un margen razonable de error, con los datos de la observación, su corazón dio un vuelco y sintió como si algo, en su interior, se hubiese colocado en su sitio. «La teoría es hermosa más allá de toda comparación», escribió entonces.[29] Cumplidos sus más osados sueños, Einstein estaba muy contento, pero el esfuerzo que había realizado ese mes de julio lo dejó extenuado. Cuando se recuperó volvió a ocuparse de los cuantos.

Incluso cuando trabajaba en la teoría general, en mayo de 1914, Einstein fue uno de los primeros en darse cuenta de que el experimento de Franck-Hertz era una confirmación experimental de la existencia de los niveles de energía de los átomos y «una sorprendente corroboración de la hipótesis cuántica».[30] Durante el verano de 1916, Einstein tuvo «una idea brillante» relativa a la emisión y absorción de la luz por parte del átomo.[31] Esa comprensión le llevó a «una derivación muy sencilla, que, en mi opinión, es *la* derivación de la ecuación de Planck».[32] Pronto estuvo convencido de que «la versión cuántica de la luz no solo era buena, sino que también estaba demostrada».[33] Pero para ello, no obstante, había que renunciar a la estricta causalidad de la física clásica e introducir, en el dominio cuántico, la teoría de probabilidades.

Einstein había contemplado antes otras alternativas, pero en esta ocasión podía derivar la ley de Planck del átomo cuántico de Bohr. Partiendo de un átomo de Bohr simplificado que únicamente poseyera dos niveles de energía, identificó tres tipos diferentes de saltos de nivel del electrón. El primero de ellos, al que denominó «emisión espontánea», se refería al salto de un electrón de un nivel superior a otro inferior que va acompañado de la emisión de un cuanto de luz, un salto que solo ocurre cuando el átomo se encuentra en un estado excitado. El segundo tipo de salto cuántico sucede cuando un átomo se excita al absorber, uno de sus electrones, un cuanto de luz y salta entonces de un nivel de energía inferior a otro superior. Estos dos tipos de salto cuántico ya habían sido invocados por Bohr para explicar el origen de los espectros de emisión y de absorción atómica. Pero Einstein esbozaba ahora la existencia de un tercer caso, al que denominó «emisión estimulada» y que ocurría cuando un cuanto de luz golpea a un electrón de un átomo que ya se encuentra en un estado excitado, en cuyo caso, en lugar de absorber el cuanto de luz entrante, el electrón se ve entonces «estimulado» a saltar a un nivel de energía inferior, emitiendo un cuanto de luz. Cuatro décadas después, el fenómeno de emisión estimulada asentó los cimientos del láser, acrónimo de *Light Amplification by Stimulated Emission of Radiations* [es decir, luz amplificada por emisión estimulada de radiaciones].

Einstein también descubrió que el cuanto de luz posee momento y que, a diferencia de la energía, se trata de un vector que no solo tiene magnitud, sino también dirección. Sus ecuaciones, no obstante, ponían claramente de relieve que el momento exacto de la transición espontánea de un nivel de energía a otro y la dirección en la que el átomo emite el cuanto de luz son completamente azarosos. La emisión espontánea es como la vida media de una muestra radiactiva. Aunque la mitad de los átomos se degradan en un determinado tiempo, la llamada vida media, no hay modo alguno de saber cuándo empezará a degradarse un determinado átomo. Del mismo modo, también podemos calcular la probabilidad de que ocurra una transición espontánea, pero los detalles exactos son completamente azarosos y ajenos a toda conexión entre causa y efecto. Este concepto de probabilidad de transición que deja librado al puro «azar» el tiempo y la dirección de la emisión de un cuanto de luz era, para Einstein, una de las «debilidades» de su teoría, algo que esperaba que el futuro desarrollo de la física cuántica acabaría resolviendo y solo estaba dispuesto a tolerar de manera provisional.[34]

Einstein no estaba a gusto con su descubrimiento del azar y la probabilidad en el centro mismo del átomo cuántico. La causalidad parecía hallarse en peligro, aunque hubiese dejado de dudar ya de la realidad de los cuantos.[35] «La cuestión de la causalidad también me preocupa mucho», escribió a Max Born tres años después, en enero de 1920.[36] «¿Pueden la absorción y emisión de cuantos de luz ser entendidas como un requisito de la causalidad o seguirán siendo un residuo estadístico? Debo admitir que, en este punto, mis convicciones no aclaran gran cosa. Lo cierto es que, si me viese obligado a renunciar *completamente* a la causalidad, sería mucho más infeliz».

Lo que inquietaba a Einstein era la posibilidad de una situación semejante a una manzana que no cae cuando, colgada a cierta altura del suelo, se la suelta. Cuando se suelta, se halla en un estado inestable con respecto al estado en el que se encuentra cuando se halla a la altura del suelo, de modo que la gravedad actúa de inmediato sobre la manzana y *provoca* su caída. Si la manzana se comportase como un electrón de un átomo excitado, en lugar de caer apenas se soltase, se mantendría por encima del suelo y caería pasado un tiempo, cuya determinación solo podría ser estimada de un modo probabilístico. Y aunque exista una elevada probabilidad de que la manzana caiga en un periodo muy corto de tiempo, también la hay de que permanezca un tiempo a cierta altura por encima del suelo. Así pues, el electrón de un átomo excitado acabará cayendo a un nivel de energía inferior, alcanzando un estado fundamental del átomo más estable, pero el momento exacto de esa transición dependerá del azar.[37] En 1924, Einstein todavía estaba esforzándose por aceptar su descubrimiento: «La idea de que un electrón expuesto a radiación *elija*, no solo el momento de saltar, sino la dirección también de su salto, me parecía completamente intolerable. Porque, en tal caso, se asemejaría más a un fenómeno propio de un zapatero remendón o de un crupier que de un fenómeno físico».[38]

Resultó inevitable que los años de intenso esfuerzo intelectual y el estilo de vida de un soltero acabasen cobrándose su peaje. En febrero de 1917, con solo treinta y ocho años, Einstein cayó enfermo con intensos dolores de estómago y le diagnosticaron una afección hepática. Durante los dos meses siguientes perdió más de veinticinco kilos y su salud seguía deteriorándose. Esa fue la primera de una serie de enfermedades, entre las que cabe destacar cálculos biliares, una úlcera duodenal e ictericia, que le acosaron durante varios años. Los médicos le prescribieron descanso y una dieta estricta. Pero eso resultaba mucho más fácil de decir que de hacer, porque las pruebas y tribulaciones de la guerra estaban transformando completamente la vida. En Berlín escaseaban hasta las patatas, y la mayoría de los alemanes pasaban hambre. Y aunque poca gente muriese de inanición, fueron muchas las vidas segadas —88.000, en 1915, según algunas estimaciones— por la mala alimentación. Y ese número ascendió, al año siguiente, a más de 120.000, mientras los disturbios sociales estallaban en más de treinta ciudades alemanas, algo nada extraño cuando la gente se ve obligada a reemplazar el pan de trigo por pan hecho de harina de paja.

La lista de *sucedáneos* crecía día a día. Cáscaras de plantas mezcladas con pieles de animal reemplazaban a la carne y se preparaba «café» con achicoria seca molida. La ceniza se usaba como pimienta, y la mantequilla se veía reemplazada por una mezcla de almidón y agua de selz. El hambre convirtió a los gatos, las ratas y los caballos en exquisiteces para muchos berlineses. El caballo que caía muerto en plena calle era rápidamente descuartizado y, como cuenta un testigo presencial de un incidente de ese tipo, «la gente, con la cara y la ropa cubierta de sangre, se peleaba por las mejores piezas».[39]

Los alimentos escaseaban, aunque todavía resultaban accesibles para quien estuviese en condiciones de pagarlos. Einstein era mucho más afortunado que la mayoría y recibía paquetes de alimentos de amigos suizos y familiares del sur. En medio de todo ese sufrimiento se sentía «como una gota de aceite en medio del agua, aislado del mundo tanto por su mentalidad como por su visión de la vida».[40] Sin poder cuidar de sí mismo aceptó a regañadientes mudarse a un apartamento que había quedado vacío junto al de Elsa. Eso fue, mientras Mileva se negó a concederle el divorcio, lo más cerca que Elsa pudo tener a Einstein. Cuidar a Albert mientras convalecía de su enfermedad proporcionó a Elsa la oportunidad perfecta para apremiarle a que consiguiera el divorcio. Pero como Einstein había vivido su primer matrimonio como «diez años de prisión», no tenía la menor prisa en casarse por segunda vez, aunque finalmente transigió.[41] Mileva accedió, después de que Einstein le propusiera aumentar su pensión, convertirla en beneficiaria de su pensión de viudedad y ofrecerle el dinero, cuando lo consiguiese, del Premio Nobel. Y es que como en 1918 llevaba seis siendo propuesto, estaba seguro de que no tardarían en otorgárselo.

Einstein y Elsa se casaron en junio de 1919, cuando él tenía cuarenta años y ella cuarenta y tres. Lo que sucedió a continuación estaba más allá de lo que Elsa podría haber imaginado porque, antes de que concluyese el año, la vida de los recién casados se vio transformada y Einstein se convirtió en una persona mundialmente famosa, alabado por algunos como el «nuevo Copérnico» y ridiculizado por otros.

Cuando, en febrero de 1919, Einstein y Mileva acababan de divorciarse, salieron de Inglaterra un par de expediciones. Una de ellas se dirigía a la isla Príncipe, en la costa occidental de África, y la otra a Sobral, en el noroeste de Brasil. Ambos destinos habían sido cuidadosamente elegidos por los astrónomos como lugares perfectos para observar el eclipse solar total que iba a producirse el 29 de mayo. Su objetivo era corroborar una de las predicciones fundamentales de la teoría de la relatividad general de Einstein, la curvatura de la luz debida a la gravedad. El plan consistía en fotografiar estrellas próximas al Sol que solo pudiesen resultar visibles durante los pocos minutos que iba a durar el eclipse. Obviamente, las estrellas no se hallaban, en modo alguno, cerca del Sol, sino que era su luz la que, antes de llegar a la Tierra, pasaba muy cerca del Sol.

Las fotografías se compararían con las tomadas seis meses antes por la noche, cuando la posición relativa de la Tierra con respecto al Sol garantizase que la luz de esas estrellas no pasara, en modo alguno, cerca del Sol. De este modo, los pequeños cambios en la posición de las estrellas mostrada por ambas series de fotografías pondrían claramente de relieve, si tal fuera el caso, la curvatura del espacio-tiempo debida a la presencia del Sol. La teoría de Einstein predecía el grado exacto de desplazamiento debido a la curvatura o desviación de la luz que debía observarse. Un encuentro extraordinario de la Royal Society y la Royal Astronomical Society que se llevó a cabo el 6 de noviembre en Londres congregó a la flor y nata de la ciencia británica para ver si Einstein estaba o no en lo cierto.[42]

REVOLUCIÓN EN LA CIENCIA

NUEVA TEORÍA SOBRE EL UNIVERSO

Superación de las ideas newtonianas

Estos eran, a la mañana siguiente, los titulares de la página 12 del *Times* de Londres. Tres días más tarde, el 10 de noviembre, el *New*

York Times incluía un artículo con seis titulares diferentes: «Luces que se curvan en el cielo / El mundo científico interesado por conocer el resultado de la observación del eclipse / Triunfo de la teoría de Einstein / Las estrellas no están donde se creía... pero a nadie parece importarle / Un libro para doce sabios / "Nadie parece entenderlo", dijo Einstein, cuando sus atrevidos editores lo aceptaron».[43] Lo cierto es que Einstein jamás dijo tales cosas, pero ese era el modo en que la prensa se refería, eludiendo toda sofisticación matemática, a la noción de curvatura del espacio.

Una de las personas que más contribuyó involuntariamente nimbar a la teoría de la relatividad general de un halo místico fue sir J. J. Thomson, el presidente de la Royal Society. «Quizá Einstein haya alcanzado las cotas más elevadas de la historia del pensamiento humano —dijo, tiempo después, a un periodista—, pero lo cierto es que nadie ha logrado expresar todavía con claridad qué es realmente la teoría de Einstein».[44] De hecho, a finales de 1916 Einstein había publicado ya el primer libro popular tanto sobre la teoría especial como sobre la teoría general.[45]

«La teoría general de la relatividad está siendo recibida con manifiesto entusiasmo por mis colegas», comentó Einstein a su amigo Heinrich Zangger, en diciembre de 1917.[46] Pero fueron muchas las personas, no obstante, durante los días y semanas que siguieron al primer informe de prensa, que mostraron su desprecio por «el súbitamente famoso doctor Einstein» y su teoría.[47] Un crítico llegó a describir la relatividad como «vudú» y «una creación absurda fruto de un cólico mental».[48] Contando con el apoyo de gente como Planck y Lorentz, Einstein hizo lo único sensato que cabía: ignorar a sus detractores.

En Alemania, Einstein era ya una figura pública bien conocida cuando el *Berliner Illustrierte Zeitung* dedicó la primera plana a una fotografía suya. «Una nueva figura en la historia del mundo que se halla a la misma altura que Copérnico, Kepler y Newton y cuya investigación supone una revisión completa de la naturaleza», rezaba el titular. Pero, del mismo modo que se negaba a irritarse con sus detractores, Einstein contemplaba con cierta displicencia las comparaciones con esos grandes gigantes de la ciencia. «Desde el momento en que se ha hecho pública la desviación de la luz se ha erigido, a mi alrededor, una especie de secta que casi me hace sentir como un ídolo pagano», escribió, después de que el *Berliner Illustrierte Zeitung* apareciese en los quioscos. Y aunque entonces dijo: «Pero esto, si Dios quiere, también acabará pasando»,[49] lo cierto es que, en esa ocasión, estaba equivocado.

Parte de la fascinación pública despertada por Einstein descansaba en las agitaciones que siguieron a la Primera Guerra Mundial, que finalizó a las once de la mañana del día 11 de noviembre de 1918. Dos días antes, el 9 de noviembre, Einstein había cancelado su conferencia sobre relatividad «a causa de la revolución».[50] Ese mismo día, el káiser Guillermo II abdicaba y escapaba a los Países Bajos mientras, desde un balcón del Reichstag, se proclamaba la república. Los problemas económicos de Alemania eran uno de los principales retos a los que la nueva República de Weimar debía enfrentarse. La inflación se disparaba, mientras los alemanes perdían confianza en el mercado y se dedicaban a vender o comprar todo lo que pudieran antes de que la bolsa cayera todavía más.

Era un círculo vicioso en el que las indemnizaciones de la guerra acabaron descontrolándose y la economía cayó en picado, mientras Alemania incumplía sus pagos de madera y carbón a finales de 1922 y el dólar estadounidense llegaba a valer 7.000 marcos. Pero la verdadera inflación llegó en noviembre de 1923, cuando el dólar valía 4.210.500 millones de marcos, un vaso de cerveza 150.000 millones de marcos y una barra de pan 80.000 millones. Con el país en peligro de implosionar, la situación solo pudo controlarse con la ayuda de préstamos estadounidenses y la reducción de los costes de la indemnización.

En medio de toda esa miseria, el espacio curvo, la curvatura de los rayos de luz y las estrellas cambiantes que solo podían entender «doce hombres sabios» desaparecieron de la imaginación pública. Pero como todo el mundo creía tener una comprensión intuitiva de conceptos tales como espacio y tiempo, el mundo se le apareció a Einstein como «un curioso manicomio», en el que, como dijo en cierta ocasión, «cualquier cochero y camarero tiene su propia opinión sobre la teoría de la relatividad».[51]

La celebridad internacional de Einstein y su conocida postura antibélica lo convirtieron en blanco fácil de las campañas que alentaban el odio. «El antisemitismo es fuerte y la política reaccionaria muy violenta», escribió Einstein a Ehrenfest en diciembre de 1919.[52] Pronto empezó a recibir cartas amenazadoras y, en ocasiones, se veía insultado al abandonar su apartamento o su despacho. En febrero de 1920, un grupo de estudiantes irrumpió en medio de una de sus clases en la universidad y uno de ellos gritó: «Cortaremos la garganta de este sucio judío».[53] Pero como, después de la guerra, los científicos alemanes se veían excluidos de los congresos internacionales, los líderes políticos de la República de Weimar consideraban a Einstein como un bien muy preciado. El ministro de Cultura le escribió una carta asegurándole que Alemania «estaba y seguiría estando orgullosa de contar con usted, querido *Herr Professor* y le consideramos como uno de los bienes más preciados de nuestra ciencia».[54]

Niels Bohr hizo todo lo que estuvo en su mano para asegurarse, pasada la guerra, del rápido restablecimiento de las relaciones personales entre los científicos de ambos bandos. Como ciudadano de un país neutral, Bohr no estaba resentido con sus colegas alemanes. Fue uno de los primeros en extender una invitación a un científico alemán, cuando le pidió a Arnold Sommerfeld que pronunciase una conferencia en Copenhague. «Teníamos largas discusiones sobre el principio general de la teoría cuántica y su aplicación de todo tipo de detallados problemas atómicos», dijo Bohr, después de la visita de Sommerfeld.[55] Excluidos de los encuentros internacionales del futuro inmediato, los científicos alemanes y sus anfitriones valoraban muy positivamente la importancia de estas invitaciones personales. Precisamente por eso, cuando Bohr recibió una invitación de Max Planck para dar una conferencia sobre el átomo cuántico y la teoría del espectro atómico en Berlín, aceptó con gusto. Y cuando la fecha se fijó finalmente para el martes 27 de abril de 1920, estaba ansioso ante la perspectiva de conocer a Planck y Einstein.

«Debe tratarse de una mente de primera clase, extraordinariamente crítica y con una gran visión de futuro, que nunca pierde de vista el marco de referencia general», dijo Einstein sobre el joven danés, al que solo aventajaba en seis años.[56] Era octubre de 1919, y esa valoración supuso un acicate para que Planck invitase a Bohr a visitar Berlín. Einstein llevaba tiempo admirando su trabajo y cuando, en el verano de 1905, la tormenta creativa de su mente había empezado a asentarse, Einstein no tenía nada «realmente excitante» de lo que ocuparse.[57] «Siempre está —dijo a su amigo Konrad Habicht— la cuestión de las líneas espectrales. Pero creo que no existe ninguna relación simple entre esos fenómenos y los que están siendo investigados, así que, por el momento, resulta muy poco interesante».[58]

Einstein tenía un olfato insuperable para detectar problemas de la física que se hallaban lo suficientemente maduros para ser abordados. Así fue como, después de enfrentarse al misterio de las líneas espectrales, llegó a $E = mc^2$, que afirma la interconvertibilidad entre masa y energía. Por lo que sabemos, sin embargo, Dios todopoderoso estaba riéndose de él al dejar que «se guiara por su nariz».[59] Por eso, cuando en 1913 se enteró del modo en que el modelo del átomo cuántico de Bohr resolvía el misterio del espectro atómico, le pareció «un auténtico milagro».[60]

La incómoda mezcla de excitación y temor que, durante el camino de la estación a la universidad, contrajo su estómago se esfumó apenas conoció a Planck y Einstein. Y después de los saludos de rigor, los dos hombres, que no podían ser más diferentes, empezaron a hablar de física. Planck era el arquetipo de la formalidad y la rectitud prusiana, mientras que Einstein, con sus grandes ojos, su pelo revuelto y sus pantalones demasiado cortos, daba la impresión de un hombre que, cuando no estaba preocupado por el mundo en el que vivía, se encontraba muy a gusto consigo mismo. Bohr aceptó la invitación de quedarse, durante la visita, en casa de Planck.

Como comentó Bohr más tarde, sus días en Berlín discurrieron «hablando de física teórica desde la mañana hasta la noche».[61] Fueron unas vacaciones perfectas para un hombre que disfrutaba hablando de física. Especialmente gozó de la comida durante la que se encontró con los físicos más jóvenes de la universidad, de la que habían excluido a todo los «peces gordos». En ella tuvieron la oportunidad de interrogar a Bohr y preguntarle por su conferencia, que les había dejado «un tanto deprimidos, porque tenían la sensación de haber entendido muy poco».[62] Einstein, sin embargo, comprendió perfectamente todo lo que Bohr dijo… y no le gustó.

Bohr, como ocurría con casi todo el mundo, no creía en la existencia de los cuantos de luz de Einstein. Aceptaba, como Planck, que la emisión y absorción de energía se hallaba cuantizada. Era mucha, para él, la evidencia que apuntaba a favor de la teoría ondulatoria de la luz, pero teniendo en cuenta la presencia de Einstein, Bohr soslayó la cuestión diciendo a los físicos allí reunidos: «No voy a considerar ahora el problema de la naturaleza de la radiación».[63] Bohr, no obstante, se había quedado profundamente impresionado por el trabajo de Einstein de 1916 sobre la emisión espontánea y estimulada de la radiación y sobre las transiciones entre niveles de los electrones. Einstein había llegado a un lugar en el que él había fracasado, mostrando que todo era una cuestión de azar y probabilidad.

A Einstein le preocupaba el hecho de que su teoría no pudiese predecir el momento ni la dirección seguida por el cuanto de luz emitido cuando un electrón saltaba de un nivel de energía a otro inferior. «Sin embargo —escribió en 1916— estoy plenamente convencido de haber tomado el camino correcto»,[64] y creía que ese camino acabaría conduciendo a la restauración de la causalidad. Y como, en su conferencia, Bohr afirmó que jamás sería posible determinar esas dos variables, los dos se hallaban en posiciones opuestas. Durante los días siguientes, ambos trataron de convencer al otro de su punto de vista mientras paseaban por las calles de Berlín o cenaban en casa de Einstein.

«Rara vez me he sentido tan a gusto en la mera presencia de alguien como con usted —escribió Einstein a Bohr, poco después de que este regresara a Copenhague—. He empezado a estudiar sus principales obras y —a menos que me atasque en alguna parte— espero no tardar en tener de nuevo el placer de ver ante mí su rostro infantil y sonriente».[65] El danés había dejado en Einstein una impresión profunda y duradera. «Bohr pasó por aquí y me ha dejado tan impresionado como a usted —dijo Einstein a Paul Ehrenfest pocos días después—. Es como un niño hipersensible hablando de su mundo en un estado de hipnosis».[66] Bohr también trató de transmitir en su más que imperfecto alemán lo que, para él, había significado encontrarse con Einstein: «Conocerle y tener la oportunidad de hablar con usted ha sido, para mí, una de las experiencias más importantes de mi vida. No puede imaginarse la gran inspiración que, para mí, ha supuesto escucharle exponer directamente sus puntos de vista».[67] Bohr tuvo otra nueva oportunidad de encontrarse con Einstein con ocasión de una visita fugaz de este a Copenhague volviendo de un viaje a Noruega.

«Es un hombre con un talento extraordinario y una persona excelente —escribió Einstein a Lorentz, después de encontrarse con Bohr—. Me parece un buen presagio para la física que la mayoría de los físicos prominentes sean también buenas personas».[68] Por aquel tiempo, sin embargo, Einstein se había convertido en el blanco de gente que no era tan bondadosa. Philipp Lenard, en cuyo trabajo experimental sobre el efecto fotoeléctrico se había apoyado Einstein en 1905 para sustentar su teoría cuántica de la luz, y Johannes Stark, descubridor de la división de las líneas espectrales en presencia de un campo eléctrico, se habían convertido en rabiosos antisemitas. Los dos ganadores del Premio Nobel se hallaban detrás de una organización llamada Grupo Operativo de Científicos Alemanes para la Conservación de la Ciencia Pura, uno de cuyos objetivos fundamentales consistía en denunciar a Einstein y la teoría de la relatividad.[69] El 24 de agosto de 1920, el grupo llevó a cabo una reunión en el Teatro Filarmónico de Berlín en la que calificaron a la relatividad de «física judía» y a su creador como un plagiario y un charlatán. Sin dejarse intimidar, Einstein asistió al evento junto a Walther Nernst y contempló, desde un palco privado, cómo era vilipendiado. Negándose a tragar el anzuelo, permaneció en silencio.

Nernst, Heinrich Rubens y Max von Laue escribieron a los periódicos defendiendo a Einstein de las escandalosas acusaciones que se le imputaban. Pero muchos de sus amigos y colegas se quedaron consternados al leer la respuesta enviada por Einstein al *Berliner Tageblatt*, titulada «Mi réplica», en la que señalaba que, de no ser judío e internacionalista, no hubiese sido denunciado ni atacado. Pero Einstein lamentó de inmediato haberse irritado y escrito el artículo. «Todo el mundo —escribió al físico Max Born y a su esposa— debe sacrificarse, de vez en cuando, en el altar de la estupidez, para complacer a la Divinidad y a la raza humana».[70] Era muy consciente de que su estatus de celebridad le convertía en alguien «como el hombre de los cuentos de hadas que todo lo convierte en oro solo que, en mi caso, acaba convirtiéndose en una confusión en los periódicos».[71] Pronto empezaron a circular rumores de que Einstein podría abandonar el país, aunque finalmente decidió quedarse en Berlín, «el lugar al que me siento más unido por vínculos personales y científicos».[72]

Durante los dos años posteriores a sus encuentros en Berlín y Copenhague, Einstein y Bohr prosiguieron con su lucha individual con los cuantos. Ambos estaban empezando a experimentar los resultados de la tensión. «Me parece muy positivo tener tantas posibilidades de distraerme —escribió Einstein a Ehrenfest, en marzo de 1922— porque estoy seguro de que, en cualquier otro caso, el problema de los cuantos hubiese acabado obligándome a ingresar en un sanatorio psiquiátrico».[73] Un mes más tarde confesó a Sommerfeld: «En los últimos años me he sentido a menudo científicamente muy solo y tengo la impresión de que mis esfuerzos y la entrega de mis mejores capacidades al desarrollo sistemático de los principios de la teoría cuántica han sido recibidos con muy poca comprensión».[74] Después de conocer a Bohr, sin embargo, su sensación de aislamiento había terminado. En junio de 1922, Bohr viajó a Alemania y pronunció una célebre serie de siete conferencias a lo largo de once días en la Universidad de Gotinga que acabó conociéndose con el nombre de la «Bohr Festspiele».

Más de cien físicos, jóvenes y viejos, llegaron de todo el país para escuchar la exposición de Bohr sobre su modelo atómico de capas. Su nueva teoría sobre la disposición de los electrones en el interior de los átomos explicaba la ubicación y agrupamiento de los elementos en la tabla periódica. Esa teoría proponía que el núcleo atómico se halla rodeado de una serie de capas orbitales, semejantes a las capas que componen una cebolla. Cada una de esas capas está compuesta de un conjunto o subconjunto de órbitas electrónicas y solo es capaz de contener un determinado número máximo de electrones.[75] La semejanza entre las propiedades químicas de los distintos elementos depende, en opinión de Bohr, del número de electrones que poseen en la capa superior.

La disposición de los 11 electrones del sodio es, pues, según el modelo de Bohr, de 2, 8 y 1, mientras que, en el caso del cesio 55, la configuración es de 2, 8, 18, 18, 8 y 1. La similitud, pues, que existe entre las propiedades químicas del sodio y el cesio se debe a que, en ambos casos, la capa exterior solo posee un electrón. Durante las conferencias, Bohr esbozó, basándose en su teoría, una predicción según la cual el elemento desconocido de número atómico 72 sería químicamente parecido al circonio, de número atómico 40, y al titanio, de número atómico 22, dos elementos que ocupaban la misma columna de la tabla periódica y no pertenecerían, como afirmaban otros, al grupo de elementos de las «tierras raras», que se hallaba en otro lado de la tabla.

Einstein no asistió a las conferencias que Bohr pronunció en Gotinga porque, después del asesinato del ministro para Asuntos Judíos, temía por su vida. Walther Rathenau, un industrial puntero, solo llevaba unos pocos meses ocupando su cartera cuando, el 24 de junio de 1922, fue abatido a tiros a plena luz del día para convertirse en la víctima política número 354 de la derecha desde el final de la guerra. Einstein fue uno de quienes habían advertido a Rathenau que no asumiese un perfil político tan destacado dentro del Gobierno. Cuando lo hizo, fue acusado por la prensa de extrema derecha de haber llevado a cabo «¡Una provocación absolutamente insólita!».[76]

«Nuestra vida cotidiana se ha convertido, desde el vergonzoso asesinato de Rathenau, en algo exasperante —escribió Einstein a Maurice Solovine—. Siempre estoy alerta, he cancelado mis conferencias, y aunque no me mueva de casa, estoy oficialmente ausente».[77] Advertido por fuentes fiables de que era un primer blanco elegido para un asesinato, Einstein confió a Marie Curie que estaba pensando abandonar su puesto en la Academia Prusiana y desplazarse a un lugar tranquilo en el que pudiera establecerse como un ciudadano normal y corriente.[78] Y es que el hombre que, en su juventud, había odiado la autoridad, había acabado convirtiéndose en una figura de autoridad. Había dejado de ser un simple físico y se había convertido en el símbolo de la ciencia alemana y de la identidad judía.

A pesar de la agitación, Einstein leyó los artículos que Bohr había publicado, incluido «La estructura de los átomos y las propiedades físicas y químicas de los elementos» que, en marzo de 1922, apareció en el *Zeitschrift für Physik*. Casi medio siglo después, recordaba que «las capas de electrones del átomo [de Bohr] y su significado para la química me parecieron —y siguen pareciéndome— un milagro».[79] Se trataba, en opinión de Einstein, de «la forma de musicalidad más elevada de la esfera del pensamiento». Lo que Bohr había hecho era, en realidad, tanto arte como ciencia. Utilizando evidencia recopilada de una amplia diversidad de fuentes, como el espectro de la luz y la química atómica, Bohr había ido esbozando los diferentes átomos, capa tras capa electrónica, los distintos estratos que configuran su modelo del átomo, hasta reconstruir los diferentes elementos de la tabla periódica.

En el centro de su enfoque se hallaba la creencia de Bohr de que, aunque la regla cuántica se aplicaba a escala atómica, sus conclusiones no debían contradecir las observaciones realizadas a escala microscópica, gobernada por la física clásica. Ese principio, al que denominó «principio de correspondencia», le permitía eliminar las ideas de la escala atómica que, cuando se extrapolaban a nivel macroscópico, no se correspondían con los resultados confirmados por la física clásica. Desde 1913, el principio de correspondencia había ayudado a Bohr a salvar la distancia que separa a la física cuántica de la física clásica. Algunos lo consideraban «una varita mágica que solo funciona en Copenhague», recordaba posteriormente el asistente de Bohr, Hendrik Kramers.[80] Pero aunque hubo quienes se esforzaron en rechazarlo, Einstein reconoció, en ello, a todo un brujo operando.

Sean cuales fueren las reservas que albergasen por la falta de un fundamento matemático sólido para apuntalar su visión de la tabla periódica, todo el mundo se hallaba impresionado por las últimas ideas de Bohr y se dio clara cuenta de los problemas que quedaban por resolver. «El tiempo que pasé en Gotinga fue, para mí, una experiencia maravillosa e instructiva —escribió Bohr a su regreso a Copenhague— y difícilmente podré corresponder a la amistad que todo el mundo me ha brindado».[81] Ya no se sentía infravalorado ni aislado, y ese mismo año recibió un espaldarazo adicional, si es que lo necesitaba.

De todos los telegramas de felicitación que empezaban a llenar el escritorio de Bohr de Copenhague, ninguno fue más importante que uno que llevaba el matasellos de Cambridge. «Estamos encantados de que le hayan concedido el Premio Nobel —escribió Rutherford—. Sabía que no era más que una cuestión de tiempo, pero ahora ya es un hecho consumado. Es el merecido reconocimiento por su excelente trabajo y todos estamos aquí muy contentos por la noticia».[82] Durante los días que siguieron al anuncio, Rutherford jamás estuvo lejos de los pensamientos de Bohr. «Me siento profundamente en deuda con usted —respondió a su antiguo mentor—, pero no solo por la influencia directa que ha tenido en mi trabajo y su inspiración, sino también por su amistad durante los doce años transcurridos desde el momento en que tuve la gran fortuna de encontrarme con usted por primera vez en Manchester».[83]

La otra persona en la que Bohr no podía dejar de pensar era Einstein. Estaba encantado y aliviado de que, cuando recibió el premio de 1922, Einstein ya lo hubiese recibido en 1921. «Sé bien lo poco que lo merezco —escribió a Einstein—, pero me gustaría decir que considero una gran fortuna y un gran honor que su contribución fundamental en el área especial en la que trabajó, así como también las contribuciones de Rutherford y Planck, hayan sido reconocidas antes que las mías».[84]

Cuando se conocieron los nombres de los ganadores del Premio Nobel, Einstein se hallaba de viaje en el otro lado del mundo. El 8 de octubre, temiendo todavía por su seguridad, Einstein y Elsa se habían marchado a Japón, para hacer una gira de conferencias. Einstein «dio la bienvenida a la oportunidad de ausentarse de Alemania una larga temporada, alejándose así de un peligro cada vez mayor».[85] No regresó a Berlín hasta febrero de 1923, porque el itinerario original de seis semanas acabó convirtiéndose en un gran viaje de cinco meses, durante el cual recibió la carta de Bohr. En su respuesta, que escribió durante el viaje de vuelta, comenta: «Puedo decir sin reservas que [su carta] me satisfizo tanto como el Premio Nobel. Me parece especialmente conmovedor su miedo a que pudiese recibir el premio antes que yo, un rasgo encantador típicamente suyo».[86]

Un manto de nieve cubría la capital sueca el 10 de diciembre de 1922, cuando los invitados se congregaron en el gran salón de la Academia de Música de Estocolmo para asistir a la presentación de los Premios Nobel. La ceremonia empezó a las cinco, en presencia del rey Gustavo V. El embajador alemán en Suecia recibió el premio en nombre del ausente Einstein, pero solo después de una contienda diplomática con el embajador suizo sobre la nacionalidad del físico. Los suizos consideraban a Einstein como uno de los suyos hasta que los alemanes arguyeron que la aceptación, en 1914, de la oferta de la Academia Prusiana le había convertido de forma automática, aunque no hubiese renunciado formalmente a la nacionalidad suiza, en ciudadano alemán.

Tras renunciar, en 1896, a la ciudadanía alemana y de haber asumido, cinco años después, la ciudadanía suiza, Einstein se sorprendió al enterarse de que, después de todo, seguía siendo ciudadano alemán. Así fue como, le gustase o le desagradase, las necesidades de la República de Weimar acabaron llevándole a tener oficialmente doble nacionalidad. «En una curiosa aplicación de la teoría de la relatividad al gusto de los lectores —había escrito Einstein en noviembre de 1919 en un artículo publicado en el *Times* de Londres— hoy en día soy, en Alemania, un científico y, en Inglaterra, un judío suizo. ¡Pero si siguen considerándome una *bête naire*, esas descripciones acabarán invirtiéndose y me convertiré en un judío suizo para los alemanes y en un científico alemán para los ingleses!».[87] Einstein podría haber recordado esas palabras de haber estado en el banquete y escuchado al embajador alemán proponer un brindis expresando «la alegría que siente mi país porque uno de sus hijos haya sido capaz de un logro tan importante para la humanidad».[88]

Bohr se levantó después de la intervención del embajador alemán y pronunció, como requería la tradición, una breve charla. Después de rendir homenaje a J. J. Thomson, Rutherford, Planck y Einstein, Bohr propuso un brindis por la cooperación internacional para el avance de la ciencia «que es, si puedo decirlo, en estos tiempos lamentablemente tan depresivos, una de las facetas más relevantes de la existencia humana».[89] Resulta comprensible que, dadas las circunstancias, decidiese olvidar la continua exclusión de los científicos alemanes de los congresos internacionales. Al día siguiente, Bohr se adentró en un terreno menos pantanoso mientras pronunciaba su conferencia del Nobel sobre «La estructura del átomo». «El estado actual de la teoría atómica no solo se caracteriza por el hecho de que la existencia de los átomos ha sido demostrada más allá de toda duda —empezó diciendo—, sino porque creemos haber logrado un conocimiento íntimo de los diferentes constituyentes del átomo».[90] Después de revisar brevemente los avances realizados en el campo de la física atómica de los que, durante la pasada década, él había sido una figura central, Bohr concluyó su presentación con un anuncio espectacular.

En sus conferencias de Gotinga, Bohr había pronosticado, basándose en su teoría de la disposición de los electrones en los átomos, las propiedades que debería poseer el elemento desconocido de número atómico 72. En ese mismo momento se acababa de publicar un artículo que recogía los resultados de un experimento llevado a cabo en París confirmando que un rival francés afirmaba que el elemento 72 era un miembro de la familia de las «tierras raras» que ocupaban del puesto 51 al 71 de la tabla periódica. Tras la sorpresa inicial, Bohr empezó a tener serias dudas sobre la validez de los resultados del francés. Afortunadamente, su viejo amigo Georg von Hevesy, que se hallaba en Copenhague, diseñó, junto a Dirk Coster, un experimento que permitiese aclarar la disputa en torno al elemento 72.

Bohr había partido ya para Estocolmo cuando Von Hevesy y Coster concluyeron su investigación. Coster telefoneó a Bohr poco antes de su conferencia para anunciarle que acababan de aislar «una cantidad apreciable» del elemento 72, «cuyas propiedades químicas mostraban una extraordinaria similitud con las del circonio, lo cual lo diferenciaba claramente de las tierras raras».[91] Llamado más tarde «hafnio», por el nombre antiguo de Copenhague, constituyó el colofón más apropiado para el trabajo de Bohr sobre la configuración de los electrones dentro de los átomos que, hacía ya una década, había iniciado en Manchester.[92]

En el mes de julio de 1923, Einstein pronunció su conferencia del Nobel sobre la teoría de la relatividad como parte de las celebraciones del tricentenario de la fundación de la ciudad sueca de

Gotemburgo. Rompió con la tradición al elegir la relatividad, cuando había sido recompensado con el premio «por sus logros en el campo de la física matemática y, muy especialmente, por su descubrimiento de la ley del efecto fotoeléctrico».[93] Limitando la recepción del premio a la «ley», es decir, a la ecuación matemática que explicaba el efecto fotoeléctrico, el comité eludió diestramente respaldar la controvertida explicación física subyacente de Einstein, los cuantos de luz. «A pesar de su valor heurístico, sin embargo, la hipótesis de los cuantos de luz, que es irreconciliable con el llamado fenómeno de la interferencia, no arroja ninguna luz sobre la naturaleza de la radiación», había dicho Bohr durante su conferencia del Nobel.[94] Esa era por aquel entonces una frase que repetía todo físico que se preciase. Pero cuando Einstein volvió a encontrarse con Bohr por vez primera en los próximos tres años, sabían que un experimento llevado a cabo por un joven estadounidense le había sacado de su aislamiento en la defensa de los cuantos de luz. Y Bohr había conocido las amenazadoras noticias antes de que lo hiciera Einstein.

En febrero de 1923, Bohr recibió una carta, fechada el 21 de enero, en la que Arnold Sommerfeld le llamaba la atención sobre «la cosa más interesante que he experimentado científicamente en Estados Unidos».[95] Sommerfeld había cambiado Múnich (Baviera) por Madison (Wisconsin) durante un año, escapando así de la terrible hiperinflación que engullía Alemania. Fue una decisión financieramente muy diestra de Sommerfeld. Conocer la obra de Arthur Holly Compton antes que sus colegas europeos fue un premio añadido.

Compton había hecho un descubrimiento que cuestionaba la validez de la teoría ondulatoria de los rayos X. Y puesto que los rayos X eran ondas electromagnéticas, es decir, una forma de luz invisible de corta longitud de onda, Sommerfeld estaba diciendo que, contrariamente a toda evidencia, la naturaleza ondulatoria de la luz representaba un auténtico problema. «No sé si debería mencionar sus resultados —escribió Sommerfeld con cierta timidez, porque el artículo de Compton todavía no se había publicado—, pero quisiera llamar su atención hacia un hecho que seguramente acabe convirtiéndose en algo fundamental».[96] Se trataba, precisamente, de la lección que, con distintos grados de entusiasmo, Einstein había estado tratando de enseñar desde 1905: que la luz se hallaba cuantizada.

Compton era uno de los jóvenes experimentadores más importantes de Estados Unidos. Había sido nombrado, a los veintisiete años, profesor y jefe del Departamento de Física de la Universidad de Washington en San Luis (Missouri) en 1920. Las investigaciones sobre la dispersión de los rayos X que había llevado a cabo dos años antes acabaron siendo consideradas como «el momento más crítico de la física del siglo XX».[97] Lo que Compton hizo fue disparar un rayo de rayos X sobre una gran variedad de elementos, como el carbono (en forma de grafito), y medir la «radiación secundaria». Cuando lo rayos X impactaban en el blanco, la mayoría de ellos lo atravesaban, pero otros se veían desviados en una gran diversidad de ángulos. Fueron esos rayos X «secundarios» o desviados los que interesaron a Compton; y su objetivo consistió en determinar, comparados con los que habían dado en el blanco, la existencia de algún cambio en su longitud de onda.

Compton descubrió que la longitud de onda de los rayos X dispersados era siempre ligeramente más larga que la de los rayos X «primarios» o incidentes. Según la teoría ondulatoria, sin embargo, debían ser exactamente iguales. Compton se dio cuenta de que esa diferencia en la longitud de onda (y, en consecuencia, en la frecuencia) significaba que los rayos X secundarios no eran iguales que los primarios que habían dado en el blanco. El descubrimiento resultaba tan extraño como lanzar un rayo de luz roja sobre una superficie metálica y descubrir que la luz reflejada era azul.[98] Como era incapaz de conseguir que los datos de la dispersión cuadrasen con las predicciones de la teoría ondulatoria de los rayos X, Compton dirigió entonces su atención hacia los cuantos de luz de Einstein. Casi al mismo tiempo descubrió que «la longitud de onda y la intensidad de los rayos dispersados son como deberían ser si un cuanto de radiación rebotase en un electrón, como si una bola de billar rebotase en otra».[99]

Si lo rayos X llegan en cuantos, un rayo X se asemejaría a una serie de bolas de billar microscópicas golpeando en el blanco.

Aunque algunos lo atravesaran sin golpear en nada, otros colisionarían con los electrones de los átomos del blanco. Durante tal colisión, un cuanto de rayos X perdería energía al desviarse y, debido al impacto, el electrón retrocedería. Si la energía de un cuanto de rayos X es de $E = h\nu$, en donde h es la constante de Planck y ν su frecuencia, cualquier pérdida de energía debe reflejarse en una disminución de su frecuencia. Y puesto que la frecuencia es inversamente proporcional a la longitud de onda, la longitud de onda asociada a un cuanto de rayo X desviado debe aumentar. Compton llevó a cabo un detallado análisis matemático del modo en que la energía perdida por el rayo X entrante, y el correspondiente cambio resultante en la longitud de onda (frecuencia) del rayo X desviado, dependía del ángulo de dispersión.

Nadie había observado nunca el retroceso de electrones que, según Compton, debía acompañar a los rayos desviados. Lo cierto es que tampoco nadie los había buscado. Por eso, cuando lo hizo, Compton no tardó en encontrarlos. «La única conclusión posible —dijo— es que lo rayos X y, en consecuencia, también la luz, están compuestos por unidades discretas, y que se mueven en direcciones definidas, cada una de las cuales posee una energía hv y el correspondiente momento $h\lambda$».[100] El «efecto Compton», es decir, el aumento de longitud de onda de los rayos X cuando son desviados por los electrones, constituyó una evidencia irrefutable de la existencia de los cuantos de luz que, hasta ese momento, muchos habían desdeñado, en el mejor de los casos, como mera ciencia ficción. Asumiendo la conservación de la energía y del momento en la colisión entre un cuanto de rayos X y un electrón fue como Compton pudo explicar sus datos. Y había sido Einstein el primero en sugerir, en 1916, que los cuantos de luz poseen momento, una propiedad de las partículas.

En noviembre de 1922, Compton presentó su descubrimiento en un congreso que se celebró en Chicago.[101] Pero aunque envió su artículo a la *Physical Review* poco antes de Navidad, no fue publicado hasta mayo de 1923, debido a que los editores no llegaron a valorar adecuadamente la profundidad de su contenido. Esa lamentable demora explica que el análisis del descubrimiento realizado por el físico neerlandés Pieter Debye se publicase antes de que lo hiciera el artículo original de Compton. Antiguo asistente de Sommerfeld, Debye había enviado su artículo a una revista alemana en el mes de marzo. Pero a diferencia de su homólogo estadounidense, los editores alemanes reconocieron de inmediato la importancia del trabajo y lo publicaron al mes siguiente. A pesar de ello, Debye y el resto del mundo científico dio al inteligente joven el crédito y el reconocimiento que se merecía, que se vio rubricado con la concesión, en 1927, del Premio Nobel. Por aquel entonces, el cuanto de luz de Einstein había sido rebautizado como fotón.[102]

Más de dos mil personas asistieron a su conferencia del Nobel en julio de 1923, pero Einstein sabía que la mayoría de ellos habían llegado para verlo más que para escucharlo. Sentado en el tren durante el viaje que le llevaba de Gotemburgo a Copenhague, Einstein esperaba encontrar al hombre del que quería escuchar cada palabra y con el que muy probablemente estaría en desacuerdo. Y ahí estaba Bohr esperándole para darle la bienvenida apenas bajó del tren. «Tomamos el tranvía y charlábamos tan animadamente que hasta nos pasamos de parada», recordó casi cuarenta años después; hablaban en alemán, ajenos a la mirada curiosa del resto de los pasajeros.[103] Es seguro que, hablasen de lo que hablasen durante ese trayecto, mencionaron el efecto Compton, que pronto sería descrito por Sommerfeld como «el descubrimiento probablemente más importante, dado el estado actual de la física».[104] Bohr no estaba convencido y se negaba a aceptar la naturaleza cuántica de la luz. Pero ahora era él, y no Einstein, quien estaba en minoría. Sommerfeld no tenía la menor duda de que Compton «había empezado a tocar las campanas de muerte de la teoría ondulatoria de la radiación».[105]

Como el héroe condenado en las películas del Oeste que posteriormente tanto le gustarían, Bohr se sentía ya acosado cuando hizo un último intento de descartar la hipótesis del cuanto de luz. En colaboración con su asistente Hendrik Kramers y un joven teórico estadounidense visitante, John Slater, Bohr propuso sacrificar la ley de conservación de la energía. Se trataba de un componente fundamental del análisis que conducía al efecto Compton. Si la ley no se cumplía estrictamente en la escala atómica como lo había sido en el mundo cotidiano de la física clásica, el efecto Compton ya no sería una evidencia incontrovertible de la naturaleza cuántica de la luz propuesta por Einstein. La propuesta BKS (siglas de Bohr, Kramers y Slater), como acabó siendo conocida, parecía ser una sugerencia radical, pero en realidad se trataba de un acto de desesperación que ponía de manifiesto lo mucho que Bohr aborrecía la teoría cuántica de la luz.

La ley nunca se había visto corroborada experimentalmente a nivel atómico, y Bohr creía que su validez estaba todavía por determinar en procesos tales como la emisión espontánea de cuantos de luz. Einstein creía en la conservación, en cada colisión entre un fotón y un electrón, de la energía y del momento, mientras que Bohr, por su parte, creía que no se trataba más que de un promedio estadístico. Fue en 1925, antes de los experimentos realizados por Compton, que por aquel entonces se hallaba en la Universidad de Chicago, y por Hans Geiger y Walther Bothe en el Physikalische-Technische Reichsanstalt, cuando se corroboró la conservación de la energía y del momento en las colisiones entre un fotón y un electrón. Einstein estaba, pues, en lo cierto, y Bohr estaba equivocado.

Seguro de sí mismo, como siempre, el 20 de abril de 1924, más de un año antes de que la experimentación acallase a los escépticos, Einstein resumió elocuentemente la situación a los lectores del *Berliner Tageblatt* con las siguientes palabras: «Hay, por tanto, dos teorías sobre la luz, ambas indispensables y —como debemos admitir actualmente a pesar de veinte años de extraordinarios esfuerzos realizados por parte de los físicos teóricos— sin conexión lógica alguna entre ellas».[106] Con ello, Einstein quería decir que ambas teorías de la luz, la ondulatoria y la cuántica eran, en cierto modo, válidas. Los cuantos de luz no podían ser invocados para explicar fenómenos ondulatorios asociados a la luz, como la interferencia y la difracción. Y tampoco era posible, por el contrario, explicar completamente el experimento de Compton y el efecto fotoeléctrico sin recurrir a la teoría cuántica de la luz. La luz tenía, pues, un carácter dual simultáneo de onda y de partícula que los físicos acabaron viéndose obligados a aceptar.

Una mañana, no mucho después de que su artículo apareciese, Einstein recibió un paquete con matasellos de París. Al abrirlo, se encontró con la nota de un viejo amigo solicitando su opinión sobre una tesis doctoral relativa a la naturaleza de la materia, que también se hallaba incluida en el paquete, escrita por un príncipe francés.

6
EL PRÍNCIPE DE LA DUALIDAD

«La ciencia es una vieja dama que no teme a los hombres maduros»,[1] le había dicho, en cierta ocasión, su padre. Pero él, como su hermano mayor, también acabó seducido por la ciencia. Todos esperaban que el príncipe Louis Victor Pierre Raymond de Broglie, miembro de una de las principales familias aristocráticas de Francia, siguiera los pasos de sus ilustres predecesores. La familia De Broglie, originaria del Piamonte, llevaba desde mediados del siglo XVII sirviendo a los reyes franceses como soldados, estadistas y diplomáticos. Como reconocimiento a los servicios prestados, Luis XV otorgó a un antecesor suyo, en 1742, el título hereditario de duque. El hijo del duque, Victor François infligió una derrota a los enemigos del Sacro Imperio y el agradecido emperador le recompensó con el título de príncipe. A partir de ese momento, todas las generaciones de descendientes contaban, entre sus filas, con un príncipe o con una princesa. Así fue como el joven científico acabó convirtiéndose simultáneamente en un príncipe alemán y en un duque francés,[2] una historia familiar improbable en el hombre que hizo una contribución fundamental a la física cuántica y que, según Einstein, prendió «el primer rayo que arrojó algo de luz sobre nuestros peores enigmas».[3]

Louis, el más joven de los cuatro hijos que sobrevivieron, nació en Dieppe el 15 de agosto de 1892. Como correspondía a su elevada posición social, los De Broglie eran educados en el hogar ancestral por tutores privados. Así, mientras que el resto de los niños conocía el nombre de las locomotoras de la época, Louis podía recitar de corrido el nombre de todos los ministros de la Tercera República. Para diversión de la familia, empezó a dar conferencias basadas en los reportajes políticos de los periódicos. Con un abuelo que había sido primer ministro, «todo el mundo auguraba a Louis un prometedor futuro como hombre de Estado», recordaba posteriormente su hermana Pauline.[4] Y quizá esos presagios se hubiesen cumplido de no haber muerto su padre, en 1906, cuando Louis tenía catorce años.

A la muerte de su padre, su hermano mayor, Maurice, de treinta y un años, se convirtió en el cabeza de familia. Como exigía la tradición, Maurice había seguido la carrera militar, pero decidió entrar en la marina, donde destacó en el campo de las ciencias. El prometedor oficial no tardó en encontrarse con una armada en periodo de transición que estaba preparándose para el siglo xx. Dado su interés por la ciencia, Maurice se implicó muy pronto en el establecimiento de un sistema seguro de comunicación inalámbrica. En 1902 escribió su primer artículo sobre «ondas radioeléctricas» que, a pesar de la oposición de su padre, no hizo sino fortalecer su resolución de abandonar la marina y dedicarse a la investigación científica. En 1904, tras nueve años de servicio renunció a la marina. Dos años más tarde, su padre había muerto y tuvo que hacerse cargo de sus nuevas responsabilidades como sexto duque.

Siguiendo el consejo de Maurice, Louis fue a la escuela. «Después de haber experimentado por mí mismo la inconveniencia de obligar a un joven a estudiar, me abstuve de impartir una orientación rígida a los estudios de mi hermano por más que, en ocasiones, su indecisión me preocupase», escribió, casi medio siglo después.[5] Louis destacaba en francés, historia, física y filosofía, mientras que en matemáticas y química se mostraba más bien indiferente. Al cabo de tres años, Louis se graduó, en 1909, a los diecisiete años, con los *baccalauréat* de filosofía y de matemáticas. Un año antes, Maurice había conseguido su doctorado en el College de France bajo la dirección de Paul Langevin y había puesto en marcha un laboratorio en su mansión parisina en la rue Châteaubriand. En lugar de buscar empleo en una universidad, la instalación de un laboratorio privado en el que perseverar en su nueva vocación contribuyó a ablandar la decepción con la que algunos de los miembros de la familia habían recibido su renuncia al servicio militar y su decisión de dedicarse a la ciencia.

A diferencia de Maurice, Louis había decidido, por aquel entonces, seguir una carrera más tradicional y estudiar historia medieval en la Universidad de París. Pero el príncipe de veinte años no tardó en descubrir el poco interés que, para él, tenía el estudio crítico de los textos, fuentes y documentos del pasado. Maurice dijo más tarde que su hermano «no estuvo muy lejos de perder la fe en sí mismo».[6] Parte del problema se debía al florecimiento del interés creciente por la física alentado por el tiempo que pasaba en el laboratorio de su hermano. Pero el entusiasmo de Maurice por la investigación de los rayos X resultó ser contagioso. En ausencia de un examen de física que valorase sus capacidades, Louis se sentía consumido por las dudas. ¿Acaso estaba —se preguntaba Louis— condenado al fracaso? «¿Dónde habían ido a parar la alegría y el entusiasmo de su adolescencia? La chispeante charla de su infancia había enmudecido y se había visto reemplazada por la reflexión profunda», pensaba Maurice, mientras contemplaba a un introvertido Louis, al que apenas si reconocía.[7] Louis estaba convirtiéndose, en opinión de su hermano, «en un erudito indisciplinado» al que no le gustaba salir de casa.[8]

En octubre de 1911, Louis viajó por primera vez al extranjero, concretamente a Bruselas.[9] Tenía diecinueve años. Desde el momento en que abandonó la marina, Maurice se había convertido en un respetado científico especializado en la física de los rayos X. Por eso, cuando recibió la invitación para ser uno de los dos científicos que desempeñarían la sencilla función de actuar como secretario del primer Congreso Solvay, aceptó sin dudarlo un solo instante. Y es que, aunque se tratase de una tarea estrictamente administrativa, la oportunidad de discutir de teoría cuántica con Planck, Einstein y Lorentz resultaba demasiado tentadora como para desaprovecharla. Los franceses, pues, se hallaban ampliamente representados en ese encuentro por Curie, Poincaré, Perrin y Langevin, el tutor de su tesis.

Alojado en el hotel Metropole con todos los delegados, Louis se mantuvo, sin embargo, a cierta distancia. A su regreso y después de que Maurice le contase las conversaciones sobre los cuantos a las que había asistido en la pequeña habitación del primer piso, Louis empezó a interesarse por la nueva física. Cuando se publicaron las actas del Congreso, Louis las leyó y decidió convertirse en físico. Por aquel entonces había cambiado ya los libros de historia por los de física y, en 1913, obtuvo su *licence ès science*, el equivalente al título de graduado. Pero sus planes tuvieron que esperar todavía el año de servicio militar obligatorio. A pesar de los tres mariscales de Francia que engalanaban el panteón de los De Broglie, Louis entró en el ejército como soldado raso en una compañía de ingenieros ubicada en las afueras de París.[10] Con la ayuda de Maurice, no obstante, no tardó en verse transferido al servicio de comunicación inalámbrica. Cualquier expectativa de un pronto regreso al estudio de la física se desvaneció con el estallido de la Primera Guerra Mundial, y Louis pasó los cuatro años siguientes como ingeniero de radio en una emisora ubicada debajo de la torre Eiffel.

Licenciado el mes de agosto de 1919, Louis se sentía profundamente contrariado por haber perdido seis años, desde los veintiuno hasta los veintisiete, sirviendo al ejército y estaba, en consecuencia, más decidido que nunca a seguir el camino que había elegido. Esta decisión se vio alentada y respaldada por su hermano Maurice, en cuyo bien preparado laboratorio se dedicó a investigar los rayos X y el efecto fotoeléctrico. Fueron muchas las horas que los hermanos pasaron discutiendo sobre el mejor modo de interpretar los experimentos que llevaban a cabo. Maurice recordaba a Louis «el valor educativo de las ciencias experimentales» e insistía en que «despojadas de toda conexión con los hechos, las elaboraciones teóricas de las ciencias carecen de todo valor».[11] Louis escribió una serie de artículos relativos a la absorción de los rayos X, sin dejar de preguntarse por la naturaleza de la radiación electromagnética. Los hermanos aceptaban que tanto la teoría ondulatoria como la teoría corpuscular de la luz estaban, de algún modo, en lo cierto, porque ninguna de ellas había podido explicar la difracción, la interferencia y el efecto fotoeléctrico.

En 1922, Einstein pronunció una conferencia en París invitado por Langevin en la que, por haber permanecido en Berlín durante la guerra, recibió una acogida un tanto hostil, y De Broglie escribió un artículo en el que adoptaba explícitamente «la hipótesis del cuanto de luz». Él ya había aceptado la existencia de los «átomos de luz» en una época en la que Compton todavía no había publicado los resultados de sus experimentos. Cuando el estadounidense presentó sus datos y su análisis de la desviación de los rayos X por los electrones confirmando, de ese modo, la realidad de los cuantos de luz de Einstein, De Broglie ya había aprendido a vivir con la extraña dualidad de la luz. Otros, sin embargo, comentaban, en tono jocoso, la necesidad de tener que enseñar teoría ondulatoria de la luz los lunes, miércoles y viernes, y teoría corpuscular los martes, jueves y sábados.

«Después de una larga reflexión en soledad y meditación —escribió De Broglie años después— tuve súbitamente la idea, durante el año 1923, de que el descubrimiento hecho por Einstein en 1905 debería generalizarse y extenderse a todas las partículas materiales y, muy en concreto, a los electrones».[12] De este modo, De Broglie se atrevió a formular una cuestión muy sencilla: «¿Podrán, si las ondas luminosas pueden comportarse como partículas, partículas como los electrones, por ejemplo, comportarse como ondas luminosas? Su respuesta a esa pregunta era afirmativa, en la medida en que De Broglie descubrió que, si asignaba a un electrón «una onda asociada ficticia» a una frecuencia ν y una longitud de onda λ, podía determinar la localización exacta de la órbita en el átomo cuántico de Bohr. Un electrón solo podía ocupar las órbitas cuya longitud de onda era múltiplo de su «onda ficticia asociada».

En 1913, para impedir que el electrón del modelo de Rutherford del átomo de hidrógeno se colapsara emitiendo energía y cayendo sobre el núcleo, Bohr se vio obligado a establecer una condición que por aquel entonces no pudo justificar, según la cual, el electrón que gravita en una órbita estacionaria en torno al núcleo no emite radiación. La idea de De Broglie de considerar a los electrones como ondas estacionarias supuso un alejamiento radical de la visión que consideraba a los electrones partículas girando en torno al núcleo atómico.

Las ondas estacionarias pueden ser fácilmente generadas por una cuerda sujeta por ambos extremos, como sucede en los casos del violín y la guitarra. Pulsar tal cuerda produce una amplia diversidad de ondas estacionarias que poseen el rasgo distintivo de estar compuestas por múltiplos enteros de media longitud de onda. La onda estacionaria más larga posible está compuesta por una longitud de onda que duplica la longitud de la cuerda. La longitud de onda de la siguiente onda estacionaria es igual a la longitud de la cuerda, lo que supone el doble de media longitud de onda. La siguiente onda estacionaria consiste en tres medias longitudes de onda, y así siguiendo a lo largo de la escala. Esta secuencia de ondas estacionarias cuya longitud de onda es un múltiplo entero y en la que cada una posee su propia energía es la única físicamente posible. Y ello significa, dada la relación que existe entre frecuencia y longitud de onda, que, al pulsar una cuerda de guitarra, solo puede vibrar a determinadas frecuencias, comenzando con el tono fundamental, es decir, con la frecuencia más baja.

De Broglie se dio cuenta de que el requisito de ser «múltiplo entero» restringía las órbitas electrónicas del átomo de Bohr a aquellas cuya circunferencia permitiese la formación de ondas estacionarias. Pero esas ondas electrónicas estacionarias no estaban, como sucede en el caso de un instrumento musical, fijas por ambos lados, sino compuestas por un múltiplo entero de medias longitudes de onda y podían adaptarse, por tanto, a la circunferencia de la órbita. Donde no había ajuste exacto, no podía haber onda estacionaria y tampoco, en consecuencia, órbita estacionaria.

Si en lugar de ver al electrón como una partícula que gira en torno al núcleo lo consideramos como una onda estacionaria, no experimentaría aceleración y tampoco, por ende, pérdida continua de radiación emitida al caer y chocar con el núcleo. Lo que Bohr había introducido sencillamente para conservar su modelo cuántico del átomo encontró su justificación en la noción de la dualidad onda-partícula de De Broglie. Y cuando llevó a cabo sus cálculos, De Broglie descubrió que el principal número cuántico de Bohr (es decir, n) solo se refería a aquellas órbitas en las que las ondas estacionarias de los electrones podían existir en torno al núcleo del átomo de hidrógeno. Esa era la razón por la que, en el modelo de Bohr, las demás órbitas electrónicas estaban prohibidas.

Cuando De Broglie esbozó, en tres breves artículos publicados en otoño de 1923, la razón por la cual debemos considerar que todas las partículas poseen un carácter dual (como onda y como partícula), no estaba clara la naturaleza de la relación que existe entre una partícula (entendida como una bola de billar) y la «onda ficticia asociada». ¿Estaba acaso De Broglie sugiriendo algo que se asemejaba a un surfista cabalgando una ola? Posteriormente se estableció que tal interpretación no funcionaba y que, como el resto de las partículas, los electrones se comportaban exactamente igual que los fotones: como ondas y partículas al mismo tiempo.

De Broglie elaboró y desarrolló sus ideas ampliamente en su tesis doctoral, que concluyó durante la primavera de 1924. Pero las necesarias formalidades de presentación y aceptación de la tesis por parte de los examinadores no le permitieron defenderla hasta el 25 de noviembre. Tres de los cuatro examinadores eran profesores de la Sorbona: Jean Perrin (que había sido decisivo para corroborar la teoría einsteniana del movimiento browniano), Charles Mauguin (un distinguido físico especializado en las propiedades de los cristales) y Elie Cartan (un renombrado matemático). El último miembro del tribunal era el examinador externo, Paul Langevin, el único versado en física cuántica y relatividad. Pero antes de enviar oficialmente su tesis, De Broglie se acercó a Langevin y le pidió que echara un vistazo a sus conclusiones. Langevin accedió y posteriormente dijo a un colega: «Estoy revisando la tesis del hermano pequeño. Me parece demasiado rocambolesca».[13]

Pero, por más descabelladas que pudiesen parecer, Langevin no descartó las ideas de Louis de Broglie. Necesitaba consultar con alguien y sabía que Einstein había dicho públicamente en 1909 que la investigación futura en la radiación pondría de relieve algún tipo de fusión entre onda y partícula. Los experimentos realizados por Compton habían convencido a casi todo el mundo de la adecuación de la visión einsteniana de la luz. Después de todo, parecía tratarse de una partícula colisionando con electrones. De Broglie estaba sugiriendo ahora el mismo tipo de fusión, la dualidad onda-partícula, para toda materia. Hasta contaba con una ecuación que relacionaba la longitud de onda λ de la «partícula» con su momento p, $\lambda = h / p$, en donde h es la constante de Planck. Langevin

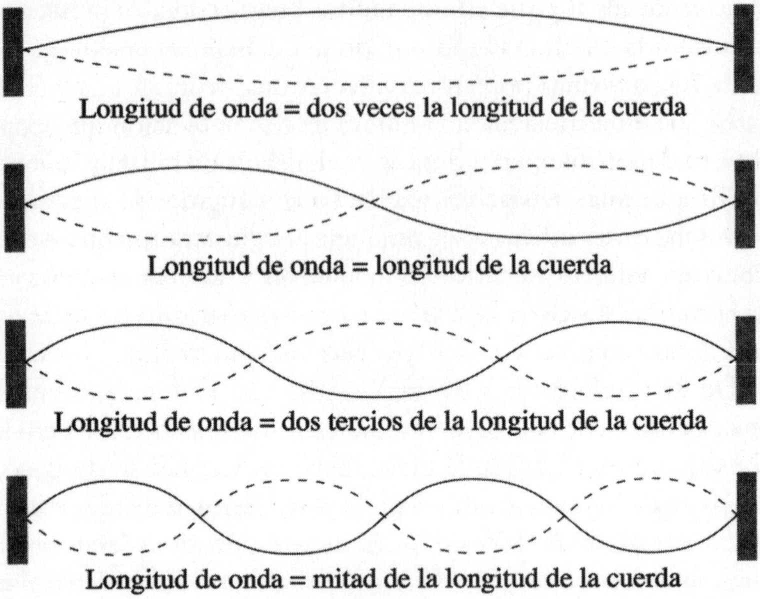

FIGURA 9. Ondas estacionarias de una cuerda sujeta por ambos extremos.

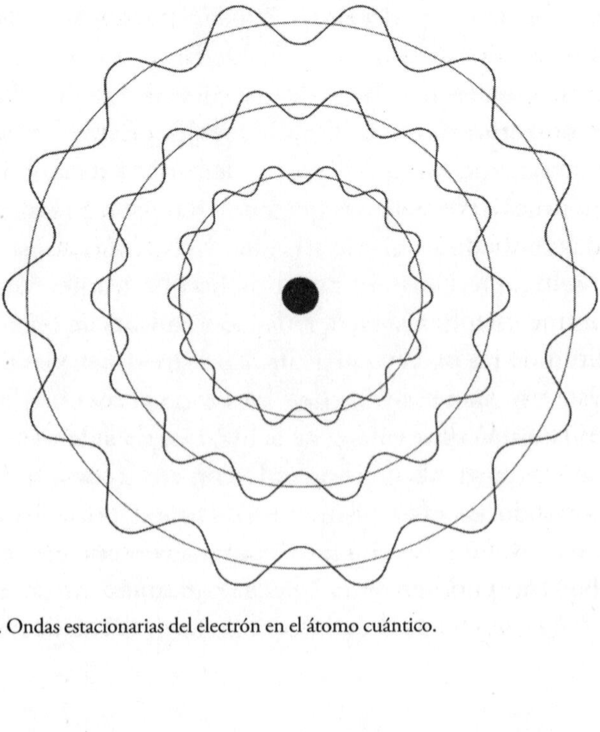

FIGURA 10. Ondas estacionarias del electrón en el átomo cuántico.

pidió entonces al príncipe físico una segunda copia de la tesis y se la envió a Einstein. «Ha levantado una de las esquinas del gran velo», fue la respuesta de Einstein a Langevin.[14]

El juicio de Einstein era lo único que bastaba para Langevin y el resto de los miembros del tribunal, que acabaron felicitando a De Broglie por «la notable maestría que ha demostrado en la superación de las dificultades en que se encuentran los físicos».[15] Mauguin admitió posteriormente que, «en aquel tiempo, no creía en la realidad física de las ondas asociadas a corpúsculos de materia».[16] Por su parte, lo único que Perrin sabía era que De Broglie era «muy inteligente» y, en lo que respecta al resto, no tenía la menor idea.[17] Así fue como Louis Victor Pierre Raymond de Broglie dejó de ser solo príncipe y, con el apoyo de Einstein, se ganó el derecho, a los treinta y dos años, a que le llamasen simplemente doctor Louis de Broglie.

Pero una cosa es tener una idea y otra, muy diferente, llegar a demostrarla. De Broglie no tardó en darse cuenta, en septiembre de 1923, de que si la materia posee propiedades ondulatorias, un rayo de electrones debería dispersarse como un rayo de luz, es decir, debería difractarse. En uno de los breves artículos que había escrito ese mismo año, De Broglie había pronosticado que «un grupo de electrones que atraviesa una pequeña abertura debe presentar efectos de difracción».[18] Pero, por más que lo intentó, no consiguió convencer a ninguno de los hábiles experimentalistas que trabajaban en el laboratorio privado de su hermano para que pusieran a prueba sus ideas. Enfrascados en otros proyectos, simplemente pensaban que esos experimentos eran demasiado complicados de llevar a cabo. Y en deuda con su hermano Maurice por dirigir continuamente su «atención a la importancia y a la innegable exactitud de las propiedades duales corpuscular y ondulatoria de la radiación», Louis acabó abandonando el tema.[19]

Sin embargo, Walter Elsasser, joven físico de la Universidad de Gotinga, no tardó en afirmar que si De Broglie estaba en lo cierto, un sólido cristalino difractaría un haz de electrones, dado que el espacio entre átomos adyacentes de un cristal sería lo suficientemente pequeño para que un objeto del tamaño de un electrón revelase así su carácter ondulatorio. «Está usted sentado sobre una mina de oro», dijo Einstein a Elsasser, al enterarse del experimento que acababa de proponer.[20] Pero no se trataba de una mina de oro, sino de algo bastante más precioso, un Premio Nobel. No obstante, como sucede en cualquier caso de este tipo, uno no debe esperar demasiado antes de emprender su búsqueda. Elsasser lo hizo, y otros dos se le adelantaron a la hora de esbozar sus conclusiones y consiguieron, en consecuencia, el premio.

Clinton Davisson, de treinta y cuatro años, que trabajaba en los laboratorios de la Western Electric Company de Nueva York, posteriormente conocidos como Bell Telephone Laboratories, había estado investigando las consecuencias de lanzar un rayo de electrones sobre varios blancos metálicos cuando, un día de abril de 1925, presenció algo muy extraño. Una botella de aire licuado explotó en su laboratorio, rompiendo el tubo de vacío que contenía la diana de níquel que había estado utilizando. El aire provocó la oxidación del níquel. Y cuando estaba limpiando el níquel calentándolo, advirtió que había convertido accidentalmente la colección de pequeños cristales de níquel en otros un poco mayores, lo que provocó la difracción de los electrones. Cuando prosiguió con sus experimentos, no tardó en darse cuenta de que sus resultados eran diferentes. Sin percibir que había difractado los electrones, describió sencillamente en un artículo lo que había ocurrido y lo publicó.

«¿No te parece imposible que, dentro de un mes, estemos en Oxford? Lo pasaremos muy bien, querida Lottie», escribió Davisson a su esposa en julio de 1926.[21] Dejando a sus hijos a cargo de unos parientes cercanos, los Davisson podrían finalmente disfrutar de unas muy necesarias vacaciones por Inglaterra antes de encaminarse hacia Oxford para asistir al congreso de la British Association for the Advancement of Science. Fue allí donde Davisson se sorprendió al enterarse de que algunos físicos creían que los datos de su experimento corroboraban las ideas de un príncipe francés. Hasta entonces no había oído hablar de De Broglie, ni de su hipótesis de expandir la dualidad partícula-onda hasta llegar a abarcar la totalidad de la materia. Así pues, Davisson no estaba solo.

Pocas personas habían oído hablar de los tres breves artículos escritos por De Broglie, porque habían sido publicados en la revista francesa *Compte Rendu*. Y muchos menos eran, por tanto, los que habían leído su tesis doctoral. De regreso a Nueva York, Davisson y un colega, Lester Germer, se aprestaron de inmediato a tratar de verificar si los electrones realmente se difractaban. Fue en enero de 1927, antes de descubrir evidencias concluyentes de que la materia se difractaba y se comportaba como si estuviese compuesta por ondas, cuando Davisson calculó las longitudes de onda de los electrones difractados en los nuevos experimentos y descubrió que coincidían con los establecidos por la teoría de la dualidad onda-partícula de De Broglie. Davisson admitió posteriormente que, de hecho, los experimentos originales habían «comenzado como una especie de actividad complementaria» de otros encargados por su empresa, que trataba de defenderse de una demanda judicial, considerados prioritarios.

Max Knoll y Ernst Ruska se sirvieron rápidamente de la naturaleza ondulatoria del electrón para inventar, en 1931, el microscopio electrónico. Ninguna partícula menor que la mitad de la longitud de onda de la luz blanca puede absorber ni reflejar ondas luminosas como para que la partícula resulte visible a través del microscopio óptico. Pero con longitudes de onda más de cien mil veces inferiores a las de la luz, la onda del electrón podía hacerlo. Sobre esta base comenzó, en 1935, la construcción en Inglaterra del primer microscopio electrónico comercial.

Mientras Davisson y Germer estaban ocupados con los suyos, el físico inglés George Paget Thomson estaba llevando a cabo, en Aberdeen (Escocia), sus propios experimentos con haces de electrones. Él también había asistido al congreso de BAAS de Oxford, donde se discutió largo y tendido sobre el trabajo de De Broglie. Thomson, que tenía un interés muy personal en investigar la naturaleza del electrón, empezó inmediatamente los experimentos para tratar de detectar la difracción de los electrones. Pero en lugar de cristales utilizó láminas delgadas preparadas que mostraron una pauta de difracción cuyos resultados coincidían exactamente con los pronosticados por De Broglie. En ocasiones, la materia se comportaba como una onda dispersa sobre una amplia región del espacio, mientras que en otras lo hacía como una partícula, ocupando entonces una posición definida en el espacio.

En un curioso giro del destino, la naturaleza dual de la materia había acabado encarnándose en la familia Thomson. George Thomson fue recompensado con el Premio Nobel de Física en 1937 junto con Davisson, por haber descubierto que el electrón era una onda. Su padre, sir J. J. Thomson, había sido recompensado con el Premio Nobel de Física en 1906 por haber descubierto la naturaleza corpuscular del electrón.

Los avances realizados en el campo de la física cuántica a lo largo de todo un cuarto de siglo —que iban desde la ley de la radiación del cuerpo negro de Planck hasta el cuanto de luz de Einstein, el átomo cuántico de Bohr y la dualidad onda-partícula de la materia de De Broglie— eran el producto del infeliz matrimonio entre conceptos procedentes de la física cuántica y de la física clásica, una unión que, en 1925, se hallaba sometida a una extraordinaria tensión. «Cuantos más éxitos conseguía la teoría cuántica, más estúpida parecía», escribió Einstein en marzo de 1912.[22] Lo que ahora se necesitaba era una nueva teoría, una nueva mecánica del mundo cuántico.

«El descubrimiento de la mecánica cuántica llevado a cabo a mediados de la década de 1920 —afirmó, en cierta ocasión, Steven Weinberg, estadounidense laureado con el Premio Nobel— ha sido la revolución más profunda que se ha producido en la teoría física desde el advenimiento, a comienzos del siglo XVII, de la ciencia modema».[23] El papel esencial que desempeñaron los jóvenes físicos en la revolución que estaba configurando el mundo moderno se conoce como los años de la *knabenphysik*, es decir, de «la física de los muchachos».

SEGUNDA PARTE

La física de los muchachos

La física actual está nuevamente hecha un lío. En cualquiera de los casos resulta, para mí, demasiado complicada y preferiría ser un comediante o alguien que jamás hubiera oído hablar de física.

WOLFGANG PAULI

Cuanto más pienso en el aspecto físico de la teoría de Schrödinger, más me desagrada. Lo que Schrödinger afirma sobre la visibilidad de su teoría «probablemente no sea muy correcto» o, dicho en otras palabras, sea una auténtica chorrada.

WERNER HEISENBERG

Si todo este condenado salto cuántico estuviese condenado a perdurar, debería pedir perdón por haber contribuido al desarrollo de la teoría cuántica.

ERWIN SCHRÖDINGER

7
LOS DOCTORES DEL ESPÍN

«Me pregunto qué será más admirable, la comprensión psicológica necesaria para el desarrollo de una idea, la exactitud de la deducción matemática, la profundidad de la comprensión física, la capacidad de exposición lúcida y sistemática, el conocimiento de la literatura que existe al respecto, el tratamiento completo del asunto o la certeza de su valoración crítica».[1] Einstein se vio profundamente impresionado por «la obra madura y grandiosamente concebida» que acababa de revisar. Le resultaba difícil creer que el artículo de 237 páginas y 394 notas a pie de página sobre la relatividad fuese la obra de un físico de veintiún años que todavía estaba estudiando y que comenzó a escribirlo a los diecinueve. Wolfgang Pauli, que luego sería conocido como «la ira de Dios», era mordaz y se le consideraba «un genio solo comparable a Einstein».[2] «En realidad, desde el punto de vista de la ciencia pura —dijo Max Born, que por aquel entonces era su jefe—, su talento posiblemente superaba al de Einstein».[3]

Wolfgang Pauli nació el 25 de abril de 1900 en Viena, una ciudad que, aunque pasaba por una buena época, seguía todavía atrapada en las garras de la ansiedad del *fin-de-siècle*. Su padre, que también se llamaba Wolfgang, había sido médico, pero abandonó la medicina por la ciencia cambiando, en el proceso, su nombre familiar de Pascheles por el de Pauli. La transformación fue completa cuando, dejándose llevar por la marea de miedo provocada por la creciente ola de antisemitismo que ponía en peligro sus ambiciones académicas, acabó convirtiéndose al catolicismo. Fue así como su hijo creció, ignorando la ascendencia judía de la familia. Por eso cuando, en la universidad, alguien le dijo que debía ser judío, el joven Wolfgang respondió sorprendido: «¿Yo? ¡No! ¡Nadie me ha dicho tal cosa y no creo serlo!».[4] Pero, durante la siguiente visita a casa, se enteró de la verdad. Su padre consideró justificada la decisión de adaptarse cuando, en 1922, se vio contratado para una codiciada cátedra que le convirtió también en el director del nuevo instituto de química médica de la Universidad de Viena.

Bertha, la madre de Pauli, era una conocida periodista y escritora vienesa. Su círculo de amigos y conocidos llevaron a Wolfgang y a su hermana Hertha, seis años más joven que él, a crecer viendo desfilar, por el hogar familiar, a destacadas figuras del mundo de las artes, las ciencias y la medicina. Su madre, pacifista y socialista, ejerció una fuerte influencia sobre Pauli. Cuanto más se alargaba, durante sus años formativos, la Primera Guerra Mundial, «más se intensificaba su oposición contra ella y, hablando en términos generales, contra todo el *establishment*», recordaba un amigo.[5] Cuando su madre murió, dos semanas antes de cumplir los cuarenta y nueve años, en noviembre de 1927, una esquela en *Neue Freie Presse* describió a Bertha como «una de las escasísimas personalidades realmente fuertes entre las mujeres austriacas».[6]

Aunque Pauli se hallaba académicamente muy preparado, distaba mucho de ser un alumno modelo, porque la escuela le parecía insoportable. Pero entonces, realizando un esfuerzo adicional, empezó a tener profesores particulares que reforzaban su formación en física. Poco después, cuando alguna lección de la escuela le resultaba especialmente tediosa, Wolfgang empezaba a leer los artículos de Einstein sobre relatividad general que guardaba en su pupitre. La física siempre pesó mucho en la vida del joven Wolfgang, debido a la influencia de su padrino, el influyente físico y filósofo de la ciencia austriaco Ernst Mach. Para alguien que posteriormente gozaría de la compañía y amistad de personajes como Einstein y Bohr, Pauli decía que el contacto con Mach, a quien había visto en el verano de 1914, fue «el evento más importante de mi vida intelectual».[7]

En septiembre de 1918, Pauli abandonó lo que él mismo calificaba como el «desierto espiritual» de Viena.[8] Con el Imperio austrohúngaro al borde de la extinción y desaparecidas ya las antiguas glorias de Viena, Wolfgang lamentaba la ausencia, en su universidad, de físicos punteros. Podría haber ido a cualquier otro lugar, pero finalmente decidió estudiar física en Múnich con Sommerfeld. Después de rechazar una cátedra en Viena, Sommerfeld llevaba ya doce años encargándose del Departamento de Física Teórica de la Universidad de Múnich. Y ya desde el mismo comienzo, en 1906, Sommerfeld decidió crear un instituto que sería «una especie de guardería dedicada a la física teórica».[9] No tan grande como el Instituto Bohr, que no tardaría en establecerse en Copenhague, estaba compuesto por cuatro habitaciones, el despacho de Sommerfeld, una sala de conferencias, una habitación que servía de seminario y una pequeña librería. También había, en el sótano, un gran laboratorio en el que, en 1912, Max von Laue investigó y corroboró la teoría de que los rayos X eran ondas electromagnéticas de corta longitud de onda, lo que desencadenó el rápido reconocimiento de la importancia de la «guardería».

Sommerfeld era un profesor excepcional con un extraño talento natural para poner a prueba, sin desbordar, no obstante, las capacidades de sus discípulos. Y cuando llegó el momento de determinar el talento para la física del joven Pauli, Sommerfeld no tardó en reconocer que se hallaba ante una figura muy prometedora. Aunque no fuese una persona fácilmente impresionable, cuando en enero de 1919 se publicó un artículo sobre relatividad general que Pauli había escrito antes de abandonar Viena, Sommerfeld se dio cuenta de que, en su «guardería», se hallaba un estudiante de primer curso que, pese a no haber cumplido todavía los diecinueve años, era considerado por muchos como un auténtico experto en relatividad.

Pauli no tardó en ser conocido —y también temido— por su incisiva crítica de las ideas nuevas y especulativas. Hubo quienes, debido a sus inflexibles principios, acabaron llamándole «la conciencia de la física». Corpulento y con ojos saltones era, en todos los sentidos, el Buda de la física, aunque un buda con una lengua ciertamente bastante corrosiva. Cuando se ensimismaba en sus pensamientos, Pauli se mecía inconscientemente de un lado a otro. Era admirado por todo el mundo, y su comprensión intuitiva de la física no tenía parangón entre sus contemporáneos llegando incluso, en opinión de algunos, a superar al mismísimo Einstein. Lo cierto es que todavía era más estricto con su propia obra que con la de los demás. Su comprensión de la física y de sus problemas era tan completa que, en ocasiones, llegaba incluso a impedir el libre ejercicio de sus facultades creativas. A ello se debe que descubrimientos que perfectamente podría haber realizado si su imaginación e intuición hubiesen volado con mayor libertad se vieron, en realidad, llevados a cabo por colegas no tan perspicaces, aunque sí más espontáneos.

La única persona ante la que se mostraba inseguro era Sommerfeld. Aun cuando ya era un físico famoso, quienes habían sido blanco de sus invectivas se quedaban sorprendidos al ver a «la ira de Dios» respondiendo a su antiguo profesor con un escueto «*Ja, Herr Proffessor*» o «*Nein, Herr Professor*». Difícilmente reconocían en él al hombre que, en cierta ocasión, espetó a un colega: «No quiero decir que pienses lentamente, sino tan solo que publicas más deprisa de lo que piensas»,[10] o que, en otra ocasión concluyó, después de leer un artículo: «No es tan solo que no sea correcto, sino que ni siquiera llega a ser incorrecto».[11] Nadie se hallaba a salvo de sus ataques. «Verán, lo que ha dicho Mr. Einstein no es, en realidad tan estúpido», afirmó, en cierta ocasión, tras una conferencia que se celebró en una sala atestada, mientras todavía era estudiante.[12] Fue un comentario que Sommerfeld, sentado en la primera fila, no hubiese tolerado en sus otros estudiantes aunque ninguno de ellos se hubiese tampoco atrevido, a decir verdad, a pronunciarlo. Por lo que respecta a la evaluación de la física, Pauli se mostraba seguro de sí mismo y desinhibido, aun en presencia del mismo Einstein.

En un claro ejemplo de la alta consideración en la que le tenía, Sommerfeld solicitó a Pauli su colaboración para escribir un gran artículo sobre relatividad para la *Encyklopädie der Mathematischen Wissenschaffen*. Sommerfeld había aceptado la tarea de editar el primer volumen de la *Encyklopädie*, que trataba de física. Cuando Einstein declinó la invitación, Sommerfeld decidió escribir sobre la relatividad, pero descubrió que no tenía tiempo para ello. Y cuando se dio cuenta de que necesitaba ayuda, no dudó en buscarla en Pauli. No en vano, tras echar un vistazo al primer borrador, Sommerfeld concluyó: «Fue tal el dominio que advertí en su artículo que renuncié a toda colaboración».[13] No solo era una brillante exposición de las teorías especial y general de la relatividad, sino una revisión insuperable de toda la literatura existente al respecto. Ese artículo, que acabó viendo la luz en 1921, dos meses después de que Pauli se doctorase, siguió siendo, durante décadas, la obra definitiva sobre el tema y mereció una alabanza incondicional del mismo Einstein.

En su época de estudiante, Pauli prefería pasar las noches disfrutando de la vida nocturna de Múnich en un café u otro, y solo volvía a trabajar a su hospedaje a altas horas de la noche. Por eso solía saltarse las clases de la mañana y solo aparecía a mediodía. A pesar de ello, jamás se perdía las clases en las que Sommerfeld desvelaba los misterios de la física cuántica. «Yo tampoco me libré de la conmoción que los físicos acostumbrados al modo clásico de pensar experimentaban al conocer, por vez primera, el postulado básico de la teoría cuántica de Bohr», dijo Pauli, más de treinta años después.[14] Pero rápidamente lo superó apenas emprendió su tesis doctoral.

Sommerfeld había encomendado a Pauli la tarea de aplicar las reglas cuánticas de Bohr y sus propias modificaciones a la molécula de hidrógeno ionizado, en la que se ha arrancado un electrón a uno de los dos átomos de hidrógeno que configuran la molécula. Como era de esperar, el análisis de Pauli era teóricamente impecable, pero sus resultados no coincidían con los datos experimentales. Acostumbrado a ir de éxito en éxito, Pauli se vio desalentado por esa falta de congruencia entre la teoría y la experimentación. A pesar de ello, su tesis fue considerada como la evidencia más clara de que se habían alcanzado los límites externos del átomo cuántico de Bohr-Sommerfeld. El modo *ad hoc* en que la física cuántica se había articulado con la física clásica (es decir, su recurso a soluciones específicas para un problema concreto) resultaba bastante insatisfactorio y Pauli acababa de demostrar que el modelo de Bohr-Sommerfeld ni siquiera funcionaba con la molécula del hidrógeno ionizado. ¿Qué sucedería entonces con átomos más complejos? En octubre de 1921, Pauli abandonó Múnich y se encaminó, con el doctorado debajo del brazo, hacia Gotinga, para hacerse cargo del puesto de profesor adjunto de física teórica.

Max Born, de treinta y ocho años y figura clave en el futuro desarrollo de la física cuántica, había llegado a la pequeña ciudad universitaria de Frankfurt seis meses antes de que lo hiciera Pauli. Nacido en Breslavia, que por aquel entonces era la capital de la provincia prusiana de Silesia, se sentía más atraído por las matemáticas que por la física. Su padre, como el de Pauli, era un médico y académico muy culto. Profesor de embriología, Gustav Born aconsejó a su hijo, cuando se matriculó en la Universidad de Breslavia, no especializarse demasiado pronto. Consciente de sus obligaciones, Born solo se decidió por la astronomía y las matemáticas después de haber asistido a clases de física, química, zoología, filosofía y lógica. Sus estudios, que le hicieron desfilar un tiempo por las universidades de Heidelberg y Zúrich, concluyeron en 1906, cuando se doctoró en matemáticas en Gotinga.

Apenas terminó la carrera emprendió el año de servicio militar obligatorio que se vio obligado a abandonar debido al asma. Después de pasar seis meses en Cambridge como estudiante avanzado, donde asistió a las clases de J. J. Thomson, Born regresó a Breslavia dispuesto a llevar a cabo un trabajo experimental. Después, no obstante, de descubrir que carecía de la paciencia y las habilidades requeridas para ser un experimentador competente, Born regresó a la física teórica. En 1912 había hecho lo suficiente para convertirse en un *privatdozent* del renombrado Departamento de Matemáticas de Gotinga, donde creían que «la física es demasiado difícil para los físicos».[15]

El éxito de Born al enfrentarse a una serie de problemas sirviéndose del poder de técnicas matemáticas desconocidas para la mayoría de los físicos le llevó, en 1914, a obtener una cátedra extraordinaria en Berlín. Poco antes de estallar la guerra, otro recién llegado —Einstein— aterrizó en el epicentro de la ciencia alemana, y no tardaron los dos hombres, que compartían una profunda pasión por la música, en convertirse en grandes amigos. Cuando llegó la guerra, Born fue llamado a filas, y después de un tiempo como operador de radio en las fuerzas aéreas, pasó el resto de la guerra realizando investigación de artillería para la armada. Afortunadamente estacionado en las proximidades de Berlín, Born pudo asistir a seminarios de la universidad, encuentros de la Sociedad Física Alemana y veladas musicales en casa de Einstein.

Pasada la guerra, durante la primavera de 1919 Max von Laue, catedrático de Frankfurt, sugirió a Born un intercambio de puestos. Von Laue había ganado el Premio Nobel en 1914 por la teoría que explicaba la difracción de los rayos X debida a los cristales y quería trabajar con Planck, su antiguo supervisor y un científico al que adoraba. Born, alentado por Einstein para que «aceptase definitivamente», acabó accediendo, porque el intercambio implicaba el ascenso a una cátedra y el logro de la independencia.[16] Así fue como, antes de haber transcurrido un par de años, Born acabó desplazándose a Gotinga para dirigir el instituto de física teórica de la universidad. Pero por más que se limitase a una pequeña habitación, un asistente y una secretaria a tiempo parcial, Born estaba decidido a convertir ese humilde comienzo en un instituto que rivalizase con el de Sommerfeld en Múnich. Y en el primer lugar de su lista de prioridades se hallaba conseguir la colaboración de Pauli, a quien describió como «uno de los mayores talentos que, en los últimos años, han aparecido en el campo de la física».[17] No era, sin embargo, la primera vez que lo intentaba, pues en otra ocasión había fracasado al decidir Pauli quedarse en Múnich para concluir su doctorado, pero en esta consiguió a su hombre.

«W. Pauli es ahora mi asistente. Es una persona muy inteligente y capaz», escribió Born a Einstein.[18] Pero Born no tardó en descubrir que su ayudante tenía su propia manera de hacer las cosas. Pauli podía haber sido brillante, pero le gustaba trabajar por la noche y despertarse tarde. Y en aquellas ocasiones en las que Born no podía hacerse cargo de su clase de las once, solo podía asegurarse de que Pauli le reemplazaría enviando a la doncella para que le despertase a eso de las diez y media.

Desde el mismo comienzo estaba claro que Pauli solo era «ayudante» de un modo nominal. Born admitió posteriormente que, a pesar de su estilo bohemio y de su falta de puntualidad, aprendió más de ese «niño prodigio» de lo que fue capaz de enseñarle. Por ello se entristeció cuando, en abril de 1922, Pauli se marchó para convertirse en profesor adjunto de la Universidad de Hamburgo. Cambiar la vida tranquila de una pequeña ciudad por las bulliciosas noches de la gran ciudad no fue la única razón que explicó su decisión. Pauli confiaba mucho en su intuición física en su búsqueda de una respuesta lógicamente impecable cada vez que se enfrentaba a un problema físico, mientras que Born estaba mucho más predispuesto a buscar la respuesta en el ámbito de las matemáticas.

Dos meses después, en junio de 1922, Pauli regresó a Gotinga para asistir a la famosa serie de conferencias impartidas por Bohr y conoció al gran danés. Impresionado, Bohr preguntó a Pauli si podía ir a Copenhague durante un año como su ayudante para ayudarle a editar el trabajo que por aquel entonces estaba llevando a cabo y publicarlo en Alemania. Pauli se quedó estupefacto por la oferta. «Contesté con la certeza absoluta que solo puede mostrar un joven —dijo posteriormente, al respecto, Pauli—: "No creo que las exigencias científicas me causen muchos problemas, pero el aprendizaje de un idioma como el danés excede con mucho mis capacidades." Sin embargo, cuando, en otoño de 1922, llegué a Copenhague descubrí que ambas ideas estaban equivocadas».[19] Y también supuso, como reconoció posteriormente, el comienzo de una «nueva fase» de su vida.[20]

Además de ayudar a Bohr, Pauli llevó a cabo, en Copenhague, un serio esfuerzo por explicar el efecto Zeeman «anómalo», un rasgo del espectro atómico que el modelo Bohr-Sommerfeld no podía explicar. El hecho es que, cuando los átomos se ven expuestos a un fuerte campo magnético, el espectro atómico resultante contiene líneas que están divididas. Lorentz y otros pusieron rápidamente de relieve que la física clásica predecía la división de una línea en un doblete o un triplete, un fenómeno conocido como efecto Zeeman «normal», que el átomo de Bohr no podía explicar.[21] Afortunadamente, Sommerfeld llegó entonces al rescate con dos nuevos números cuánticos, y el átomo cuántico modificado de Bohr-Sommerfeld resolvió el problema. Esa versión incluía una serie de nuevas reglas que gobernaban el salto de los electrones de una órbita (o nivel de energía) a otra basadas en tres «números cuánticos», *n*, *k* y *m*, que describían el tamaño de la órbita, la forma de la órbita y la dirección de desplazamiento de la órbita.

Pero las celebraciones fueron efímeras cuando se descubrió que la división de la línea alfa roja del espectro de hidrógeno era más pequeña de lo esperado. Y la situación empeoró con la confirmación de que algunas líneas espectrales no se dividen en dobletes o tripletes, sino en cuartetos o incluso más.

Aunque llamado efecto Zeeman «anómalo» debido a que las líneas extra no podían ser explicadas utilizando las teorías de la física clásica o de la física cuántica al uso, era, de hecho, mucho más frecuente que el efecto Zeeman considerado «normal». Para Pauli se trataba de un claro reflejo del «fracaso profundamente asentado de los principios teóricos conocidos hasta ahora».[22] Dispuesto a rectificar ese lamentable estado de las cosas, Pauli no pudo encontrar una explicación. «Hasta ahora no he conseguido llegar a buen puerto», escribió a Sommerfeld en junio de 1923.[23] Consumido por el problema, Pauli acabó admitiendo que, durante todo ese tiempo, estuvo desesperado.

Un buen día, un físico del instituto se cruzó con él mientras paseaba por las calles de Copenhague. «Pareces muy infeliz», le dijo su colega. Y Pauli, girándose, le respondió: «¿Cómo puede uno parecer feliz cuando está pensando en el efecto Zeeman anómalo?».[24] El uso de reglas *ad hoc* para describir la estructura compleja del espectro atómico resultaba demasiado para Pauli. Él quería una explicación mucho más profunda y fundamental del fenómeno. Parte del problema se derivaba, en su opinión, de los supuestos implicados en la visión que Bohr tenía de la tabla periódica. ¿Describía realmente la disposición correcta de los electrones dentro de los átomos?

En 1922 se creía que los electrones del modelo de Bohr-Sommerfeld se desplazaban en «capas» tridimensionales. No se trataba tanto de capas físicas como de niveles de energía en torno a los cuales parecían agruparse los electrones dentro de los átomos. Una pista esencial para ayudar a Bohr a construir este nuevo modelo de capas de electrones fue la estabilidad de los llamados gases nobles, es decir, del helio, el neón, el argón, el criptón, el xenón y el radón.[25] Con números atómicos de 2, 10, 18, 36, 54 y 86, la relativamente elevada energía necesaria para ionizar cualquier átomo de gas noble (es decir, para arrancar un electrón y convertirlo, de ese modo, en un ion positivo) y su resistencia a combinarse químicamente con otros átomos para formar compuestos, sugerían que la configuración electrónica de esos átomos era extraordinariamente estable y se hallaba compuesta por «capas cerradas».

Las propiedades químicas de los gases nobles estaban en marcado contraste con los elementos que les precedían en la tabla periódica: el hidrógeno y los halógenos, es decir, el flúor, el cloro, el bromo, el yodo y el ástato. Con números atómicos 1, 9, 17, 35, 53 y 85, todos esos elementos forman compuestos con relativa facilidad. A diferencia de los gases nobles químicamente inertes, el hidrógeno y los halógenos se unen con otros átomos porque, en el proceso, recuperan un electrón y, de ese modo, llenan el hueco vacante en la capa electrónica más externa. De esta forma, el ion negativo resultante presenta un conjunto completo o «cerrado» y adquiere la configuración electrónica sumamente estable de un átomo de gas noble. De manera parecida, los átomos del grupo alcalino (es decir, litio, sodio, potasio, rubidio, cesio y francio) pierden rápidamente un electrón y forman compuestos y se convierten en iones positivos que presentan la distribución electrónica de los gases nobles.

Las propiedades químicas de estos tres grupos de elementos forman parte de las pruebas que llevaron a Bohr a esbozar la hipótesis de que el átomo de los diferentes elementos de una fila de la tabla periódica se construye a partir del elemento anterior mediante la adición de un electrón a su capa más externa. Cada fila concluye, de este modo, con un gas noble en el que la capa más externa está completa. Puesto que solo los electrones que se hallan fuera de las capas cerradas, es decir, los llamados electrones de valencia, participan en las reacciones químicas, los átomos que poseen el mismo número de electrones de valencia presentan propiedades químicas semejantes y ocupan, en la tabla periódica, la misma columna. Los halógenos presentan siete electrones en la capa más externa, necesitando tan solo un electrón más para completarla y adquirir así la configuración electrónica de un gas noble, mientras que los álcalis, por su parte, tienen un electrón de valencia.

Estas fueron las ideas que Pauli escuchó durante las conferencias pronunciadas por Bohr en Gotinga en junio de 1922.

Sommerfeld había dado la bienvenida al modelo de capas como «el mayor avance en la estructura atómica desde 1913».[26] Si se pudieran reconstruir matemáticamente los números 2, 8, 18... de los elementos que componen las distintas filas de la tabla periódica, dijo Sommerfeld a Bohr, «se cumplirían las esperanzas más osadas de la física».[27] Pero no había, a decir verdad, razonamiento matemático alguno que respaldase el nuevo modelo de capas electrónicas. Aun el mismo Rutherford dijo a Bohr que estaba esforzándose en «formarse una idea del modo en que ha llegado usted a esas conclusiones».[28] Pero las ideas de Bohr, no obstante, debían ser tomadas muy en serio, especialmente después de la corroboración de su pronóstico, durante la conferencia de recepción del Premio Nobel en diciembre de 1922, de que el elemento desconocido de número atómico 72, posteriormente llamado hafnio, no pertenecía al grupo de las llamadas «tierras raras». Sin embargo, no había principio organizador ni criterio alguno detrás del modelo de capas de Bohr. Fue una ingeniosa improvisación basada en un conjunto de datos físicos y químicos que podían explicar parcialmente las propiedades químicas de los distintos agrupamientos de elementos de la tabla periódica que culminó en el hafnio.

Mientras seguía preocupado por el efecto Zeeman anómalo y las deficiencias del modelo de capas electrónicas, el tiempo de Pauli en Copenhague tocaba a su fin. En septiembre de 1923 regresó a Hamburgo donde, al año siguiente, fue ascendido de profesor adjunto a *privatdozent*. Pero, con Copenhague a un corto viaje de tren y un transbordador que atravesaba el mar Báltico, Pauli siguió visitando regularmente el instituto. Finalmente concluyó que el modelo de Bohr solo podía funcionar si había una restricción en el número de electrones que ocupaban cada capa. De otro modo, en contradicción con resultados del espectro atómico, no parecía haber nada que impidiese que todos los electrones de un átomo ocupasen el mismo estado estacionario, es decir, el mismo nivel de energía. A finales de 1924, Pauli descubrió la regla de organización fundamental, el llamado «principio de exclusión», que proporcionó la justificación teórica de la que carecía el modelo atómico de capas de electrones empíricamente diseñado por Bohr.

Pauli se inspiró en la obra de Edmund Stoner, estudiante de posgrado de Cambridge de treinta y cinco años. Stoner todavía estaba trabajando en su doctorado con Rutherford cuando, en octubre de 1924, el *Philosophical Magazine* publicó su artículo, titulado «La distribución de los electrones entre los niveles atómicos». En él, Stoner afirmaba que el electrón de la capa exterior o electrón de valencia del átomo de un álcali posee tantos estados energéticos entre los que elegir como electrones de la última capa cerrada del primer gas noble inerte que le sigue en la tabla periódica. El electrón de valencia del litio, por ejemplo, puede ocupar cualquiera de entre ocho posibles estados energéticos, exactamente el número de electrones de la correspondiente capa cerrada del gas neón. La idea de Stoner implicaba que un determinado número cuántico principal n se corresponde con la capa del electrón de Bohr que puede estar completamente llena o «cerrada» cuando el número de electrones que contiene duplica su número de posibles estados energéticos.

Si a cada electrón de un átomo le asignamos los números cuánticos n, k, m y cada conjunto único de números se refiere a una órbita electrónica o nivel de energía diferente, el número de posibles estados de energía para, pongamos por caso, $n = 1$, 2 y 3 serán, según Stoner, 2, 8 y 18. Para la primera capa $n = 1$, $k = 1$ y $m = 0$. Esos son los únicos valores posibles que pueden tener los tres números cuánticos, que caracterizan el estado de energía (1,1,0). Según Stoner, sin embargo, la primera capa está completa cuando contiene 2 electrones, es decir, el doble del número de estados energéticos disponibles. Para $n = 2$, $k = 1$ y $m = 0$, o $k = 2$ y $m = -1,0,1$. En esta segunda capa, pues, hay cuatro posibles conjuntos de números cuánticos que pueden asignarse a la valencia del electrón y al estado energético que puede ocupar: (2,1,0), (2,2–1), (2,2,0) y (2,2,1). 8 son, por consiguiente, los electrones que, cuando está completa, pueden ocupar la capa $n = 2$. La tercera capa, $n = 3$, tiene 9 posibles estados electrónicos de energía: (3,1,0), (3,2,–1), (3,2,0), (3,2,1), (3,3,–2), (3,3,–1), (3,3,0), (3,3,1) y (3,3,2).[29] Según, pues, la regla de Stoner, la capa $n = 3$ puede contener un máximo de 18 electrones.

Aunque Pauli había echado un vistazo al número de octubre del *Philosophical Magazine*, no había prestado la suficiente atención al artículo de Stoner. Por eso, aun sin mostrar especiales habilidades atléticas, Pauli fue corriendo a la biblioteca para leerlo apenas se enteró de que, en el prefacio de la cuarta edición de su manual *Atomic Structure and Spectral Lines*, Sommerfeld mencionaba su artículo.[30] Pauli comprendió que, para un determinado valor de n, el número de estados energéticos disponibles (N) del átomo que un electrón puede ocupar es equivalente a todos los posibles valores que pueden asumir los números cuánticos k y m y es igual a $2n^2$. La regla de Stoner transmitía la serie correcta de números 2, 8, 18, 32... de los elementos que componen las filas de la tabla periódica. Pero ¿por qué era el número de electrones de una capa cerrada dos veces el valor de N o n^2? Pauli descubrió que la respuesta era un cuarto número cuántico que debía ser asignado a los electrones en los átomos.

A diferencia de los otros números n, k y m, el nuevo número de Pauli solo podía asumir un par de valores, razón por la cual le llamó *Zweideutigkeit*, que significa «duplicidad». Era esa «duplicidad» la que duplicaba el número de estados de electrones. Así que, donde antes solo había un estado energético con un conjunto único de tres números cuánticos n, k y m, ahora había dos estados de energía, n, k, m, A y n, k, m, B. Estos estados extra explicaban la enigmática división de las líneas espectrales del efecto Zeeman anómalo. Entonces fue cuando el cuarto número cuántico de la «duplicidad» condujo a Pauli a formular el principio de exclusión, uno de los grandes mandamientos de la naturaleza, según el cual, no puede haber, en un átomo, dos electrones que posean el mismo conjunto de cuatro números cuánticos.

Las propiedades químicas de un elemento no están determinadas por el número total de electrones de su átomo, sino tan solo por la distribución de sus electrones de valencia. Si todos los electrones de un átomo ocupasen el nivel energéticamente inferior, todos los elementos poseerían las mismas propiedades químicas.

Era el principio de exclusión de Pauli el que determinaba la ocupación de las capas electrónicas en el nuevo modelo atómico de Bohr e impedía que todos se agrupasen en el inferior. De este modo, el principio de exclusión proporcionaba la explicación subyacente para la disposición de los elementos de la tabla periódica y el cierre de las capas de los gases raros químicamente inertes. A pesar, no obstante, de esos éxitos, Pauli admitió, en su artículo titulado «Sobre la conexión entre el cierre de los grupos de electrones en los átomos y la estructura compleja del espectro», publicado el 21 de marzo de 1925 en *Zeitschrift für Physik*, que: «No podemos dar una razón más precisa para esta regla».[31]

Pero todavía seguía siendo un misterio por qué son necesarios, para especificar la posición de los electrones en un átomo, cuatro números cuánticos y no tres. Desde el trabajo original de Bohr y Sommerfeld se había aceptado que el electrón que se mueve en torno a un núcleo lo hace en tres dimensiones, razón por la cual su descripción debería requerir tres números cuánticos. ¿Cuál es, pues, el fundamento físico del cuarto número cuántico de Pauli?

A finales del verano de 1925, dos estudiantes de posgrado neerlandeses, Samuel Goudsmit y George Uhlenbeck, se dieron cuenta de que la «duplicidad» propuesta por Pauli no se limitaba a otro número cuántico más. A diferencia de los tres números cuánticos existentes n, k y m, que especificaban el momento angular del electrón dentro de su órbita, la forma de esa órbita y su orientación especial, respectivamente, la «duplicidad» era una propiedad intrínseca del electrón a la que Goudsmit y Uhlenbeck denominaron «espín».[32] Esa elección de nombre resultó, no obstante, desafortunada, porque evocaba imágenes de objetos girando. El «espín» del electrón era un concepto estrictamente cuántico que resolvía algunos de los problemas que seguían asediando a la teoría de una estructura atómica, al tiempo que proporcionaba una clara justificación física del principio de exclusión.

George Uhlenbeck, de veinticuatro años, acababa de pasar una temporada en Roma como tutor privado del hijo del embajador neerlandés. Ese era un trabajo que había conseguido en septiembre de 1922, después de lograr el equivalente al título de bachiller en física de la Universidad de Leiden. Y como no quería ser una carga económica para sus padres, esa fue una oportunidad perfecta para lograr, mientras seguía trabajando en su máster, cierta autosuficiencia. Sin necesidad de asistir formalmente a clase, aprendió de los libros más de lo que necesitaba y solo tuvo que regresar a la universidad ese verano. Sin saber si proseguir sus estudios de doctorado, Uhlenbeck fue a Leiden a visitar a Paul Ehrenfest, que había sucedido a Hendrik Lorentz, en 1912, como profesor de física, después de que en junio de 1925 Einstein eligiera Zúrich.

Ehrenfest, nacido en Viena en 1880, había sido discípulo del gran Boltzmann. Junto con su esposa rusa Tatiana, que era matemática, Ehrenfest había elaborado una serie de importantes artículos sobre mecánica estadística que le permitieron sobrevivir como físico en Viena, Gotinga y San Petersburgo. Después de pasar veinte años como sucesor de Lorentz, Ehrenfest estableció en Leiden un centro de física teórica que acabó convirtiéndole en una de las figuras más respetadas del campo. Era más conocido por su capacidad para aclarar cuestiones difíciles de la física que por cualquier teoría propia. Su amigo Einstein posteriormente lo describió como «el mejor maestro de nuestra profesión», una persona «apasionadamente preocupada por el desarrollo y el destino del ser humano, sobre todo de sus discípulos».[33] Fue la preocupación por sus alumnos la que llevó a Ehrenfest a ofrecer al vacilante Uhlenbeck un puesto de un par de años como profesor asistente, mientras trataba de conseguir un doctorado, una oferta que demostró ser irresistible. Y Ehrenfest, que siempre que era posible se aseguraba de que sus físicos trabajasen en pareja, le presentó a otro estudiante graduado, Samuel Goudsmit.

Un año y medio más joven que Uhlenbeck, Goudsmit había publicado varios artículos sobre el espectro atómico que habían tenido una buena acogida. Había llegado a Leiden en 1919 poco después de Uhlenbeck, que calificó el primer artículo de Goudsmit, de tan solo dieciocho años, como «el más presuntuoso, aunque también el más acreditado, despliegue de confianza en uno mismo que jamás haya presenciado».[34] Dadas sus dudas, un colaborador inteligente y más joven podría haber intimidado a otros, pero no a Uhlenbeck. «La física —dijo Goudsmit, cerca ya del final de su vida— no era una profesión, sino una vocación, tan creativa como la poesía, la composición musical o la pintura».[35] Sin embargo, él había elegido sencillamente la física porque, en la escuela, disfrutaba de la ciencia de las matemáticas. Fue Ehrenfest quien despertó en el adolescente una auténtica pasión por la física al asignarle tareas destinadas a analizar y descubrir el orden en la estructura detallada del espectro atómico. Y aunque ciertamente no era el más estudioso, Goudsmit poseía una misteriosa y extraordinaria habilidad para dar sentido a los datos empíricos.

Cuando Uhlenbeck regresó a Leiden después de la temporada pasada en Roma, Goudsmit iba tres días por semana a Ámsterdam a trabajar en el laboratorio de espectroscopia de Pieter Zeeman. «El problema es que no sé qué preguntarle, porque usted solo sabe de líneas espectrales», se quejaba Ehrenfest a Goudsmit, cuando se acercó a hacerle un examen que llevaba postergando desde hacía mucho tiempo.[36] A pesar de su preocupación por el efecto negativo que su desproporcionado interés en la espectroscopia pudiese tener en su desarrollo completo como físico, Ehrenfest pidió a Goudsmit que enseñase a Uhlenbeck la teoría del espectro atómico. Después de que Uhlenbeck le pusiera al tanto de los últimos descubrimientos, Ehrenfest les encomendó la tarea de trabajar con los dobletes de los metales alcalinos (es decir, con la división de las líneas espectrales debida a un campo magnético externo). «Él no sabía nada y no dejaba de preguntar cosas que yo jamás pregunté», dijo Goudsmit.[37] Sean cuales fueren, no obstante, sus limitaciones, Uhlenbeck tenía un conocimiento completo de la física clásica que le llevó a esbozar cuestiones inteligentes que cuestionaban la comprensión de Goudsmit. Fue una decisión afortunada de Ehrenfest que garantizó que cada uno aprendiese del otro.

Durante el verano de 1925, Goudsmit enseñó a Uhlenbeck todo lo que sabía sobre líneas espectrales. Un buen día hablaron del principio de exclusión que, para Goudsmit, no era más que otra regla *ad hoc* que aportaba un poco de orden a la confusa mezcla del espectro atómico. Sin embargo, a Uhlenbeck se le ocurrió de inmediato una idea que Pauli ya había desdeñado. Un electrón puede moverse hacia arriba y hacia abajo, hacia delante y hacia atrás y hacia un lado y hacia el otro, posibilidades que los físicos denominan «grado de libertad». Dado que cada número cuántico se corresponde con un grado de libertad del electrón, Uhlenbeck creía que el nuevo número cuántico de Pauli debía referirse a un grado adicional de libertad del electrón relativo, en su opinión, a la rotación del electrón. En la física clásica, sin embargo, el espín es un movimiento rotacional en tres dimensiones. Por eso, si el electrón gira del mismo modo en que la Tierra lo hace en torno a su eje, no hay necesidad de un cuarto número. Pero Pauli sostenía la opinión de que este nuevo número cuántico se refería a algo «que no podía ser descrito desde el punto de vista clásico».[38]

En la física clásica, el momento angular, es decir, el espín cotidiano, puede moverse en cualquier dirección. Lo que Uhlenbeck estaba proponiendo era el espín cuántico, es decir, el espín de «doble valor», espín hacia arriba o espín hacia abajo, e imaginaba a estos dos posibles estados del espín como un electrón que, mientras se desplaza en torno al núcleo atómico, también rota sobre un eje vertical en el sentido de las agujas del reloj o en sentido contrario al de las agujas del reloj. Y, en la medida en que lo hace, el electrón puede generar su propio campo magnético y actuar como una especie de barra imantada subatómica. El electrón puede alinearse en la misma dirección que un campo magnético externo o en la dirección opuesta. Inicialmente se creía que cualquier órbita electrónica solo podía contener un par de electrones, uno con espín «hacia arriba» y el otro con espín «hacia abajo». Sin embargo, las dos direcciones espín poseen energías muy similares, aunque no idénticas, lo que genera dos niveles energéticos ligeramente diferentes que dan lugar a los dobletes (dos líneas muy próximas en el espectro en lugar de una) que se hallan presentes en el grupo de los álcalis.

Uhlenbeck y Goudsmit mostraron que el espín del electrón puede ser más o menos ½, valores que satisfacen la restricción de Pauli del cuarto número cuántico de la «duplicidad».[39]

A mediados de octubre, Uhlenbeck y Goudsmit habían escrito un artículo de una página que mostraron a Ehrenfest. Entonces él sugirió la posibilidad de invertir el orden alfabético normal del nombre de los autores. Y es que, puesto que Goudsmit ya había publicado varios artículos sobre el espectro atómico que habían sido bien recibidos, a Ehrenfest le preocupaba que los lectores pudiesen pensar que Uhlenbeck era el joven, algo con lo que Goudsmit estuvo de acuerdo, porque «fue Uhlenbeck quien había pensado en el espín».[40] En lo que se refiere, sin embargo, a la validez del concepto, Ehrenfest no estaba muy seguro, razón por la cual escribió a Lorentz solicitándole «su opinión y consejo sobre una idea muy ingeniosa».[41]

Aunque Lorentz tenía setenta y dos años, estaba retirado y vivía en Haarlem, todavía viajaba a Leiden una vez por semana para enseñar. Uhlenbeck y Goudsmit se encontraron con él un lunes por la mañana después de su clase. «Lorentz no se mostró desalentador —dijo, al respecto, Uhlenbeck—, sino tan solo se mostró un poco reticente, dijo que era interesante y que pensaría al respecto».[42] Una o dos semanas más tarde, Uhlenbeck regresó para recibir el veredicto de Lorentz, quien le entregó un montón de documentos llenos de cálculos que apoyaban una objeción a la noción misma de espín. Un punto sobre la superficie de un electrón girando, señalaba Lorentz, podía moverse más deprisa que la velocidad de la luz —algo prohibido por la teoría especial de la relatividad de Einstein—. Entonces descubrió la existencia de otro problema. La separación de los dobletes espectrales característicos de los álcalis pronosticados empleando el espín electrónico resultó ser el doble del valor medido. Cuando Uhlenbeck le pidió a Ehrenfest que no enviase el artículo a una revista, era ya demasiado tarde. «Son ustedes lo suficientemente jóvenes como para cometer una estupidez», le aseguró entonces Ehrenfest.[43]

Cuando, el 20 de noviembre, el artículo vio la luz, Bohr se mostró muy escéptico. Al mes siguiente, Bohr viajó a Leiden para participar en las celebraciones que jalonaban el quincuagésimo aniversario del doctorado de Lorentz. Cuando su tren llegó a Hamburgo, Pauli estaba esperándole en el andén para preguntarle lo que pensaba acerca del espín de los electrones. «Me parece un concepto "muy interesante", dijo entonces Bohr, un comentario muy manido que significaba que, en su opinión, estaba equivocado. ¿Cómo, se preguntaba, podía un electrón, moviéndose dentro del campo eléctrico de un núcleo cargado positivamente, experimentar el campo magnético necesario para producir la estructura fina? Cuando el tren llegó a la estación de Leiden, dos hombres impacientes por conocer su opinión sobre el espín esperaban a Bohr, Einstein y Ehrenfest.

Bohr subrayó su objeción sobre el campo magnético y se sorprendió cuando Ehrenfest le dijo que Einstein ya había resuelto ese problema invocando a la relatividad. Y esa explicación, como Bohr admitió posteriormente, era «toda una revelación». Ahora estaba seguro de que cualquier problema pendiente sobre el espín del electrón acabaría, más pronto o más tarde, resolviéndose. La objeción de Lorentz estaba basada en la física clásica, de la que él era un maestro. Pero el espín del electrón era, por su parte, un concepto cuántico. Así pues, este problema concreto no era tan serio como inicialmente parecía. El físico británico Llewellyn Thomas resolvió el segundo mostrando que un error en el cálculo del movimiento relativo del electrón en su desplazamiento en torno al núcleo era el responsable del factor extra de dos en la separación del doblete de las líneas espectrales. «Nunca, desde entonces, he estado más seguro de que nuestros problemas están a punto de concluir», afirmó Bohr, en marzo de 1926.[44]

Durante su viaje de regreso, Bohr se encontró con más físicos ansiosos por conocer su opinión sobre el espín cuántico. Cuando el tren se detuvo en la estación de Gotinga estaban esperándole Pascual Jordan y Werner Heisenberg, quien pocos meses antes había concluido su estancia en Copenhague como asistente de Bohr. El concepto de espín del electrón, según les dijo, suponía un gran avance. Luego viajaron a Berlín para asistir a la celebración del vigésimo quinto aniversario de la famosa conferencia de Planck a la Sociedad Alemana de Física en diciembre de 1900, fecha oficial del nacimiento de los cuantos. Pauli le esperaba en la estación, después de viajar desde Hamburgo, para hablar de nuevo del tema con el danés. Como suponía, Bohr había cambiado de opinión y se había convertido en un profeta del espín del electrón. Imperturbable ante las tentativas iniciales de conversión, Pauli calificó al espín cuántico como «una nueva herejía de Copenhague».[45]

Un año antes, Pauli había desdeñado la idea del espín del electrón cuando se lo propuso Ralph Kronig, un germano-estadounidense de veintiún años. Después de un periplo de un par de años en torno a algunos centros líderes europeos de física después de doctorarse en la Universidad de Columbia, Kronig llegó a Tubinga el 9 de enero de 1925, antes de pasar los siguientes diez meses en el Instituto de Bohr. Interesado en el efecto Zeeman anómalo, Kronig se sintió muy emocionado cuando su anfitrión, Alfred Landé, le dijo que, al día siguiente, esperaban la llegada de Pauli. Entonces habló con Landé acerca del principio de exclusión antes de enviar su artículo para que fuese publicado. Dado que había estudiado con Sommerfeld y trabajado posteriormente como ayudante de Born en Frankfurt, Pauli valoraba muy positivamente a Landé. En esa ocasión, Landé le mostró a Kronig una carta que el mes de noviembre anterior Pauli le había escrito.

Fueron miles las cartas que, en el curso de su vida, escribió Pauli. La importancia de esas cartas aumentó en la misma medida en que lo hacía su reputación y el número de corresponsales, hasta el punto de que iban de mano en mano y eran objeto de atento estudio. Para Bohr, que veía más allá de su sarcasmo, recibir una carta de Pauli era todo un acontecimiento. Solía guardarla en el bolsillo de la chaqueta y llevarla consigo varios días, mostrándosela a cualquiera que estuviese remotamente interesado en algún problema o idea que Pauli estuviera diseccionando. Con el supuesto de estar esbozando una respuesta, Bohr llevaba a cabo un diálogo imaginario como si Pauli estuviera sentado frente a él fumando su pipa. «Probablemente todos temamos a Pauli, pero no tanto como para no admitirlo», bromeó, al respecto, en cierta ocasión.[46]

Kronig comentó posteriormente que cuando leyó la carta que Pauli había escrito a Landé, «su curiosidad se despertó».[47] Pauli había subrayado la necesidad de etiquetar cada electrón del átomo con un conjunto único de cuatro números cuánticos y sus consecuencias. Inmediatamente, Kronig empezó a pensar en la posible interpretación física de los cuatro números cuánticos y llegó a la idea de un electrón girando sobre su eje. Aunque se dio rápidamente cuenta de las dificultades asociadas a ese concepto, le pareció una «idea fascinante» y se pasó el resto del día desarrollando la teoría y buscando una justificación matemática.[48] Entonces trabajó en muchas cosas que Uhlenbeck y Goudsmit anunciarían en noviembre. Cuando explicó sus descubrimientos a Landé, ambos esperaron impacientes la llegada de Pauli para recibir su sello de aprobación. Kronig se quedó estupefacto cuando Pauli ridiculizó la noción de espín del electrón, diciendo: «Me parece una idea muy inteligente, pero la naturaleza no funciona así».[49] Tan rotundo había sido el rechazo de Pauli que Landé trató de suavizar el golpe: «Sí, si Pauli lo dice, así debe ser».[50] Decepcionado, Kronig acabó renunciando a la idea.

Incapaz de contener su rabia cuando, finalmente, acabó abrazándose la idea del espín del electrón, Kronig escribió, en marzo de 1926, a Hendrik Kramers, asistente de Bohr. En esa carta recordaba a Kramers que él había sido el primero en sugerir la idea del espín del electrón y que la actitud burlona de Pauli le había disuadido de publicarla. «En el futuro —se lamentaba— confiaré más en mi propio juicio y menos en el de los demás».[51] Fue, según dijo, una amarga lección que aprendió demasiado tarde. Molesto por la carta de Kronig, Kramers se la mostró a Bohr. Recordando el modo en que había desdeñado la idea del espín del electrón cuando Kronig se la propuso durante su estancia en Copenhague, Bohr le escribió expresándole su «consternación y profundo arrepentimiento».[52] «No habría mencionado esta cuestión si no fuese para lanzar una pulla en contra de los físicos de la variedad sermoneadora, siempre tan condenadamente inflados y seguros de sí mismos y de la corrección de sus opiniones», replicó Kronig.[53]

Pese a sentir que le habían robado, Kronig era lo suficientemente sensible como para pedirle a Bohr que no mencionase la cuestión en público, porque estaba seguro de que «a Goudsmit y Uhlenbeck no les gustaría» y de que ellos no tenían la menor culpa.[54] Pero Goudsmit y Uhlenbeck acabaron enterándose de lo que había ocurrido, y este último reconoció luego abiertamente que él y Goudsmit «no habían sido los primeros en proponer la rotación cuántica del electrón y que, a pesar de haber anticipado, durante la primavera de 1925, la parte más importante de nuestras ideas, Ralph Kronig se sintió desalentado por Pauli y no publicó sus resultados».[55] Esta es una evidencia clara, dijo cierto físico a Goudsmit, «de que la infalibilidad de Dios no se extiende a su vicario en la Tierra».[56]

En privado, Bohr creía que Kronig «había sido un tonto»,[57] porque si realmente estaba convencido de la corrección de su idea, debería haberla publicado independientemente de lo que otros pensaran. «Publica o perece» es una regla que no debe ser olvidada en el ámbito de la ciencia. Y es muy probable que, en el fondo de su corazón, Kronig llegase a una conclusión semejante. A finales de 1927, sin embargo, su enfado inicial con Pauli por la decepción de soslayar la idea del espín electrón ya se había disipado. Con solo veintiocho años, Pauli fue nombrado profesor de física teórica del ETH de Zúrich y le pidió a Kronig que, a la sazón estaba, una vez más, pasando una temporada en Copenhague, se convirtiera en su asistente. «Cada vez que digo algo, me contradice con argumentos muy detallados», escribió Pauli a Kronig después de que aceptara la oferta.[58]

En marzo de 1926, los problemas que habían llevado a Pauli a rechazar la idea del espín del electrón se habían resuelto. «Ahora ya solo me queda *rendirme*», escribió a Bohr.[59] Años más tarde, la mayoría de los físicos creían que Goudsmit y Uhlenbeck habían recibido el Premio Nobel; después de todo, el espín del electrón había sido una de las ideas más originales de los físicos del siglo XX, un concepto cuántico completamente nuevo. Pero el *affaire* Pauli-Kronig llevó al comité del Nobel a negarse a concederles el prestigioso galardón. Pauli, por su parte, siempre se sintió culpable de haber desalentado a Kronig. Lo mismo sucedió cuando se le concedió, en 1945, el Premio Nobel por el descubrimiento del principio de exclusión, que también se les negó a los neerlandeses. «¡Qué estúpido fui en mi juventud!», señaló posteriormente a ese respecto.[60]

El 7 de julio de 1927, Uhlenbeck y Goudsmit recibieron sus doctorados con una hora de diferencia. Así lo había dispuesto, soslayando toda convención, el siempre atento Ehrenfest. Y también él se encargó de conseguirles trabajo en la Universidad de Michigan. Con pocas perspectivas laborales a la vista, Goudsmit dijo, hacia el final de su vida, que el puesto de trabajo en Estados Unidos «fue, para mí, una recompensa mucho más importante que el Premio Nobel».[61]

Goudsmit y Uhlenbeck proporcionaron la primera muestra concreta de que la teoría cuántica había llegado ya a los límites de su aplicabilidad. Ya no era posible seguir utilizando la física clásica como punto de partida para «cuantizar» un aspecto de la física, porque el concepto de espín del electrón carecía de correlato en el campo de la física clásica. Los descubrimientos realizados por Pauli y los doctores neerlandeses del espín pusieron fin a los logros de la «vieja teoría cuántica». La sensación de crisis parecía expandirse por doquier. El estado de la física «era, desde el punto de vista metodológico, una deplorable combinación de hipótesis, principios, teoremas y recetas operativas que distaba mucho de configurar una teoría lógica y coherente».[62] El progreso se basaba más en intuiciones y conjeturas ingeniosas que en el razonamiento estrictamente científico.

«La física actual está nuevamente hecha un lío. En cualquiera de los casos es, para mí, demasiado complicada y preferiría ser un comediante o alguien que jamás hubiera oído hablar de física», dijo Pauli, en mayo de 1925, seis meses después de haber descubierto el principio de exclusión.[63] «Ahora solo espero que Bohr nos salve con una nueva idea. Y le ruego que lo haga con urgencia, al tiempo que le transmito mi agradecimiento y le doy las gracias por la amabilidad y paciencia que me ha demostrado».[64] Esa primavera parecía que solo un mago cuántico podría conjurar el anhelo de una «nueva» teoría cuántica, la mecánica cuántica.

8
EL MAGO CUÁNTICO

«Una reinterpretación cuántica de la cinemática y de las relaciones mecánicas» fue el título del artículo que todo el mundo estaba esperando y que algunos hubiesen querido escribir. El editor del *Zeitschrift für Physik* lo recibió el 29 de julio de 1925, y en el preámbulo que los científicos denominan *abstract*, su autor resumía claramente el objetivo de su ambicioso plan con las siguientes palabras: «Asentar los cimientos de una mecánica cuántica teórica exclusivamente basada en las relaciones entre cantidades que, en principio, resultan observables». Quince páginas después, Werner Heisenberg había logrado ese objetivo, estableciendo los fundamentos de la física del futuro. ¿Quién era este joven prodigio alemán y cómo había conseguido aquello en lo que tantos otros habían fracasado?

Werner Karl Heisenberg nació el 5 de diciembre de 1901 en Wurzburgo (Alemania). Cuando tenía ocho años, su padre fue nombrado profesor de la única cátedra de filología bizantina de la Universidad de Múnich, razón por la cual la familia se mudó a la capital bávara. Entonces fue cuando Werner y su hermano Erwin, un par de años mayor que él, pasaron a vivir a un espacioso apartamento del barrio residencial de moda de Schwabing, ubicado en las afueras, al norte de la ciudad. Ambos asistieron al prestigioso Maximilians Gymnasium, en el que, cuarenta años antes, había estudiado también Max Planck y que ahora era dirigido por su abuelo. Pero si el personal creía que debían tratar con más indulgencia a los nietos del director que al resto de los alumnos, no tardaron en darse cuenta de que estaban muy equivocados. «Tiene una gran facilidad para reconocer lo esencial y nunca se pierde en detalles —afirmó el maestro de Werner, durante su primer año de escuela—. Sus procesos de pensamiento en gramática y matemáticas son rápidos y no suele cometer errores».[1]

Su padre August diseñaba todo tipo de juegos intelectuales para sus dos hijos, centrados fundamentalmente en las matemáticas y en la solución de problemas. Esos juegos pusieron claramente de manifiesto la inclinación de Werner hacia las matemáticas. A los doce años empezó a interesarse por el cálculo y le pidió a su padre que le consiguiera libros de matemáticas de la librería de la universidad. Considerando que se trataba de una oportunidad para aumentar la comprensión del lenguaje de su hijo, empezó a traerle libros escritos en griego y latín. Ese fue el origen de la fascinación con la que, a partir de entonces, Werner contempló la obra de los filósofos griegos. Pero no tardó en llegar la Primera Guerra Mundial y, con ella, el final del mundo cómodo y seguro que hasta entonces había configurado el entorno en el que Heisenberg se había movido.

El final de la guerra trajo, en su despertar político y económico, el caos a toda Alemania, pero fue en Baviera, en general, y en Múnich, en particular, donde se experimentó con más intensidad. El 7 de abril de 1919, socialistas radicales declararon a Baviera «república soviética». Y mientras se esperaba la llegada de tropas enviadas desde Berlín para restaurar el Gobierno depuesto, los oponentes a los insurrectos se organizaron en grupos paramilitares. Heisenberg y algunos amigos se unieron a uno de esos grupos, aunque sus obligaciones se limitaron a hacer recados y redactar informes. «Nuestra aventura concluyó a las pocas semanas —recordó Heisenberg posteriormente—, cuando desapareció el ruido de los tiros y se restableció la rutina del servicio militar».[2] El saldo dejado en la primera semana de mayo de la «República Soviética de Baviera» fue de unos mil muertos.

La dura realidad de la posguerra llevó a jóvenes adolescentes de clase media como Heisenberg a abrazar los ideales románticos de una época anterior y a agruparse en organizaciones juveniles como la llamada «liga de los nuevos exploradores», el equivalente alemán de los Boy Scouts. Otros, queriendo una mayor independencia, crearon sus propios grupos y clubes. Heisenberg dirigió uno de esos grupos formados por jóvenes alumnos de su escuela. El Gruppe Heisenberg, como se llamaban, organizaba excursiones y acampadas en las que discutían sobre el nuevo mundo que su generación iba a crear.

Durante el verano de 1920, después de aprobar con facilidad los exámenes finales del Gymnasium y acceder a una prestigiosa beca, Heisenberg se dispuso a estudiar matemáticas en la Universidad de Múnich. Pero cuando una desastrosa entrevista acabó bruscamente con esa posibilidad, el desalentado Heisenberg buscó el consejo de su padre, que le organizó un encuentro con su viejo amigo Arnold Sommerfeld. «Aunque el pequeño hombrecillo con su marcial bigote oscuro parecía bastante austero», Heisenberg no se sintió intimidado por su presencia.[3] Muy al contrario, sentía que, a pesar de su apariencia, se trataba de un hombre «realmente preocupado por los jóvenes».[4] August Heisenberg había contado a Sommerfeld que su hijo estaba especialmente interesado por la relatividad y la física atómica. «Eres demasiado exigente —le dijo a Werner—. No es posible empezar por lo más difícil y esperar entender luego el resto por añadidura».[5] Siempre dispuesto a movilizar y reclutar nuevos talentos a los que modelar, luego añadió, en un tono más amable: «Quizá sepas algo o quizá no sepas nada. Eso ya lo veremos».[6]

En cualquiera de los casos, Sommerfeld permitió que el joven de dieciocho años asistiera a uno de sus seminarios de investigación dirigido a alumnos más avanzados. Heisenberg fue, en este sentido, muy afortunado, porque durante los años venideros el instituto de Sommerfeld acabaría configurando, junto con el Instituto Bohr de Copenhague y el grupo de Gotinga (que giraba en torno a Born), el triángulo dorado de la investigación cuántica. Cuando Heisenberg asistió a su primer seminario «divisó, en la tercera fila, a un estudiante de pelo oscuro con una expresión hermética en el rostro» .[7] Se trataba de Wolfgang Pauli, el corpulento vienés que durante el paseo que, el día de su primera visita, dieron por el instituto, Sommerfeld le había presentado y que, cuando se alejaban, se había apresurado a confiarle que se trataba, en su opinión, del más brillante de todos sus alumnos. No es de extrañar que, recordando el comentario de Sommerfeld de que Pauli podría aprender muchas cosas, Heisenberg se aprestase a buscar su compañía y se sentase junto a él.

«¿No te parece el típico oficial húsar?», le susurró Pauli, apenas Sommerfeld entró en la sala.[8] Ese fue el comienzo de una larga relación profesional que nunca acabó de cuajar en una estrecha amistad. Quizá eran sencillamente dos personas muy diferentes. Heisenberg era más callado, más amistoso y menos directo que Pauli. Tenía una visión romántica de la naturaleza y disfrutaba paseando por el campo con sus amigos, mientras que a Pauli le gustaban los cabarets, las tabernas y los cafés. A pesar, no obstante, de que Heisenberg llevaba ya trabajando medio día cuando Pauli seguía durmiendo a pierna suelta, este ejerció una gran influencia sobre Heisenberg y jamás perdió una oportunidad de tomarle el pelo diciéndole: «¡Es usted un auténtico idiota!».[9]

Fue Pauli quien, cuando Heisenberg estaba escribiendo su deslumbrante revisión de la relatividad, le recomendó que, si quería hacerse un nombre, debía alejarse de la teoría de Einstein y orientar sus pasos hacia la teoría cuántica. «Todavía quedan, en el campo de la física atómica, muchos resultados experimentales sin interpretar —le dijo Heisenberg—, evidencias de la naturaleza en un lugar que parecen contradecir las de otro. No hay, por el momento, forma alguna de esbozar una imagen medio coherente de las relaciones implicadas».[10] Pauli creía que «todavía nos queda un tiempo para andar a tientas en medio de una densa bruma».[11] Y es muy probable que fueran ese tipo de comentarios los que acabaron encaminando los pasos de Heisenberg hacia el reino de los cuantos.

Sommerfeld no tardó en asignar a Heisenberg «un pequeño problema» dentro del campo de la física atómica. Le pidió que analizase nuevos datos relativos al desdoblamiento de las líneas espectrales en el seno de un campo magnético y que elaborase una ecuación que reprodujese esa división. Pauli le advirtió entonces que lo que Sommerfeld estaba esperando era que el descubrimiento de esos datos condujese a nuevas leyes. Aunque se trataba, según Pauli, de una actitud que bordeaba «una especie de misticismo numerológico, nadie —acabó admitiendo— ha sugerido nada mejor».[12] El principio de exclusión y el espín del electrón todavía se hallaban, por aquel entonces, lejos de ser descubiertos.

La ignorancia de Heisenberg sobre las normas y reglas aceptadas de la física cuántica le permitieron adentrarse en territorios que otros, atados a una visión más cautelosa y racional, ni siquiera osaban pisar. Así fue como acabó esbozando una teoría que parecía explicar el efecto Zeeman anómalo. Después de rechazar una primera versión, Heisenberg se vio finalmente liberado, cuando Sommerfeld admitió la publicación de su último esfuerzo. Y aunque posteriormente demostró estar equivocado, este fue el primero de los artículos científicos en llamar la atención de los grandes físicos europeos hacia Heisenberg. Bohr fue uno de ellos.

El primer encuentro entre Heisenberg y Bohr se produjo en Gotinga en junio de 1922, cuando Sommerfeld llevó a algunos de sus alumnos a escuchar la serie de conferencias sobre física atómica pronunciadas por Bohr. Lo que sorprendió a Heisenberg fue la precisión con la que Bohr elegía sus palabras. «La cuidadosa elaboración de todas sus frases revelaba una larga cadena de pensamientos y reflexiones filosóficas subyacentes que siempre insinuaba, sin llegar nunca a expresar claramente».[13] Pero él no era el único en sospechar que las conclusiones de Bohr se debían más a la intuición y a la inspiración que al cálculo minucioso. Al finalizar la tercera conferencia, Heisenberg subrayó los problemas de un artículo cuya importancia Bohr había señalado. Cuando finalizó la tanda de preguntas y respuestas, Bohr buscó a un Heisenberg de veinte años y le invitó a dar un paseo esa misma tarde. Su caminata a una montaña cercana duró tres horas y, con respecto a ella, Heisenberg escribió tiempo después que «esa fue la tarde en la que puedo decir que comenzó realmente mi carrera científica».[14] Por primera vez vio «a uno de los fundadores de la teoría cuántica profundamente preocupado por sus dificultades».[15] Cuando Bohr le invitó a pasar una temporada en Copenhague, Heisenberg vio súbitamente cómo, ante él, «se abría un futuro preñado de esperanzas y posibilidades».[16]

Pero Copenhague todavía tendría que esperar un tiempo. Sommerfeld debía viajar a Estados Unidos y había dispuesto que, en su ausencia, Heisenberg estudiase en Gotinga con Max Born. Aunque «parecía un chico campesino, con el pelo corto, los ojos claros y brillantes y una expresión encantadora», Born no tardó en descubrir en él algo que, a primera vista, resultaba inaccesible.[17] «Es una persona muy sencilla y tan dotada como Pauli», escribió Born a Einstein.[18] Cuando volvió a Múnich, Heisenberg concluyó su tesis doctoral sobre la turbulencia, el tema que Sommerfeld había elegido para que Heisenberg ampliase su conocimiento y comprensión de la física. Durante el examen oral, su incapacidad de responder preguntas simples como, por ejemplo, la determinación del poder resolutivo de un telescopio, casi le cuesta el doctorado. Wilhelm Wien, jefe del Departamento de Física Experimental, se desalentó al ver a Heisenberg tratar de explicar el funcionamiento de una batería. No es de extrañar que quisiera suspender al advenedizo teórico. Pero finalmente llegó a un acuerdo con Sommerfeld. Heisenberg obtendría su doctorado, pero en lugar de recibir el grado I (que Pauli había recibido), solo le otorgarían el grado III.

Humillado, esa misma tarde, incapaz de permanecer en Múnich un minuto más, hizo su equipaje y cogió el expreso en dirección a Gotinga. «Me quedé muy sorprendido cuando, una mañana, mucho antes de la hora señalada, apareció súbitamente ante mí con una expresión avergonzada en el rostro», recordó posteriormente Born.[19] Heisenberg le relató ansiosamente su examen oral y su preocupación por el hecho de que sus servicios como profesor adjunto ya no serían requeridos. Ansioso por cimentar la creciente reputación de Gotinga por la física teórica, Born confiaba en que Heisenberg se recuperaría, y así se lo hizo saber.

Born estaba convencido de la necesidad de reconstruir la física desde sus mismos cimientos. El revoltijo de reglas procedentes de la física cuántica y de la física clásica que configuraban el corazón del átomo cuántico de Bohr-Sommerfeld acabaría dejando paso a una nueva teoría lógicamente coherente a la que Born denominaba «mecánica cuántica». Pero aunque nada de eso era nuevo para los físicos que trataban de desentrañar los problemas de la teoría atómica, ponía claramente de relieve la creciente sensación de incapacidad que, en 1923, tenían los físicos de poder cruzar el

Rubicón atómico. Pauli ya proclamaba en voz alta a quien quisiera escucharle que la imposibilidad de explicar el efecto Zeeman anómalo era la clara evidencia «de que debemos crear algo completamente nuevo».[20] Después de conocerle, Heisenberg creía que Bohr era la persona que se hallaba en la posición más adecuada para encabezar esa revolución.

Pauli había estado en Copenhague como asistente de Born desde el otoño de 1922. Él y Heisenberg se mantenían al tanto de los últimos avances realizados en sus respectivos institutos a través de un intercambio epistolar regular. Heisenberg, al igual que Pauli, también había estado trabajando en el efecto Zeeman anómalo. Antes de las Navidades de 1923 puso al tanto a Bohr de sus últimos esfuerzos y recibió una invitación para pasar unas cuantas semanas en Copenhague. Así fue como, el sábado 15 de marzo de 1924, Heisenberg llegó a Blegdamsvej, 17, el edificio neoclásico de tres pisos con su tejado rojo, en cuya puerta de entrada podía leerse la leyenda «Universitetets Institut for Teoretisk Fysik», más conocido como Instituto Bohr, que daba la bienvenida a los visitantes.

Heisenberg no tardó en enterarse de que solo la mitad del edificio, el sótano y la planta baja eran utilizados para la física. El resto estaba dedicado a vivienda. Bohr y su creciente familia vivían en un apartamento elegantemente amueblado que ocupaba todo el primer piso. La doncella, el celador, la cuidadora y los distinguidos huéspedes vivían en el piso de arriba. En la planta baja, junto al salón de actos y sus seis largas filas de bancos de madera, había una surtida biblioteca y despachos para Bohr y su asistente. También había un modesto taller que podían utilizar los visitantes. A pesar de su nombre, el instituto solo tenía dos pequeños laboratorios en el primer piso, y el laboratorio principal se hallaba en el sótano.

El instituto estaba esforzándose en conseguir más espacio para albergar a un *staff* permanente de seis personas fijas y unos doce visitantes. Bohr estaba haciendo planes para expandirlo. Durante los dos años siguientes se compraron los terrenos en los alrededores y se erigieron dos nuevos edificios que permitieron duplicar la capacidad del instituto. Bohr y su familia se mudaron entonces a un piso en el nuevo edificio construido al efecto. La ampliación supuso una renovación considerable del edificio que incluía más espacio para despachos, un comedor y un nuevo piso independiente con tres habitaciones en el último piso. Fue ahí donde Pauli y Heisenberg solían quedarse en los años posteriores.

Todo el mundo estaba, en el instituto, muy atento a la llegada del correo de la mañana. Las cartas de padres y amigos eran siempre bienvenidas, pero lo que todos esperaban era la correspondencia de colegas lejanos y las publicaciones que informaban de los últimos descubrimientos realizados en el campo de la física. Pero aunque la actividad fundamental del instituto giraba en torno a la física, no se hallaba limitada a ella, sino que abarcaba también otras actividades, como veladas musicales, tenis de mesa, excursiones y visitas al cine para ver alguna que otra película.

Eran muchas las expectativas con las que Heisenberg llegó al instituto y quizá, por ello mismo, los primeros días que pasó ahí le dejaron bastante frustrado. Esperaba pasar un tiempo con Bohr cada vez que atravesaba la puerta de entrada, pero apenas si le vio. Habituado a ser el mejor, se veía súbitamente enfrentado al grupo de brillantes jóvenes físicos que rodeaban siempre a Bohr. A decir verdad, se sentía intimidado por ellos. Hablaban varios idiomas, mientras que él solo se expresaba bien en alemán. Disfrutaba únicamente de las excursiones al campo con sus amigos, y Heisenberg creía que todo el mundo, en el instituto, poseía una experiencia del mundo que a él se le escapaba. Pero nada, sin embargo, le desalentaba más que la idea de que todos sabían mucha más física atómica que él.

Y cuando trataba de recuperarse de esos golpes a su autoestima, siempre se preguntaba si, en algún momento, tendría la oportunidad de trabajar con Bohr. Un buen día, mientras estaba en su habitación, alguien llamó a su puerta y, cuando abrió, descubrió que se trataba de Bohr. Después de pedirle perdón por estar tan ocupado, le propuso ir de excursión. Había pocas oportunidades, según le dijo, de poder hablar, en el instituto, con cierto detenimiento. ¿Y qué mejor forma de llegar a conocerse que pasar un par de días paseando y charlando? Ese era el pasatiempo favorito de Bohr.

A primera hora de la mañana siguiente cogieron el tranvía para dirigirse al norte de la ciudad, desde donde emprenderían su paseo.

Bohr le preguntó a Heisenberg por su infancia y lo que recordaba sobre el estallido de la guerra diez años antes. Así, mientras caminaban hacia el norte, no hablaron de física, sino de las ventajas y de los inconvenientes de la guerra, de la participación de Heisenberg en el movimiento juvenil y de Alemania. Después de pasar la noche en una posada, se dirigieron a la casa de campo de Bohr en Tisvilde, antes de regresar, al tercer día, al instituto. El paseo de ciento cincuenta kilómetros había tenido el efecto que Bohr quería y que Heisenberg anhelaba, aumentando su conocimiento mutuo.

Hablaron de física atómica, pero cuando finalmente regresaron a Copenhague, Heisenberg estaba más interesado por Bohr, el hombre, que por el físico. «Estoy encantado con los días que estoy pasando aquí», escribió entonces a Pauli.[21] Jamás había conocido a nadie como Bohr, con quien pudiese hablar de cualquier cosa. A pesar de su preocupación por el bienestar de todos los miembros de su instituto, Sommerfeld asumía el papel tradicional de profesor alemán, manteniéndose a cierta distancia de sus subordinados. Y difícilmente, en Gotinga, se hubiera atrevido Heisenberg a hablar con Born del tipo de temas que él y Bohr habían debatido con tanta libertad. Y es que, aunque Heisenberg no lo supiera, era Pauli, cuyos pasos siempre le parecía estar siguiendo, quien se hallaba detrás de la cordial acogida que Bohr le brindaba.

Pauli siempre se mostró profundamente interesado en lo que Heisenberg estaba haciendo y se mantenían continuamente al tanto de sus últimas ideas. Fue así como, poco después de regresar a la Universidad de Hamburgo, Pauli se enteró de que Heisenberg estaba a punto de pasar unas semanas en Copenhague y escribió a Bohr. Que un hombre conocido por su mordacidad describiese a Heisenberg como un «genio dotado» que «un buen día revolucionaría la ciencia» impresionó profundamente a Bohr.[22] Pero antes de que ese día llegara, Pauli estaba convencido de que Heisenberg debía apuntalar su conocimiento de la física sobre cimientos filosóficamente más sólidos.

Pauli creía que el único modo de superar los problemas que acechaban a la física atómica consistía en dejar de establecer suposiciones arbitrarias *ad hoc* donde los datos de la experiencia contradijesen la teoría existente. Tal enfoque no era, en su opinión, más que un enfoque cosmético que no resolvía el problema, sino que tan solo lo ocultaba. Su profunda comprensión de la relatividad le llevó a defender apasionadamente a Einstein y el modo en que había erigido su teoría apelando a unos cuantos principios y presupuestos que le servían de guía. Considerando que se trataba del abordaje adecuado para adoptar también en el campo de la física atómica, Pauli quiso emular a Einstein estableciendo los principios filosóficos y físicos subyacentes antes de pasar a desarrollar los entresijos matemáticos formales que sostuvieran la teoría. En 1923, Pauli estaba desesperado porque no había modo, por más que lo intentara, de esbozar, evitando creencias injustificables, un relato coherente y lógico del efecto Zeeman anómalo.

«Espero que usted haga avanzar la teoría atómica y solucione finalmente los problemas que, por más que me esmero, no consigo resolver —escribió Pauli a Bohr—. Y también espero que Heisenberg asiente su pensamiento sobre cimientos filosóficamente más sólidos».[23] En la época, pues, en la que el joven alemán le visitó, Bohr ya había sido aleccionado, en este sentido, por Pauli. Así fue como, durante la primera visita de quince días, el tema principal de las conversaciones que Bohr y Heisenberg sostuvieron mientras estaban en el instituto, paseaban por Faelledparken o charlaban, llegada la noche, con un vaso de vino, giraban fundamentalmente sobre los principios de la física. Muchos años más tarde, Heisenberg se refirió a la temporada que, en marzo de 1924, pasó en Copenhague como un auténtico «regalo caído del cielo».[24]

«Le echaré, obviamente, en falta (porque es una persona encantadora, respetable y brillante y a la que quiero profundamente), pero su interés antecede al mío y sus deseos son órdenes para mí», escribió Born a Bohr, después de que Heisenberg recibiera una invitación para pasar una temporada más larga en Copenhague.[25] Como Born iba a pasar el próximo semestre de invierno enseñando en Estados Unidos, no requeriría, hasta mayo del año siguiente, los servicios de su asistente. Así fue como, a finales de julio de 1924, después de haber concluido exitosamente su «tesis de habilitación» [*Habilitationsschrift*] y lograr, en consecuencia, el derecho a enseñar en las universidades alemanas, Heisenberg decidió pasar tres semanas de vacaciones paseando por Baviera.

Cuando Heisenberg llegó, por segunda vez, al Instituto Bohr, el 17 de septiembre de 1924, solo tenía veintidós años, pero ya era autor o coautor de una impresionante decena de artículos sobre física cuántica. Todavía le quedaban muchas cosas que aprender y era plenamente consciente de que Bohr era la persona que podía enseñárselas. «De Sommerfeld he aprendido el optimismo, en Gotinga, las matemáticas, y de Bohr, la física», dijo posteriormente.[26] Durante los siete meses siguientes, Heisenberg se familiarizó con el modo en que Bohr se enfrentaba a los problemas que acechaban a la física cuántica. Aunque Sommerfeld y Born se hallaban preocupados por las mismas incoherencias, a nadie parecía molestarle más que a Bohr. Difícilmente podía resignarse a hablar de otra cosa.

Esas charlas tan intensas enseñaron a Heisenberg «lo difícil que es reconciliar lo resultados de un experimento con los de otro».[27] Entre esos experimentos se hallaba el llamado efecto Compton, que consistía en la dispersión de los rayos X debida a los electrones y que corroboraba la hipótesis einsteniana de los cuantos de luz. Y las dificultades parecían multiplicarse con la ampliación de la dualidad onda-partícula de De Broglie hasta llegar a abarcar la totalidad de la materia. Después de enseñar a Heisenberg todo lo que pudo, Bohr había depositado grandes expectativas en su joven protegido: «Todo está ahora en manos de Heisenberg... me refiero a encontrar el modo de superar todas estas dificultades».[28]

A finales de abril de 1925, Heisenberg regresó a Gotinga, agradeciendo a Bohr su hospitalidad y «triste por tener que seguir, a partir de ahora, mi camino a solas».[29] Pero las conversaciones con Bohr y el continuo diálogo con Pauli le habían dejado muy claro que todavía quedaba algo importante por hacer. Heisenberg creía saber cuál era su tarea: resolver el antiguo problema de la intensidad de las líneas espectrales del hidrógeno. Y es que, aunque el átomo cuántico de Bohr-Sommerfeld pudiese dar cuenta de la frecuencia de las líneas espectrales del hidrógeno, no podía explicar su intensidad. La idea de Heisenberg fue diferenciar con claridad lo que resulta observable de lo que no lo es; y como la órbita del electrón en torno al núcleo del átomo de hidrógeno no es observable, Heisenberg decidió abandonar esa idea. Es cierto que se trataba de un paso muy atrevido, pero después de tantos intentos infructuosos de representar de forma pictórica lo no observable, estaba completamente decidido a darlo.

Cuando era un adolescente en Múnich, Heisenberg «se hallaba fascinado por la idea de que las partículas más pequeñas de materia pudiesen reducirse a algún tipo de formulación estrictamente matemática».[30] En torno a esa misma época descubrió, en un libro de texto, una ilustración que le pareció espantosa. Para explicar el modo en que el átomo de carbono se une a dos átomos de hidrógeno a fin de formar una molécula de dióxido de carbono, el texto representaba a los átomos con ganchos y ojos, que les servían para establecer contacto. La idea de que los electrones giraban en torno al núcleo también le pareció a Heisenberg igual de inverosímil. Entonces fue cuando renunció a cualquier intento de visualizar lo que estaba sucediendo dentro del átomo. Decidido a ignorar lo que no era observable, centró exclusivamente su atención en aquellas magnitudes que podían ser medidas en el laboratorio, como las frecuencias e intensidades de las líneas espectrales asociadas a la luz emitida o absorbida cuando un electrón salta de un nivel energético a otro.

Más de un año antes, no obstante, de que Heisenberg adoptase esa estrategia, Pauli había ya expresado sus dudas sobre la utilidad de las órbitas. «La cuestión más importante me parece la siguiente: *en qué medida podemos hablar de órbitas definidas de electrones en estados estacionarios*» (las cursivas son suyas), escribió a Bohr en febrero de 1924.[31] Y aunque Pauli se hallaba recorriendo el camino que conducía al principio de exclusión y preocupado por el cierre de las capas de electrones, fue él quien, en otra carta dirigida a Bohr el mes de diciembre, acabó respondiendo a esta pregunta con las siguientes palabras: «No creo que tengamos que atar los átomos a las cadenas de nuestros prejuicios —a los que también pertenece, en mi opinión, la creencia, en el sentido de la mecánica ordinaria, en la existencia de las órbitas electrónicas—, sino que debemos, muy al contrario, adaptar nuestros conceptos a la experiencia».[32] Ellos habían dejado, dicho de otro modo, de buscar soluciones de compromisos y de empeñarse en acomodar los conceptos de la física cuántica al marco de referencia familiar y cómodo de la física clásica. Esa era una cadena de la que los físicos todavía debían liberarse. Y el primero en hacerlo fue Heisenberg, al adoptar pragmáticamente el credo positivista de que la ciencia debe basarse en hechos observables y tratar de erigir una teoría exclusivamente basada en magnitudes observables.

En junio de 1925, poco más de un mes después de regresar de Copenhague, Heisenberg estaba en Gotinga, con el ánimo por los suelos. Como admitió en una carta a sus padres, su empeño en calcular la intensidad de las líneas espectrales del hidrógeno había resultado, hasta el momento, inútil. También se quejaba de que, «aunque todo el mundo hace algo, nadie parece ocuparse de lo que realmente merece la pena».[33] Un ataque muy serio de fiebre del heno contribuyó a su abatimiento. «Apenas si podía ver lo que tenía ante mis ojos. Me sentía muy mal», dijo posteriormente Heisenberg.[34] Incapaz de afrontar la situación, tuvo que escaparse y un Born amable le dio quince días de permiso. El domingo 7 de junio, Heisenberg cogió el tren nocturno en dirección al puerto de Cuxhaven. Cuando bajó del tren, a primera hora de la mañana, fatigado y hambriento, Heisenberg se dirigió a desayunar a la posada y luego cogió un transbordador que debía llevarle a Heligoland, una isla apartada y árida ubicada en el mar del Norte.

Originalmente británica hasta que, en 1890, se vio permutada por Zanzíbar, Heligoland era una isla de menos de 2,6 kilómetros cuadrados que se hallaba a unos cincuenta kilómetros del continente. Era ahí donde Heisenberg esperaba curarse en medio del tonificante aire marino libre de polen.

«Estoy convencido de que, cuando la posadera vio mi rostro abotargado, debió de pensar que me habían dado una buena paliza y prometió cuidar de mí», recordaba Heisenberg a los setenta años.[35] El albergue se hallaba en la parte más elevada de un acantilado ubicado al sur de una isla que parece labrada en arenisca roja. Desde el balcón de su habitación, situada en el segundo piso, Heisenberg tenía una vista maravillosa del pueblo, de la playa y de un mar siempre amenazante. En los días que siguieron tuvo tiempo para pensar en «los comentarios que explican que parte del infinito parezca descansar en la comprensión de aquellos cuya mirada se pierde en el infinito del mar».[36] Y con tal ánimo reflexivo se relajó leyendo a Goethe, dando paseos diarios en torno al pequeño centro residencial y nadando. En tal ambiente, Heisenberg no tardó en sentirse mucho mejor y, con pocas oportunidades de distracción, sus pensamientos se orientaron de nuevo hacia los problemas que acechaban a la física atómica. En Heligoland, no obstante, no experimentaba la ansiedad que tanto le había fatigado. Relajado y despreocupado, pronto se despojó del lastre matemático que llevaba consigo desde Gotinga, mientras se esforzaba por resolver el acertijo de la intensidad de las líneas espectrales.[37]

En su búsqueda de una nueva mecánica para el mundo cuantizado del átomo, Heisenberg concentró su atención en las frecuencias e intensidades relativas de las líneas espectrales producidas cuando un electrón salta instantáneamente de un nivel energético a otro. Esa era la única alternativa con la que contaba, porque carecía de datos que le indicasen lo que estaba ocurriendo dentro del átomo. A pesar, sin embargo, de las imágenes evocadas por el concepto de salto cuántico, lo cierto es que el electrón no «salta» a través del espacio desde un nivel hasta otro como lo hace un niño desde lo alto de una pared hasta el suelo. Lo que, en tal caso, ocurre es que en un momento se halla en un lugar concreto y al instante siguiente se halla en otro, sin haber pasado por ningún punto intermedio. Heisenberg tuvo que acabar aceptando que todos los observables, o cualquier cosa relacionada con ellos, están asociados al misterio y la magia del salto cuántico de un electrón entre dos niveles diferentes de energía. Lejos quedaba ya la imagen de un sistema solar en miniatura en el que cada electrón gira en torno al núcleo como el movimiento de traslación de los planetas alrededor del Sol.

En su refugio libre de polen de Heligoland, Heisenberg diseñó un método que le permitiera rastrear todos los posibles saltos o transiciones electrónicas que pudiesen ocurrir entre los diferentes niveles energéticos del hidrógeno. Y el único modo en que se le ocurrió registrar las distintas magnitudes observables asociadas a un par de niveles de energía fue el siguiente:

$$\begin{matrix} v_{11} & v_{12} & v_{13} & v_{14} & \ldots & v_{1n} \\ v_{21} & v_{22} & v_{23} & v_{24} & \ldots & v_{2n} \\ v_{31} & v_{32} & v_{33} & v_{34} & \ldots & v_{3n} \\ v_{41} & v_{42} & v_{43} & v_{44} & \ldots & v_{4n} \\ \vdots & \vdots & \vdots & \vdots & \vdots & \vdots \\ v_{m1} & v_{m2} & v_{m3} & v_{m4} & \ldots & v_{mn} \end{matrix}$$

Esta era una disposición que le permitía organizar el conjunto de posibles frecuencias de líneas espectrales teóricamente emitidas por un electrón al saltar de un nivel de energía a otro. Así, por ejemplo, el salto cuántico de un electrón desde el nivel de energía E_2 hasta el nivel inferior E_1 emite una línea espectral representada, en el conjunto, como la frecuencia v_{21}. La línea espectral de frecuencia v_{12} solo se encontraría en el espectro de absorción, porque está asociada a un electrón que, ubicado en el nivel E_1, absorbe un cuanto de energía que le permite saltar al nivel E_2. Una línea espectral de frecuencia v_{mn} sería la emitida cuando un electrón salta entre dos niveles cuyas energías son E_{m} y E_{n} y en la que m es mayor que n. No todas las frecuencias v_{mn} son exactamente observadas. v_{11}, por ejemplo, resulta imposible, porque es la frecuencia de la línea espectral emitida durante la «transición» del nivel energético E_1 al nivel energético E_1, algo físicamente imposible. Así pues, v_{11} es 0, como lo son también todas las frecuencias en las que $m = n$. La serie de todas las frecuencias v_{mn} diferentes a 0 serían las líneas realmente presentes en el espectro de emisión de un determinado elemento.

También podríamos organizar los resultados partiendo del cálculo de tasas de transición entre diferentes niveles de energía. Si la transición a_{mn} del nivel E_{m} hasta el nivel E_{n} es alta, se trata de una transición más probable. En este sentido, la línea espectral resultante de frecuencia v_{mn} sería más intensa que las de transición menos probable. Heisenberg comprendió que las probabilidades de transición a_{mn} y las frecuencias v_{mn} podrían, después de una hábil manipulación teórica, conducir a una contrapartida cuántica para las magnitudes observables que la mecánica newtoniana conoce con los nombres de posición y momento.

Heisenberg empezó entonces a centrar su atención en las órbitas de los electrones. En este sentido, imaginó un átomo en el que el electrón giraba en torno al núcleo a gran distancia (una órbita que se asemejaba más a la de Plutón girando en torno al Sol que a la de Mercurio). Para impedir que el electrón se viese atrapado y cayese sobre el núcleo irradiando energía, Bohr introdujo el concepto de órbita estacionaria. Según la física clásica, no obstante, la frecuencia orbital del electrón en ese tipo de órbita, es decir, el número de vueltas que da por segundo, es igual a la frecuencia de la radiación emitida.

Y ese no era un simple vuelo de la imaginación, sino un uso diestro del principio de correspondencia —el eslabón conceptual establecido por Born para conectar los dominios de la física cuántica y de la física clásica—. La hipotética órbita electrónica de Heisenberg era tan grande que se hallaba en el límite que separa la física cuántica de la clásica. En esa tierra fronteriza, la frecuencia orbital del electrón se equipara a la frecuencia de la radiación emitida. Heisenberg sabía que, en el átomo, el electrón se asemeja a un oscilador hipotético que puede producir todas las frecuencias del espectro. Ese había sido el enfoque adoptado por Max Planck hacía un cuarto de siglo. Pero mientras que Planck había apelado a la fuerza y a creencias *ad hoc* para establecer una ecuación que sabía correcta, Heisenberg se dejaba guiar por el principio de correspondencia hacia el paisaje familiar de la física clásica. Una vez que estuvo en movimiento pudo calcular las propiedades del oscilador, como su momento (p), el desplazamiento de su posición de equilibrio (q) y su frecuencia de oscilación. La línea espectral con una frecuencia v_{mn} sería emitida por uno de un amplio abanico de osciladores individuales. Heisenberg sabía que, una vez esbozada la física del territorio en el que se entrecruzaban los dominios cuántico y clásico, podría extrapolarlo e investigar las interioridades desconocidas del átomo.

Una de las noches que pasó en Heligoland, todas las piezas empezaron a encajar solas. La teoría, completamente basada en observables, parecía reproducirlo todo, pero todavía quedaba por ver si transgredía la ley de conservación de la energía, en cuyo caso todo, como un castillo naipes, se vendría abajo. Emocionado y nervioso ante la posibilidad de demostrar la coherencia física y matemática de su teoría, el físico de veinticuatro años empezó a cometer, en sus cálculos, simples errores aritméticos. Hasta las tres de la mañana, Heisenberg no pudo dejar descansar el lápiz, satisfecho finalmente de que su teoría no violase una de las leyes más fundamentales de la física. Estaba al mismo tiempo eufórico y angustiado. «Al comienzo, me hallaba profundamente alarmado —recordaría más tarde—. Tenía la sensación de estar contemplando, a través de la superficie del fenómeno atómico, una interioridad hermosamente extraña y casi sentía vértigo al pensar en la posibilidad de demostrar la riqueza de las estructuras matemáticas que la naturaleza había colocado tan generosamente ante mí».[38] Se hallaba tan emocionado que le resultó imposible dormir. Así fue como, al amanecer el nuevo día, Heisenberg fue caminando hasta el extremo sur de la isla, donde llevaba varios días queriendo subir a una roca que sobresalía por encima del mar. Motivado por la adrenalina del descubrimiento subió a la roca «sin demasiado problema y esperé la salida del Sol».[39]

A plena luz del día, sin embargo, su euforia y optimismo iniciales se desvanecieron. Su nueva física solo parecía funcionar con la ayuda de un extraño tipo de multiplicación en el que X veces Y no era lo mismo que Y veces X. En el caso de los números ordinarios no importa el orden en el que se multipliquen, porque 4 × 5 nos da exactamente la misma respuesta que 5 × 4, es decir, 20. Esta propiedad, según la cual el orden de los factores no altera el producto, es denominada, por los matemáticos, conmutación. Hasta los niños saben que los números obedecen a la ley conmutativa de la multiplicación, de modo que (4 × 5) – (5 × 4) es siempre 0. Pero Heisenberg estaba profundamente perturbado por el descubrimiento de que el resultado de la multiplicación de dos conjuntos dependía del orden en el que se llevaba a cabo la operación. Así pues, en este caso, (A × B) – (B × A) no siempre es 0.[40]

Dado que el significado de la curiosa multiplicación que se había visto obligado a utilizar seguía escapándosele, el viernes,

19 de junio, Heisenberg regresó al continente y se dirigió directamente a Hamburgo a visitar a Wolfgang Pauli. Pocas horas después, tras haber recibido palabras de aliento de su crítico más severo, Heisenberg se encaminó hacia Gotinga dispuesto a perfeccionar y elaborar su descubrimiento. Un par de días después, esperando avanzar rápidamente, escribió a Pauli diciéndole que «el intento de esbozar una mecánica cuántica avanza muy lentamente».[41] Y su frustración crecía a medida que pasaban los días y fracasaban sus intentos de aplicar su nuevo enfoque al átomo de hidrógeno.

Fueran cuales fuesen sus dudas, Heisenberg estaba convencido de que, en cualquier cálculo, solo las relaciones entre cantidades «observables», es decir, entre las que pueden ser medidas, son en realidad posibles. Había concedido, en sus ecuaciones, a la visibilidad el estatus de postulado y dedicado, en consecuencia, «todos sus esfuerzos a erradicar y reemplazar el concepto de senderos orbitales que uno no puede observar».[42]

«Mi trabajo —escribió Heisenberg a su padre, a finales de junio— avanza muy lentamente». Un mes y pico después, sin embargo, había concluido el artículo que acabó marcando un auténtico hito en la historia de la física cuántica. Inseguro todavía de lo que acababa de hacer y de su verdadero significado, Heisenberg envió una copia a Pauli. Pidiéndole perdón, le dijo que lo leyese y se lo devolviera al cabo de dos o tres días. Y la razón para tanta prisa era la conferencia que, el 28 de julio, debía pronunciar en la Universidad de Cambridge. Era improbable que, dados sus compromisos, pudiese regresar a Gotinga antes de finales de septiembre y quería «acabarlo en los días que todavía tengo que permanecer aquí o quemarlo».[43] Pauli dio una bienvenida «alborozada» al artículo[44] que, según escribió a un colega, proporciona «una nueva esperanza y un disfrute renovado de la vida».[45] «Aunque no es la solución al enigma —añadió Pauli—, creo que ahora podemos seguir avanzando». Pero el hombre que dio los primeros pasos en la dirección correcta fue Max Born.

Born no sabía muy bien lo que Heisenberg estaba haciendo desde que regresó de la pequeña isla en el mar del Norte. Por ello se quedó muy sorprendido cuando Heisenberg le pasó una copia del artículo y le preguntó si, en su opinión, merecía la pena publicarlo. Cansado por sus propios esfuerzos, Born abandonó provisionalmente el artículo a un lado. Cuando un par de días más tarde se sentó y lo leyó, dispuesto a revisar lo que el mismo Heisenberg había calificado como «un artículo loco», Born se quedó inmediatamente fascinado. También se dio clara cuenta del rigor con el que Heisenberg contemplaba su trabajo. ¿Era consecuencia de la extraña regla de multiplicación que se había visto obligado a emplear? Y hasta la misma conclusión del artículo, Heisenberg seguía dudando:

> Que un método para determinar los datos de la mecánica cuántica utilizando las relaciones entre magnitudes observables como el propuesto aquí sea, en principio, satisfactorio, o que este método constituye, después de todo, un abordaje demasiado duro al problema que supone erigir una mecánica cuántica teórica, un problema, por el momento, muy complejo, solo podrá ser dilucidado por una investigación matemática más detallada del método que solo hemos empleado aquí de un modo muy supetficial.[46]

¿Cuál era el significado de esa misteriosa ley de la multiplicación? Born se quedó tan obsesionado con esa cuestión que apenas si pudo, durante los días y noches que siguieron, pensar en otra cosa. Estaba preocupado porque había algo en todo ello —que, no obstante, no podía señalar con claridad— que le resultaba extrañamente familiar. «El último artículo de Heisenberg, que no tardará en ser publicado, parece desconcertante, pero en realidad es verdadero y muy profundo», escribió Born a Einstein, aunque todavía era incapaz de identificar el origen de la extraña multiplicación.[47] Valorando a los jóvenes físicos de su instituto, especialmente a Heisenberg, Born admitió «que hay ocasiones en las que me resulta difícil seguir el ritmo de su pensamiento».[48] Después de días sin poder pensar en otra cosa, el esfuerzo de Born se vio súbitamente recompensado al recordar, una buena mañana, una conferencia sepultada en el olvido a la que había asistido en sus años de estudiante, momento en el cual se dio cuenta de que Heisenberg había tropezado accidentalmente con la multiplicación de matrices, donde $X \times Y$ no siempre es igual que $Y \times X$.

Cuando Born le dijo que el misterio acababa de ser resuelto, Heisenberg se lamentó diciendo «y yo siquiera sabía lo que era una matriz».[49] Una matriz no es más que una disposición de números ubicada en una serie de filas y columnas, como la disposición que Heisenberg había construido en Heligoland. En el siglo XIX, el matemático británico Arthur Cayley había esbozado las reglas de adición, sustracción y multiplicación de matrices. Si A y B son matrices, el resultado de A × B es distinto al de B × A. Y del mismo modo que la disposición de números de Heisenberg, las matrices no necesariamente se conmutan. Pero por más que formasen parte del paisaje matemático familiar, las matrices eran un territorio bastante desconocido para los físicos teóricos de la generación de Heisenberg.

Después de identificar correctamente las raíces de la extraña multiplicación, Born sabía que necesitaba ayuda para convertir el original esquema de Heisenberg en un marco de referencia teórico coherente que llegase a abarcar los múltiples aspectos de la física atómica. Y conocía al hombre perfecto para ello, una persona tan versada en las complicaciones de la física cuántica como de las matemáticas. La suerte quiso que estuviese también en Hannover, donde Born iba a asistir a un encuentro de la Sociedad de Física Alemana. Una vez ahí, inmediatamente buscó a Wolfgang Pauli y solicitó la ayuda de su viejo colaborador. «Ya sé que usted está orgulloso de los formalismos tediosos y complicados —fue la respuesta que acompañó a la negativa de Pauli, que se negó a participar en los planes de Born—. Sus inútiles matemáticas solo van a complicar las ideas físicas de Heisenberg».[50] Sintiéndose incapaz de avanzar solo, se dirigió entonces, en un esfuerzo desesperado, en busca de la ayuda de uno de sus discípulos.

Al elegir a Pascual Jordan, de veintidós años, Born había encontrado inconscientemente al colaborador perfecto para la tarea. Tras haber ingresado, en 1921, en la Technische Hochschule de Hannover con la intención de estudiar física, Jordan encontró las clases muy poco interesantes y dirigió su atención hacia las matemáticas. Un año más tarde se trasladó a Gotinga con la intención de estudiar física. Pero rara vez asistió a las clases, porque empezaban demasiado pronto, a las siete u ocho de la mañana. Ahí fue donde Jordan conoció a Born y, bajo su supervisión, empezó a estudiar seriamente física por vez primera. «No solo fue el maestro que, en mis años de estudiante, me introdujo al amplio mundo de la física, sino que sus clases evidenciaban una lucidez que ensanchaba nuestro horizonte intelectual. Pero también quisiera decir —aclaró posteriormente— que fue la persona que, junto con mis padres, ejerció la influencia más profunda y duradera de toda mi vida».[51]

Bajo la tutela de Born, Jordan no tardó en concentrarse en los problemas de la estructura atómica. Inseguro y tartamudeante, valoraba la paciencia de Born cuando discutían de los últimos artículos relativos a la teoría atómica. Casualmente había viajado a Gotinga para asistir al Bohr Festspiele y, como Heisenberg, se había sentido muy inspirado por las conferencias y discusiones que le siguieron. Después de su tesis doctoral en 1924, Jordan trabajó brevemente con otros antes de que Born solicitase su colaboración para tratar de explicar la amplitud de las líneas espectrales. Jordan «es excepcionalmente inteligente y astuto y puede pensar de un modo mucho más rápido y seguro que yo», escribió Born a Einstein en julio de 1925.[52]

Por aquel entonces, Jordan ya había oído hablar de las últimas ideas de Heisenberg. Antes de que, a finales de julio, abandonase Gotinga, Heisenberg dio una charla a un pequeño círculo de discípulos y amigos sobre su intento de elaborar una mecánica cuántica exclusivamente basada en las relaciones entre propiedades observables. Cuando Born solicitó su colaboración, Jordan se apresuró a aceptar la oportunidad de refundir y ampliar las ideas originales de Heisenberg en una teoría sistemática de la mecánica cuántica. Sin que Born lo supiera, Jordan, cuyos conocimientos matemáticos le capacitaban para entender perfectamente la teoría de las matrices, había enviado el artículo de Heisenberg a la revista *Zeitschrift für Physik*. Aplicando esos métodos a la física cuántica, Born y Jordan tardaron un par de meses en establecer los fundamentos de una nueva mecánica cuántica que otros acabarían denominando mecánica matricial.[53]

Cuando Born identificó la regla de multiplicación de Heisenberg como un redescubrimiento de la multiplicación de matrices, descubrió rápidamente una ecuación de las matrices que conectaba la posición q con el momento p utilizando una expresión que incluía la constante del Planck: $pq - qp = (ih / 2\pi)I$, en donde I es lo que los matemáticos llaman una matriz unidad. Eso permitía presentar el miembro derecho de la igualdad como una matriz. Fue a partir de esta ecuación fundamental cuando, durante los meses siguientes, se elaboró, utilizando los métodos de la matemática matricial, toda la mecánica cuántica. Born se sentía orgulloso de haber sido «la primera persona en escribir una ley física en términos de símbolos no conmutativos».[54] Pero posteriormente matizó esa afirmación diciendo que «no fue más que una conjetura y mis intentos de demostración fracasaron».[55] Al cabo de varios días de haberse demostrado la ecuación, Jordan extrajo una rigurosa derivación matemática. No es de extrañar que Born no tardase en decir a Bohr que, junto a Heisenberg y Pauli, consideraba a Jordan «el más dotado de mis jóvenes colegas».[56]

En agosto, Born pasó las vacaciones de verano en Suiza con su familia, mientras Jordan permanecía en Gotinga escribiendo un artículo que debía publicarse a finales de septiembre. Antes de que apareciese, sin embargo, envió una copia a Heisenberg que, por aquel tiempo, se hallaba en Copenhague. «He recibido un artículo de Born, que no acabo de entender —dijo Heisenberg a Bohr, cuando le entregó el artículo—.[57] Está saturado de matrices y yo apenas si sé lo que son las matrices».

Aunque Heisenberg no era el único en estar poco familiarizado con las matrices, se aprestó a su estudio con ganas y no tardó en dominarlas lo suficiente como para colaborar, mientras todavía se hallaba en Copenhague, con Born y Jordan. A mediados de octubre, Heisenberg regresó a Gotinga, a tiempo para ayudar a escribir la versión final de lo que acabaría convirtiéndose en el *Drei-Männer-Arbeit* (el «artículo de tres hombres») en el que Born, Jordan y él mismo presentaban, en su anhelada búsqueda de una nueva física del átomo, la primera formulación lógica coherente de la mecánica cuántica.

Pero el trabajo inicial de Heisenberg había despertado ya ciertas reservas. En este sentido, Einstein escribió a Paul Ehrenfest: «En Gotinga se lo creen (pero yo no)».[58] Bohr creía que probablemente se tratase de «un paso de importancia fundamental», pero «que todavía no ha sido posible aplicar [la] teoría a cuestiones relacionadas con la estructura atómica».[59] Mientras Heisenberg, Born y Jordan se habían concentrado en el desarrollo de la teoría, Pauli se había dedicado a utilizar, para ello, la nueva mecánica. A comienzos de noviembre, cuando todavía estaban escribiendo «el artículo de tres hombres», aplicó exitosamente, en un sorprendente *tour de force*, la mecánica matricial. Pauli había hecho, en el ámbito de la nueva física, lo que Bohr con la vieja teoría cuántica: reproducir la línea espectral del átomo de hidrógeno. Para Heisenberg, añadiendo así más leña al fuego, Pauli también había calculado el efecto Stark, es decir, la influencia de un campo eléctrico externo sobre el espectro. «Me siento un poco triste por no haber podido derivar el espectro de hidrógeno de la nueva teoría», recordaba posteriormente Heisenberg.[60] De ese modo, Pauli había proporcionado la primera corroboración completa de la nueva mecánica cuántica.

«Las ecuaciones fundamentales de la mecánica cuántica», rezaba el título. Born llevaba ya casi un mes en Boston, como parte de una gira de conferencias de cinco meses por Estados Unidos, cuando, una mañana de diciembre, al abrir su correo, recibió «una de las mayores sorpresas» de toda su vida científica.[61] Cuando leyó el artículo, escrito por un tal P. A. M. Dirac, estudiante de investigación de la Universidad de Cambridge, Born se dio cuenta de que «todo estaba bien en su camino».[62] Y lo que resultaba todavía más notable, Born no tardó en enterarse de que Dirac había enviado su artículo al *Proceedings of the Royal Society*, esbozando los entresijos de la mecánica cuántica nueve días antes de que concluyeran «el artículo de tres hombres». ¿Quién era ese tal Dirac y cómo lo había logrado?, se preguntó entonces Born.

Paul Adrien Maurice Dirac tenía veintitrés años en 1925. Hijo de Charles, padre suizo francófono, y de Florence, madre inglesa, era el segundo de tres hijos. Su padre era tan orgulloso y autoritario que, cuando murió en 1935, Dirac escribió: «Lamento tener que decirlo, pero ahora me siento mucho más libre».[63] Fue el trauma de tener que permanecer silencioso en presencia de su padre, maestro de francés, el que acabó convirtiendo a Dirac en un hombre de pocas palabras. «Mi padre estableció la regla de que solo podía dirigirme a él en francés. Creía que, de ese modo, lo aprendería mejor, pero como no podía expresarme bien en francés era mejor para mí permanecer en silencio que hablar inglés».[64] La preferencia de Dirac por el silencio, claro legado de una infancia y una adolescencia profundamente infelices, acabaría siendo legendaria.

Aunque interesado en la ciencia, en 1918 Dirac siguió el consejo de su padre y empezó a estudiar ingeniería eléctrica en la Universidad de Bristol. Tres años más tarde, pese a haberse licenciado con honores como el primero de la clase, no pudo encontrar un trabajo como ingeniero. Con muy pocas perspectivas, en la Inglaterra de la posguerra, de conseguir empleo, Dirac acabó aceptando una beca de dos años para estudiar matemáticas en su vieja universidad. Le hubiese gustado estudiar en Cambridge, pero la beca con la que contaba no cubría todos los gastos. Finalmente, en 1923, después de lograr su licenciatura en Matemáticas y recibir una beca del Gobierno, desembarcó en Cambridge, como estudiante de doctorado, bajo la tutoría de Ralph Fowler, yerno de Rutherford.

Aunque Dirac tenía una clara comprensión de la teoría de la relatividad de Einstein que, en torno a 1919, había desencadenado una tormenta de publicidad en todo el mundo, mientras todavía era estudiante de ingeniería, sabía muy poco sobre el átomo cuántico de Bohr que por aquel entonces cumplía ya los diez años de edad. Y aunque, hasta su llegada a Cambridge, había considerado los átomos «como cuestiones muy hipotéticas» sobre las que apenas si merecía la pena pensar,[65] no tardó en cambiar de opinión y se aprestó a recuperar el tiempo perdido.

La vida silenciosa y recluida de un físico teórico en ciernes en Cambridge parecía hecha a medida para el vergonzoso e introvertido Dirac. Los estudiantes de investigación se quedaban a trabajar solos en la habitación de su *college* o en la biblioteca. Mientras otros padecían un día tras otro la falta de contacto humano, Dirac era feliz recluyéndose a pensar en su habitación. Incluso los domingos que se relajaba dando un paseo por el campo de Cambridgeshire, Dirac prefería hacerlo a solas. Como Bohr, a quien conoció en junio de 1925, Dirac elegía muy cuidadosamente sus palabras, tanto las escritas como las habladas. Y cuando daba una conferencia y le pedían que explicase tal o cual punto que no había quedado lo suficientemente claro, a menudo repetía palabra por palabra lo que acababa de decir. Cuando Bohr fue a Cambridge para dar una conferencia sobre los problemas de la teoría cuántica, Dirac se quedó impresionado por el hombre, pero no por sus argumentos. «Lo que yo quería eran afirmaciones que pudiesen expresarse en forma de ecuaciones —dijo posteriormente—, pero Bohr pocas veces proporcionaba esas afirmaciones».[66] Heisenberg, por otra parte, llegó desde Gotinga para dar una conferencia después de meses de hacer exactamente el tipo de física que Dirac hubiese encontrado estimulante. Pero Dirac ni siquiera había oído hablar de Heisenberg que, mientras hablaban de espectroscopia atómica, decidió no mencionarlo.

Fue Ralph Fowler quien llamó la atención de Dirac sobre la obra de Heisenberg al entregarle una copia en alemán de un artículo que no tardaría en ser publicado. Heisenberg había sido huésped de Fowler durante su breve visita y había discutido sus últimas ideas con su anfitrión, que le pidió una copia del artículo. Fowler, que tenía poco tiempo para estudiarlo con detenimiento, se lo pasó a Dirac, solicitándole su opinión. Cuando este, a comienzos de septiembre, lo leyó por vez primera tuvo ciertas dificultades en seguirlo y no fue consciente de que era revolucionario. Un par de semanas más tarde, sin embargo, Dirac súbitamente se dio cuenta de que el núcleo del nuevo enfoque de Heisenberg radicaba en el hecho de que A × B no era igual a B × A y «desveló la clave de todo el misterio».[67]

Dirac desarrolló una teoría matemática que le condujo también a la ecuación $pq - qp = (ih / 2\pi)I$, diferenciando lo que llamaba números *q* de los números *c*, es decir, las magnitudes que no se atienen a la regla de conmutación (AB no es lo mismo que BA) y aquellas otras que sí (es decir, aquellas en las que AB = BA). Dirac puso de relieve que la mecánica cuántica difiere de la mecánica clásica en el sentido de que las variables *q* y *p*, que representan la posición y el momento de una partícula, no se atienen a la propiedad conmutativa, sino que obedecen a la ecuación que, independientemente de Born, Jordan y Heisenberg, había descubierto. En 1926 Dirac recibió su doctorado con la primera tesis sobre la «mecánica cuántica». Por entonces, los físicos estaban empezando a respirar un poco más tranquilamente después de haberse enfrentado a la mecánica matricial que, aunque generaba las respuestas adecuadas, resultaba difícil de utilizar e imposible de visualizar.

«Los conceptos de Heisenberg y Born nos dejaron sin aliento y nos transmitieron la profunda impresión de que se trataba de personas muy teóricas —escribió Einstein en marzo de 1926—. En lugar de una resignación aburrida había ahora entre nosotros, personas habitualmente muy tranquilas, una singular tensión».[68] Y lo que los despertó de su estupor fue un físico austriaco que, mientras mantenía una relación amorosa, encontró tiempo para esbozar una versión completamente diferente de la mecánica cuántica que eludía lo que Einstein denominaba «los cálculos mágicos» de Heisenberg.[69]

9

«UN ARREBATO ERÓTICO TARDÍO»

«Pero ¡si ni siquiera sé lo que es una matriz!», se quejaba Heisenberg al referirse a los orígenes de la extraña regla de la multiplicación que gobernaba su nueva física. Y esa también era la reacción con la que los físicos daban habitualmente la bienvenida a su nueva mecánica matricial. A los pocos meses, sin embargo, Erwin Schrödinger les proporcionó una alternativa a la que todos dieron una agradecida bienvenida. Su amigo, el gran matemático alemán Hermann Weyl, calificó posteriormente el sorprendente hallazgo de Schrödinger como el producto de un «arrebato erótico tardío».[1] El austriaco Schrödinger era un auténtico mujeriego que descubrió la mecánica ondulatoria durante las Navidades de 1925, a los treinta y ocho años, mientras disfrutaba de un encuentro amoroso secreto en la estación suiza de esquí de Arosa. Después de abandonar la Alemania nazi, escandalizó a Oxford y luego a Dublín al irse a vivir, bajo el mismo techo, con su esposa y su amante.

«Su vida privada resultaba extraña para los burgueses como nosotros —escribió Born en 1961, meses después de la muerte de Schrödinger—. Pero nada de eso importaba, porque era la persona más encantadora, independiente, divertida, sensible, amable y generosa que haya conocido. Y también tenía el cerebro más riguroso y eficaz».[2]

Erwin Rudolf Josef Schrödinger nació en Viena el 12 de agosto de 1887. Su madre quería, en honor a Goethe, llamarlo Wolfgang, pero finalmente permitió que su esposo, en recuerdo de un hermano mayor muerto en la infancia, le bautizase con el nombre de Erwin. La muerte de ese hermano puso en manos del padre de Schrödinger el próspero negocio familiar de fabricación de linóleo y cera para suelos, acabando así con su expectativa de estudiar química en la Universidad de Viena y convertirse en científico. Schrödinger era muy consciente de que la vida cómoda y despreocupada que disfrutaba antes de la Primera Guerra Mundial solo había sido posible gracias a que su padre había sacrificado sus deseos personales en el altar del deber.

Desde antes de saber leer o escribir, Schrödinger llevaba un registro de sus actividades cotidianas, que dictaba a cualquier adulto que estuviese dispuesto. Fue un niño precoz que fue educado en casa por tutores privados hasta que, a los once años, ingresó en el Akademisches Gymnasium. El desempeño escolar de Schrödinger fue, desde el mismo momento de su ingreso hasta el día, ocho años después, en que lo abandonó, excepcional. Siempre era el primero de clase sin necesidad de realizar, al parecer, esfuerzo alguno. Un compañero recordaba «que Schrödinger tenía, especialmente en los ámbitos de la física y de las matemáticas, una habilidad especial para entender y aplicar, de manera inmediata, directa y sin necesidad de llevar a cabo ningún trabajo en casa, lo que había aprendido en clase».[3] Lo cierto es que Schrödinger era en realidad un alumno muy trabajador y estudiaba mucho en casa.

Como a Einstein, a Schrödinger le desagradaba el aprendizaje memorístico y la obligación de memorizar datos inútiles. Sin embargo, disfrutaba de la lógica estricta en la que se asentaban las gramáticas griega y latina. Hablaba inglés con su abuela materna, idioma en el que se desenvolvía con la misma facilidad que en alemán. Posteriormente aprendió también francés y español y, cuando la ocasión lo requería, podía dar conferencias en ambos idiomas. Versado en literatura y filosofía, también le gustaban el teatro, la poesía y el arte. Schrödinger era precisamente el tipo de persona que hacía sentirse incómodo a Werner Heisenberg. Cuando, en cierta ocasión, le preguntaron a Paul Dirac si tocaba algún instrumento, respondió que lo ignoraba... porque nunca lo había intentado. Y algo parecido sucedía con Schrödinger, que compartía con su padre la misma animadversión por la música.

Después de graduarse en el Gymnasium en 1906, Schrödinger quiso estudiar física en la Universidad de Viena con Ludwig Boltzmann, pero lamentablemente el legendario teórico se suicidó semanas antes de que Schrödinger empezara el curso. Con sus grandes ojos grises azulados y el pelo peinado hacia atrás, Schrödinger era una figura, pese a no alcanzar 1,70 metros, impresionante. Era mucho, después de su paso por el Gymnasium, donde demostró ser un estudiante excepcional, lo que se esperaba de él. Y lo cierto es que no decepcionó llegando a ser, examen tras examen, el primero de la clase. Resulta sorprendente que, pese a su interés por la física teórica, Schrödinger consiguiese su doctorado en mayo de 1910 con una tesis titulada «Sobre la conducción de la electricidad en la superficie de aislantes en el aire húmedo». Se trataba de una investigación experimental que ponía claramente de relieve que, a diferencia de Pauli y Heisenberg, Schrödinger se encontraba muy a gusto en el laboratorio. Así fue como un joven Schrödinger de veinticinco años pasó un verano libre antes de incorporarse, en octubre de 1910, al servicio militar.

Todos los varones sanos de Austria y Hungría debían prestar tres años de servicio militar obligatorio, pero, en cuanto graduado universitario, Schrödinger tuvo la ocasión de recibir instrucción como oficial y pasar luego a engrosar las filas de la reserva. Cuando, en 1911, regresó a la vida civil consiguió una plaza como ayudante del profesor de física experimental de su vieja universidad. Y aunque reconocía no estar hecho para dedicarse a la experimentación, jamás lamentó la experiencia. «Pertenezco a esos teóricos que saben, por observación directa, lo que significa la medición —concluyó posteriormente—. Debería haber más de ellos».[4]

En enero de 1914, Schrödinger, de veintiséis años, se convirtió en *privatdozent*. Eran muy pocas las oportunidades existentes, por aquel entonces, tanto en Austria como en cualquier otro lugar, para el ejercicio de la física teórica. Y como el camino que conducía a la ansiada docencia resultaba largo y difícil, llegó a pensar incluso en la posibilidad de renunciar a la física. En agosto de ese mismo año, sin embargo, estalló la Primera Guerra Mundial y Schrödinger fue llamado a filas. Desde el mismo comienzo tuvo suerte porque, como oficial de artillería, se vio destinado a posiciones fortificadas en el frente italiano. El único peligro al que, en sus diferentes destinos, se vio enfrentado fue el tedio. Entonces empezó a recibir libros y revistas científicas que le ayudaron a superar el aburrimiento. «¿Es esto vivir? —escribió en su diario, antes de que le encargasen ningún trabajo—. ¿Se trata tan solo de dormir, comer y jugar a las cartas?».[5] La filosofía y la física eran las únicas cosas que le libraban de la desesperación: «Ya no me pregunto cuándo terminará, sino si terminará alguna vez».[6]

La liberación llegó cuando, durante la primavera de 1917, le trasladaron nuevamente a Austria para enseñar meteorología en una escuela antiaérea y física en la Universidad de Viena. Como el mismo Schrödinger dijo posteriormente, acabó la guerra «sin resultar herido, sin haber contraído ninguna enfermedad y sin ninguna distinción».[7] La posguerra, como ocurrió con tantos otros, resultó muy difícil para Schrödinger y sus padres, cuyo negocio familiar había quebrado. El Imperio de los Habsburgo se disgregaba y la situación empeoraba mientras los victoriosos aliados mantenían un bloqueo que impedía la llegada de alimentos. Fueron miles las personas que, durante el invierno de 1918-1919, murieron de hambre y frío en Viena. No es de extrañar que, sin dinero para comprar comida en el mercado negro, los Schrödinger se viesen obligados a frecuentar los comedores de la beneficencia. Las cosas empezaron a mejorar lentamente después de marzo de 1919, cuando el bloqueo concluyó y el emperador marchó al exilio. La salvación llegó, para Schrödinger, al año siguiente, en forma de una oferta de trabajo en la Universidad de Jena con un salario que le permitía casarse con Annemarie Bertel, de veintitrés años.

La pareja llegó a Jena durante el mes de abril, donde permaneció medio año hasta que, en octubre de ese mismo año, Schrödinger se vio contratado como profesor extraordinario por la Technische Hochschule de Stuttgart. El salario resultaba algo mejor, lo que, después de las experiencias pasadas en los últimos años, resultaba muy interesante. Durante la primavera de 1921, las universidades de Kiel, Hamburgo, Breslavia y Viena estaban tratando de contratar a físicos teóricos y Schrödinger, que por aquel entonces se había labrado una sólida reputación, era uno de los candidatos más serios. Finalmente aceptó la oferta de una cátedra en Breslavia.

A los treinta y cuatro años, Schrödinger había logrado por fin sus ambiciones académicas. A pesar de disfrutar del cargo deseado, el sueldo de Breslavia quedaba lejos de sus aspiraciones y renunció a él apenas recibió una oferta de la Universidad de Zúrich. Al poco de llegar a Suiza, en octubre de 1921, fue diagnosticado de bronquitis y posiblemente también de tuberculosis. Las preocupaciones relativas a su futuro y la reciente muerte de sus padres, acaecida en los dos años anteriores, habían acabado reclamando su peaje. «Estaba realmente tan *kaput* que no podía llegar a esbozar ninguna idea con sentido», comentó posteriormente a Wolfgang Pauli.[8] Fue así como, siguiendo las recomendaciones de sus médicos, Schrödinger acabó dirigiéndose a un sanatorio ubicado en Arosa, un centro de esquí alpino de alta montaña, no lejos de Davos, donde pasó los siguientes nueve meses recuperándose. Fue un tiempo durante el cual descubrió la energía y el entusiasmo necesarios para escribir y publicar varios artículos.

A medida que los años iban transcurriendo, Schrödinger empezó a preguntarse por la posibilidad de realizar alguna contribución que le ubicase entre los físicos contemporáneos de primer rango. A comienzos de 1925 tenía treinta y siete años, muy lejos ya del trigésimo cumpleaños que, según se decía, representaba el límite de la vida creativa de un teórico. Y la incertidumbre de su importancia como físico se veía complicada por un matrimonio en crisis debido a aventuras amorosas por ambas partes. Cuando, al concluir ese año, su matrimonio se tambaleaba más que nunca, Schrödinger llevó a cabo el revolucionario descubrimiento que acabó garantizándole un lugar de honor en el panteón de los físicos.

Schrödinger empezó a interesarse cada vez más activamente por los últimos avances realizados en los campos de la física atómica y de la física cuántica. En octubre de 1925 llegó a sus manos un artículo escrito, ese mismo año, por Einstein, en una de cuyas notas a pie de página llamaba la atención del lector hacia la tesis de Louis de Broglie sobre la dualidad onda-partícula. Como sucede con la mayoría de las notas a pie de página, casi todo el mundo las ignora. Intrigado por el cuño de aprobación de Einstein,

Schrödinger se hizo con una copia de la tesis, sin saber que el artículo del príncipe francés llevaba impreso ya un par de años. Dos semanas más tarde, el 3 de noviembre, Schrödinger escribió a Einstein: «Hace unos días he leído con el mayor interés la ingeniosa tesis de De Broglie, de la que finalmente me he hecho con una copia».[9]

Aunque hubo quienes empezaron a tomar nota, pocos fueron, en ausencia de corroboración experimental, tan receptivos a las ideas de De Broglie como Einstein y Schrödinger. En Zúrich, los físicos de la universidad se reunían cada quince días a dialogar con los del Eidgenossische Technische Hochschule (ETI-I). Pieter Debye, profesor de física del ETH que dirigía el encuentro, solicitó a Schrödinger que diese una charla sobre la obra de De Broglie. Desde la perspectiva de sus colegas, Schrödinger fue un teórico competente y versátil que, en sus cerca de cuarenta artículos, había llevado a cabo sólidas, aunque poco notorias, contribuciones a campos tan diversos como la radiactividad, la física estadística, la relatividad general y la teoría del color. Entre ellos había varias revisiones que fueron muy bienvenidas y evidenciaban su extraordinaria capacidad para absorber, analizar y organizar el trabajo ajeno.

El 23 de noviembre, Felix Bloch, un estudiante de veintiún años, se hallaba presente cuando «Schrödinger nos ofreció un relato muy claro del modo en que De Broglie asociaba una onda a una partícula y la forma en que podía obtener las reglas de cuantización de Niels Bohr y Sommerfeld exigiendo que un número entero de ondas pudiese adaptarse a una órbita estacionaria».[10] Sin la menor corroboración experimental de la dualidad onda-partícula, que solo llegaría en 1927, Debye consideraba todo eso inverosímil y «bastante infantil».[11] La física de una onda —de cualquier onda, desde las ondas sonoras hasta las electromagnéticas y las que viajan a lo largo de una cuerda de violín— se describe con una ecuación. En lo que Schrödinger había subrayado, no había ninguna «ecuación de onda», porque De Broglie jamás había tratado de establecer ninguna para aplicar a sus ondas materiales. Y tampoco lo hizo Einstein después de leer la tesis del príncipe francés. Todo ello, según Debye, «sonaba muy trivial y no resultaba muy impresionante», recordaba Bloch cincuenta años más tarde.[12]

Schrödinger sabía que Debye, según el cual «es imposible tener ondas sin una ecuación de ondas», estaba en lo cierto.[13] Entonces, ambos decidieron, de manera casi simultánea, descubrir la ecuación oculta de las ondas de materia de De Broglie. Después de regresar de sus vacaciones de invierno, Schrödinger anunció, en el primero de los coloquios del nuevo año, que «mi colega Debye sugería que deberíamos tener una ecuación de onda. ¡Muy bien, la he encontrado!».[14] Entre un encuentro y el siguiente, Schrödinger había tomado las ideas incipientes de De Broglie y formulado con ellas una teoría completa de la mecánica cuántica.

Schrödinger sabía perfectamente dónde tenía que empezar y lo que tenía que hacer. De Broglie había puesto a prueba su idea de la dualidad onda-partícula, señalando que las únicas órbitas electrónicas permitidas del átomo de Bohr eran múltiplos enteros de la longitud de onda del electrón estacionario. Schrödinger sabía que la elusiva ecuación de onda a la que aspiraba tenía que reproducir, con ondas estacionarias tridimensionales, el modelo tridimensional del átomo de hidrógeno. El átomo de hidrógeno sería, pues, la prueba de fuego para la ecuación de onda que quería encontrar.

No mucho después de emprender su búsqueda, Schrödinger pensó que había descubierto esa ecuación. Cuando, sin embargo, la aplicó al átomo de hidrógeno, no dejó de dar respuestas incorrectas. Pero la raíz de ese fracaso radicaba en el hecho de que De Broglie había elaborado una presentación de la dualidad onda-corpúsculo coherente con la teoría de la relatividad especial de Einstein. Adentrándose en el camino esbozado por De Broglie, Schrödinger empezó a buscar una ecuación de onda «relativística» y descubrió una. Entretanto, Uhlenbeck y Goudsmit habían descubierto el concepto de espín del electrón, pero su artículo no fue publicado hasta finales de noviembre de 1925. Schrödinger había encontrado una ecuación de onda relativística, pero al no incluir el concepto de espín, no coincidía, en consecuencia, con los resultados de los experimentos.[15]

Con las vacaciones de Navidad aproximándose cada vez más, Schrödinger empezó a concentrar sus esfuerzos en descubrir una ecuación de onda sin preocuparse por la relatividad. Sabía que, en el caso de electrones que se desplazasen a la velocidad de la luz, donde no es posible ignorar la relatividad, tal ecuación fracasaría, pero que bastaba para sus propósitos. Pronto, sin embargo, en su mente hubo algo más que física, porque él y Anny estaban atravesando otra etapa —más larga, en esta ocasión, de lo habitual— de turbulencia marital. A pesar, no obstante, de los amoríos y de hablar continuamente de divorcio, parecían incapaces de separarse. Schrödinger quiso escapar un par de semanas y, dándole una excusa a su esposa, abandonó Zúrich por el maravilloso invierno de Arosa, su residencia favorita de los Alpes, donde le esperaba una cita con una examante. Schrödinger estaba encantado de haber vuelto al entorno familiar y cómodo de Villa Herwig. Fue allí donde él y Anny habían pasado las dos Navidades anteriores. Durante las dos semanas siguientes, apenas si tuvo tiempo para sentirse culpable de su apasionada relación con su misteriosa dama. Pero, por más distraído que pudo haber estado, lo cierto es que Schrödinger encontró tiempo para proseguir con la búsqueda de su ecuación de onda. «Por el momento estoy tratando de esbozar una nueva teoría atómica —escribió el 27 de diciembre—. ¡Ojalá supiera más matemáticas! Soy muy optimista al respecto y espero [...] resolverlo, sería muy *hermoso*».[16] Seis meses de creatividad sostenida siguieron a ese «arrebato erótico tardío» de su vida.[17] Inspirado por su musa desconocida, Schrödinger había descubierto *una* ecuación de onda, pero... ¿se trataba de *la* ecuación de onda que estaba buscando?

Schrödinger no «dedujo» su ecuación de onda de la física clásica... porque, siendo lógicamente muy rigurosa, no había modo alguno de hacerlo. En lugar de ello, partió de la ecuación onda-partícula de De Broglie, vinculó la longitud de onda asociada a una partícula a su momento y a ecuaciones claramente asentadas de la física clásica. Por más sencillo que parezca, tuvo que poner en juego toda su destreza y experiencia para ser el primero en formularla. Esos fueron los cimientos sobre los que, durante los meses siguientes, erigiría el edificio de la mecánica ondulatoria. Pero antes debía demostrar que se trataba de *la* ecuación de onda. ¿Generaba, al aplicarse al átomo de hidrógeno, los valores correctos de sus niveles de energía?

Después de regresar a Zúrich en el mes de enero, Schrödinger descubrió que su ecuación de onda reproducía la serie de niveles de energía del átomo de hidrógeno de Bohr-Sommerfeld. Más complicada que las ondas estacionarias unidimensionales de los electrones en órbitas circulares, la teoría de Schrödinger proporcionaba sus orbitales electrónicos tridimensionales. Sus energías asociadas formaban parte integral de las soluciones aceptables de la ecuación de onda de Schrödinger. Definitivamente prohibidas se hallaban las soluciones *ad hoc* que necesitaba el átomo cuántico de Bohr-Sommerfeld, ya que todos los ajustes y retoques anteriores emergían ahora de manera natural desde el marco de referencia proporcionado por la mecánica ondulatoria de Schrödinger. Incluso el misterioso salto cuántico del electrón de una órbita a otra parecía verse reemplazado por una transición suave y continua entre una onda electrónica tridimensional estacionaria permitida y otra. «La cuantización como un problema de valores propios [*Eigenvalue*]» fue aceptado por *Annalen der Physik* el 27 de enero de 1926.[18] Publicado el 13 marzo, presentaba la versión de la mecánica cuántica de Schrödinger y su aplicación al átomo de hidrógeno.

Durante una carrera profesional que se extendió a lo largo de cincuenta años, la producción anual promedio de Schrödinger de artículos de investigación giraba en torno a las cuarenta páginas impresas. En 1926 publicó 256 páginas en las que demostraba el modo en que la mecánica ondulatoria podía resolver exitosamente un amplio abanico de problemas que aquejaban a la física atómica. También esbozó una versión dependiente del tiempo de su ecuación de ondas que podría enfrentarse a «sistemas» que cambiaban con el paso del tiempo. Entre ellos cabe destacar procesos que implican la absorción y emisión de radiación y la dispersión que los átomos provocan en la radiación.

El día 20 de febrero, cuando los impresores estaban preparando el primer artículo, Schrödinger utilizó por vez primera la expresión *Wellenmechanik*, es decir, mecánica ondulatoria, para referirse a su nueva teoría. En acusado contraste con la fría y austera mecánica matricial, que llegaba incluso a prohibir el menor indicio de visibilidad, Schrödinger ofrecía a los físicos una alternativa más familiar y sencilla para explicar el mundo cuántico en términos más próximos a los de la física del siglo XIX que la abstracta formulación de Heisenberg. En lugar de misteriosas matrices, Schrödinger incluyó las ecuaciones diferenciales en la caja de herramientas matemática de cualquier físico. La mecánica matricial de Heisenberg apuntaba hacia saltos cuánticos y discontinuidad y no proporcionaba nada que imaginar con el ojo de su mente cuando uno quería vislumbrar el funcionamiento interno del átomo. Schrödinger dijo a los físicos que no necesitaban «reprimir la intuición y atenerse estrictamente a conceptos abstractos como probabilidades de transición, niveles de energía y similares».[19] No resulta sorprendente que diesen una entusiasta bienvenida a la mecánica ondulatoria y se aprestasen a abrazarla.

Apenas recibió las primeras copias de su artículo, Schrödinger las envió a aquellos colegas cuya opinión más le importaba. Planck le respondió el 2 de abril afirmando haber leído el artículo «como un niño ansioso por escuchar la solución a un acertijo que llevaba mucho tiempo inquietándole».[20] Dos semanas más tarde, Schrödinger recibió una carta de Einstein, quien le dijo que «su idea me parece la obra de un auténtico genio».[21] «Su aprobación y la de Planck significan, para mí, más que la de la mitad del mundo», respondió Schrödinger, a vuelta de correo.[22] Einstein estaba convencido de que el austriaco había dado un paso adelante decisivo «de modo que estoy convencido de que el método de Heisenberg-Born está equivocado».[23] Otros necesitaron más tiempo para valorar plenamente el producto del «arrebato erótico tardío» de Schrödinger. Sommerfeld creyó en principio que la mecánica ondulatoria estaba «completamente equivocada», antes de cambiar de opinión y afirmar que, «aunque no cabe la menor duda de la veracidad de la mecánica matricial, su empleo es sumamente complicado y aterradoramente abstracto. Por suerte, Schrödinger acaba de llegar a rescatarnos».[24] Fueron muchos también los que respiraron aliviados, porque el aprendizaje y la aplicación de las ideas encarnadas en la mecánica ondulatoria resultaban más familiares que las extrañas y abstractas formulaciones de Heisenberg y sus colegas de Gotinga. «La ecuación de Schrödinger llega como una gran liberación —escribió el joven doctor de los espines George Uhlenbeck—. Ya no necesitamos seguir aprendiendo la extraña matemática matricial».[25] En lugar de ello, Ehrenfest, Uhlenbeck y otros físicos de Leiden pasaron semanas, en ocasiones, «de pie ante la pizarra» para aprender todas las espléndidas ramificaciones de la mecánica ondulatoria.[26]

Aunque Pauli estaba cerca de los físicos de Gotinga, no por ello dejó de reconocer y quedarse profundamente impresionado por el significado del logro de Schrödinger. Pauli había puesto toda su materia gris al servicio de la aplicación de la mecánica matricial al átomo de hidrógeno. Y todo el mundo se quedó sorprendido por la velocidad y virtuosismo con que lo hizo. El 17 de enero, Pauli envió su artículo al *Zeitschrift für Physik*, solo diez días antes de que Schrödinger enviase su primer artículo. Y cuando vio la relativa facilidad con la que la mecánica ondulatoria permitía a Schrödinger enfrentarse al átomo de hidrógeno, Pauli se quedó asombrado. «Me parece uno de los artículos recientemente mejor escritos —le dijo a Pascual Jordan—. Léalo atenta y cuidadosamente».[27] Poco tiempo después, en el mes de junio, Born describió la mecánica ondulatoria «como la forma más profunda de las leyes cuánticas».[28]

Heisenberg «no estaba muy complacido», dijo a Jordan, por el aparente rechazo de Born de la mecánica ondulatoria.[29] Aunque reconocía que el artículo de Schrödinger era «extraordinariamente interesante» con su uso de un desarrollo matemático más familiar, Heisenberg creía con firmeza que, en lo que respecta a la física, su mecánica matricial describía más adecuadamente el modo en que, a nivel atómico, funcionaban las cosas.[30] «Desde el mismo momento de partida, Heisenberg no compartía mi opinión de que su mecánica ondulatoria fuese físicamente más significativa que nuestra mecánica cuántica», confió Born a Schrödinger en mayo de 1927.[31] Ese, por aquel entonces, había dejado ya de ser un secreto. Ni Heisenberg mismo quería que lo fuese. Era demasiado lo que estaba en juego.

Cuando la primavera de 1925 dio paso al verano, todavía no había mecánica cuántica, una teoría que pudiese cumplir, para la física atómica, con la misma función desempeñada por la mecánica newtoniana para la física clásica. Un año más tarde había dos teorías tan diferentes como las partículas y las ondas. Y ambas daban, cuando se aplicaban a los mismos problemas, la misma respuesta. ¿Cuál era, si es que la había, la relación que existía entre la mecánica matricial y la mecánica ondulatoria? Esa fue una de las cuestiones que Schrödinger empezó a valorar apenas concluyó su primer revolucionario artículo. Pero, tras dos semanas de búsqueda, no descubrió la existencia de ningún vínculo. «En consecuencia —escribió Schrödinger a Wilhelm Wien—, he renunciado a seguir buscando».[32] Estaba un tanto decepcionado, confesó, de que «el cálculo matricial me resultaba insoportable mucho antes de pensar incluso en mi teoría».[33] Lo cierto es que, hasta comienzos de marzo, fue incapaz de dejar de seguir buscando alguna conexión.

Dos teorías que parecían, en forma y contenido, muy diferentes, una empleando ecuaciones de onda y la otra el álgebra matricial, una describiendo ondas y otra partículas, resultaban, no obstante, equivalentes desde el punto de vista matemático.[34] No es de extrañar, por tanto, que dieran exactamente las mismas respuestas. La ventaja de contar con dos formalizaciones diferentes, aunque equivalentes, de la mecánica cuántica, pronto resultó evidente. Para la mayoría de los problemas físicos encontrados, la mecánica ondulatoria de Schrödinger proporcionaba una solución más rápida. Pero, para otros, como los que, por ejemplo, tenían que ver con el espín, el abordaje más interesante era el enfoque matricial de Heisenberg.

Sin posibilidad alguna de plantear cuál de las dos teorías era correcta, la atención pasó del formalismo matemático a la interpretación física. Quizá las dos teorías fuesen técnicamente equivalentes, pero la naturaleza de la realidad física que subyacía tras la formulación matemática era completamente diferente; las ondas y la continuidad de Schrödinger *versus* las partículas y la discontinuidad de Heisenberg. Ambos estaban completamente convencidos de que su teoría capturaba la verdadera naturaleza de la realidad física, pero los dos no podían estar en lo cierto.

Aunque no hubiera, al comienzo, animadversión alguna entre Schrödinger y Heisenberg sobre sus distintas visiones de la mecánica cuántica, las emociones no tardaron en hacer acto de presencia. En público y en sus artículos ambos refrenaban, hablando en términos generales, sus verdaderos sentimientos, pero en sus cartas no mostraban el mismo tacto y recato. Después del fracaso inicial de tratar de demostrar la equivalencia de las mecánicas ondulatoria y matricial, Schrödinger se sintió algo liberado de que no la hubiese, porque «el mero pensamiento de apelar al cálculo matricial para explicar a un joven estudiante la verdadera naturaleza del átomo me hace estremecer».[35] En su artículo titulado «Sobre la relación existente entre la mecánica cuántica de Heisenberg-Born-Jordan y la mía», Schrödinger apenas si consiguió diferenciar la mecánica ondulatoria de la mecánica matricial. «Mi teoría se ha inspirado en L. de Broglie y en los breves pero nada miopes, por cierto, comentarios de A. Einstein —explicó—. Yo era completamente inconsciente de cualquier relación genética entre mi teoría y la de Heisenberg».[36] Schrödinger proseguía diciendo que «su imposibilidad de representación [de la mecánica matricial] me molesta hasta el punto de la repulsión».[37]

Heisenberg todavía era menos diplomático en lo que respecta a la continuidad que Schrödinger estaba empeñándose en restaurar al dominio atómico que, en su opinión, se hallaba gobernado por la discontinuidad. «Cuanto más pienso en la dimensión física de la teoría de Schrödinger, más repulsiva me parece», escribió a Pauli, en el mes de junio.[38] Lo que afirma Schrödinger sobre la visibilidad de su teoría «probablemente sea falso» o, dicho en otras palabras, «sea sencillamente absurdo».[39] Quienes, no obstante, conocían a Bohr, se daban clara cuenta de que Heisenberg estaba utilizando exactamente el tipo de lenguaje preferido por el danés, que siempre calificaba como «interesantes» las ideas o argumentos con los que en realidad estaba en desacuerdo. Cada vez más frustrado ante el abandono de sus colegas de la mecánica matricial por la mecánica ondulatoria, de más sencilla aplicación, Heisenberg finalmente se quebró. Y apenas si pudo creerse que Born, de entre todas las personas, empezase a utilizar la ecuación de onda de Schrödinger llamándole, en pleno ataque de ira, «traidor».

Quizá llegó a tener envidia de la creciente popularidad de la alternativa presentada por Schrödinger, pero lo cierto es que, después de su descubrimiento, Heisenberg fue el responsable del siguiente gran triunfo de la mecánica ondulatoria. Y aunque se enfadase con Born, Heisenberg también acabó seducido por la facilidad con la que el abordaje matemático de Schrödinger podía aplicarse a los problemas atómicos. En julio de 1926 utilizó la mecánica ondulatoria para explicar las líneas espectrales del helio.[40] Pero, por si acaso alguien sacaba más conclusiones de la cuenta de su adopción de la formulación rival, Heisenberg señalaba que solo lo había hecho por mera conveniencia. El hecho de que ambas teorías fuesen matemáticamente equivalentes significaba que podía utilizar la mecánica ondulatoria ignorando las «imágenes intuitivas» con las que Schrödinger la representaba. Pero, aun antes de que Heisenberg enviase su artículo, Born había apelado a la paleta de Schrödinger para esbozar una imagen completamente diferente sobre el mismo lienzo cuando descubrió que la probabilidad se asentaba tanto en el corazón de la mecánica ondulatoria como en la realidad cuántica.

Schrödinger no pretendía esbozar una nueva imagen, sino que tan solo trataba de recuperar la vieja. No había, para él, saltos cuánticos en el átomo entre diferentes niveles de energía, sino transiciones continuas de una onda estacionaria a otra, donde la emisión de radiación debía ser el mero producto de algún exótico fenómeno de resonancia. Creía que la mecánica ondulatoria permitía la recuperación de la imagen clásica «intuitiva» de una realidad física continua, causal y determinista. Pero Born se hallaba en profundo desacuerdo con ese intento. «El logro de Schrödinger se reduce a algo estrictamente matemático —dijo, en este sentido, a Einstein—, su física es muy pobre».[41] A diferencia del intento de Schrödinger de representar una imagen de antigua inspiración newtoniana, Born utilizaba la mecánica ondulatoria para esbozar la imagen surrealista de una realidad discontinua, acausal y probabilística. Esas dos imágenes de la realidad se apoyaban en dos interpretaciones diferentes de la llamada función de onda simbolizada, en la ecuación de onda de Schrödinger, por la letra griega psi (es decir, ψ).

Schrödinger sabía, desde el mismo comienzo, que había un problema con su versión de la mecánica cuántica. Según las leyes del movimiento formuladas por Newton, la determinación de la posición y de la velocidad que, en un determinado momento, ocupa un electrón nos permite, al menos teóricamente, determinar con exactitud dónde se hallará en un momento posterior. ¿Dónde, si arrojamos una piedra a un estanque, se halla exactamente la onda que nuestra acción ha provocado en su superficie? Las ondas, a diferencia de las partículas, no se hallan ubicadas en un determinado lugar, sino que son perturbaciones que transmiten energía a través de un medio. Como las personas que forman parte de «la ola» que, en ocasiones, recorre un campo de fútbol, las olas no son más que moléculas de agua que oscilan hacia arriba y hacia abajo.

Todas las ondas, independientemente de su forma y tamaño, pueden ser descritas por una ecuación que, como hacen las ecuaciones newtonianas con las partículas, representa matemáticamente su movimiento. La función de onda ψ representa la onda y describe su forma en un determinado momento. La función de onda de una onda que se desplaza por la superficie de un estanque especifica el tamaño de la perturbación, es decir, su amplitud, en un lugar x y en un tiempo t. Cuando Schrödinger descubrió la ecuación de onda de las ondas de materia de De Broglie, la función de onda era la parte desconocida. La solución de la ecuación de una determinada situación física como, por ejemplo, el átomo de hidrógeno, consiste en determinar su función de onda. Pero había una pregunta que Schrödinger tenía dificultades en responder: ¿qué era lo que provocaba la ondulación?

La respuesta a esa pregunta era, en el caso del agua y las ondas sonoras, evidente, las moléculas de agua o aire. El caso de la luz había dejado perplejos a los físicos del siglo XIX, que se habían visto obligados a invocar, como medio a través del cual viajaba la luz, la existencia de un «éter» misterioso, hasta que acabaron descubriendo que su ondulación se veía provocada por una onda electromagnética que entrelazaba campos eléctricos y magnéticos. Schrödinger creía que las ondas materiales eran tan reales como cualquier otro tipo de onda más familiar. Pero ¿cuál era, no obstante, el medio a través del cual viajaba el electrón? Esa cuestión se asemejaba a preguntar a qué se refiere la función de onda de la ecuación de onda de Schrödinger. Durante el verano de 1926, la situación a la que se enfrentaban Schrödinger y sus colegas se veía perfectamente resumida por el siguiente poemilla:

Erwin con su psi
puede hacer muchos cálculos.
Pero una cosa falta saber:
lo que realmente significa psi.[42]

Schrödinger acabó suponiendo que la función de onda de un electrón, por ejemplo, estaba íntimamente ligada a la distribución nebulosa de su carga eléctrica desplazándose a través del espacio. La función de onda no era, en la mecánica ondulatoria, una magnitud que pudiese medirse directamente, porque era lo que los matemáticos denominan un número complejo. Un ejemplo de ese tipo de números nos los proporciona la expresión $4 + 3i$, que está compuesta por dos partes: una «real» y la otra «imaginaria». El número 4 es un número ordinario que constituye la parte «real» del complejo $4 + 3i$. La parte «imaginaria», es decir, $3i$, carece de significado físico, porque i es la raíz cuadrada de -1. Recordemos que la raíz cuadrada de un número es otro número que, multiplicado por sí mismo, nos da el número original. Así, por ejemplo, la raíz cuadrada de 4 es 2, porque 2×2 son 4. Pero no hay número que, multiplicado por sí mismo, dé -1. Mientras que 1×1 es igual a 1, -1×-1 también es igual a 1 porque, según las leyes del álgebra, menos por menos es más.

La función de onda resulta inobservable, es tan intangible que no puede ser medida. Pero el cuadrado de un número complejo nos da un número real que está asociado a algo que puede medirse en el laboratorio.[43] El cuadrado de $4 + 3i$ es 25.[44] Schrödinger creía que el cuadrado de la función de onda de un electrón, es decir $|\psi(x, t)|^2$, era una medida de la densidad de carga eléctrica en la ubicación x en un determinado momento t.

Como parte de su interpretación de la función de onda, Schrödinger introdujo el concepto de «paquete de ondas» para representar al electrón desafiando la misma noción de existencia de las partículas. Afirmaba que un electrón solo «parece» ser una partícula, pero que en realidad, y a pesar de la abrumadora evidencia experimental que parece favorecer esa interpretación, no lo es. Schrödinger creía que la visión corpuscular del electrón era una ilusión. Lo único que existe en realidad, desde su perspectiva, son ondas. Cualquier manifestación de un electrón corpuscular es debida, en su opinión, a la superposición de un grupo de ondas materiales sobre un paquete de ondas. Un electrón en movimiento no sería entonces más que un paquete de ondas moviéndose como un impulso en movimiento, desencadenado, por ejemplo, con un golpe de muñeca a una cuerda que se halla sujeta por el otro extremo. El paquete de ondas que se asemeja a una partícula requiere una colección de ondas de diferentes longitudes de onda que interfieren unas con otras de un modo tal que, más allá del paquete de ondas, se anulan entre sí.

Si renunciamos a las partículas y lo reducimos todo a ondas, libramos a la física de la discontinuidad y de los saltos cuánticos, un precio que, según Schrödinger, merece la pena pagar. Pero su interpretación no tardó en encontrar dificultades, ya que no conseguía tener sentido físico. En primer lugar, la representación del paquete de ondas del electrón empezó a desentrañarse cuando se descubrió que las ondas constituyentes se expandirían a través del espacio de un modo tal que podrían viajar más rápidamente que la velocidad de la luz si la experimentación determinase que estaban conectadas a la detección de un electrón semejante a una partícula.

No había modo, por más que Schrödinger lo intentase, de impedir la dispersión del paquete de ondas. Compuesto por ondas de diferente frecuencia y longitud de onda, el paquete de ondas no tardaría, desplazándose a través del espacio, en difundirse como ondas individuales moviéndose a distintas velocidades. Y cuando se detectase un electrón como partícula, se produciría una llegada casi instantánea, una localización en un punto del espacio. Cuando, en segundo lugar, se trató de aplicar la ecuación de ondas al helio y otros átomos, la visión de Schrödinger de la realidad subyacente tras su formulación matemática se desvanecía en un espacio abstracto y multidimensional imposible de visualizar.

La función de onda de un electrón contiene todo lo que aquí hay que saber sobre su onda individual tridimensional. Pero la función de onda de los dos electrones del átomo de helio no puede ser interpretada como dos ondas tridimensionales que existen en el espacio tridimensional ordinario. Muy al contrario, la formulación matemática apuntaba hacia una onda individual moviéndose en un extraño espacio hexadimensional. Cada uno de los pasos que conducen de un elemento de la tabla periódica al siguiente aumenta en uno el número de electrones, lo que requiere un nuevo espacio tridimensional. Si el litio, tercero en la tabla, requiere un espacio eneadimensional, el uranio deberá adaptarse a un espacio con 276 dimensiones. Las ondas que ocupan estos espacios abstractos multidimensionales no podían ser, pues, las ondas físicas reales que Schrödinger esperaba que restableciesen la continuidad y eliminasen el salto cuántico.

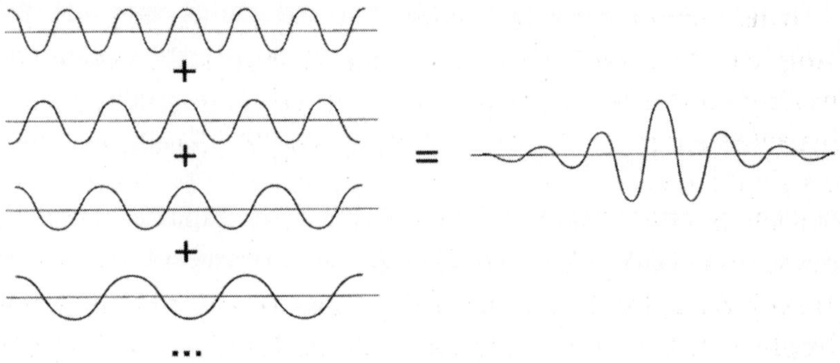

FIGURA 11. Paquete de ondas formado por la superposición de un grupo de ondas.

Pero la interpretación de Schrödinger tampoco podía explicar el efecto fotoeléctrico ni el efecto Compton. Eran muchas, pues, las preguntas que quedaban sin responder: ¿cómo podía un paquete de ondas poseer carga eléctrica? ¿Puede la mecánica ondulatoria incluir el espín cuántico? ¿A qué se refiere la función de onda de Schrödinger sino a ondas reales en el espacio tridimensional ordinario? Fue Max Born quien acabó proporcionando la respuesta a todas estas preguntas.

Born estaba cerca ya de concluir su permanencia de cinco meses en Estados Unidos cuando, en marzo de 1926, apareció el primer artículo de Schrödinger sobre mecánica ondulatoria. Cuando lo leyó, al regresar a Gotinga, durante el mes de abril, se quedó, como muchos, completamente «sorprendido».[45] El campo de la física cuántica había experimentado en su ausencia una sorprendente transformación. Born reconoció entonces de inmediato que

Schrödinger había elaborado, casi de la nada, una teoría «con un poder y elegancia fascinantes».[46] Fue muy rápido en reconocer «la superioridad, en cuanto herramienta matemática, de la mecánica ondulatoria», algo que resultaba evidente por la relativa facilidad con la que resolvía «el problema atómico fundamental», es decir, el átomo de hidrógeno.[47] Después de todo, para aplicar la mecánica matricial al átomo de hidrógeno se habría necesitado a alguien con un talento tan prodigioso como Pauli. Pero por más que el artículo de Schrödinger le pillara por sorpresa, hacía ya mucho tiempo que Born estaba familiarizado con la idea de ondas materiales.

«Una carta de Einstein desvió mi atención hacia la tesis de De Broglie poco después de su publicación, pero estaba demasiado inmerso en nuestras especulaciones como para estudiarla detenidamente», admitió Born, medio siglo más tarde.[48] En julio de 1925 se había dedicado a estudiar la obra de De Broglie y escribió a Einstein que «la teoría ondulatoria de la materia puede ser de una importancia extraordinaria».[49] Su entusiasmo le había llevado, según contó a Einstein, a «especular un poco sobre las ondas de De Broglie».[50] Pero entonces fue cuando dejó de lado las ideas de De Broglie para tratar de dar sentido a la extraña regla de multiplicación de la que hablaba un artículo que le había entregado el mismo Heisenberg. Ahora, casi un año más tarde, Born resolvió algunos de los problemas encontrados por la mecánica ondulatoria, aunque a un precio muy superior al exigido por Schrödinger con su sacrificio de las partículas.

El rechazo de las partículas y de los saltos cuánticos propuesto por Schrödinger resultaba excesivo para Born. Él había testimoniado regularmente en Gotinga lo que llamó «la fertilidad del concepto de partícula en experimentos sobre colisiones atómicas».[51] Así pues, Born aceptó la riqueza del formalismo de Schrödinger, pero rechazando, no obstante, la interpretación del austriaco. «Debemos —escribió Born posteriormente en 1926— renunciar completamente a la representación física propuesta por Schrödinger, que apunta a la revitalización de la teoría continua clásica, y quedarnos tan solo con su formalismo matemático, rellenándolo de un contenido físico nuevo».[52] Convencido de «la imposibilidad de abolir simplemente las partículas», Born descubrió el modo de entrelazarlas con las ondas apelando, para ello, a la probabilidad y llegando a una nueva interpretación de la función de onda.[53]

Mientras estuvo en Estados Unidos, Born había estado trabajando en la aplicación de la mecánica matricial a las colisiones atómicas. De nuevo en Alemania, y con la mecánica ondulatoria de Schrödinger a su disposición, volvió sobre el tema y escribió dos artículos originales que tenían el mismo título: «Mecánica cuántica del fenómeno de la colisión». El primero de ellos, de solo cuatro páginas, fue publicado el 10 de julio en *Zeitschrift für Physik*. Diez días más tarde concluyó y envió el segundo, más perfeccionado que el primero.[54] Mientras Schrödinger renunciaba a la existencia de las partículas, Born, en su intento de salvarlas, había esbozado una interpretación de la función de onda que desafiaba un principio fundamental de la física: el determinismo.

El universo newtoniano es estrictamente determinista y no cabe, en él, el azar. Cada partícula posee, desde esa perspectiva, en un determinado instante, un momento y una posición definidos. Las fuerzas que actúan sobre la partícula determinan la forma en que su momento y posición cambian a lo largo del tiempo. El único modo en que físicos como James Clerk Maxwell y Ludwig Boltzmann podrían explicar las propiedades de un gas, compuesto de muchas partículas, era apelando a la probabilidad y llevando a cabo una descripción estadística. Esa retirada forzada, pues, al análisis estadístico se debía a las dificultades que conlleva el rastreo de un número tan ingente de partículas. La probabilidad es una consecuencia de la ignorancia humana en un universo determinista en el que todo se despliega según las leyes de la naturaleza. Si conocemos el estado presente de un sistema y las fuerzas que actúan sobre él, lo que sucederá en el futuro ya está determinado. El determinismo, según la física clásica, está unido por un cordón umbilical a la noción de causalidad, es decir, a la noción de que todo efecto tiene una causa. Como sucede con el choque entre dos bolas de billar, cuando un electrón colisiona con un átomo puede verse dispersado en casi cualquier dirección. Pero ahí termina, sin embargo, toda similitud, decía entonces Born. Y luego concluía con una afirmación realmente sorprendente diciendo que la física no puede responder, en lo que respecta a las colisiones atómicas, a la pregunta «¿Cuál es el estado que sigue a la colisión?», sino tan solo a «¿Cuán probable es un determinado efecto de la colisión?».[55]

«Aquí es donde el determinismo empieza a damos problemas», admitía Born.[56] Resulta imposible determinar el lugar exacto en el que, después de la colisión, se halla el electrón. Lo único que la física puede hacer, dijo, consiste en calcular la probabilidad de que el electrón experimente una desviación de tal o cual ángulo. Ese era «el nuevo contenido físico» en torno al cual gravitaba la nueva interpretación de Born sobre la función de onda.

La función de onda no tiene realidad física, solo existe en el reino misterioso y fantasmal de lo posible. Tiene que ver con posibilidades abstractas, como todos los ángulos de desviación que puede asumir el electrón tras la colisión con un átomo. Existe una diferencia abismal entre lo posible y lo probable. Born afirmaba que el cuadrado de la función de onda, un número real, que no complejo, se mueve en el mundo de lo probable. El cuadrado de la función de onda, por ejemplo, no nos indica la posición real de un electrón, sino tan solo la probabilidad de encontrarlo en tal o cual región.[57] Si, por ejemplo, el valor de la función de onda de un electrón en X dobla al de su valor en Y, la probabilidad de encontrarlo en X duplicará al de la probabilidad de encontrarlo en Y; aunque lo cierto es que puede ser encontrado en X, en Y o en cualquier otro sitio.

Niels Bohr no tardaría en afirmar que un objeto microscópico como un electrón no existe hasta el momento en que hacemos una observación o realizamos una medida. Entre una medida y la siguiente no existe más allá de las posibilidades abstractas de la función de onda. Solo cuando se lleva a cabo una observación o medida, «la función de onda se colapsa», uno de los estados «posibles» del electrón se convierte en el estado «real» y la probabilidad del resto de las alternativas pasa a ser cero.

La ecuación de Schrödinger describía, para Born, una onda de probabilidad. No existen ondas electrónicas reales, sino tan solo ondas abstractas de probabilidad. «No existe, desde el punto de vista de nuestra mecánica cuántica, cantidad alguna que, en un caso individual, determine causalmente el efecto de una colisión», escribió Born.[58] Y luego confesaba: «Creo que, en el mundo atómico, deberíamos renunciar al determinismo».[59] Pero mientras «el movimiento de las partículas se atenga a las reglas de la probabilidad —señalaba también—, la probabilidad se propagará siguiendo las leyes de la causalidad».[60]

Born se dio cuenta de que, entre un artículo y el siguiente, había introducido, en el ámbito de la física, un nuevo tipo de probabilidad. «La probabilidad cuántica», a falta de mejor término, no era la probabilidad clásica de la ignorancia, que teóricamente podía ser eliminada, sino, por el contrario, un rasgo esencial de la realidad atómica. La imposibilidad, por ejemplo, de determinar el momento exacto en que un átomo concreto de una muestra radiactiva se degrada y la certeza de que alguno podría hacerlo no se deben a una falta de conocimiento, sino que son el resultado de la naturaleza probabilística de la regla cuántica que rige el proceso de degradación radiactiva.

Schrödinger desdeñaba la interpretación probabilística de Born. No aceptaba que la colisión de un electrón o de una partícula alfa con un átomo fuese «absolutamente accidental», es decir, «completamente indeterminada».[61] No había modo, dicho de otra manera, si Born estaba en lo cierto, de eludir el salto cuántico, lo que amenazaba de nuevo la causalidad. En noviembre de 1926 escribió a Born: «Pero tengo, no obstante, la impresión de que usted y otros, que en esencia comparten su opinión, se hallan profundamente hechizados por conceptos (como estados estacionarios, saltos cuánticos, etcétera) que, en la última década, han logrado, en nuestro pensamiento, carta de ciudadanía, de ahí que no pueda considerar con ecuanimidad cualquier intento de alejarse de ese sistema de pensamiento».[62] Schrödinger nunca abandonó su interpretación de la mecánica ondulatoria y el intento de esbozar alguna imagen representable del fenómeno atómico. «No puedo imaginar que el electrón salte como lo hace una pulga», dijo, en frase memorable, en cierta ocasión.[63]

Zúrich quedaba fuera del triángulo dorado cuántico formado por Copenhague, Gotinga y Múnich. A medida que, durante la primavera y el verano de 1926, la nueva física de la mecánica ondulatoria se expandía por la comunidad física europea como un reguero de pólvora, eran muchas las personas interesadas en escuchar lo que Schrödinger tenía que decir acerca de su teoría. No es de extrañar que, en cuanto llegó una invitación de Arnold Sommerfeld y Wilhelm Wien para impartir dos conferencias en Múnich, Schrödinger aceptase rápidamente. La primera de ellas, que se celebró el 21 julio, durante el «coloquio de los miércoles» de Sommerfeld, fue rutinaria y bien recibida. La segunda, que se celebró el 23 de julio en la sección bávara de la Sociedad de Física Alemana, no lo fue. Heisenberg, que a la sazón se hallaba pasando una temporada en Copenhague como asistente de Bohr, regresó a Múnich a tiempo para escuchar ambas conferencias antes de irse de excursión.

Cuando se sentó por segunda vez en la abarrotada sala de conferencias, Heisenberg escuchó en silencio hasta el final la charla de Schrödinger titulada «Nuevos resultados de la mecánica ondulatoria». Durante la sesión de preguntas y respuestas que siguió a la charla, Heisenberg se puso cada vez más nervioso, hasta que llegó un momento en que ya no pudo mantenerse en silencio. Todas las miradas, cuando se levantó a hablar, se posaron entonces sobre él. La teoría de Schrödinger, dijo entonces, no explica las leyes de la radiación de Planck, el experimento de Frank-Hertz, el efecto Compton ni el efecto fotoeléctrico. Nada podía ser explicado sin discontinuidad y saltos cuánticos, precisamente los conceptos que Schrödinger aspiraba a eliminar.

Antes de que el austriaco pudiese replicar y algunos de los asistentes expresaran su desaprobación ante los comentarios del joven de veinticuatro años, un Wien molesto se levantó e intervino. El viejo físico, contó posteriormente Heisenberg a Pauli, «casi me expulsa de la sala».[64] La historia de ambos se remontaba a los días de Heisenberg como estudiante en Múnich y a su pobre rendimiento durante el examen oral para su doctorado sobre algo relacionado con la física experimental. «Estoy convencido —conminó Wien, invitándole a sentarse— de que el profesor Schrödinger se ocupará, a su debido tiempo, de todas esas cuestiones. Debe aceptar que se han acabado todas esas tonterías de los saltos cuánticos».[65] Schrödinger, sin inmutarse, replicó que, efectivamente, confiaba en que todos esos problemas no tardarían en resolverse.

Heisenberg no podía dejar de lamentarse después de que Sommerfeld, que había presenciado el incidente, «sucumbiese a la fuerza persuasiva de las matemáticas de Schrödinger».[66] Abatido y desalentado por la necesidad de abandonar la escena vencido antes de la batalla, Heisenberg necesitaba recuperarse. «Hace unos días asistí a un par de conferencias de Schrödinger —escribió a Jordan— y estoy absolutamente convencido de la inadecuación de la interpretación física de su versión de la mecánica cuántica».[67] Pero él ya sabía que no bastaba con la mera convicción, puesto que «las matemáticas de Schrödinger significaban un gran paso hacia delante».[68] Después de su desastrosa intervención, Heisenberg había enviado un despacho a Born desde la misma vanguardia de la física cuántica.

Después de leer la versión de Heisenberg de los eventos que habían sucedido en Múnich, Bohr invitó a Schrödinger a Copenhague a dar una conferencia y participar en «algunas discusiones en el estrecho círculo de quienes trabajan en el instituto y poder así tratar más detenidamente todas las cuestiones abiertas en el campo de la teoría atómica».[69] Cuando Schrödinger bajó del tren el día 1 de octubre de 1926, Bohr estaba esperándole en la estación. Era la primera vez que se veían.

Tras el intercambio de saludos emprendieron de manera casi simultánea una batalla que, según Heisenberg, «prosiguió día tras día desde bien temprano hasta última hora de la noche».[70] Poco tiempo tuvo Schrödinger para respirar y librarse del asedio al que, durante los días siguientes, Bohr le sometió. Aunque habitualmente era el más amable y considerado de los anfitriones, Bohr daba la impresión (una impresión de la que participaba el mismo Heisenberg) de que, en su deseo de convencer a Schrödinger de que estaba en un error, actuaba como «un fanático implacable, alguien que no estaba dispuesto a hacer la menor concesión y no admitía siquiera la posibilidad de estar equivocado».[71] Los dos defendían apasionadamente sus arraigadas convicciones sobre la interpretación física de la nueva física. Ninguno estaba dispuesto a conceder un solo metro sin luchar, lanzándose al ataque ante cualquier muestra de debilidad o de falta de exactitud en los argumentos esgrimidos por el otro. Durante una discusión, Schrödinger calificó como «pura fantasía el concepto mismo de salto cuántico». «Pero ¿acaso demuestra eso la inexistencia de los saltos cuánticos? —contrarrestó Bohr—. Lo único que demuestra —prosiguió— es nuestra imposibilidad de imaginárnoslo». Las emociones pronto se intensificaron. «¡Usted no puede cuestionar en serio el fundamento de la teoría cuántica!», arguyó Bohr. Schrödinger concedió que todavía quedaban muchas cosas por explicar, pero que Bohr «también había fracasado en esbozar una interpretación física satisfactoria de la mecánica cuántica». Y cuanto más alcanzaba Bohr, más retrocedía Schrödinger. «Si todo este condenado salto cuántico estuviese sentenciado a perdurar, debería pedir perdón por haber contribuido al desarrollo de la teoría cuántica». «Pero todos estamos muy agradecidos por lo que usted ha hecho —replicó Bohr—. Su mecánica ondulatoria ha contribuido muy positivamente a la claridad y simplicidad matemática y representa un avance gigantesco sobre todas las versiones anteriores de mecánica cuántica».[72]

Días después de estas implacables discusiones, Schrödinger cayó enfermo hasta el punto de tener que guardar cama. Y aunque la esposa de Bohr hizo todo lo que estuvo en su mano por cuidar a su huésped, este se sentó en el borde de la cama y siguió discutiendo: «Pero, Schrödinger, usted debe ver que...».

Y por supuesto que veía, pero solo a través de sus propias gafas y no de las que Bohr quería colocarle. El acuerdo era, pues, muy improbable. Ninguno de los dos se dejaba convencer por el otro. «No podía esperarse ninguna comprensión real porque, en ese momento, ninguno de ellos podía proporcionar una interpretación completa y coherente de la mecánica cuántica», escribió Heisenberg posteriormente.[73] Schrödinger no aceptaba que la teoría cuántica supusiera una ruptura completa con la realidad clásica. Y en lo que respecta a Bohr, no estaba dispuesto a regresar a las nociones familiares de órbitas y caminos continuos en el reino atómico. El salto cuántico, le gustara o le desagradase a Schrödinger, estaba ahí para quedarse.

Apenas llegó a Zúrich, Schrödinger envió una carta a Wilhelm Wien contándole la «realmente notable» aproximación a los problemas atómicos de Bohr. «Está completamente convencido —le contaba a Wien— de la imposibilidad de cualquier comprensión habitual del mundo. Por eso la conversación se dirige de inmediato a cuestiones filosóficas y ya no sabes realmente si asumes la posición que él está atacando o si atacas la posición que él está defendiendo».[74] A pesar, no obstante, de sus diferencias teóricas, Bohr y, «muy especialmente», Heisenberg se habían comportado «de manera enternecedoramente amable, cariñosa y atenta» y todo discurrió por cauces «amistosos, cordiales y sosegados».[75] La distancia y unas cuantas semanas habían acabado convirtiendo una experiencia dura en algo bastante menos incómodo.

Una semana antes de la Navidad de 1926, Schrödinger y su esposa viajaron a Estados Unidos, donde él había aceptado una invitación de la Universidad de Wisconsin para dar una serie de conferencias por las que recibiría la espléndida suma de 2.500 dólares. Luego cruzaron el país de un lado a otro, dando cerca de cincuenta conferencias. En la época en la que regresó a Zúrich, en abril de 1927, Schrödinger había rechazado varias ofertas de trabajo, porque tenía el ojo puesto en un premio mayor, la cátedra de Planck de Berlín.

Después de haber accedido a esa cátedra en 1892, Planck estaba a punto de retirarse, el 1 de octubre de 1927, al puesto de profesor emérito; por otra parte, Heisenberg, de veinticuatro años, era demasiado joven para una posición tan elevada. Arnold Sommerfeld, fue la primera elección, pero, a los cincuenta y nueve años, decidió quedarse en Múnich. Las únicas alternativas claras que quedaban eran Schrödinger y Born. Schrödinger había sido contratado como sucesor de Planck y fue el descubrimiento de la mecánica ondulatoria lo que le dio el espaldarazo final. Así fue como, en agosto de 1927, Schrödinger se mudó a Berlín y descubrió que Einstein estaba tan descontento como él con la interpretación probabilística de Born de la función ondulatoria.

Einstein había sido el primero en introducir, en 1916, la noción de probabilidad en el ámbito de la física cuántica, cuando proporcionó la explicación de la emisión espontánea de cuantos de luz en el salto de un electrón de un nivel de energía atómico a otro. Diez años más tarde, Born había esbozado una interpretación de la función de onda y de la mecánica ondulatoria que podía explicar el carácter probabilístico de los saltos cuánticos. Pero Einstein no estaba dispuesto a pagar el elevado precio que ello suponía: la renuncia a la causalidad.

En diciembre de 1926, Einstein había expresado, en una carta a Born, su creciente preocupación por el rechazo de la causalidad y el determinismo con las siguientes palabras: «La mecánica cuántica está imponiéndose. Pero una voz interna me dice que todavía no se trata de la cosa real. La teoría dice muchas cosas, pero realmente no nos transmite nada sobre el secreto del "Creador". De algún modo estoy convencido de que Dios no juega a los dados con el universo».[76] Una vez trazadas las líneas de la batalla, Einstein se convirtió, sin saberlo, en la inspiración de un avance extraordinario, uno de los logros más grandes y profundos de la historia de los cuantos: el principio de incertidumbre.

10
INCERTIDUMBRE EN COPENHAGUE

Werner Heisenberg estaba muy nervioso cuando, el miércoles 28 de abril de 1926, se puso en pie ante la pizarra con sus notas esparcidas en la mesa que se hallaba frente a él. La inquietud del brillante físico de veinticinco años estaba plenamente justificada, porque estaba a punto de pronunciar una conferencia sobre mecánica matricial en el conocido encuentro de físicos de la Universidad de Berlín. Y es que, fueran los que fuesen los méritos de Múnich o Gotinga, Berlín seguía siendo lo que Heisenberg denominaba «el bastión de la física en Alemania».[1] Por eso, cuando su mirada escrutó el rostro de los presentes advirtió, en primera fila, a cuatro galardonados con el Premio Nobel: Max von Laue, Walter Nernst, Max Planck y Albert Einstein.

Los nervios que acompañaron a esta «primera ocasión de encontrarse con personajes tan famosos» se desvanecieron, según dijo el mismo Heisenberg, apenas presentó «un claro relato de los conceptos y fundamentos matemáticos de la que, por aquel entonces, era una teoría muy poco convencional».[2] Cuando, pasada la conferencia, los asistentes se dispersaron, Einstein invitó a Heisenberg a ir a su apartamento. Durante el paseo de media hora hasta llegar a Haberlandstrasse, Einstein se interesó por la familia, la educación y las primeras investigaciones de Heisenberg. Pero la verdadera conversación solo comenzó, recordaba tiempo después Heisenberg, cuando, cómodamente sentados en el apartamento, Einstein abordó el «fundamento filosófico de mi último trabajo».[3] «Usted asume la existencia de los electrones en el interior del átomo y probablemente esté en lo cierto —dijo Einstein—, pero se niega a considerar sus órbitas, aunque podamos observar el rastro dejado por los electrones en una cámara de niebla. Me interesa mucho escuchar sus razones para sustentar tan extrañas creencias».[4] Eso era precisamente lo que él esperaba, una oportunidad para convencer al maestro cuántico de cuarenta y siete años.

«Aunque no podamos observar la órbita seguida por los electrones en el interior del átomo —replicó Heisenberg—, la radiación emitida durante la descarga nos permite deducir las frecuencias y amplitudes de sus electrones».[5] Luego, insistiendo en el mismo tema, agregó que, «puesto que una buena teoría debe basarse en magnitudes directamente observables, me parece más adecuado restringirme a ellas considerándolas, por así decirlo, como representaciones de las órbitas de los electrones».[6] «Pero ¿no creerá usted en serio —protestó Einstein— que, en las teorías físicas, solo participan magnitudes observables?».[7] Pero como ese había sido precisamente el fundamento sobre el que Heisenberg erigió su nueva mecánica, le espetó entonces: «¿Y no es precisamente eso lo que ha hecho usted con su teoría de la relatividad?».

«Los buenos trucos no deberían utilizarse dos veces —respondió Einstein entonces, sonriendo—.[8] Y es que, aunque probablemente yo haya apelado a ese tipo de razonamiento —admitió—, se trata, en cualquier caso, de un absurdo». Quizá pueda resultar heurísticamente útil recordar, en principio, lo que uno está de verdad observando. «Resulta del todo erróneo tratar de fundamentar exclusivamente una teoría en magnitudes observables. A decir verdad, sin embargo, lo cierto es justo lo contrario, porque es la teoría la que decide lo que nosotros observamos».[9] Pero ¿a qué se refería exactamente Einstein?

Casi un siglo antes, en 1830, el filósofo francés Auguste Comte había afirmado que, aunque la teoría debe basarse en la observación, la mente también necesita, para poder llevar a cabo sus observaciones, una teoría. Einstein trató de explicar que la observación es un proceso complejo, que implica creencias sobre los fenómenos que se utilizan en las teorías. «El fenómeno que estamos observando produce ciertos efectos en nuestros aparatos de medida —dijo Einstein—, poniendo en marcha procesos adicionales que acaban determinando, por caminos más o menos complejos, impresiones sensoriales que contribuyen a fijar sus efectos en nuestra conciencia».[10] Estos efectos dependen, en opinión de Einstein, de nuestras teorías. «Y en su teoría —respondió Heisenberg— usted asume claramente que todo el mecanismo de transmisión de la luz desde el átomo vibrante al espectroscopio o al ojo funciona como suponemos que lo hace, es decir, ateniéndose básicamente a la ley de Maxwell. Difícilmente podríamos, de no ser así, observar ninguna de las magnitudes a las que considera observables».[11] Einstein siguió presionando: «Pero su afirmación de que solo está introduciendo magnitudes observables no es sino una creencia sobre una propiedad de la teoría que está tratando de esbozar».[12]

«Yo estaba completamente atónito ante la actitud asumida por Einstein —admitió más tarde Heisenberg—, pero su argumentación me parecía impecable».[13]

Mientras trabajaba en la Oficina Suiza de Patentes, Einstein había estudiado la obra del físico austriaco Ernst Mach, para el que el objetivo de la ciencia no consistía tanto en discernir la naturaleza de la realidad como en describir los datos experimentales, es decir, los «hechos», del modo menos gravoso posible. Cada concepto científico, desde esa perspectiva, debe ser entendido en términos de su definición operativa, esto es, especificando el modo en que puede ser medido. Y bajo la influencia de esa filosofía, Einstein se atrevió a desafiar los conceptos establecidos de espacio y tiempo. Lo cierto es que hacía mucho que había abandonado el enfoque de Mach porque, como explicó a Heisenberg, «cuestiona completamente la existencia real del mundo, es decir, de que nuestras impresiones sensoriales están basadas en algo objetivo».[14]

Cuando abandonó el apartamento, decepcionado por no haber podido convencer a Einstein, Heisenberg necesitaba tomar una decisión. Al cabo de tres días, el primero de mayo, debía estar en Copenhague para retomar su doble trabajo como ayudante de Bohr y profesor en la universidad. Por aquel entonces, sin embargo, acababan de ofrecerle un puesto como profesor en la Universidad de Leipzig. Heisenberg sabía que, tratándose de alguien tan joven, se trataba de un honor extraordinario que debía aceptar. Pero cuando le contó a Einstein la difícil decisión ante la que se hallaba, este le aconsejó que fuese a trabajar con Bohr. Al día siguiente, Heisenberg escribió a sus padres diciéndoles que acababa de rechazar la oferta de Leipzig. «Estoy seguro de que, si sigo escribiendo buenos artículos —les aseguró, en un intento de convencerse también a sí mismo—, recibiré más ofertas y, en caso contrario, sencillamente será que no me las merezco».[15]

«Heisenberg está de nuevo aquí y estamos muy ocupados debatiendo acerca de los avances realizados en el campo de la teoría cuántica y las grandes perspectivas que se abren ante nosotros», escribió Bohr a Rutherford a mediados de mayo de 1926.[16] Heisenberg vivía en un «pequeño y acogedor altillo del instituto, con paredes abuhardilladas» y una vista de Faelledparken.[17] Bohr y su familia se habían mudado a la lujosa y espaciosa villa del director ubicada al lado. Heisenberg era un visitante tan regular que no tardó en «sentirse, con los Bohr, como si estuviera en su casa».[18] La ampliación y renovación del instituto había durado más de lo esperado y Bohr estaba sencillamente agotado. Falto de energía, sufrió una gripe grave. Y mientras pasaba los siguientes dos meses recuperándose, Heisenberg apeló a la mecánica ondulatoria para explicar con éxito el espectro del helio.

Vivir junto a Bohr, cuando se hubo recuperado, era una especie de bendición. «A eso de las ocho o nueve de la noche, Bohr llamaba súbitamente a mi habitación y decía: "¿Qué piensa usted sobre tal o cual cosa, Heisenberg?". Y entonces hablábamos y hablábamos con frecuencia hasta las doce o la una de la noche».[19] Había ocasiones en las que Bohr invitaba a Heisenberg a su casa y hablaban, regando la conversación con una botella de vino, hasta bien entrada la noche.

Además de trabajar con Bohr, Heisenberg daba dos clases de física teórica por semana en la Universidad de Copenhague. No era mucho mayor que sus alumnos y apenas si podían creer que «fuese tan inteligente, porque tenía el aspecto de un aprendiz de carpintero que acababa de salir de la escuela de formación profesional».[20] Heisenberg no tardó en adaptarse al ritmo de la vida del instituto y disfrutaba navegando, paseando a caballo o yendo de excursión los fines de semana con sus nuevos colegas. Con la visita de Schrödinger, sin embargo, a comienzos de octubre de 1926, cada vez tenía menos tiempo para esas actividades.

Schrödinger y Bohr no llegaron nunca a ponerse de acuerdo en la interpretación física de la mecánica matricial y de la mecánica ondulatoria. Heisenberg veía lo «terriblemente ansioso» que estaba Bohr por «llegar al fondo de las cosas».[21] Durante los meses siguientes, Bohr y su joven aprendiz solo hablaron, en un intento de reconciliar teoría y experimento, de la interpretación de la mecánica cuántica. «Bohr llegaba a menudo a mi habitación muy tarde para hablarme de las dificultades de la teoría cuántica que a ambos nos torturaban», comentó Heisenberg posteriormente.[22] Nada les causaba más problemas que la dualidad onda-partícula. Como Einstein dijo a Ehrenfest: «¡De un lado están las ondas y del otro los cuantos! Y la realidad de ambos es tan sólida como una roca. Lo cierto es que, con todo esto, el diablo hace un verso (un verso que, dicho sea de paso, rima)».[23]

En la física clásica, algo solo puede ser, en un determinado momento, onda o partícula, pero no ambas cosas a la vez. Heisenberg había utilizado las partículas y las ondas de Schrödinger cuando ambos descubrieron sus respectivas versiones de la mecánica cuántica. Pero la demostración de la equivalencia matemática entre la mecánica matricial y la mecánica ondulatoria no profundizaba la comprensión de la dualidad onda-partícula. La esencia del problema era, en opinión de Heisenberg, que nadie podía responder a las preguntas: «¿Es ahora el electrón una onda o una partícula y cómo se comporta cuando hago esto, aquello o lo de más allá?».[24] Y cuanto más se esforzaban Bohr y Heisenberg en pensar en la dualidad onda-partícula, peor parecían funcionar las cosas. «Como químicos que tratan de concentrar cada vez más una determinada substancia —recordaba Heisenberg—, así tratábamos nosotros de concentrar el veneno de la paradoja».[25] Pero, mientras lo hacían, aumentaba la tensión entre ellos porque, en su intento de enfrentarse a las dificultades, cada uno adoptaba un enfoque diferente.

En su búsqueda de una interpretación física de la mecánica cuántica y lo que la teoría revela sobre la naturaleza de la realidad atómica, Heisenberg se hallaba absolutamente comprometido con las partículas, los saltos cuánticos y la discontinuidad. El aspecto dominante de la dualidad onda-partícula era, para él, el corpuscular. Y no estaba dispuesto a asumir nada que se asemejase siquiera remotamente a la interpretación de Schrödinger. Para horror de Heisenberg, sin embargo, Bohr quería «jugar con ambos esquemas».[26] A diferencia del joven alemán, él no se hallaba comprometido con la mecánica matricial y jamás se había sentido atraído por ningún tipo de formalismo matemático. Mientras que, en su primera escala, Heisenberg recalaba siempre en las matemáticas, Bohr echaba el ancla y trataba de entender el fundamento físico al que esos formalismos se referían. En su intento por demostrar conceptos cuánticos como la dualidad onda-partícula, estaba más interesado en la comprensión del contenido físico de una idea que en la formulación matemática con la que se arropaba. Bohr creía en la posibilidad de encontrar un camino que permitiese una descripción completa de los procesos atómicos en la que simultáneamente coexistiesen partículas y ondas. Reconciliar esos dos conceptos contradictorios era, en su opinión, la llave que podía abrir la puerta que conducía a una interpretación física coherente de la mecánica cuántica.

Desde el descubrimiento de la mecánica ondulatoria de Schrödinger, se entendía que la teoría cuántica había crecido demasiado. Lo que se necesitaba era una formulación individual, especialmente teniendo en cuenta la equivalencia que existe entre la mecánica matricial y la mecánica ondulatoria. Fueron Paul Dirac y Pascual Jordan quienes, ese mismo otoño, elaboraron, de forma completamente independiente, tal formalismo. Dirac, que había llegado a Copenhague en septiembre de 1926 dispuesto a pasar seis meses, demostró que la mecánica matricial y la mecánica ondulatoria eran casos especiales de una formulación todavía más abstracta de la mecánica cuántica, a la que llamó teoría de la transformación. Lo único que se necesitaba, pues, era una interpretación física de la teoría, cuya búsqueda estaba empezando ya a exigir su peaje.

«Como nuestras charlas a menudo proseguían hasta bien entrada la noche y no nos llevaron, a pesar de todos nuestros esfuerzos de varios meses, a ninguna conclusión definitiva —recordaba

Heisenberg—, estábamos exhaustos y bastante tensos».[27] En febrero de 1927, Bohr decidió que ya tenía suficiente y se fue a esquiar a Guldbrandsdalen (Noruega). Heisenberg estaba contento de verlo partir porque, de ese modo, «podría pensar sin interferencias en los problemas tan desesperanzadoramente complejos que le preocupaban».[28] Nada resultaba más apremiante que la trayectoria seguida por un electrón en una cámara de niebla.

Cuando Bohr conoció a Rutherford en la fiesta de estudiantes de investigación que se celebró en Cambridge durante las Navidades de 1911, se sorprendió por la generosa alabanza con la que el neozelandés se refirió a la reciente invención de la cámara de niebla llevada a cabo por C. T. R. Wilson. El escocés había logrado crear nubes en una pequeña cámara de vidrio que contenía aire saturado de vapor de agua. El enfriamiento del aire y su expansión provocaban la condensación del vapor en forma de gotitas de agua sobre partículas de polvo, produciendo una nube. Poco después, Wilson fue capaz de crear una «nube» aun después de eliminar, del interior de la cámara, todo rastro de polvo. La única explicación que podía ofrecer era que la nube se formaba por condensación sobre iones que se hallaban presentes en el aire del interior de la cámara. Pero también era posible que la radiación que atravesaba la cámara arrancase electrones de los átomos del aire formando iones y dejando, a su paso, una estela de pequeñas gotitas de agua. Pronto se descubrió que eso era precisamente lo que hacía la radiación. Y así fue como Wilson pareció haber proporcionado a los físicos una herramienta para observar la trayectoria seguida por las partículas alfa y beta emitidas por las sustancias radiactivas.

Las partículas siguen caminos claramente definidos, cosa que no sucede con las ondas, que se dispersan en todas direcciones. Por eso resulta imposible, según la mecánica cuántica, que las partículas sigan la trayectoria que todo el mundo puede advertir en una cámara de niebla. Y Heisenberg estaba convencido, en este sentido, de la existencia de una conexión, «por más difícil que resultara de demostrar», entre la teoría cuántica y lo que podemos observar en una cámara de niebla.[29]

Una noche en la que se quedó trabajando hasta muy tarde en su pequeña buhardilla del instituto, la mente de Heisenberg empezó a dar vueltas en torno al enigma de la estela dejada por los electrones en la cámara de niebla, donde la mecánica matricial afirmaba que no debería haber nada. Entonces fue cuando escuchó súbitamente el eco de las palabras de Einstein diciéndole que «es la teoría la que determina lo que podemos observar».[30] Convencido de que estaba a punto de descubrir algo muy importante, decidió, para aclararse, ir a dar una vuelta, aunque ya había pasado la medianoche, al parque cercano.

Apenas sintió el primer escalofrío empezó a concentrarse en la naturaleza concreta del rastro que los electrones dejaban en la cámara de niebla. «Siempre se ha creído —demasiado a la ligera, en mi opinión— que la cámara de niebla nos muestra el camino seguido por el electrón», escribió posteriormente.[31]

«Pero lo que vemos quizá sea algo muy diferente. Quizá lo que estemos viendo no sea más que una serie de puntos discretos y difusos por los que el electrón ha pasado. Lo único, de hecho, que vemos en la cámara de niebla son gotitas de agua mucho más grandes que el electrón».[32] Pero no hay, en opinión de Heisenberg, caminos continuos e ininterrumpidos. La pregunta que él y Bohr estaban formulándose estaba, pues, equivocada. La única pregunta que realmente cabía hacerse era: «¿Puede la mecánica cuántica responder cuál es el lugar que, en un determinado momento, ocupa un electrón y por la velocidad a la que se desplaza?».

Volviendo rápidamente a su escritorio, Heisenberg empezó a trabajar con las ecuaciones que tan bien conocía. La mecánica cuántica parecía establecer determinadas restricciones a lo que podía verse y observarse. Pero ¿cómo decidía la teoría lo que podía o no podía observarse? La respuesta a esa pregunta fue el principio de incertidumbre.

Heisenberg acababa de descubrir que la mecánica cuántica proscribía la determinación exacta, en un momento dado, de la posición y el momento de una partícula. Y es que, si bien podemos determinar dónde se encuentra exactamente un electrón y la velocidad de su desplazamiento, resulta imposible conocer ambos datos a la vez. Ese es el precio impuesto por la naturaleza para conocer de forma exacta una de ambas variables. En la danza cuántica, cuanto más exactamente medimos una de esas variables, más imposible resulta de determinar la otra. Eso significaba, si Heisenberg estaba en lo cierto, que ningún experimento del reino atómico podría superar los límites establecidos por el principio de incertidumbre. Y aunque resultaba imposible de «demostrar», Heisenberg estaba seguro de que todos los procesos implicados en tal experimento «debían atenerse necesariamente a las leyes de la mecánica cuántica».[33]

Heisenberg pasó los días siguientes verificando el principio de incertidumbre o, como prefería llamarlo, el principio de indeterminación. Entonces llevó a cabo, en el laboratorio de su mente, una serie de «experimentos mentales» que aspiraban a determinar simultáneamente la posición y el momento de un electrón con una exactitud que, según el principio de incertidumbre, resulta inalcanzable. Y todos ellos acabaron revelando la imposibilidad de violar el principio de incertidumbre. Pero uno de ellos acabó convenciéndole de la posibilidad de demostrar que «es la teoría la que determina lo que podemos y lo que no podemos observar».

En cierta ocasión, mientras discutía con un amigo sobre las dificultades que rodean al concepto de órbita del electrón, ese amigo señaló la posibilidad, en principio al menos, de construir un microscopio que permitiese la observación del camino seguido, dentro del átomo, por el electrón. Pero esa posibilidad se veía ahora excluida porque «ni el mejor de los microscopios —según Heisenberg— podía trascender los límites impuestos por el principio de incertidumbre».[34] Y lo único que debía hacer, para demostrar teóricamente ese punto, era tratar de determinar la posición exacta de un electrón en movimiento.

Para «ver» un electrón se requiere un tipo especial de microscopio. Los microscopios ordinarios utilizan la luz visible para iluminar un objeto y concentrar luego la luz reflejada en una imagen. Las longitudes de onda de la luz visible son mucho mayores que las del electrón y no pueden, por tanto, ser utilizadas para determinar su posición exacta porque, en tal caso, por decirlo así, resbalan como las olas sobre un guijarro. Lo que se necesitaba era un microscopio que utilizase rayos gamma, es decir, «luz» de alta frecuencia y una longitud de onda extraordinariamente corta, que permitiesen establecer su posición. Arthur Compton investigó, en 1923, los rayos X golpeándolos con electrones y demostrando, de manera concluyente, la existencia de los cuantos de luz de Einstein.

Heisenberg suponía que, al igual que ocurre durante la colisión entre dos bolas de billar, cuando un fotón de un rayo gamma impacta sobre un electrón experimenta una desviación, al tiempo que el electrón retrocede. Pero lo que sucede no es tanto un cambio suave en el momento del electrón debido al impacto del fotón de rayo gamma, sino un empujón discontinuo. Dado que el valor del momento que posee un determinado objeto es igual a su masa multiplicada por su velocidad, cualquier cambio en su velocidad provoca un cambio correlativo en su momento.[35] Cuando un fotón impacta en un electrón, su velocidad experimenta una brusca reducción. El único modo de minimizar el cambio discontinuo del momento del electrón consiste en reducir la energía del fotón, atenuando así el impacto de la colisión. Pero ello implica el uso de luz de mayor longitud de onda y de menor frecuencia, un cambio que evidencia la imposibilidad de determinar exactamente la posición del electrón. Es decir, cuanto más exactamente determinemos la posición del electrón, más incierta o imprecisa será la determinación de su momento, y viceversa.[36]

Heisenberg mostró que, si Δp y Δq (en donde Δ es la letra griega delta) son, respectivamente, la «imprecisión» o «incertidumbre» con la que conocemos el momento y la posición, multiplicado por Δp siempre es mayor o igual a $h / 2\pi$, es decir, que $\Delta p \Delta q \geq h / 2\pi$ (en donde h es la constante de Planck).[37] Esa es precisamente la formulación matemática del principio de incertidumbre o, dicho de otro modo, «la imprecisión en la determinación simultánea» de la posición y del momento. Heisenberg también descubrió la existencia de otra «relación de incertidumbre» que afectaba a un par distinto de variables llamadas conjugadas, la energía y el tiempo. Así, por ejemplo, si ΔE y Δt son las incertidumbres con las que la energía E de un sistema puede ser determinada y t el tiempo en el que E es observada, entonces $\Delta E \Delta t \geq h / 2\pi$.

Había quienes, al comienzo, creían que el principio de incertidumbre era el fruto de las limitaciones tecnológicas impuestas por el instrumental utilizado en un determinado experimento. Bastaba, desde esa perspectiva, con perfeccionar el equipamiento para que la incertidumbre desapareciese. Ese malentendido se debía al empleo de Heisenberg, para entender el significado del principio de incertidumbre, de los experimentos mentales, que son experimentos imaginarios empleando equipamientos perfectos y en condiciones ideales. Pero la incertidumbre descubierta por Heisenberg es un rasgo intrínseco de la realidad que no puede ser mejorada, debido a los límites impuestos por el tamaño de la constante de Planck y por las relaciones de incertidumbre sobre la precisión de lo que puede observarse en el mundo atómico. Quizá en lugar de «incertidumbre» o «indeterminación», habría sido más adecuado que Heisenberg bautizara su hallazgo como «incognoscibilidad».

Heisenberg creía que el mismo acto de medir la posición del electrón es el que imposibilitaba la determinación precisa y simultánea de su momento. Y la razón que para ello aducía era muy sencilla. El electrón, en su opinión, se ve perturbado de manera impredecible al verse golpeado por el fotón utilizado para «verlo» y determinar su posición. En esa inevitable perturbación que se produce durante el acto de medida reside, según Heisenberg, el origen de la incertidumbre.[38]

Esa era, en su opinión, una explicación sustentada por la ecuación fundamental de la mecánica cuántica, según la cual $pq - qp = -ih / 2\pi$, en donde p y q son, respectivamente, el momento y la posición de una partícula. Es, pues, la incertidumbre inherente a la naturaleza la que yace detrás de la no conmutatividad, es decir, detrás del hecho de que $p \times q$ no sea igual a $q \times p$. Si a un experimento destinado a determinar la posición de un electrón, le sigue otro destinado a medir su velocidad (y, en consecuencia, su momento), tendremos dos valores exactos. Multiplicar los dos valores nos daría una respuesta A. Pero si invertimos, no obstante, el orden de los experimentos y medimos primero la velocidad y luego la posición, obtendremos B, un resultado completamente diferente. En ambos casos, la primera medida provoca una perturbación que afecta al resultado de la segunda. Si no hubiese perturbación —algo, por cierto, distinto en cada experimento—, $p \times q$ sería igual a $q \times p$. Y, como entonces $pq - qp$ sería igual a 0, no habría incertidumbre en el mundo cuántico.

Heisenberg estaba muy satisfecho con el modo en que las piezas encajaban. Su versión de la mecánica cuántica estaba construida basándose en matrices que representaban observables como la posición y el momento, que no se atienen a la regla de la conmutación. Aun después de descubrir que la extraña regla que convertía el orden en el que dos conjuntos de números se multiplicaban era un componente esencial del esquema matemático en el que se asentaba su nueva mecánica, la razón física subyacente todavía se hallaba envuelta en el misterio. Ahora él acababa de descorrer el velo. «La incertidumbre especificada por $\Delta p \Delta q \geq h / 2\pi$» es, según Heisenberg, lo único que «abre el espacio suficiente para la validez de las relaciones» en donde $pq - qp = -ih / 2\pi$.[39] Es la incertidumbre, en su opinión, la que «hace posible esta ecuación sin necesidad de cambiar el significado físico de las magnitudes p y q».[40]

El principio de incertidumbre puso de relieve la profunda y fundamental diferencia que existe entre la mecánica cuántica y la mecánica clásica. En el caso de la física clásica, es posible determinar simultáneamente con cierto grado de exactitud la posición y el momento de un objeto. Y si en un determinado momento conocemos su posición y su velocidad, también podemos establecer con cierta precisión el camino seguido por el objeto, es decir, su pasado, su presente y su futuro. Esos conceptos bien establecidos de la física cotidiana «también podían ser definidos exactamente por los procesos atómicos», dijo Heisenberg.[41] Pero las limitaciones de esos conceptos resultaban patentes cuando se llevaba a cabo el intento simultáneo de determinar un par de variables conjugadas, como la posición y el momento, o la energía y el tiempo.

El principio de incertidumbre constituía, para Heisenberg, el puente entre la mecánica cuántica y la observación de lo que parecía ser la estela del rastro del electrón en una cámara de niebla. En la medida en que establecía el puente que conectaba teoría y experimento, suponía que «en la naturaleza solo pueden emerger situaciones experimentales que puedan expresarse en el formalismo matemático» de la mecánica cuántica.[42] En este sentido, estaba convencido de que si la mecánica cuántica decía que algo no sucedía, realmente no sucedía. «Todavía hay muchas discrepancias internas en la interpretación física de la mecánica cuántica —escribió en su artículo sobre la incertidumbre— como las que se ponen, por ejemplo, de relieve en la disparidad existente entre continuidad y discontinuidad o entre partícula y onda».[43]

Resultaba lamentable que los conceptos sobre los que, desde la época de Newton, se había asentado la física clásica, «solo se adaptasen de un modo inadecuado a la naturaleza» a nivel atómico.[44] Él creía que un análisis más preciso de conceptos como posición, momento, velocidad o camino de un electrón o de un átomo acabaría con «las evidentes contradicciones patentes, hasta entonces, en las interpretaciones físicas de la mecánica cuántica».[45]

Pero ¿qué significa «posición» en el dominio cuántico? Ni más ni menos, respondió Heisenberg, que el resultado de un experimento concreto destinado a establecer cuál es, en un determinado momento, por ejemplo, «la posición del electrón» en el espacio porque, «en cualquier otro caso, esa noción carece de todo sentido».[46] En ausencia de experimento destinado a medir su posición o su momento no existe, en su opinión, electrón que posea una posición o un momento claramente definido. La determinación de la posición del electrón crea un electrón-con-una-posición, mientras que la determinación de su momento crea un electrón-con-un-momento. La noción de un electrón que posee una «posición» o con «momento» definidos carece, ajena a cualquier experimento que los establezca, de todo sentido. Esa forma de definir conceptos, que los filósofos denominan operacionalismo, se remontaba a Ernst Mach. Pero lo de Heisenberg iba más allá de una mera redefinición de viejos conceptos.

Con la estela que deja el electrón en la cámara de niebla firmemente anclada en su mente, Heisenberg pasó entonces a examinar el concepto de «camino del electrón». Un camino es una sucesión continua e ininterrumpida de las posiciones por las que pasa un electrón en su desplazamiento en el espacio y el tiempo. Desde la perspectiva proporcionada por su nuevo criterio, sin embargo, para determinar el camino seguido por el electrón es necesario determinar la posición en cada uno de los puntos sucesivos. Pero cuando para determinar su posición hay que lanzarle un rayo de fotones gamma, introducimos una perturbación que genera una incertidumbre sobre su futura trayectoria que, a partir de entonces, no puede determinarse con certeza. En el caso de un electrón atómico «orbitando» en torno a un núcleo que se ve «arrancado» de su órbita por un fotón de rayos gamma que posea la suficiente energía, solo medimos —y, en consecuencia, conocemos— un punto de toda su «órbita». Y puesto que el principio de incertidumbre veta la posibilidad de determinar exactamente la posición y la velocidad que definen el camino seguido por un electrón en su órbita en torno a un átomo, sencillamente no hay camino ni órbita. Lo único que conocemos con seguridad, dice Heisenberg, es un punto del camino, «razón por la cual el término "camino" carece aquí de todo significado concreto».[47] Es la medida, pues, la que define lo que estamos midiendo.

No hay modo, en opinión de Heisenberg, de saber lo que ocurre entre dos medidas consecutivas. «Por supuesto que resulta tentador concluir que, entre dos observaciones, el electrón debe hallarse en algún lugar intermedio y que, en consecuencia, debe haber seguido, por más imposible que resulte de establecer, algún camino u órbita».[48] Independientemente, sin embargo, de lo tentador que resultara, Heisenberg insistía en que la idea clásica de que la trayectoria del electrón sigue un camino continuo e ininterrumpido a través del espacio resultaba injustificada. El rastro del electrón que podemos observar en una cámara de niebla solo «se asemeja» a un camino, pero en realidad no es más que una serie de gotas de agua que deja a su paso. Después de su descubrimiento del principio de incertidumbre, Heisenberg se esforzó denodadamente en tratar de entender el tipo de cuestiones a las que era posible responder de manera experimental. Un principio tácito básico de la física clásica afirma que, con independencia de que estemos midiéndolo o no, un objeto en movimiento posee un momento y una ubicación concreta en el espacio. Fue la imposibilidad de medir simultáneamente con absoluta precisión la posición y el momento del electrón lo que llevó a Heisenberg a afirmar que el electrón no posee valores precisos de «posición» y «momento». Hablar como si los tuviera o decir que posee «trayectoria» carece, en su opinión, de todo sentido. Y especular, del mismo modo, sobre la naturaleza de la realidad que yace más allá del reino de la observación y la medida era, para él, un empeño completamente absurdo.

Fueron varias las ocasiones en las que, en los años posteriores, Heisenberg se refirió a la charla que había mantenido con Einstein en Berlín como punto de partida del viaje que acabaría conduciéndolo al principio de incertidumbre. Cuando finalmente descubrió que el camino acababa en las profundidades de una noche de invierno de Copenhague, se dio cuenta de que no siempre había estado solo y de que, en diversos tramos de su camino, otros lo habían acompañado. Pero el más influyente de todos sus compañeros de viaje no había sido Bohr, sino Wolfgang Pauli.

Mientras Schrödinger, Bohr y Heisenberg discutían en Copenhague en octubre de 1926, Pauli estaba analizando, en Hamburgo, la colisión de dos electrones. Entonces fue cuando, sirviéndose de la interpretación probabilística de Born, descubrió lo que, en una carta a Heisenberg, describió como «punto oscuro». Pauli descubrió que, cuando los electrones colisionan, sus respectivos momentos «deben ser asumidos como controlados» y sus posiciones, «descontroladas».[49] Un cambio probable de momento va acompañado de un cambio simultáneo, aunque indeterminable, de posición. Pauli había descubierto que uno no podía «preguntarse simultáneamente» por el momento (*p*) y la posición (*q*),[50] «uno puede ver el mundo con el ojo *p* o con el ojo *q* —subrayaba—, pero cuando uno abre ambos ojos a la vez, uno de ellos desaparece».[51] Pauli no siguió profundizando en estas ideas, pero su «punto oscuro» acechaba tras la mente de Heisenberg cada vez que, durante los meses previos al descubrimiento del principio de incertidumbre, se enfrentaba, con Bohr, al problema de la interpretación y de la dualidad onda-partícula.

El 23 de febrero de 1927, Heisenberg escribió una carta de catorce páginas a Pauli en la que resumía su trabajo sobre el principio de incertidumbre. Confiaba mucho en el juicio crítico de «la ira de Dios». «El sol está empezando a salir en el ámbito de la teoría cuántica», replicó Pauli.[52] Todas las dudas se desvanecieron, y el 9 de marzo volcó el contenido de su carta a Pauli en un artículo listo para ser publicado. Solo entonces escribió una carta a Bohr, que todavía se hallaba de vacaciones en Noruega, en la que decía: «Creo haber logrado enfrentarme al caso en el que es posible determinar con cierta exactitud tanto *p* [el momento] como *q* [la posición] [...] y he esbozado un artículo sobre esta cuestión que ayer mismo envié a Pauli».[53]

En un claro indicio de lo tensa que por aquel entonces estaba su relación, Heisenberg decidió no enviar a Bohr copia del artículo, ni contarle tampoco los pormenores de lo que acababa de hacer. Según dijo: «Quería conocer la reacción de Pauli antes de que Bohr volviese, porque creía que mi interpretación le molestaría. Lo que quería, dicho de otro modo, era saber si contaba con el apoyo de alguien más que compartiera su interpretación».[54] Cinco días después de que Heisenberg le enviase la carta, Bohr estaba de nuevo en Copenhague.

Renovado después del mes de vacaciones, Bohr tuvo que ocuparse de las cuestiones urgentes del instituto antes de poder leer cuidadosamente el artículo de Heisenberg sobre la incertidumbre. Y cuando luego se encontraron para discutirlo, dijo a un estupefacto Heisenberg que «no le parecía bien».[55] No solo estaba en desacuerdo con la interpretación de Heisenberg, sino que también había descubierto un error en el análisis del experimento mental del microscopio de rayos gamma. La situación evocaba aquella otra en la que, para obtener el doctorado, necesitó la intervención de Sommerfeld. Y es que, por más que Heisenberg hubiese leído sobre microscopios, todavía le quedaban muchas cosas que aprender.

Bohr dijo a Heisenberg que estaba equivocado al ubicar el origen de la incertidumbre en el momento en que el electrón retrocede debido a la colisión con el fotón del rayo gamma. Lo que impide la determinación exacta del momento del electrón no es tanto, en opinión de Bohr, la naturaleza discontinua e incontrolable del cambio de momento como la imposibilidad de determinar con precisión la magnitud de ese cambio. El efecto Compton, explicó, permite el cálculo exacto del cambio de momento siempre que conozcamos el ángulo de dispersión del fotón después de la colisión a través de la apertura del microscopio. Lo cierto es que resulta imposible determinar el punto en el que el fotón entra en el microscopio. Esa era, según Bohr, la fuente de la incertidumbre que impedía la determinación del momento del electrón. La posición del electrón al colisionar con el fotón es incierta debido a que la apertura finita de cualquier microscopio limita su resolución y su capacidad, por tanto, para ubicar exactamente cualquier objeto microscópico. Eso era algo que Heisenberg no había tenido en cuenta. Pero lo peor todavía estaba por llegar.

Bohr sostenía que, para el análisis correcto del experimento mental, es indispensable la interpretación ondulatoria de la dispersión del cuanto de luz. Es la dualidad onda-partícula de la radiación y de la materia la que, según él, se hallaba en el centro mismo de la incertidumbre cuántica cuando trataba de vincular los paquetes de onda de Schrödinger con el nuevo principio de Heisenberg. Solo podemos determinar la posición del electrón, considerado como un paquete de ondas, cuando no está disperso, sino localizado. Ese paquete de ondas está compuesto por la superposición de un grupo de ondas. Y cuanto más localizado y confinado se halle el paquete de ondas, mayor será la variedad de las ondas y del rango de frecuencias y longitudes de onda implicadas. Una onda simple tiene un momento concreto, cosa que no sucede con un paquete de ondas compuesto por la superposición de diferentes longitudes de onda. Del mismo modo, cuanto más precisamente definido se halle el momento del paquete de ondas en cuestión, menos ondas lo compondrán y mayor será su dispersión aumentando así, en consecuencia, la incertidumbre de su posición. La determinación exacta y simultánea de posición y momento es imposible, una incertidumbre que, según Bohr, puede derivarse del modelo ondicular del electrón.

Lo que más inquietaba a Bohr era que Heisenberg hubiese adoptado un enfoque exclusivamente basado en las partículas y la discontinuidad. Porque no era posible, desde su perspectiva, ignorar la interpretación ondulatoria. Por eso consideraba un profundo error conceptual el hecho de que Heisenberg no hubiese tenido en cuenta la dualidad onda-partícula. «Yo no sabía exactamente cómo responder al comentario de Bohr —dijo Heisenberg tiempo después—, de modo que la discusión finalizó con la impresión general de que Bohr acababa de demostrar una vez más la inadecuación de mi interpretación».[56] Heisenberg estaba furioso y Bohr molesto por la reacción de su joven protegido.

Viviendo tan cerca y con sus despachos de la planta baja del instituto separados tan solo por una escalera, Bohr y Heisenberg pasaron varios días evitándose antes de encontrarse para volver a hablar del artículo sobre la incertidumbre. Bohr esperaba que, con el tiempo, Heisenberg se enfriaría, entraría en razón y lo reescribiría.Lo cierto es que Heisenberg se negó a revisarlo. «Bohr insistía en que, como no estaba bien, no debía publicarlo —dijo Heisenberg posteriormente—.[57] Recuerdo que la tensión era tan intensa que, en un determinado momento, rompí a llorar».[58] Era demasiado lo que estaba en juego para que Heisenberg aceptase simplemente los cambios que Bohr le imponía.

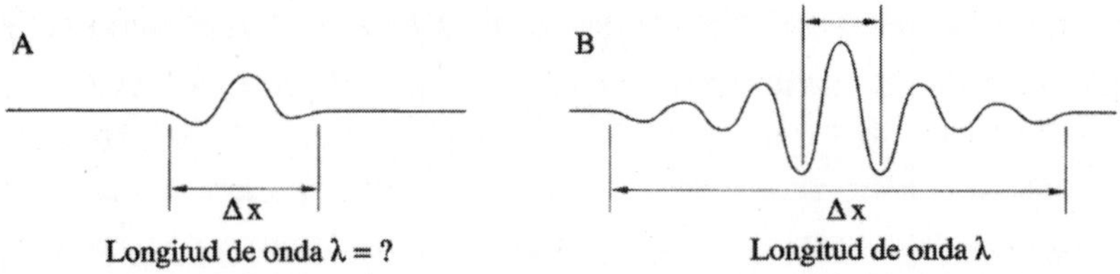

FIGURA 12. Determinación de la posición y de la longitud de onda de una onda (A). Es posible determinar con precisión la posición de la onda, pero no su longitud de onda (ni tampoco, en consecuencia, su momento). (B) Es posible determinar con precisión su longitud de onda, pero no su posición, puesto que la onda está expandiéndose.

La reputación de Heisenberg como *wunderkind* (niño prodigio) de la física descansaba en su descubrimiento, a los veinticuatro años, de la mecánica matricial. Pero la creciente popularidad de la mecánica ondulatoria de Schrödinger amenazaba ahora con eclipsar y hasta socavar su sorprendente logro. No pasó mucho tiempo antes de que se quejara del gran número de artículos que no hacían sino reelaborar en el lenguaje de la mecánica ondulatoria los resultados obtenidos originalmente con métodos matriciales. Aunque él también había apelado a la mecánica matricial como alternativa matemática adecuada para el cálculo del espectro del helio, Heisenberg albergaba la expectativa de poder responder adecuadamente a la mecánica ondulatoria de Schrödinger y a las afirmaciones del austriaco de haber restablecido la continuidad. Con el descubrimiento del principio de incertidumbre y su interpretación basada en las partículas y la discontinuidad, Heisenberg creía haber cerrado finalmente esa puerta con llave. Por eso lloraba de frustración mientras trataba de impedir que Bohr la abriese de nuevo.

V Congreso Solvay, celebrado entre el 24 y el 29 de octubre de 1927 y dedicado a la nueva mecánica cuántica y a cuestiones relacionadas con ella. Última fila, de pie y de izquierda a derecha: Auguste Piccard, E. Henriot, Paul Ehrenfest, E. Hertzen, T. de Donder, Ervin Schrödinger, J.E. Verschaffelt, Wolfgang Pauli, Werner Heisenberg, Ralph Fowler y Léon Brillouin. Fila intermedia, sentados y de izquierda a derecha: Pieter Debye, Martin Knudsen, William L. Bragg, Hendrik Kramers, Paul Dirac, Arthur H. Compton, Louis de Broglie, Max Born y Niels Bohr. Primera fila, sentados y de izquierda a derecha: Irving Langmuir, Max Planck, Marie Curie, Hendrik Lorentz, Albert Einstein, Paul Langevin, Charles-Eugène Guye, C.T.R. Wilson y Owen Richardson. (Fotografía de Benjamin Couprie, Institut International de Physique Solvay, por cortesía de AIP Emilio Segrè Visual Archives).

Max Planck, el teórico conservador que puso inadvertidamente en marcha la revolución cuántica en diciembre de 1900, cuando presentó su formulación de la distribución de la radiación electromagnética emitida por un cuerpo negro. (AIP Emilio Segrè Visual Archives, W.F. Meggers Gallery of Nobel Laureates Collection).

Ludwig Boltzmann, físico austriaco y principal defensor del átomo hasta su suicidio en 1906. (Universidad de Viena, por cortesía de AIP Emilio Segrè Visual Archives).

«Academia Olimpia». De izquierda a derecha: Conrad Habicht, Maurice Solovine y Albert Einstein. (Fotografía de George Rinhart, © Corbis Historical).

Albert Einstein en 1912, siete años después del *annus mirabilis* en el que publicó cinco artículos, incluida su solución cuántica del efecto fotoeléctrico y su teoría especial de la relatividad. (Fotografía de Hulton Deutsch, © Corbis Historical).

Primer Congreso Solvay, que tuvo lugar en Bruselas del 30 de octubre al 3 de noviembre de 1911, un auténtico encuentro en la cumbre que giraba en torno a los cuantos. Sentados y de izquierda a derecha: Walther Nernst, Marcel-Louis Brouillon, Ernest Solvay, Hendrik Lorentz, Emil Warburg, Jean-Baptiste Perrin, Wilhelm Wien, Marie Curie y Henri Poincaré. De pie y de izquierda a derecha: Robert B. Goldschmidt, Max Planck, Heinrich Rubens, Arnold Sommerfeld, Frederick Lindermann, Maurice de Broglie, Martin Knudsen, Friedrich Hasenohrl, G. Hostelet, E. Herzen, sir James Jeans, Ernest Rutherford, Heike Kamerlingh-Onnes, Albert Einstein y Paul Langevin. (Fotografía de Benjamin Couprie, Institut International de Physique Solvay, por cortesía de AIP Emilio Segrè Visual Archives).

Niels Bohr, «el danés de oro», que introdujo la versión cuántica en el átomo. Esta fotografía fue tomada el año 1922, el mismo en que ganó el Premio Nobel. (Fotografía de A.B. Lagrelius & Westphal, por cortesía de Emilio Segrè Visual Archives, W.F. Meggers Gallery of Nobel Laureates Collection).

Ernest Rutherford, el carismático neozelandés cuyo inspirador estilo movilizó a Bohr para acabar fundando, en Copenhague, su propio instituto. Once de los discípulos de Rutherford acabarían consiguiendo el Premio Nobel. (AIP Emilio Segrè Visual Archives).

Conocido desde siempre con el nombre de Instituto Bohr, el Nordisk Institut for Teoretisk Fysik abrió formalmente las puertas el 3 de marzo de 1921. (Niels Bohr Archive, Copenhague).

Einstein y Bohr caminando juntos en Bruselas durante el Congreso Solvay de 1930. Es casi seguro que estaban hablando del experimento mental de la caja de luz de Einstein, que provisionalmente venció a Bohr, llevándole a temer, si las ideas de Einstein demostraban ser ciertas, por «el final de la física». (Fotografía de Paul Ehrenfest, por cortesía de AIP Emilio Segrè Visual Archives, Ehrenfest Collection).

Bohr y Einstein en casa de Paul Ehrenfest poco después del Congreso Solvay de 1930. (Fotografía de Paul Ehrenfest, por cortesía de AIP Emilio Segrè Visual Archives).

Príncipe Louis Victor Pierre Raymond de Broglie, miembro de una de las más importantes familias aristocráticas francesas, y que se atrevió a formular la más sencilla de las preguntas: ¿pueden las partículas, si la luz se comporta como partículas, comportarse como ondas? (AIP Emilio Segrè Visual Archives, Brittle Books Collection).

Wolfgang Pauli, descubridor del principio de exclusión y famoso por su humor vitriólico, llegó a ser considerado «un genio comparable a Einstein». (© CERN, Ginebra).

Un momento de relajación en la «Bohr Festspiele». Universidad de Gotinga, junio de 1922. De izquierda a derecha y de pie: Carl Wilhelm Ossen, Niels Bohr, James Franck y Oskar Klein. Sentado: Max Born. (AIP Emilio Segrè Visual Archives, Archive for the History of Quantum Physics, Kohn Photo Collection).

De izquierda a derecha: Oskar Klein y los dos «doctores del espín», George Uhlenbeck y Samuel Goudsmit, en la Universidad de Leiden en verano de 1926. (Fotografía de H. Knauss, Universidad de Leiden, por cortesía de AIP Emilio Segrè Visual Archives, Physics Today Collection).

Werner Heisenberg a los veintitrés años. Dos años más tarde sería el descubridor de uno de los mayores y más profundos logros de la historia de los cuantos, el principio de incertidumbre. (AIP Emilio Segrè Visual Archives, por donación de Jost Lemmerich).

Bohr, Heisenberg y Pauli charlando después de comer en el Instituto Bohr a mediados de los años treinta. (Niels Bohr Institute, cortesía de AIP Emilio Segrè Visual Archives).

El silencioso inglés Paul Dirac, que contribuyó a reconciliar la mecánica matricial de Heisenberg con la mecánica ondulatoria de Schrödinger. (AIP Emilio Segrè Visual Archives, donación de la señora Zemansky).

Erwin Schrödinger, cuyo descubrimiento de la mecánica ondulatoria fue descrito como el producto de un «último arrebato erótico». (AIP Emilio Segrè Visual Archives, Physics Today Collection).

De izquierda a derecha: madre de Heisenberg, esposa de Schrödinger, madre de Dirac, Dirac, Heisenberg y Schrödinger en la estación de ferrocarriles de Estocolmo en 1933. Ese fue el año en el que Schrödinger y Dirac compartieron el Premio Nobel. Heisenberg se había visto recompensado con el premio de 1932. (Max Planck Institute, por cortesía de AIP Emilio Segrè Visual Archives).

Albert Einstein sentado en su estudio lleno de libros de su casa de Princeton en 1954. (Fotografía de Hulton Deutsch, © Corbis Historical).

El último dibujo realizado por Niels Bohr en la pizarra de su estudio la noche anterior a su muerte, en noviembre de 1962, fue la caja de luz de Einstein de 1930. Hasta el final, Bohr siguió analizando el debate con Einstein sobre la mecánica cuántica y la naturaleza de la realidad. (AIP Emilio Segrè Visual Archives).

David Bohm, que elaboró una interpretación alternativa a la de Copenhague, después de negarse a testificar, ante el Comité de Actividades Antiamericanas, sobre su pertenencia al Partido Comunista de Estados Unidos. (Biblioteca del Congreso de Estados Unidos, New York World-Telegram y Sun Collection, por cortesía de AIP Emilio Segrè Visual Archives).

John Steward Bell, el físico irlandés que descubrió lo que Einstein y Bohr no pudieron descubrir: un teorema matemático que permitía decidir entre dos visiones filosóficas opuestas del mundo. (© CERN, Ginebra).

Heisenberg consideraba que su futuro dependía de si el dominio atómico se hallaba gobernado por las partículas o por las ondas, por la discontinuidad o por la continuidad. Quería publicar lo antes posible y desafiaba, en consecuencia, la afirmación de Schrödinger de que la mecánica matricial era *unanschaulich*, es decir, no visualizable y, en consecuencia, insostenible. A Schrödinger le desagradaba la discontinuidad y aborrecía la física basada en las partículas tanto como a Heisenberg le molestaban las ondas y la física basada en la continuidad. Armado con el principio de incertidumbre y lo que consideraba *la* interpretación correcta de la mecánica cuántica, Heisenberg se lanzó al ataque de su rival afirmando, en una nota a pie de página de su artículo:

> Schrödinger describe la mecánica cuántica como una teoría formal aterradora, repulsiva, abstracta y no visualizable. Es cierto que, por más que nos empeñemos, resulta imposible sobreestimar el valor del dominio matemático (y, en esa misma medida, del dominio físico) de las leyes de la mecánica cuántica facilitadas por la teoría de Schrödinger. En lo que respecta, sin embargo, a cuestiones de interpretación y de principio físico, la visión popular de la mecánica ondulatoria, como veremos, nos ha alejado de los caminos señalados por los artículos de Einstein y De Broglie, por una parte, y de Bohr y la mecánica cuántica [es decir, de la mecánica matricial], por la otra.[59]

El 22 de marzo de 1927, Heisenberg envió su artículo, titulado «Sobre el contenido perceptual de la cinemática y de la mecánica cuántica teórica», al *Zeitschrift für Physik*, la revista preferida de los teóricos cuánticos.[60] «Me he peleado con Bohr», escribió Pauli, quince días más tarde.[61] «Exagerando tal o cual cosa —se quejaba Heisenberg—, es posible discutir mucho sin decir nada nuevo». Después de enfrentarse a Schrödinger y su mecánica ondulatoria, Heisenberg ignoraba que todavía le quedaba enfrentarse a un oponente mucho más tenaz.

Mientras Heisenberg se dedicaba, en Copenhague, a explorar las consecuencias del principio de incertidumbre, Bohr se enfrentaba, en las laderas nevadas de la estación de esquí de Noruega, a la complementariedad. Para él no se trataba de una mera teoría ni de un principio, sino de un marco de referencia conceptual, hasta ahora olvidado, imprescindible para describir la extraña naturaleza del mundo cuántico. La complementariedad, creía Bohr, podía explicar la naturaleza paradójica de la dualidad onda-partícula. Las propiedades ondulatoria y corpuscular de los electrones y de los fotones, de la materia y de la radiación, son aspectos mutuamente excluyentes, aunque complementarios, del mismo fenómeno. Ondas y partículas son, en suma, las dos caras de la misma moneda.

La complementariedad simplemente soslaya las dificultades que emergen del hecho de tener que utilizar dos descripciones clásicas diferentes, ondas y partículas, para referirnos a un mundo que ya ha dejado de ser clásico. Las partículas y las ondas son, según Bohr, indispensables para una descripción completa de la realidad cuántica. Cualquiera de ambas descripciones solo es, en sí misma, parcialmente cierta. Los fotones nos proporcionan una imagen de la luz mientras que las ondas, por su parte, nos proporcionan otra imagen diferente. Son dos visiones paralelas. Pero, para evitar contradicciones, hay limitaciones. En un determinado momento, el observador solo puede permanecer en una de ellas. Ningún experimento puede revelar simultáneamente una onda y una partícula. Bohr afirmaba que «no hay imagen que pueda abarcar la evidencia obtenida en condiciones diferentes, sino que debe ser considerada como *complementaria*, en el sentido de que solo la totalidad del fenómeno agota la posible información sobre los objetos».[62]

Bohr encontró apoyo para sus nuevas ideas cuando vio algo en las relaciones de incertidumbre, $\Delta p \Delta q \geq h / 2\pi$ y $\Delta E \Delta t \geq h / 2\pi$ que Heisenberg, cegado por su profundo disgusto por las ondas y la continuidad, no alcanzaba a ver. La ecuación Planck-Einstein $E = h\nu$ y la ecuación de De Broglie $p = h / \lambda$ encarnaban la dualidad onda-partícula. Energía y momento son propiedades habitualmente asociadas a las partículas, mientras que frecuencia y longitud de onda tienen que ver con las ondas. Cada ecuación, pues, contiene una variable corpuscular y una variable ondicular. El significado de esta combinación, en la misma ecuación, de rasgos corpusculares y ondiculares era algo que inquietaba a Bohr porque, después de todo, partícula y onda son entidades físicas completamente diferentes.

Cuando corregía el análisis de Heisenberg del experimento mental del microscopio, Bohr descubrió que lo mismo ocurría con las relaciones de incertidumbre. Se trataba de un descubrimiento que le llevó a entender que el principio de incertidumbre revelaba el grado en el que dos conceptos clásicos complementarios, aunque mutuamente excluyentes, como las partículas y las ondas o el momento y la posición, podrían ser aplicados simultáneamente y sin contradicción al mundo cuántico.[63]

Las relaciones de incertidumbre también implicaban la necesidad de elegir entre lo que Bohr denominaba descripción «causal», basada en las leyes de conservación de la energía y del momento (E y p en las relaciones de incertidumbre), y una descripción «espacio-temporal» en la que los eventos se suceden en el espacio y el tiempo (q y t). Esas dos descripciones no se limitan a ser mutuamente excluyentes, sino que también son complementarias y dan cuenta de los resultados de todo posible experimento. Para consternación de Heisenberg, Bohr había reducido el principio de incertidumbre a una regla especial que ponía de manifiesto los límites inherentes a la naturaleza de cualquier medición simultánea de pares complementarios de observables (como la posición y el momento) o al uso simultáneo de dos descripciones complementarias.

Pero había también otra diferencia de opinión. Mientras que el principio de incertidumbre llevó a Heisenberg a cuestionar la aplicabilidad, al dominio atómico, de conceptos clásicos tales como «partícula», «onda», «posición», «momento» y «trayectoria», Bohr afirmaba que la «interpretación del material experimental descansa esencialmente en conceptos clásicos».[64] Y mientras Heisenberg insistía en la necesidad de definir de forma operacional esos conceptos, en una suerte de determinación del significado mediante la medida, Bohr afirmaba que su significado se hallaba ya establecido por el uso que se le había dado en la física clásica. «Toda descripción de los procesos naturales —había escrito en 1923— debe basarse en ideas que hayan sido introducidas y definidas por la teoría clásica».[65] Independientemente de las limitaciones impuestas por el principio de incertidumbre, no pueden verse reemplazadas por la simple razón de que todos los datos experimentales, su discusión y su interpretación puestos a prueba en el laboratorio se expresan necesariamente en el lenguaje y en los conceptos de la física clásica.

Pero ¿por qué, se preguntaba Heisenberg, había que conservar los conceptos de la física clásica, que tan limitados se habían mostrado a nivel atómico? «[¿]Por qué no concluimos simplemente que, debido a la relación de incertidumbre, no podemos seguir utilizándolos y nos vemos obligados a abandonarlos[?]», preguntaba en la primavera de 1927.[66] En lo que respecta a los cuantos, «debemos admitir que nuestras palabras ya no "sirven"». Y, cuando las palabras fracasan, la única opción posible, según Heisenberg, consiste en replegarse en el formalismo de la mecánica cuántica. Después de todo, según sostenía, «un nuevo esquema matemático es tan bueno como cualquier otro, debido a que el nuevo nos dice lo que puede y lo que no puede haber aquí».[67]

Bohr no estaba convencido. La recopilación de todas las piezas de información relativa al mundo cuántico implicaba, en su opinión, un experimento cuyo resultado se registra como destellos luminosos fugaces en una pantalla, como clics en un contador Geiger, como el movimiento de las agujas en un voltímetro, etcétera. Aunque esos instrumentos pertenezcan al mundo cotidiano del laboratorio de física, constituyen el único modo de magnificar, medir y registrar un evento a nivel cuántico. Es la interacción entre una pieza del equipo de laboratorio y un objeto microfísico, como una partícula alfa o un electrón, la que provoca el clic en el contador Geiger o el movimiento de la aguja del voltímetro.

Esa interacción implica el intercambio, al menos, de un cuanto de energía. Y de ello se deriva, según Bohr, la «imposibilidad de establecer cualquier distinción entre la conducta de los objetos atómicos y las interacciones con los instrumentos de medida que sirven para definir las condiciones bajo las cuales se presenta el fenómeno».[68] Ya no es posible, dicho en otras palabras, mantener la estricta separación establecida por la física clásica entre el observador y lo observado, es decir, entre el equipo utilizado para llevar a cabo una medida y lo que se está midiendo.

Bohr era inflexible en su afirmación de que era el experimento concreto que estaba llevándose a cabo lo que ponía de relieve el aspecto corpuscular u ondicular del electrón o del haz luminoso, de la materia o de la radiación. Siendo las partículas y las ondas facetas complementarias, aunque mutuamente excluyentes, del mismo fenómeno subyacente, ningún experimento real o imaginario puede ponerlas simultáneamente de relieve. Fue la puesta a punto del equipamiento necesario para investigar la interferencia de la luz, como sucede en el conocido experimento de las dos ranuras de Young, la que puso de manifiesto la naturaleza ondulatoria de la luz. Cuando, por el contrario, se trataba de un experimento destinado a estudiar el efecto fotoeléctrico dirigiendo un haz de luz sobre una superficie metálica, lo que se ponía de manifiesto era la naturaleza corpuscular de la luz.

Preguntar si la luz es una onda o una partícula carece de todo sentido. En opinión de Bohr, no hay en la mecánica cuántica forma alguna de saber lo que «realmente» es la luz. La única pregunta que merece la pena formularse es: «¿Se "comporta" la luz como una partícula o como una onda?». La respuesta es que en ocasiones se comporta como una partícula mientras que, en otras, lo hace como una onda y ello depende del tipo de experimento que estemos llevando a cabo.

Bohr atribuyó un papel esencial a la decisión del experimento que hay que llevar a cabo. Heisenberg identificó el acto de medida para determinar, por ejemplo, la posición exacta de un electrón como origen de una perturbación que impide la determinación exacta y simultánea de su momento. Bohr coincidía en que había una perturbación física. «En realidad, nuestra descripción habitual [clásica] del fenómeno físico se basa fundamentalmente en la idea de que el fenómeno implicado puede ser observado sin que exista una perturbación apreciable», dijo, durante una conferencia pronunciada en septiembre de 1927.[69] Esa afirmación implicaba que es el acto de observar el fenómeno en el mundo cuántico lo que genera la perturbación. Un mes más tarde fue más explícito cuando, en el esbozo de un artículo, escribió que «no es posible observación alguna de los fenómenos atómicos sin provocar en ellos una perturbación esencial».[70] Pero creía, sin embargo, que el origen de esta perturbación irreductible e incontrolable no reside en el acto de la medida, sino en una decisión tomada por el experimentador que, para llevar a cabo esta medida, se inclina hacia un lado u otro de la dualidad onda-partícula. Según Bohr, pues, la incertidumbre es el precio que debemos pagar para tomar esa decisión.

A mediados de abril de 1927, mientras trabajaba en la formulación de una interpretación coherente de la mecánica cuántica desde el marco de referencia conceptual proporcionado por la complementariedad, Bohr envió a Einstein, a petición de Heisenberg, una copia de su artículo sobre la incertidumbre. En la carta adjunta decía que se trataba de «una contribución muy importante a la discusión de los problemas generales a los que debe enfrentarse la teoría cuántica».[71] A pesar de sus continuas y, con frecuencia, acaloradas discusiones, Bohr dijo a Einstein que «Heisenberg pone brillantemente de relieve el modo en que sus relaciones de incertidumbre no solo pueden ser utilizadas para el desarrollo real de la teoría cuántica, sino también para enjuiciar su posible visualización».[72] Y llegaba a subrayar algunas de sus nuevas ideas que arrojarían luz sobre «las dificultades de la teoría cuántica [que] están conectadas con los conceptos o, mejor dicho, con los términos habitualmente utilizados para describir la naturaleza y que siempre tienen su origen en las teorías clásicas».[73] Einstein, por alguna razón desconocida, decidió no responder.

Si esperaba recibir una respuesta de Einstein, Heisenberg debió haberse quedado muy decepcionado al regresar a Copenhague después de pasar la Semana Santa en Múnich. Esas fueron, después de la tensión constante que supuso enfrentarse a la interpretación de Bohr, unas vacaciones muy necesarias. «Así que me sumí en una lucha a favor de las matrices y en contra de las ondas —escribió Heisenberg a Pauli el 31 de mayo, el mismo día que su artículo de veintisiete páginas fue publicado—. A veces, en medio del fragor de esta batalla, he criticado con mucha dureza, sin pretenderlo siquiera, las objeciones de Bohr a mi trabajo llegando incluso, en ocasiones, a herirle personalmente. Cuando ahora reflexiono sobre nuestras discusiones, entiendo muy bien que se enojase».[74] La razón de ese arrepentimiento era que, desde hacía dos semanas, había admitido a Pauli que Bohr estaba en lo cierto.

La dispersión de los rayos gamma en la apertura del hipotético microscopio era el fundamento de una relación de incertidumbre ligada al momento y la posición. «Así pues, la relación $\Delta p \Delta q \approx h$ llegaba, en realidad, de manera natural, pero no tan completa como había pensado».[75] Heisenberg llegó a conceder que «determinados puntos» eran más fáciles de manejar utilizando la descripción ondulatoria de Schrödinger, pero seguía plenamente convencido de que, en el ámbito de la física cuántica, «solo las discontinuidades son interesantes» y que su importancia, en consecuencia, jamás sería lo suficientemente subrayada. Y aunque todavía estaba a tiempo de retirar el artículo, no estaba dispuesto a dar ese paso. «Todos los resultados del artículo son, después de todo, correctos —dijo a Pauli— y, en ese sentido, estoy completamente de acuerdo con Bohr».[76]

A modo de solución de compromiso, Heisenberg acabó añadiendo la siguiente posdata: «Las investigaciones de Bohr posteriores a la conclusión del anterior escrito —comenzaba— han llegado a un punto que posibilita la profundización y agudización esencial del análisis de la correlación mecánico-cuántica intentado en este trabajo».[77] Heisenberg reconocía que Bohr había llamado su atención sobre puntos esenciales que él había subrayado, como que la incertidumbre era una consecuencia de la dualidad onda-partícula. Finalmente concluía dando las gracias a Bohr, y con la publicación del artículo se soslayaron —aunque no se olvidaron completamente— meses de disputas y «graves malentendidos personales».[78] Fueran cuales fuesen, sin embargo, sus diferencias, «lo que ahora importaba —como Heisenberg dijo posteriormente— era presentar los hechos de un modo que, pese a su novedad, pudiesen ser entendidos y aceptados por todos los físicos».[79]

«Estoy muy avergonzado por haber dado la impresión de ser un ingrato», escribió Heisenberg, a mediados de junio, poco después de que Pauli visitara Copenhague.[80] Dos meses más tarde, todavía muy arrepentido, explicó a Bohr cómo había reflexionado «casi a diario sobre el modo en que se había comportado y lo avergonzado que estoy de no haber podido hacer otra cosa».[81] Las futuras perspectivas de trabajo habían sido uno de los principales factores determinantes de su empeño en publicar. Cuando rechazó la cátedra de Leipzig en favor de Copenhague, Heisenberg estaba seguro de que, si continuaba escribiendo «buenos artículos», las universidades empezarían a solicitar sus servicios.[82] Las ofertas empezaron a llegar después de la publicación de su artículo sobre la incertidumbre. Ansioso de que Bohr pudiese pensar de otro modo, estaba dispuesto a explicar que no había alentado a sus potenciales pretendientes debido a su reciente disputa sobre la incertidumbre. Así fue como, sin haber cumplido los veintiséis años todavía, Heisenberg acabó convirtiéndose, al aceptar una nueva oferta de la Universidad de Leipzig, en el profesor ordinario más joven de toda Alemania. A finales de junio, Heisenberg abandonó Copenhague, mientras la vida en el instituto recuperaba la normalidad y Bohr proseguía con su trabajo dolorosamente lento de dictar el artículo sobre la complementariedad y sus implicaciones para la interpretación de la mecánica cuántica.

Bohr, que llevaba ya desde abril trabajando duro en este punto, buscó entonces la ayuda de Oskar Klein, un sueco de treinta y dos años que por aquel entonces vivía en el instituto. Sin embargo, a medida que iba exacerbándose el debate sobre la incertidumbre y la complementariedad, Hendrik Kramers, antiguo ayudante de Bohr, advirtió a Klein: «No entre en este conflicto, somos personas demasiado amables como para participar en ese tipo de batallas».[83] Cuando Heisenberg se enteró de que Bohr estaba escribiendo, con la ayuda de Klein, un artículo sobre «el fundamento de la existencia de las ondas y de las partículas» escribió despectivamente a Pauli que, «cuando uno empieza así, puede acabar consiguiendo que todo cobre coherencia».[84]

Cuando un borrador siguió a otro y el título cambió de «Los fundamentos filosóficos de la teoría cuántica» a «El postulado cuántico y los últimos desarrollos sobre la teoría atómica», Bohr se esforzó en terminar el artículo a tiempo para presentarlo en un congreso que iba a celebrarse poco después, pero que acabó convirtiéndose en otro borrador. Y cuando llegó el momento, todavía no lo había terminado.

El Congreso Internacional de Física se celebró entre el 11 y el 20 de septiembre de 1927 en Como (Italia) para conmemorar el primer centenario de la muerte del italiano Alessandro Volta, inventor de la batería. Bohr estuvo preparando su presentación durante el desarrollo del congreso hasta el 16 de septiembre, el día que debía pronunciar la conferencia. Entre los presentes en el Istituto Carducci dispuestos a escuchar lo que tenía que decir se hallaban Born, De Broglie, Compton, Heisenberg, Lorentz, Pauli, Planck y Sommerfeld.

Resultó imposible, para algunos de los presentes, entender completamente la conferencia en la que Bohr presentó su nuevo marco de referencia sobre la complementariedad y el papel que, en la teoría cuántica, desempeñaba la medida. Bohr reunió todas las piezas, incluida la interpretación probabilística de Born de la función de onda de Schrödinger, para establecer los cimientos de una nueva comprensión física de la mecánica cuántica que no tardaría en ser conocida, en el entorno de los físicos, como «interpretación de Copenhague».

La conferencia de Bohr fue la culminación de lo que Heisenberg acabó denominando «un estudio detallado de todas las cuestiones relativas a la interpretación de Copenhague de la teoría cuántica».[85] Al comienzo, hasta los magos cuánticos más jóvenes se sentían incómodos con las respuestas del danés. «Recuerdo discusiones al respecto con Bohr hasta bien entrada la noche —escribió posteriormente Heisenberg— y que casi me sacan de quicio. Había veces en las que me vi obligado a dar una vuelta al parque vecino repitiéndome, una y otra vez "¿Puede la naturaleza ser tan absurda como parecen poner de relieve los resultados de estos experimentos sobre el átomo?"».[86] La respuesta de Bohr fue un inequívoco «sí». El papel central atribuido a la medida y a la observación obstaculizaba todo intento de descubrir, en la naturaleza, la existencia de pautas o conexiones causales.

Fue Heisenberg, en su artículo sobre la incertidumbre, quien primero defendió por escrito la necesidad de rechazar uno de los principios fundamentales de la ciencia: «Pero lo que está equivocado en la formulación estricta de la ley de la causalidad, según la cual, "cuando conocemos exactamente el presente, podemos predecir el futuro", no es una conclusión, sino una creencia. Porque lo cierto es que ni siquiera en principio es posible conocer con detalle el presente».[87] El desconocimiento simultáneo de la posición y la velocidad exactas de un electrón, por ejemplo, solo nos permite calcular probabilidades de entre «una plétora de posibles» posiciones y velocidades futuras.[88] Resulta imposible, en consecuencia, predecir el resultado exacto de cualquier observación o medida individual de un proceso atómico. Solo podemos predecir con exactitud la probabilidad de ocurrencia de un determinado resultado dentro de un abanico definido de posibilidades.

El universo erigido sobre los cimientos de la física clásica establecidos por Newton era un cosmos determinista que se asemejaba a un mecanismo de relojería. Aun después de la remodelación relativística llevada a cabo por Einstein, el conocimiento exacto, en un determinado momento, de la posición y de la velocidad exacta de un objeto, de una partícula o de un planeta, permitía, al menos en principio, la determinación de su posición y de su velocidad en cualquier otro momento. No hay lugar, en el universo cuántico, para el determinismo clásico, donde todos los fenómenos pueden ser descritos como un despliegue causal de eventos en el espacio y el tiempo. «Debido a que todos los experimentos se hallan sujetos a las leyes de la mecánica cuántica y, en consecuencia, a la ecuación $\Delta p \Delta q \approx h$», Heisenberg afirmaba rotundamente, en el último párrafo de su artículo sobre la incertidumbre, que «de ello se sigue que la mecánica cuántica evidencia el fracaso final de la causalidad».[89] Cualquier expectativa de restaurarla era tan «inútil y absurda» como la creencia en un mundo «real» oculto detrás de lo que Heisenberg denominaba «el mundo estadístico percibido».[90] Y esa era una visión compartida también por Bohr, Pauli y Born.

Dos físicos se hallaban, en Como, muy presentes a pesar de su ausencia: Schrödinger, que acababa de mudarse a Berlín hacía un par de meses como sucesor de Planck y aún estaba asentándose, y Einstein, que se negó a pisar la Italia fascista. Bohr todavía debería esperar un mes antes de que se encontrasen en Bruselas.

TERCERA PARTE

Duelo de titanes sobre la realidad

No existe un mundo cuántico. Lo único que existe es una descripción mecánico-cuántica abstracta.

NIELS BOHR

Todavía creo en la posibilidad de un modelo de la realidad, es decir, de una teoría que represente las cosas en sí mismas y no tan solo la probabilidad de su ocurrencia.

ALBERT EINSTEIN

11
SOLVAY 1927

«Ahora ya puedo escribir a Einstein», escribió Hendrik Lorentz el 2 de abril de 1926.[1] Ese mismo día, el anciano y respetado físico había sido recibido en audiencia privada por el rey de los belgas, quien le había dado la aprobación real para invitar a Einstein a formar parte del comité científico del International Institute of Physics instaurado por el industrial Ernest Solvay. Calificado, en cierta ocasión, por Einstein como «una persona de una inteligencia y un tacto exquisitos», Lorentz también obtuvo el permiso real para invitar al físico alemán al V Congreso Solvay, que iba a celebrarse en octubre de 1927.[2]

«Su Majestad ha expresado la opinión de que, siete años después, la animadversión generada por la guerra se ha atenuado ya lo suficiente y la ciencia puede contribuir muy positivamente a aumentar la comprensión entre los pueblos», afirmó Lorentz.[3] Consciente de que la brutal violación alemana de la neutralidad belga de 1914 todavía se hallaba muy fresca en la memoria, el rey insistió en que, «a la vista de todo lo que los científicos alemanes habían hecho por la física, resultaría muy difícil soslayar su contribución».[4] Porque lo cierto es que, desde el final de la guerra, los científicos alemanes se habían visto exilados de la comunidad científica internacional.

«El único alemán invitado es Einstein que, en este sentido, se considera internacional», dijo Rutherford a un colega antes del III Congreso Solvay, que se celebró en abril de 1921.[5] Einstein decidió no asistir debido a la exclusión de los alemanes y dio, en su lugar, una gira de conferencias por Estados Unidos recaudando fondos para la creación de la Universidad Hebrea de Jerusalén. Dos años después se negó también a asistir, debido a la prohibición que seguía pesando sobre los científicos alemanes, al IV Congreso. «No es correcto, en mi opinión —escribió, en esa ocasión, a Lorentz—, mezclar la política con la ciencia y tampoco habría que culpabilizar a los individuos por las acciones del Gobierno o del país al que, por suerte o por desgracia, pertenecen».[6]

Incapaz de asistir, debido a una enfermedad, al Congreso Solvay de 1921, Bohr declinó también una invitación de participar en el congreso que se celebró en 1924, porque temía que su aceptación fuese interpretada por algunos como una aprobación tácita de la política de exclusión de los alemanes. Cuando, en 1925, Lorentz se convirtió en presidente del Comité de Cooperación Internacional de la Liga de las Naciones, no le pareció que hubiese muchas perspectivas de que, en un futuro próximo, desapareciese esa prohibición.[7] Entonces fue cuando, en octubre de ese mismo año, se levantó inesperadamente la barrera que impedía ese acceso.

En un elegante *palazzo* del pequeño balneario suizo de Locarno, ubicado en la orilla norte del lago Maggiore, el lugar más soleado de Suiza y un entorno ideal para el optimismo, se ratificaron los tratados en los que muchos depositaban la futura paz de Europa.[8] Habían sido necesarios varios meses de intensa negociación diplomática para organizar ese encuentro en el que los emisarios de Alemania, Francia y Bélgica podrían redefinir, después de la guerra, las fronteras de sus países. Los tratados de Locarno abrieron el paso para la aceptación de Alemania, en septiembre de 1926, en la Liga de las Naciones y el final, con ello, de la exclusión de sus científicos del escenario internacional. Apenas Lorentz recibió el consentimiento del rey de Bélgica, antes de que concluyera la partida de ajedrez diplomática, invitó a Einstein al V Congreso Solvay, nombrándole miembro del comité responsable de su organización. Einstein aceptó, en esa ocasión, la invitación, y durante los meses siguientes se eligieron los participantes, se elaboró la agenda y se enviaron las codiciadas invitaciones.

Los invitados formaban parte de tres grandes grupos. El primero de ellos estaba compuesto por Hendrik Lorentz (presidente), Martin Knudsen (secretario), Marie Curie, Charles Eugène Guye,

Paul Langevin, Owen Richardson y Albert Einstein, miembros del comité científico.[9] El segundo estaba compuesto por un secretario científico, un representante de la familia Solvay y, como cuestión de cortesía, tres profesores de la Universidad Libre de Bruselas. El físico estadounidense Irving Langmuir, que por aquel entonces se hallaba de visita por Europa, también estaría presente en calidad de invitado del comité científico.

La invitación dejaba bien claro que «el congreso giraría en torno a la nueva mecánica cuántica y a cuestiones relacionadas con ella».[10] Esto era algo que se reflejaba en la composición del tercer grupo, del que formaban parte Niels Bohr, Max Born, William L. Bragg, Léon Brillouin, Arthur H. Compton, Louis de Broglie, Pieter Debye, Paul Dirac, Paul Ehrenfest, Ralph Fowler, Werner Heisenberg, Hendrik Kramers, Wolfgang Pauli, Max Planck, Erwin Schrödinger y C. T. R. Wilson.

Bruselas, pues, congregaría bajo el mismo techo a los viejos maestros de la teoría cuántica y a los jóvenes innovadores de la mecánica cuántica. Sommerfeld y Jordan eran los más destacados de los científicos que no habían sido invitados a lo que se asemejaba a un concilio teológico destinado a dirimir cuestiones dogmáticas. Cinco serían los informes presentados durante el Congreso: William L. Bragg hablaría sobre la intensidad de la reflexión de los rayos X, Arthur Compton lo haría sobre los desacuerdos que existen entre el experimento y la teoría electromagnética de la radiación, Louis de Broglie se referiría a la nueva dinámica de los cuantos, Max Born y Werner Heisenberg se centrarían en la mecánica cuántica y Erwin Schrödinger se ocuparía de la mecánica ondulatoria. Las dos últimas sesiones del congreso girarían en torno a una discusión general sobre la mecánica cuántica.

En el programa resaltaba claramente la ausencia de dos nombres. Einstein, que había sido invitado, declaró formalmente «no ser lo suficientemente competente» como para presentar un informe. Y «la razón —según dijo a Lorentz— era que mi participación en el desarrollo de la teoría cuántica no ha sido tan activa como ese objetivo requeriría. Y ello se debe, por una parte, al hecho de que, hablando en términos generales, tengo muy poco talento receptivo para seguir su tempestuoso desarrollo y a que no apruebo, por la otra, el modo puramente estadístico de pensar en el que se asienta la nueva teoría».[11] No fue la suya una decisión sencilla, porque Einstein hubiese querido «contribuir, en Bruselas, con algo más valioso», pero también confesó que «no hay que concluir, por ello, que haya renunciado a esa expectativa».[12] De hecho, Einstein había seguido muy atentamente «el tempestuoso desarrollo» de la nueva física y había alentado y estimulado indirectamente el trabajo de Schrödinger y De Broglie. Desde su mismo comienzo, sin embargo, cuestionaba la coherencia y completud de la descripción de la realidad proporcionada por la mecánica cuántica.

El otro nombre olvidado era el de Bohr. Y es que, por más cierto que fuese que no había desempeñado ningún papel directo en el desarrollo teórico de la mecánica cuántica, su influencia resultaba patente a través de las discusiones que, al respecto, había mantenido con Heisenberg, Pauli y Dirac.

Todos los invitados al V Congreso Solvay sobre «Electrones y fotones» sabían que iba a ocuparse de uno de los problemas más acuciantes del momento, una cuestión más filosófica que física: el significado de la mecánica cuántica. ¿Qué revelaba la nueva física sobre la naturaleza de la realidad? Bohr creía haber encontrado la respuesta. Para muchos llegó a Bruselas como rey de los cuantos, pero, como Einstein seguía siendo el papa de la física, estaba ansioso por «conocer su reacción al último estadio del desarrollo que, en nuestra opinión, aclara los problemas que tan ingeniosamente esbozó».[13] Bohr estaba muy interesado, en suma, por la opinión de Einstein.

Así que había una gran expectativa cuando, a las diez de la mañana del nublado lunes 24 de octubre de 1927, los físicos cuánticos más importantes del mundo se reunieron en el Instituto de Fisiología de Léopold Park para dar comienzo a la primera sesión del congreso. Un año y medio había sido necesario para organizar ese encuentro que, con el consentimiento de un rey, puso fin al estatus de paria que durante los últimos años se habían visto obligados a soportar los científicos alemanes.

Tras unas breves palabras de bienvenida pronunciadas por Lorentz en calidad de presidente del comité científico y del congreso, la apertura le correspondió a William L. Bragg, profesor de física de la Universidad de Manchester. Bragg, de treinta y siete años, tenía tan solo veinticinco cuando, en 1915, se vio recompensado junto a su padre, William H. Bragg, con el Premio Nobel de Física por su trabajo pionero en el uso de los rayos X para investigar la estructura de los cristales. Su conferencia versó sobre los últimos datos relativos a la reflexión de los rayos X por los cristales y el modo en que esos resultados condujeron a una mejor comprensión de la estructura atómica. Tras la presentación de Bragg, Lorentz abrió el turno de preguntas y comentarios sobre el tema. El programa había sido organizado para que, después de cada presentación, hubiese tiempo suficiente para una amplia discusión. Apelando a su dominio del inglés, el alemán y el francés para ayudar a los menos desenvueltos con los idiomas, Lorentz, junto a Heisenberg, Dirac, Born y De Broglie fueron algunos de los que participaron en la discusión antes de que concluyese la primera sesión y todo el mundo se levantase para ir a comer.

Durante la sesión de la tarde, el estadounidense Arthur Compton habló sobre el fracaso de la teoría electromagnética de la radiación a la hora de explicar el efecto fotoeléctrico y el aumento de la longitud de onda de los rayos X cuando son dispersados por los electrones. Aunque acababa de ser recompensado, unas pocas semanas antes, con el Premio Nobel de Física compartido de 1927, su modestia le impidió referirse a ese fenómeno con el nombre de «efecto Compton» con el que todos lo conocían. Donde la teoría del gran físico del siglo XIX James Clerk Maxwell había fracasado, el cuanto de luz de Einstein, rebautizado ahora como «fotón», lograba unir teoría y experimento. Los informes presentados por Bragg y Compton aspiraban a facilitar la discusión de los conceptos teóricos. Al finalizar el primer día, casi todos los grandes exponentes de la física habían manifestado su opinión, excepto Einstein.

Después de una recepción que se llevó a cabo la mañana del martes en la Universidad Libre de Bruselas, todo el mundo se reunió esa misma tarde para escuchar la presentación de Louis de

Broglie titulada «La nueva dinámica de los cuantos». Expresándose en francés, De Broglie empezó subrayando su propia contribución, la expansión de la dualidad onda-partícula a toda la materia y el ingenioso modo en que Schrödinger la había desarrollado en su mecánica ondulatoria. Luego, sin negar la verdad que encerraba la noción de Born, ofreció una interpretación alternativa a la visión probabilística de la función de onda de Schrödinger.

Según la «teoría de las ondas piloto», como la llamaba De Broglie, el electrón existe como partícula *y* onda, a diferencia de la interpretación de Copenhague en la que, dependiendo del tipo de experimento llevado a cabo, «se comporta» como aquella *o* como esta. Afirmaba De Broglie que las partículas y las ondas existen simultáneamente y las ondas guardan con las partículas el mismo tipo de relación que el surfista con la ola. Las ondas conduciendo o «pilotando» las partículas de un lugar a otro eran físicamente más reales que las ondas abstractas de probabilidad de Born. Con Bohr y sus asociados decididos a afirmar la supremacía de la interpretación de Copenhague y de Schrödinger obstinándose en asentar su visión de la mecánica ondulatoria, la teoría de De Broglie de la onda piloto resultaba muy vulnerable. Buscando apoyo en el único hombre que podía acabar inclinando la balanza de quienes todavía no habían tomado partido, De Broglie se decepcionó al ver que Einstein permanecía en silencio.

El miércoles 26 de octubre, los defensores de las dos versiones enfrentadas de la mecánica cuántica expusieron sus diferentes perspectivas. Durante la sesión de la mañana, Heisenberg y Born presentaron un informe conjunto, dividido en cuatro grandes secciones: el formalismo matemático, la interpretación física, el principio de incertidumbre y las aplicaciones de la mecánica cuántica.

La presentación, como la elaboración del escrito, fue también doble. Born, el mayor, se hizo cargo de la introducción y de las secciones I y II antes de dejar paso a Heisenberg. «La mecánica cuántica —comenzaron— se basa en la intuición de que la diferencia esencial entre la física atómica y la física clásica gira en torno a la ocurrencia de las discontinuidades».[14] Luego pasaron al reconocimiento de sus colegas, que se hallaban sentados a unos pocos metros de distancia, afirmando que la mecánica cuántica no es más que «la continuación directa de la teoría cuántica esbozada por Planck, Einstein y Bohr».[15]

Después de la exposición de la mecánica matricial, de la teoría de la transformación de Dirac-Jordan y de la interpretación probabilística, pasaron al principio de incertidumbre y al «significado real de la constante de Planck *h*».[16] Ese significado, en su opinión, no era otra cosa que «la medida universal de la indeterminación que, a través de la dualidad onda-partícula, entra en las leyes de la naturaleza». En ausencia, en suma, de dualidad onda-partícula de la materia y de la radiación tampoco habría constante de Planck ni mecánica cuántica. Finalmente esbozaron la provocadora afirmación de que «nosotros consideramos que la mecánica cuántica es una teoría cerrada, cuyos supuestos físicos y matemáticos básicos no son susceptibles de cambio ni modificación alguna».[17]

Ese cierre implicaba que ningún futuro desarrollo podría acabar modificando ninguno de los rasgos fundamentales de la teoría. Tal afirmación sobre la completud y finalidad de la mecánica cuántica era algo que Einstein sencillamente no podía aceptar. Para él, la mecánica cuántica era en realidad un logro extraordinario, pero todavía no era la cosa real. Sin embargo, negándose a tragar el anzuelo, no participó en el debate que siguió al informe y tampoco lo hizo cuando hablaron Born, Dirac, Lorentz y Bohr.

Paul Ehrenfest, que se dio cuenta del recelo con el que Einstein contemplaba el atrevimiento de la afirmación de Born-Heisenberg de que la mecánica cuántica era una teoría cerrada, hizo llegar a Einstein una nota en la que había garabateado: «¡No te rías, pero debo decirte que hay, en el purgatorio, una sección especial en la que los profesores de teoría cuántica se ven obligados a escuchar clases de física clásica diez horas al día!».[18] «Yo solo me río de su ingenuidad. ¿Quién sabe el que, dentro de unos años, seguirá riéndose?».

Fue Schrödinger, después del almuerzo, quien ocupó el escenario central y presentó, en inglés, su informe sobre la mecánica ondulatoria. «Bajo este nombre hay, en la actualidad, dos teorías que, pese a estar muy próximas, no son idénticas», dijo.[19] En realidad solo había una teoría, pero estaba en efecto dividida en dos. Una de ellas se ocupaba de las ondas en el espacio tridimensional cotidiano ordinario, mientras que la otra requería un espacio multidimensional abstracto. El problema, según explicó Schrödinger, era que, para algo diferente a un electrón en movimiento, esto es una onda que existe en un espacio de más de tres dimensiones. Mientras que el electrón individual del átomo de hidrógeno puede acomodarse al espacio tridimensional, el átomo de helio, que posee dos electrones, requiere seis dimensiones. Por eso, Schrödinger afirmaba que ese espacio multidimensional, conocido como espacio de configuración, no es más que una herramienta matemática y que lo que, en última instancia, describía era muchos electrones colisionando u orbitando en torno al núcleo de un átomo, el proceso se daba en el espacio y el tiempo. «A decir verdad, sin embargo, todavía no se ha logrado una unificación completa de ambos conceptos», admitió, antes de pasar a esbozarla.[20]

Aunque los físicos encontraban más sencillo el uso de la mecánica ondulatoria de Schrödinger, ningún teórico puntero coincidía con su interpretación de que la función de onda de una partícula representaba la distribución nebulosa de su carga y de su masa. Sin inmutarse ante la mayor aceptación de la interpretación probabilística alternativa de Born, Schrödinger subrayó la suya propia y cuestionó la noción aceptada de «salto cuántico».

Desde el mismo momento en que recibió la invitación para hablar en Bruselas, Schrödinger era agudamente consciente de la posibilidad de un enfrentamiento con los defensores del enfoque «matricial». El debate comenzó cuando Bohr preguntó si una afirmación sobre las «dificultades» posteriores mencionada en el informe de Schrödinger implicaba la incorrección de un resultado afirmado anteriormente. Schrödinger se enfrentó con tranquilidad a la pregunta esbozada por Bohr, para acabar dándose cuenta de que Born desafiaba la adecuación de otros cálculos. Un tanto preocupado, afirmó entonces que «los resultados eran rigurosos y correctos y que la objeción de Mr. Born está infundada».[21]

Después de la intervención de otros dos participantes, le llegó el turno a Heisenberg: «Mr. Schrödinger dice, al final de su informe, que su presentación refuerza la esperanza de que, a medida que nuestro conocimiento se profundice, será posible explicar y entender tridimensionalmente los resultados proporcionados por la teoría multidimensional. Pero yo no advierto nada en los cálculos de Mr. Schrödinger que justifique esa expectativa».[22] Schrödinger afirmó que su «esperanza de lograr una representación tridimensional no es completamente utópica».[23] Pocos minutos después concluyó la discusión y, con ella, la primera parte del programa, dedicada a la presentación de los informes encargados.

Cuando ya era demasiado tarde para cambiar las fechas, se descubrió que la Academia de Ciencias de París había elegido el jueves 27 de octubre a fin de celebrar el centenario de la muerte del físico francés Augustin Fresnel. Por ello, se decidió la suspensión, durante un día y medio, del Congreso Solvay con la idea de que, de ese modo, quienes quisieran asistir a la ceremonia pudiesen hacerlo y regresar a tiempo para el momento culminante del encuentro: una discusión general que abarcaría las dos últimas sesiones. Lorentz, Einstein, Bohr, Born, Pauli, Heisenberg y De Broglie se hallaban entre los veinte que, para honrar a un espíritu afín, decidieron viajar a París.

En medio del desconcierto de voces alemanas, inglesas y francesas solicitando el permiso de Lorentz para hablar, Paul Ehrenfest se acercó súbitamente a la pizarra y escribió: «El Señor hizo confundir todas las lenguas de la Tierra». Cuando regresó a su silla sonriendo maliciosamente, sus colegas se dieron entonces cuenta de que su comentario no solo se refería a la torre bíblica de Babel. La primera sesión de la discusión general comenzó la tarde del viernes 28 de octubre, cuando Lorentz hizo una serie de comentarios introductorios tratando de centrar la atención de los presentes sobre cuestiones relativas a la causalidad, el determinismo y la probabilidad. «¿Se hallan los eventos cuánticos causados o no?» o, como él mismo dijo: «¿Acabaremos convirtiendo la falta de determinismo en un artículo de fe? ¿Estamos obligados a elevar el indeterminismo a la categoría de principio?».[24] Sin esbozar ninguna idea propia, Lorentz invitó entonces a Bohr a dirigir el encuentro. Tal como se refirió a «los problemas epistemológicos a los que nos enfrentamos en la física cuántica», todos los presentes tuvieron claro que Bohr estaba tratando de convencer a Einstein de la corrección de las soluciones de Copenhague.[25]

Fueron muchas las personas que, a partir diciembre de 1928, momento en que se publicaron en francés las actas del congreso, tomaron erróneamente la presentación de Bohr como uno de los informes oficiales. Y es que, cuando se le pidió una versión editada de su comentario para incluirla, Bohr envió una versión expandida de la conferencia que había pronunciado en Como, que había sido publicada el mes de abril anterior; una petición que solo se vio aceptada, dicho sea de paso, por ser Bohr quien era.[26]

Einstein escuchó a Bohr subrayar su creencia de que la dualidad onda-partícula era un rasgo esencial de la naturaleza que solo podía explicarse desde el marco de referencia de la complementariedad sobre el que se sustentaba el principio de incertidumbre que establecía los límites de aplicabilidad de los conceptos clásicos. La capacidad, no obstante, de comunicar sin ambigüedad los resultados de los experimentos demostraba que el mundo cuántico, según Bohr, requería un entorno experimental para expresar la observación misma en un lenguaje «convenientemente depurado por el vocabulario de la física clásica».[27]

En febrero de 1927, cuando Bohr estaba esbozando su visión de la complementariedad, Einstein acababa de pronunciar una conferencia en Berlín sobre la naturaleza de la luz. Lo que, en su opinión, se necesitaba —y esa era una opinión que ya casi llevaba veinte años sustentando— no era una teoría cuántica o una teoría ondulatoria de la luz, sino «una síntesis entre ambas concepciones».[28] Pero cuando Einstein escuchaba a Bohr hablar de «síntesis», lo que oía era un intento de imponer la segregación a través de la complementariedad, es decir que, dependiendo del experimento elegido, se trataba de ondas o de partículas.

Los científicos siempre habían llevado a cabo sus experimentos basándose en el supuesto tácito de que eran observadores pasivos de la naturaleza y capaces, por tanto, de observar lo que estaban viendo sin perturbarlo. Entre sujeto y objeto y entre el observador y lo observado había una diferencia muy clara. Pero ahora resultaba que, según la interpretación de Copenhague, eso no era cierto en el dominio atómico, donde Bohr identificaba lo que él llamaba el «postulado cuántico», la «esencia» de la nueva física.[29] Esa fue la expresión que utilizó para capturar la existencia de la discontinuidad en la naturaleza debida a la indivisibilidad de los cuantos. El postulado cuántico, según Bohr, no establecía una separación clara entre observador y lo observado. La interacción entre lo que se mide y el instrumento de medida significaba, en el dominio de los fenómenos atómicos, según Bohr, «la imposibilidad de atribuir una realidad independiente, en el sentido físico ordinario, al fenómeno o a la instancia observadora».[30]

La realidad que Bohr contemplaba es, en ausencia de observación, inexistente. Un objeto microfísico carece, según la interpretación de Copenhague, de propiedades intrínsecas. El electrón simplemente no existe en ningún lugar hasta el momento en que, para ubicarlo, llevamos a cabo una observación. Y tampoco posee velocidad ni atributo físico mensurable alguno. Es absurdo, por ello, preguntarse cuál es la posición o la velocidad, entre medida y medida, de un electrón. Y puesto que la mecánica cuántica no dice nada sobre la existencia de una realidad física independiente del equipo de medida, el electrón solo es «real» en el acto de la medida o, dicho de otro modo, el electrón que no es observado no existe.

«Es un error creer que la tarea de la física consiste en descubrir cómo es la naturaleza —llegaría a afirmar posteriormente Bohr—.[31] La física solo se ocupa de lo que podemos decir sobre la naturaleza». Eso es todo. La ciencia, según él, solo tenía dos objetivos «ampliar el rango de nuestra experiencia y ordenarla».[32] Para Einstein, sin embargo, «el único objetivo de lo que nosotros llamamos ciencia es determinar lo que es».[33] La física, para él, consistía en el intento de apresar la realidad tal cual es, es decir, independientemente de toda observación. Por eso en este sentido, decía, «hablamos de "realidad física"».[34] Bohr, armado de la interpretación de Copenhague, no estaba interesado en lo que «es», sino tan solo en lo que podemos decir sobre el mundo. Como Heisenberg diría posteriormente: «Los átomos o las partículas elementales no son tan reales [como los objetos del mundo cotidiano] y no configuran, en consecuencia, un mundo de cosas y hechos, sino de potencialidades o posibilidades».[35]

La transición de lo «posible» a lo «real» solo sucede, según Bohr y Heisenberg, durante el acto de observación. No existe realidad cuántica subyacente que exista independientemente del observador. La creencia en la existencia de una realidad independiente del observador era, según Einstein, fundamental para la ciencia. Lo que se hallaba en juego, pues, en el debate que estaba a punto de empezar entre Einstein y Bohr no era ni más ni menos que el alma de la física y la naturaleza de la realidad.

Después de la contribución de Bohr hablaron otros tres científicos, y fue cuando Einstein indicó a Lorentz que quería romper su silencio autoimpuesto. «A pesar de ser consciente de no haber profundizado lo suficiente en la esencia de la mecánica cuántica —dijo—, quisiera referirme ahora a algunas consideraciones de índole general».[36] Einstein estaba en desacuerdo con la afirmación de Bohr de que la mecánica cuántica «agota las posibilidades de explicación de los fenómenos observables»,[37] estableciendo así una división en la arena microfísica del territorio cuántico. Einstein sabía que a él le correspondía demostrar la incoherencia de la interpretación de Copenhague y echar así por tierra las afirmaciones de Bohr y de sus defensores, según los cuales la mecánica cuántica era una teoría cerrada y completa. Entonces apeló a su táctica favorita, el experimento imaginario hipotético llevado a cabo en el laboratorio de su mente.

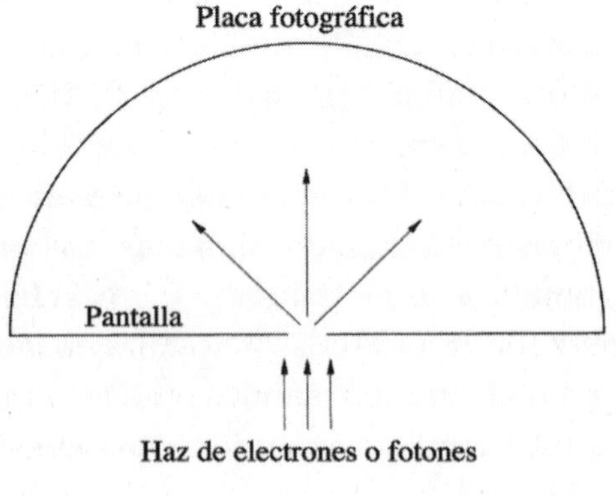

FIGURA 13. Experimento mental de una ranura simple, de Einstein.

Einstein se acercó entonces a la pizarra y trazó una línea que representaba una pantalla opaca en la que había una pequeña ranura. Detrás de la pantalla dibujó luego un semicírculo que representaba una placa fotográfica. Partiendo de ese esbozo, Einstein expuso entonces su experimento. Cuando un haz de electrones o fotones golpea la pantalla, algunos de ellos pasan a través de la ranura y llegan hasta la placa fotográfica, y debido a la estrechez de la ranura, los electrones que la atraviesan se difractan, a modo de ondas, en cualquier posible dirección. De acuerdo con la teoría cuántica, explicó Einstein, los electrones que atraviesan la ranura llegan a la placa fotográfica en forma de ondas esféricas. Pero los electrones impactan en la placa como partículas individuales. Dos son, pues, dijo Einstein, los puntos de vista diferentes relativos a este experimento mental.

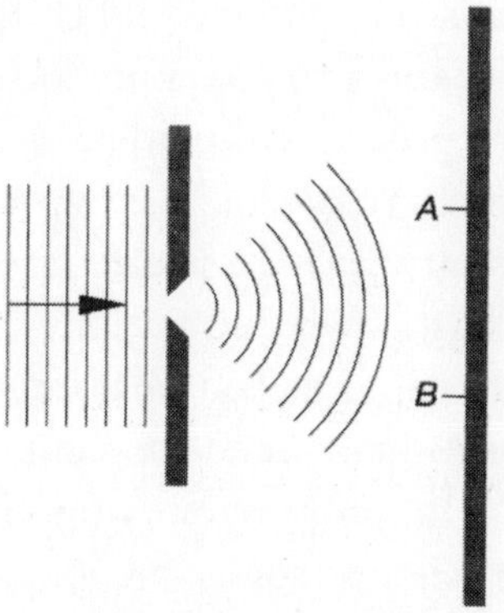

FIGURA 14. Revisión del experimento mental de una ranura simple de Einstein realizada por Bohr.

Según la interpretación de Copenhague, antes de que se lleve a cabo cualquier observación y de que el impacto con la placa fotográfica cuente como tal, existe una probabilidad diferente de 0 de detectar un electrón individual en cualquier punto de la placa. Pero, aunque el electrón ondicular se expanda por una amplia región del espacio, en el mismo momento en que un determinado electrón es detectado en A, la probabilidad de encontrarlo en B o en cualquier otro punto de la placa se convierte instantáneamente en 0. Dado que la interpretación de Copenhague sostiene que la mecánica cuántica es una descripción completa de los eventos individuales del electrón del experimento, la conducta de cada electrón se describe mediante una función de onda.

Pero ese es, según Einstein, el problema. Si, antes de la observación, la probabilidad de encontrar al electrón se hallaba «diluida» en toda la placa fotográfica, la probabilidad en B y en cualquier otro lugar se veía instantáneamente afectada en el mismo momento en que el electrón impactaba la placa en el punto A. Tal «colapso instantáneo de la función de onda» implica la propagación de algún tipo de relación causa-efecto más veloz que la luz, algo que, según su teoría especial de la relatividad, resultaba imposible. Si un evento en A es la causa de otro evento en B, debe haber, entre ambos, un lapso de tiempo que permita la transmisión de una señal, a la velocidad de la luz, desde A hasta B. Einstein creía que la violación de este requisito, al que posteriormente denominó «localidad», indicaba la incoherencia de la interpretación de Copenhague y que la mecánica cuántica no era, en consecuencia, una teoría completa de los procesos individuales. Luego, Einstein propuso una explicación alternativa.

Cada electrón que atraviesa la ranura sigue una de las muchas posibles trayectorias hasta acabar impactando en la placa fotográfica. Sin embargo, según Einstein, las ondas esféricas no se corresponden con electrones individuales, sino con «una nube de electrones».[38] La mecánica cuántica no proporciona ninguna información sobre procesos individuales, sino tan solo sobre lo que ellos denominan un «conjunto» de procesos.[39] Así, aunque cada electrón individual del conjunto siga su propia trayectoria desde la ranura hasta la placa, la función de onda no representa un electrón individual, sino una nube de electrones. Por eso, el cuadrado de la función de onda, $|\psi(A)|^2$, no representa la probabilidad de encontrar un determinado electrón en A, sino la de encontrar, en ese punto, a cualquier miembro del conjunto.[40] Esa era, según Einstein, una interpretación «puramente estadística», lo que significa que la distribución estadística del gran número de electrones que impactan en la placa fotográfica provoca la característica pauta de difracción.[41]

Bohr, Heisenberg, Pauli y Born no sabían bien lo que Einstein pretendía. Él no había expresado con claridad su objetivo: demostrar la incoherencia y la incompletud, en consecuencia, de la mecánica cuántica. Es cierto que la función de onda se colapsa de inmediato, pensaban, pero no se trataba de una onda real desplazándose por el espacio tridimensional ordinario, sino de una onda abstracta de probabilidad. Y tampoco es posible elegir, observando lo que le sucede a un electrón individual, entre las dos perspectivas subrayadas por Einstein. En ambos casos, el electrón atraviesa la ranura e impacta en la placa en algún punto.

«Me siento en una posición muy incómoda, porque no entiendo qué es lo que Einstein pretende —dijo Bohr—. Y no tengo la menor duda de que el problema es mío».[42] Luego añadió: «Yo no sé lo que es la mecánica cuántica. Creo que estamos tratando con algunos métodos matemáticos adecuados para describir nuestros experimentos».[43] En lugar de responder al análisis de Einstein, Bohr reafirmó sencillamente su visión. Pero, en este juego del ajedrez cuántico, el gran maestro danés relató más tarde en un artículo, escrito en 1949 para celebrar el septuagésimo cumpleaños de su contrincante, la réplica que dio esa noche y al día siguiente en el congreso de 1927.[44]

Según Bohr, el análisis realizado por Einstein de su experimento mental asumía de forma tácita que la pantalla y la placa fotográfica ocupaban un lugar claramente definido en el espacio y el tiempo. Para Bohr, sin embargo, esto implicaba que ambos tenían una masa infinita, porque el electrón solo puede atravesar la ranura cuando no hay incertidumbre en la posición ni en el tiempo. Como resultado, el momento y la energía exacta del electrón resultan desconocidos. Ese era, según Bohr, el único escenario posible porque, según el principio de incertidumbre, cuanto más exactamente conocemos la posición del electrón, más inexacta será cualquier medida simultánea de su momento. La pantalla infinitamente pesada del experimento imaginario de Einstein no dejaba lugar alguno para la incertidumbre relativa a la ubicación en el espacio y el tiempo del electrón en la ranura. Esa exactitud, sin embargo, solo era posible al precio de la indeterminación completa de su momento y de su energía.

Era más realista, en opinión de Bohr, suponer que la pantalla no tenía una masa infinita. Aunque muy pesada, la pantalla se movería cuando el electrón atravesara la ranura. Y aunque se tratase de un movimiento tan pequeño que resultase imposible de detectar en el laboratorio, su medida no presentaría ningún problema en el mundo abstracto de los experimentos mentales ideales que contaban con dispositivos de medida capaces de una gran exactitud. Y ese movimiento de la pantalla implica una imprecisión, durante el proceso de difracción, en la posición del electrón en el espacio y el tiempo, lo que va necesariamente acompañado de la correspondiente incertidumbre en su momento y su energía. Comparado, no obstante, con el caso de una pantalla de una masa infinita, conduciría a una predicción mejorada del lugar en el que el electrón refractado impactaría en la placa fotográfica. Según Bohr, la mecánica cuántica era, dentro de los límites impuestos por el principio de incertidumbre, la descripción más completa posible de los eventos individuales.

Imperturbable ante la respuesta de Bohr, Einstein le pidió entonces que considerase la posibilidad de controlar y medir la transferencia de momento y de energía entre la pantalla y la partícula, independientemente de que se trate de un electrón o un fotón, cuando pasa a través de la ranura. Entonces, afirmó, el estado de la partícula inmediatamente después podrá determinarse con una exactitud mayor a la permitida por el principio de incertidumbre. Cuando la partícula atraviese la ranura, dijo Einstein, se verá desviada y su trayectoria hacia la placa fotográfica se hallará determinada por la ley de conservación del momento, que pasa por la sumatoria total de los momentos de los cuerpos (partícula y pantalla) que interactúan para permanecer constantes. De este modo, si la partícula se ve desviada hacia arriba, la pantalla deberá moverse hacia abajo, y viceversa.

Utilizando la pantalla móvil introducida por Bohr para sus propios fines, Einstein modificó el experimento mental insertando posteriormente una pantalla con dos ranuras entre pantalla móvil y la placa fotográfica.

Einstein redujo la intensidad del haz hasta que solo pasara una partícula a la vez a través de la ranura de la primera pantalla (S_1) y una sola de las ranuras de la segunda pantalla (S_2) antes de golpear la placa fotográfica. Como cada partícula deja una marca indeleble en el punto en que impacta en la placa, sucede algo muy notable. Y es que, lo que realmente parecía ser una dispersión aleatoria de puntitos acaba transformándose, debido a las leyes de la estadística, a medida que cada vez más partículas dejan su impronta, en la característica pauta de interferencia de bandas luminosas y oscuras. Aunque cada partícula es responsable de una sola marca, todas ellas contribuyen decisivamente, sin embargo, a través de algún imperativo estadístico, al establecimiento de la pauta global de interferencia.

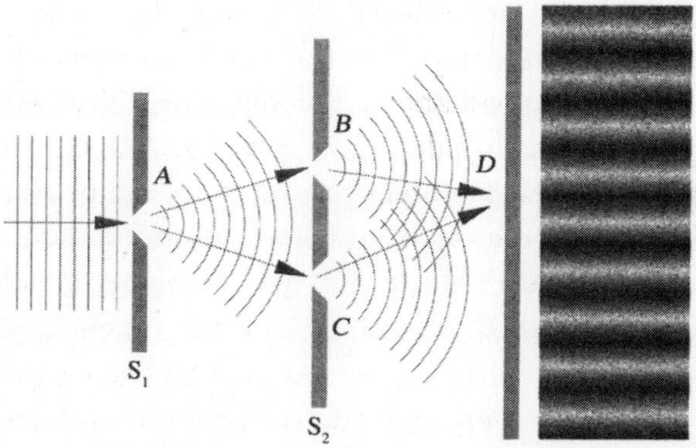

FIGURA 15. Experimento mental de las dos ranuras, de Einstein. En el extremo derecho puede verse, sobre la pantalla, la pauta de interferencia resultante.

El control y la medición de la transferencia de momento entre la partícula de la primera pantalla permitirían, según Einstein, determinar si la partícula se había desviado hacia la ranura superior o hacia la ranura inferior de la segunda pantalla. Partiendo, pues, del lugar en el que impacta sobre la placa fotográfica y del movimiento de la primera pantalla, sería posible rastrear por cuál de ambas ranuras había pasado la partícula. Parecía que Einstein había diseñado un experimento en el que era posible determinar simultáneamente la posición y momento de una partícula con una precisión mayor de la admitida por el principio de incertidumbre. Y, en el proceso, también parecía contradecir otro principio fundamental de la interpretación de Copenhague, ya que el marco de referencia de la complementariedad de Bohr afirmaba la presencia, en un determinado experimento, de propiedades corpusculares *o* de propiedades ondiculares del electrón o el fotón.

Pero había un error en el argumento de Einstein que Bohr identificó dibujando el equipo necesario para llevar a cabo el experimento. El aparato se centraba en la primera pantalla. Bohr se dio cuenta de que el control y medida de la transferencia de momento entre la partícula y la pantalla giran en torno a la capacidad de desplazamiento vertical de la pantalla. Es la observación del desplazamiento vertical de la pantalla cuando la partícula atraviesa la ranura lo que permite identificar si ha pasado por la ranura superior o por la ranura inferior de la segunda pantalla, después de lo cual impacta en la placa fotográfica.

A pesar de los años pasados en la Oficina Suiza de Patentes, Einstein no había considerado los detalles del experimento. Pero Bohr, que sabía que el diablo cuántico se oculta en los detalles, reemplazó la primera pantalla por otra que colgaba de un par de muelles fijados a un marco de apoyo que permitía medir el movimiento vertical debido a la transferencia de momento de una partícula que atravesaba la ranura. El aparato de medida era muy sencillo: un puntero atado al marco de apoyo y una escala grabada en la misma pantalla. Pero, por más rudimentario que fuese, era lo suficientemente sensible como para permitir la observación de cualquier interacción concreta entre pantalla y partícula en un experimento mental.

Bohr afirmó que si la pantalla se movía a una velocidad desconocida superior a cualquier otra debida a una interacción con una partícula cuando atravesaba la ranura, sería imposible determinar el grado de transferencia de momento y también, en consecuencia, la trayectoria de la partícula. Si, por el contrario, era posible controlar y medir la transferencia de momento de la partícula a la pantalla, el principio de incertidumbre implicaba una incertidumbre simultánea en la posición de la pantalla y de la ranura. Así pues, la precisión de la determinación del momento vertical de la pantalla se veía estrictamente acompañada, de acuerdo con el principio de incertidumbre, con una correspondiente imprecisión en la medida de su posición vertical.

Bohr llegó a afirmar que la incertidumbre en la posición de la primera pantalla destruye la pauta de interferencia. D, por ejemplo, es, en la placa fotográfica, un punto de interferencia destructiva, es decir, un punto oscuro en la pauta de interferencia. El desplazamiento vertical de la primera pantalla supondría un cambio en la longitud de los dos caminos ABCD y ACD. Y si las nuevas distancias difieren media longitud de onda, la interferencia destructiva se vería reemplazada por la interferencia constructiva y, en lugar de un punto oscuro, en D habría un punto brillante.

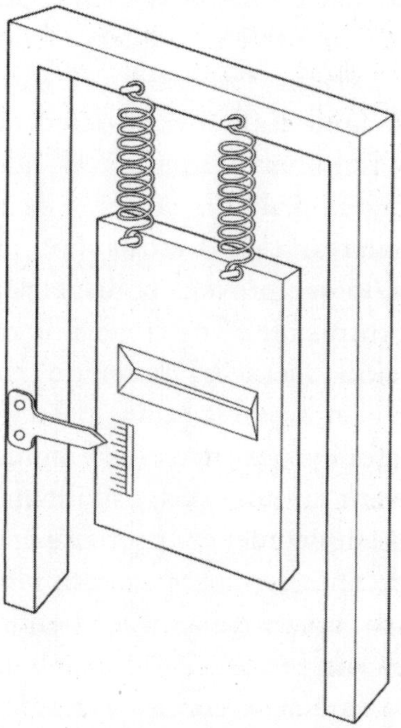

FIGURA 16. Diseño de Bohr de una primera pantalla móvil.

Para ajustar la incertidumbre al desplazamiento vertical de la primera pantalla (S_1) es necesario «promediar» todas sus posibles posiciones. Esto conduce a una interferencia en algún lugar intermedio entre los extremos de la interferencia constructiva total y la interferencia destructiva total, lo que genera una pauta difusa en la placa fotográfica. El control de la transferencia de momento de la partícula a la primera pantalla permite el rastreo de la trayectoria de la partícula a través de una ranura en la segunda pantalla, pero, según Bohr, destruiría la pauta de interferencia. Entonces concluyó que «el supuesto control sugerido por Einstein de la transferencia de momento implicaría una cierta libertad en el conocimiento de la posición del diafragma (S_1) que excluiría la presentación del fenómeno de interferencia en cuestión».[45] De este modo, Bohr no solo estaba defendiendo el principio de incertidumbre, sino la creencia también de que, independientemente de que se tratase de un experimento real o imaginario, los aspectos ondicular y corpuscular de un objeto microscópico no pueden presentarse de forma simultánea en un determinado experimento.

La refutación de Bohr descansaba en su creencia de que el control y la medida lo suficientemente exacta del momento transferido a S_1 para determinar la dirección posterior de la partícula aboca a una incertidumbre en la posición de S_1. Y la razón para ello, explicaba Bohr, reside en la escala de S_1. Para hacerlo, tiene que ser iluminada, lo que provoca la dispersión de fotones de la pantalla y una incontrolable transferencia de momento. Esto impide la determinación precisa del momento transferido de la partícula a la pantalla al atravesar la ranura. El único modo de eliminar el impacto del fotón consiste en no iluminar, en modo alguno, la escala, lo que acaba entonces imposibilitando su lectura. Bohr había recurrido al empleo del concepto de «perturbación», cuyo uso había criticado anteriormente cuando Heisenberg lo utilizó como explicación del origen de la incertidumbre en el experimento mental del microscopio.

Pero había otro fenómeno curioso asociado al experimento de las dos ranuras. Si una de las ranuras tenía una persiana que estaba cerrada, la pauta de interferencia desaparecía. La interferencia solo ocurría cuando ambas ranuras estaban abiertas de manera simultánea. Pero ¿cómo era tal cosa posible? Una partícula solo puede atravesar una ranura. ¿Cómo «sabía» la partícula, dicho en otras palabras, si la otra ranura estaba abierta o cerrada?

Bohr tenía preparada la respuesta a esta pregunta: «No existe tal cosa como partícula con un camino bien definido». Es esta falta de trayectoria definida la que está detrás de la apariencia de una pauta de interferencia, aun en el caso de que lo que atraviesa ambas ranuras sean partículas y no ondas. Esta imprecisión cuántica permite a una partícula «probar» varios posibles caminos y «saber» si una de las ranuras está abierta o cerrada. Y su apertura o cierre no afecta a la trayectoria futura de la partícula.

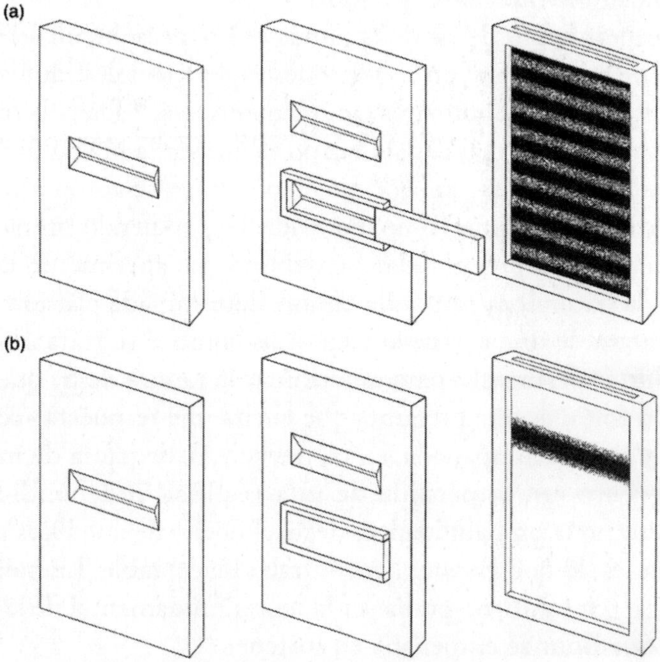

FIGURA 17. Experimento de las dos ranuras (a) Las dos ranuras abiertas; (b) una de las ranuras cerrada.

Si colocamos detectores frente a las dos ranuras que nos indiquen cuál es la ranura que está atravesando una determinada partícula, parece posible cerrar la otra sin influir en su trayectoria. Cuando posteriormente se llevó a cabo ese experimento de «decisión demorada», en lugar de una pauta de interferencia, había una imagen ampliada de la ranura. Tratar de determinar la posición de la partícula para identificar la ranura que atraviesa perturba su curso original y no consigue materializar la pauta de interferencia.

Los físicos deben elegir, según Bohr, «*entre* rastrear el camino de una partícula *u* observar los efectos de la interferencia».[46] Si una de las dos ranuras de S_2 está cerrada, el físico sabe a través de qué ranura ha pasado la partícula antes de impactar en la placa fotográfica, pero entonces no hay pauta de interferencia. Bohr opinaba que esta decisión permite «escapar de la necesidad paradójica de concluir que la conducta de un electrón o de un fotón depende de la presencia de una ranura en el diafragma (S_2) a través de la que se ha demostrado que no ha pasado».[47]

El experimento de las dos ranuras era, para Bohr, un «ejemplo típico» de la aparición, en condiciones experimentales mutuamente excluyentes, de fenómenos complementarios.[48] Dada la naturaleza cuántica de la realidad, la luz no es una onda ni una partícula, sino ambas cosas a la vez. Por eso en ocasiones se comporta como una partícula y en otras como una onda. Dependiendo simplemente de la cuestión preguntada... o del tipo de experimento llevado a cabo, la naturaleza responde en una determinada ocasión como si se tratara de una partícula y en otras como si se tratara de una onda. Un experimento para determinar la ranura de S_2 que atraviesa un fotón es una pregunta que elicita una respuesta «corpuscular» y no va acompañada, en consecuencia, de pauta de interferencia. Pero era la pérdida de una realidad independiente y objetiva y no la probabilidad, es decir, el hecho de que Dios juegue a los dados, lo que Einstein encontraba inaceptable. La mecánica cuántica, por tanto, no podía ser la teoría fundamental de la naturaleza que Bohr se empeñaba en sostener.

«La preocupación y las críticas de Einstein nos proporcionaron el incentivo más valioso para revisar los diferentes aspectos de la situación relativa a la descripción de un fenómeno atómico», recordaba Bohr.[49] Un aspecto muy importante de la discusión, subrayaba, era «la distinción entre el objeto de investigación y los instrumentos de medida que sirven para definir, en términos clásicos, las condiciones bajo las cuales se presenta el fenómeno».[50] Según la interpretación de Copenhague, los instrumentos de medida se hallan inextricablemente unidos, sin separación posible alguna, al objeto investigado.

Mientras que un objeto microscópico como un electrón se halla sometido a las leyes de la mecánica cuántica, los aparatos obedecen a las leyes de la física clásica. Pero Bohr tuvo que retirarse ante el desafío de Einstein relativo al modo de aplicar el principio de incertidumbre a un objeto macroscópico, la primera pantalla S_1. Al hacerlo así, Bohr había consignado imperiosamente un elemento del mundo macroscópico de lo cotidiano al reino de lo cuántico y fracasado en establecer dónde se hallaba el «límite» que separa los mundos clásico y cuántico, es decir, la frontera entre lo macroscópico y lo microscópico. No sería la última vez que Bohr llevaba a cabo un movimiento discutible en su juego de ajedrez cuántico con Einstein. El botín para el vencedor resultaba demasiado elevado.

Einstein solo habló una vez más durante la discusión general y lo hizo para formular una pregunta. De Broglie recordaba posteriormente que «Einstein apenas hizo más que presentar una objeción muy sencilla a la interpretación probabilística» y que luego «volvió a sumirse en el silencio».[51] Pero, dado que todos los participantes se hallaban alojados en el hotel Metropole, las discusiones más interesantes no se produjeron en la sala de actos del Instituto de Fisiología, sino en el elegante comedor *art déco*. «Y fue precisamente en ese entorno —dijo, en cierto momento, Heisenberg— donde Bohr y Einstein entraron de lleno en el tema».[52]

Curiosamente para un aristócrata, De Broglie habló exclusivamente en francés. Debió haber visto a Einstein y Bohr discutiendo con pasión en el comedor, mientras otros como Heisenberg y Pauli escuchaban con gran atención. Pero como hablaban en alemán, De Broglie no se dio cuenta de que se hallaban sumidos en lo que Heisenberg calificó como un «duelo».[53] Einstein, el conocido maestro de los experimentos mentales, llegó al desayuno armado con una nueva propuesta que cuestionaba el principio de incertidumbre y, con él, la muy exaltada coherencia de la interpretación de Copenhague.

El análisis comenzó en medio del café con leche y los cruasanes. Siguió mientras Einstein y Bohr se encaminaban hacia el Instituto de Fisiología seguidos, a corta distancia, por Heisenberg, Pauli y Ehrenfest. Así fue como, entre paseos y charlas, se demostraban y aclaraban creencias antes de comenzar la sesión de la mañana. «Durante el encuentro y, muy especialmente, durante sus pausas, los jóvenes, básicamente Pauli y yo, tratábamos de analizar el experimento propuesto por Einstein», dijo más tarde Heisenberg, y a la hora del almuerzo proseguía el debate entre Bohr y los defensores de la interpretación de Copenhague.[54] A la caída de la tarde, después de varias consultas entre ellos, el esfuerzo de colaboración daba sus frutos y esbozaban una refutación. Durante la cena en el Metropole, Bohr explicaba a Einstein por qué su último experimento mental había fracasado en su intento de trascender los límites impuestos por el principio de incertidumbre. Pero aunque Einstein no pudiese identificar un error en la respuesta del grupo de Copenhague, eran muy conscientes de que, como dijo Heisenberg, «en su corazón, no estaba convencido».[55]

Al cabo de varios días, recordaba Heisenberg tiempo después, «Bohr, Pauli y yo nos sentíamos más seguros de nuestros fundamentos mientras que Einstein, por su parte, sabía que no podía refutar tan fácilmente la nueva versión de la mecánica cuántica».[56] Lo cierto es que Einstein se negó a rendirse. Aunque había fracasado en capturar la esencia de su rechazo a la interpretación de Copenhague, diría que «Dios no juega a los dados». «Pero, aun así, no nos corresponde a nosotros decirle a Dios cómo debe gobernar el mundo», replicó Bohr en cierta ocasión.[57] «Estoy avergonzado de usted —dijo Paul Ehrenfest a Einstein medio riendo—. Está enfrentándose a la nueva teoría cuántica del mismo modo en que sus oponentes lo hicieron con su teoría de la relatividad».[58]

El único testigo imparcial de los encuentros privados que se produjeron entre Einstein y Bohr en el Congreso Solvay de 1927 fue Ehrenfest. «La actitud de Einstein provocó acaloradas discusiones dentro del estrecho círculo en el que Ehrenfest, que a lo largo de los años había acabado convirtiéndose en un buen amigo de los dos —recordaba Bohr—, tomaba parte de un modo cada vez más activo y útil».[59] Pocos días después de la conclusión del congreso, Ehrenfest escribió una carta a sus alumnos de la Universidad de Leiden en la que les describía muy vívidamente los entresijos de lo que había sucedido en Bruselas:

> Bohr elevándose por encima de todo el mundo. Al comienzo no muy bien entendido (Born también estaba allí) y luego acabando gradualmente con toda resistencia. Y de nuevo también el terrible encanto de la terminología de Bohr. (El pobre Lorentz como intérprete entre

los ingleses y los franceses, absolutamente incapaces de entenderse. Resumiendo a Bohr, y Bohr matizando con una cortés desesperación). Cada noche, a eso de la una, Bohr llamaba a mi habitación para charlar un poquito... pero se quedaba hasta las tres de la madrugada. Ha sido extraordinario presenciar las conversaciones entre Bohr y Einstein. Ha sido una especie de juego del ajedrez: Einstein aportando, en cada ocasión, nuevos ejemplos... con la intención de romper la relación de incertidumbre, y Bohr desde fuera de la niebla filosófica buscando de continuo herramientas para aplastar un intento tras otro. Einstein como una caja de sorpresas que se renovaba cada mañana. Ha sido realmente extraordinario. Yo ya estoy casi completamente convencido, pro Bohr y contra Einstein.[60]

Sin embargo, Ehrenfest admitía que «mi mente no podrá encontrar la liberación hasta que se alcance algún tipo de acuerdo con Einstein».[61]

Según dijo Bohr más tarde, las discusiones en el Congreso Solvay de 1927 se llevaron a cabo «en un clima relajado y entretenido».[62] Pero también advertía lamentablemente «cierta diferencia de actitud y de visión porque, con su dominio para coordinar experiencias aparentemente contradictorias sin renunciar a la continuidad y la causalidad, Einstein se aferraba a ideales como único camino para enfrentarse a la necesidad de coordinar las evidencias de los fenómenos atómicos que iban acumulándose a diario en la exploración de este nuevo dominio del conocimiento».[63] Era el mismo éxito de Einstein, afirmaba Bohr, el que le mantenía anclado en el pasado.

En la mente de todos los reunidos en Bruselas, el V Congreso Solvay acabó con la conclusión de que Bohr había conseguido demostrar la coherencia lógica de la interpretación de Copenhague, pero fracasado en su intento de convencer a Einstein de que se trataba de la única interpretación posible de una teoría cerrada y «completa». En su viaje de vuelta a casa, Einstein viajó a París con un pequeño grupo entre los que se hallaba De Broglie. «Siga adelante —dijo al príncipe francés durante ese viaje—. Usted se halla en el buen camino».[64] Pero De Broglie, desalentado por la falta de apoyo que había tenido en Bruselas, no tardaría en retractarse y asumir la interpretación de Copenhague. Cuando Einstein llegó a Berlín estaba extenuado. Y antes de que hubiesen pasado quince días, escribió a Arnold Sommerfeld comentándole que la mecánica cuántica «puede ser una teoría correcta de las leyes estadísticas, pero es una concepción inadecuada de los procesos elementales individuales».[65]

Aunque Paul Langevin dijo posteriormente que «la confusión alcanzó su punto culminante en Solvay 1927, ese encuentro constituyó, según Heisenberg, el punto crítico decisivo para establecer la corrección de la interpretación de Copenhague.[66] «Estoy, en todos los sentidos, muy satisfecho con los resultados científicos —escribió, al finalizar el congreso—.[67] La visión de Bohr y la mía han sido, en términos generales, aceptadas y no ha habido serias objeciones, ni siquiera por parte de Einstein y Schrödinger». En lo que respecta a Heisenberg, pues, habían ganado. «No podíamos obtener nada claro utilizando las viejas palabras y limitándolas por las relaciones de incertidumbre y tener una imagen completamente coherente», recordaba casi cuarenta años más tarde. Y cuando se le preguntó a quién estaba refiriéndose en concreto, Heisenberg replicó: «En ese momento se trataba prácticamente de Bohr, de Pauli y de mí».[68]

Bohr jamás utilizó la expresión «interpretación de Copenhague», ni tampoco lo hizo otra persona hasta Heisenberg en 1955. A partir, no obstante, de un puñado de partidarios, rápidamente se difundió la idea de que, para la mayoría de los físicos, «la interpretación de Copenhague» se convirtió en un sinónimo de la mecánica cuántica. Tres fueron los factores que se hallaban detrás de esa rápida difusión y aceptación del «espíritu de Copenhague». El primero de ellos fue el papel fundamental desempeñado por Bohr y su instituto. Inspirado por su permanencia en el laboratorio de Rutherford en Manchester cuando era un joven estudiante posdoctorado, Bohr había conseguido crear un instituto en el que reinaba el mismo clima de que, en su interior, todo era posible.

«El Instituto Bohr no tardó en convertirse en el centro del mundo de la física cuántica y, como dijo, parafraseando a los antiguos romanos, el ruso George Gamov, a su llegada en el verano de 1928: "Todos los caminos conducían a Blegdamsvej, 17"».[69] El Instituto Káiser Guillermo de Física Teórica, del que Einstein era director, solo existía en el papel y él lo prefería así. Bohr, aunque solía trabajar solo, o posteriormente con un ayudante que se encargaba de los cálculos, apadrinaba a muchos jóvenes científicos. Los primeros en destacar y alcanzar posiciones prominentes de todos ellos fueron Heisenberg, Pauli y Dirac. Por más jóvenes que fuesen, no obstante, el resto de los físicos los tenían, como recordó Ralph Kronig más tarde, muy en cuenta. No en vano el mismo Kronig había decidido, después de que Pauli lo ridiculizase, no publicar la idea del espín del electrón.

Eran varias, en segundo lugar, las cátedras que, en la época de Solvay 1927, estaban vacantes. Quienes habían contribuido a crear la nueva física las llenaron casi todas. Los institutos que dirigían no tardaron en atraer a muchos de los mejores y más brillantes estudiantes de Alemania y de toda Europa. Schrödinger se había asegurado la posición más prestigiosa como sucesor de Planck en Berlín. Inmediatamente después del Congreso Solvay, Heisenberg llegó a Leipzig para asumir su puesto como profesor y director del Instituto de Física Teórica. Al cabo de seis meses, en abril de 1928, Pauli abandonó Hamburgo para ocupar una cátedra en el EHT de Zúrich. Pascual Jordan, cuyas habilidades matemáticas habían resultado esenciales para el desarrollo de la mecánica matricial, sucedió a Pauli en Hamburgo. Poco después, a través de visitas regulares y el intercambio de ayudantes y estudiantes entre ellos y el Instituto Bohr, Heisenberg y Pauli acabaron estableciendo Leipzig y Zúrich como centros importantes de la física cuántica. Con Kramers instalado en la Universidad de Utrecht y Born en Gotinga, la interpretación de Copenhague no tardó mucho en convertirse en el dogma cuántico.

Más allá de sus diferencias, Bohr y sus jóvenes discípulos siempre presentaban un frente unido ante cualquier desafío a la interpretación de Copenhague. La única excepción al respecto era Paul Dirac. Contratado como profesor de la cátedra lucasiana de matemáticas de la Universidad de Cambridge en septiembre de 1932, ocupada tiempo atrás por Isaac Newton, Dirac jamás estuvo interesado en la cuestión de la interpretación. Para él, se trataba de una preocupación absurda que no conducía a ninguna nueva ecuación. Hay que decir que Dirac se consideraba físico matemático, cuando ninguno de sus contemporáneos, ni Heisenberg ni Pauli ni Einstein ni Bohr, se hubieran calificado nunca así. Ellos eran físicos teóricos de la línea inaugurada por Lorentz, que murió en febrero de 1928. Por ello Einstein dijo posteriormente: «Conocer a Lorentz ha sido, para mí, el más importante de todos los encuentros de mi vida».[70]

Pronto la salud de Einstein empezó a resultar preocupante. En abril de 1928, durante una corta visita a Suiza sufrió un colapso mientras subía una maleta cuesta arriba. Al principio se creía que había experimentado un ataque cardiaco, pero luego se le diagnosticó una dilatación del corazón. Más tarde, Einstein dijo a su amigo Michele Besso que había sentido que «casi la diño —añadiendo de inmediato—, algo que, por supuesto, uno no debe postergar indebidamente».[71] Ya en Berlín, la atenta mirada de Elsa se encargó de racionar estrictamente las visitas de amigos y colegas. De nuevo asumió el mismo papel de portera y enfermera de Einstein que había desempeñado cuando cayó enfermo después del esfuerzo hercúleo realizado para formular la teoría general de la relatividad. Pero como, en esta ocasión, Elsa necesitaba ayuda, contrató los servicios de Helen Dukas, la hermana soltera de un amigo de treinta y dos años que acabaría convirtiéndose en secretaria y persona de confianza de Einstein.[72]

Cuando Einstein se recuperó, se acababa de publicar un artículo de Bohr en tres idiomas, inglés, alemán y francés, titulado «El postulado cuántico y los últimos avances realizados en teoría atómica», cuya versión inglesa apareció el 14 de abril de 1928. En una nota a pie de página, decía: «El contenido de este artículo es esencialmente el mismo que el de la conferencia sobre el estado actual de la teoría cuántica pronunciada el 16 de septiembre de 1927 en el Congreso Volta de Como».[73] Pero, a decir verdad, Bohr había escrito una versión más detallada y avanzada de sus ideas sobre la complementariedad y la mecánica cuántica que las presentadas en Como y Bruselas.

Bohr envió una copia a Schrödinger, quien replicó: «Si usted quiere describir un sistema, es decir, un punto de masa especificando su *p* [momento] y su *q* [posición], descubrirá que esa descripción solo es posible con un determinado grado de exactitud».[74] Lo que se necesitaba, por tanto, afirmaba Schrödinger, era la introducción de *nuevos* conceptos a los que *ya no se aplicara* esta limitación. «Pero es indudable, sin embargo —concluyó—, que esbozar este esquema conceptual resulta *muy* difícil porque —como usted señala tan claramente— el nuevo modelo debe conectar con los niveles más profundos de nuestra experiencia: el espacio, el tiempo y la causalidad».

Bohr respondió dando las gracias a Schrödinger por su «actitud no completamente antipática», pero no veía la necesidad de introducir «nuevos conceptos» en la teoría cuántica, porque los viejos conceptos empíricos parecían indisolublemente unidos a los «fundamentos de la necesidad humana de visualización».[75] Bohr reafirmó su posición de que no se trataba de una cuestión de limitaciones más o menos arbitrarias de la aplicación de los conceptos clásicos, sino de un rasgo absolutamente necesario de la complementariedad derivado del análisis del concepto de observación. Y terminaba alentando a Schrödinger a discutir, con Einstein y Planck, sobre el contenido de su carta. Cuando Schrödinger le informó del intercambio con Bohr, Einstein replicó que «la tranquilizante filosofía —¿o debería decir religión?— de Heisenberg-Bohr se halla tan artificiosamente elaborada que, para nuestra época, proporciona una almohada amable para que el creyente no despierte fácilmente. Dejémosles, pues, que sigan mintiéndose».[76]

Cuatro meses después de caer enfermo, Einstein todavía se encontraba débil, pero ya no estaba confinado a su cama. Entonces fue cuando, para continuar con su convalecencia, alquiló una casa en el tranquilo pueblo de Scharbeutz, en la costa báltica. Allí leyó a Spinoza y disfrutó de la posibilidad de sustraerse de la «existencia idiota que uno lleva en la ciudad».[77] Tardó casi un año en poder regresar a su despacho. Podía trabajar allí por la mañana antes de ir a comer y descansar hasta las tres de la tarde. «Por lo demás, siempre estaba trabajando —recordaba Helen Dukas—, a veces durante toda la noche».[78]

Durante las vacaciones de Semana Santa de 1929, Pauli fue a visitar a Einstein a Berlín. Entonces fue cuando llegó a la conclusión de que «la actitud [de Einstein] hacia la moderna física cuántica es reaccionaria», porque seguía creyendo en una realidad en la que los fenómenos naturales se despliegan, independientemente del observador, ateniéndose a las leyes de la naturaleza.[79] Poco después de la visita de Pauli, Einstein esbozó con claridad su visión en la ceremonia de recepción de la medalla Planck de manos del mismo Planck. «Yo admiro profundamente los logros realizados, en el campo de la mecánica cuántica, por la joven generación de físicos y creo en lo más profundo en la verdad de esa teoría —dijo entonces a la audiencia—. Pero también creo que la restricción a las leyes puramente estadísticas será estrictamente pasajera».[80] Einstein ya se había embarcado en su viaje solitario en busca de una teoría de campo unificada que suponía que salvaría la causalidad y la existencia de la realidad independiente del observador. Entretanto seguiría desafiando la que se había convertido en ortodoxia cuántica: la interpretación de Copenhague. Cuando regresó nuevamente a Bruselas al VI Congreso Solvay que se celebró en 1930, Einstein presentó a Bohr una caja de luz imaginaria.

12
EINSTEIN OLVIDA LA RELATIVIDAD

Bohr estaba pasmado. Mientras, Einstein sonreía.

Durante los tres últimos años, Bohr se había dedicado a revisar los experimentos mentales, destinados a mostrar la incoherencia de la mecánica cuántica, esbozados por Einstein en el Congreso Solvay de octubre de 1927. En todos los casos, sin embargo, había acabado descubriendo algún fallo en el análisis de Einstein. Y, sin dormirse en los laureles, había esbozado algunos experimentos mentales que implicaban un amplio surtido de ranuras, persianas, relojes y similares, sin descubrir por ello, no obstante, debilidad alguna en su interpretación. Pero Bohr jamás había visto nada tan sencillo e ingenioso como el experimento mental que, durante el VI Congreso Solvay, Einstein acababa de presentarle en Bruselas.

El tema del encuentro del sexto día, 20 de octubre de 1930, giraba en torno a las propiedades magnéticas de la materia. El formato del encuentro se atenía al mismo programa que en otros encuentros: una presentación de informes encargados sobre diversos temas relacionados con el magnetismo, cada uno de los cuales iba seguido de una discusión. Bohr se había unido a Einstein como miembro del comité científico formado por nueve personas, y ambos se vieron, por ello mismo, automáticamente invitados al congreso. Después de la muerte de Lorentz, el francés Paul Langevin había asumido la exigente responsabilidad de presidir el comité y el congreso entre cuyos treinta y cuatro participantes se hallaban Dirac, Heisenberg, Kramers, Pauli y Sommerfeld.

En cuanto encuentro de mentes privilegiadas, sucedió al Congreso Solvay de 1927 y a él asistieron doce laureados, hasta entonces o en el futuro, con el Premio Nobel. Ese fue el telón de fondo perfecto del «segundo asalto» de la batalla en curso entre Einstein y Bohr sobre el significado de la mecánica cuántica y la naturaleza de la realidad. Einstein había viajado a Bruselas armado de un nuevo experimento de pensamiento destinado a proporcionar un golpe letal al principio de incertidumbre y acabar con la interpretación de Copenhague. Y así fue como, al finalizar una de las sesiones formales, un ingenuo Bohr descubrió que acababa de caer en una emboscada.

«¡Imagine una caja llena de luz!», pidió Einstein a Bohr. En una de sus paredes hay un agujero con una portezuela que puede abrirse y cerrarse a través de un mecanismo conectado a un reloj que hay dentro de la caja, sincronizado con otro que está en el laboratorio. Pese luego la caja. Luego prepare el reloj para que, en un determinado momento, abra la portezuela durante un breve instante, el suficiente para que solo pueda escapar un fotón. Ahora sabemos, explicó Einstein, el momento exacto en que el fotón abandonó la caja, mientras Bohr escuchaba atenta y despreocupadamente la propuesta. Todo lo que Einstein decía parecía sencillo y sin grandes complicaciones. El principio de incertidumbre solo se aplicaba a pares de variables complementarias, como la posición y el momento, o la energía y el tiempo, sin imponer restricción alguna al grado de exactitud con el que podía ser medido cualquier otro tipo de pares. Solo cuando Einstein, esbozando una sonrisa, pronunció la frase «Pese ahora de nuevo la caja», Bohr se dio cuenta de inmediato del serio peligro que acechaba a la interpretación de Copenhague.

Para determinar la luz que había escapado en un fotón, Einstein utilizó un descubrimiento que había realizado mientras trabajaba en la Oficina de Patentes de Berna, según el cual energía es masa y masa es energía. Este sorprendente giro de su trabajo sobre la relatividad, capturado por su ecuación más sencilla y famosa, según la cual $E = mc^2$ (en donde E es energía, m la masa y c la velocidad de la luz).

Pesando la caja de luz antes y después de la salida del fotón es posible determinar la diferencia de masa. Y aunque un cambio tan sorprendentemente pequeño fuese imposible de medir utilizando el equipamiento de que en 1930 se disponía, se trataba, en el reino de los experimentos mentales, de un juego de niños. Utilizando $E = mc^2$ para convertir la cantidad de masa perdida en la correspondiente magnitud de energía, es posible calcular exactamente la energía del fotón huido. El momento del escape del fotón es conocido gracias a la sincronización que existe entre el reloj del laboratorio y el reloj que está en el interior y controla la apertura de la caja luminosa. Parecía, pues, que Einstein había concebido un experimento capaz de medir simultáneamente la energía del fotón y el momento de su huida con una exactitud que transgredía las restricciones impuestas por el principio de incertidumbre de Heisenberg.

«Para Bohr se trató casi de un *shock* —recordaba el físico belga Léon Rosenfeld, que por aquel entonces había empezado una larga colaboración con el danés—. Él no vio la solución de inmediato».[1] Pero si Bohr se quedó muy preocupado por el desafío de Einstein, Pauli y Heisenberg no le prestaron gran atención. «No se preocupe —le dijeron—. Todo está bien».[2] «He pasado toda la noche sin poder dormir, yendo de un lado a otro, tratando de hacerles ver que no podía ser cierto y que, de tener razón Einstein, ello supondría el final de la física», recordaba, al respecto, Rosenfeld. Lo cierto es que, a pesar de ello, «no se le ocurría» ninguna refutación.[3]

Aunque no había sido invitado al encuentro de Solvay de 1930, Rosenfeld había viajado a Bruselas para encontrarse con Bohr. Jamás olvidaría la primera imagen que tuvo de los dos formidables contrincantes cuánticos la tarde que entró en el hotel Metropole: «Einstein, una figura alta y majestuosa, caminando tranquilamente con una sonrisa algo irónica en el rostro, y Bohr trotando cerca de él, muy excitado, repitiendo lastimosamente que, de ser cierto, el experimento de Einstein supondría el final de la física».[4] Para Einstein, sin embargo, no era el final ni el comienzo de nada. No era más que una sencilla demostración de la incoherencia de la mecánica cuántica y que, en consecuencia, no era la teoría cerrada y completa que Bohr pretendía. Su último experimento mental solo aspiraba a restablecer el tipo de física que reconocía la existencia de una realidad independiente del observador.

Hay una fotografía que muestra a Einstein y Bohr caminando juntos, aunque desacompasados. Einstein está un poco más avanzado, como si tratara de desmarcarse de Bohr mientras que este, con la boca ligeramente abierta, se esfuerza en mantener el paso, inclinado hacia Einstein, en un desesperado intento de hacerse escuchar. A pesar de sostener su abrigo con el brazo izquierdo, el gesto de Bohr con su dedo índice izquierdo parece subrayar lo que está diciendo. Las manos de Einstein, por su parte, permanecen relajadas, una de ellas sosteniendo una cartera y la otra un cigarro puro, quizá un signo de victoria. Mientras escucha, el bigote de Einstein no puede esconder la sonrisa de alguien que se considera ganador. «Esa noche —dijo Rosenfeld—, Bohr parecía un perro que hubiese acabado de recibir una paliza».[5]

Bohr pasó la noche en vela examinando las distintas facetas del experimento mental de la caja de luz propuesto por Einstein para descubrir dónde se ocultaba el error. Einstein no había imaginado, ni siquiera con el ojo de su mente, todos los detalles del funcionamiento interno de la caja de luz, ni el modo de pesarla. En un esfuerzo desesperado por llegar a entender el dispositivo y el miedo de que la medida pudiese llevarse a cabo, Bohr esbozó lo que consideraba un diagrama «pseudorrealista» del dispositivo experimental que pudiese servirle de apoyo en su revisión.

Dada la necesidad de pesar la caja de luz antes de abrir la portezuela y después de la salida del fotón, Bohr decidió centrarse en el proceso de pesado. Ansioso, porque el tiempo se le escapaba, decidió elegir el método más sencillo posible. Para ello suspendió la caja de luz de un muelle fijado a un marco que le servía de apoyo. Para determinar el peso fijó un puntero a la caja de luz, de forma que su posición pudiese leerse sobre una escala unida al brazo vertical de la estructura, que se asemejaba a una horca. Y para asegurarse de que el puntero señalaba el 0 de la escala, acabó colgando un pequeño peso del fondo de la caja. No había nada caprichoso en la construcción, llegando incluso a dibujar, en su esbozo, los pernos y las tuercas que fijaban el marco a una base y el mecanismo de relojería que controlaba la apertura y cierre de la ranura a través de la cual escaparía el fotón.

El peso inicial de la caja de luz no es más que el peso de toda la estructura, incluido el encargado de garantizar que el puntero señalara 0. Después del escape del fotón, no obstante, la caja de luz es más ligera y asciende un poco debido al muelle que tira de ella hacia arriba. Para recalibrar el puntero a 0, es necesario reemplazar el peso asociado por otro ligeramente más pesado. No hay tiempo límite para que el experimentador pueda cambiar el peso. De este modo, la diferencia del peso de la estructura antes y después del escape del fotón y la ecuación $E = mc^2$ nos permiten determinar exactamente la energía del fotón perdido.

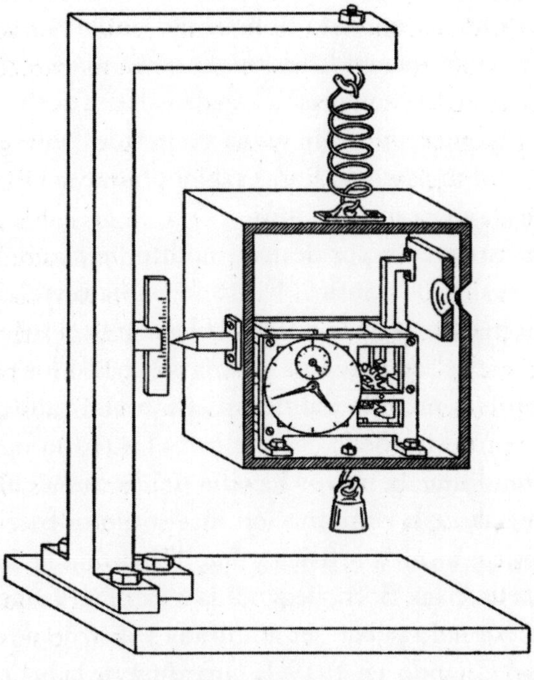

FIGURA 18. Esbozo realizado por Bohr de la caja de luz de Einstein de 1930 (archivo Niels Bohr, Copenhague).

Entre los argumentos desplegados durante el Congreso Solvay de 1927, Bohr sostenía que cualquier medida de la posición de la caja de luz abocaría a una incertidumbre intrínseca de su momento porque, para leer la escala, se necesitaría iluminarla. Y la misma acción de medición del peso provocaría una transferencia incontrolable de momento a la caja de luz debido al intercambio de fotones entre el puntero y el observador que provocaba el movimiento. El único modo de mejorar la exactitud de la posición de medida consistía en equilibrar la caja y colocar el puntero en 0 en un tiempo comparativamente largo, algo que, según Bohr, desembocaría en una correspondiente incertidumbre en el momento de la caja. Cuanto más exactamente midiéramos la posición de la caja, mayor sería la incertidumbre asociada a cualquier medida de su momento.

A diferencia de lo ocurrido durante el Congreso Solvay de 1927, Einstein no estaba atacando ahora la relación de incertidumbre que afectaba al par posición-momento, sino que, en esta ocasión, se centraba en el par energía-tiempo. Fue solo a primera hora de la mañana cuando un agotado Bohr se dio súbitamente cuenta del error en que había incurrido el *gedankenexperiment* de Einstein. Había reconstruido paso a paso el análisis hasta acabar advirtiendo el error, casi increíble, que había cometido. Solo entonces se permitió dormir unas pocas horas sabiendo que, a la hora del desayuno, podría saborear su triunfo.

En su desesperación por destruir la interpretación de Copenhague de la realidad cuántica, Einstein había olvidado tener en cuenta su propia teoría de la relatividad general, el más importante de todos sus descubrimientos. Había soslayado los efectos de la gravedad sobre la medida del tiempo llevada a cabo por el reloj ubicado en el interior de la caja de luz. «La teoría me parecía, y sigue pareciéndome, la mayor hazaña del pensamiento humano sobre la Naturaleza, la combinación más sorprendente de profundidad filosófica, intuición física y habilidad matemática», había dicho, sobre ella, Max Born, llegándola a calificar como «una gran obra de arte que solo puede ser admirada y disfrutada desde cierta distancia».[6] Cuando, en 1919, la curvatura de la luz prevista por la relatividad general se vio confirmada, ocupó los titulares de todos los periódicos del mundo. J. J. Thomson dijo a un periódico británico que la teoría de Einstein era «un continente nuevo repleto de nuevas ideas científicas».[7]

Una de las nuevas ideas era la dilatación gravitacional del tiempo. Dos relojes idénticos y sincronizados en una habitación, uno de ellos fijado al techo y el otro al suelo, acaban desincronizándose porque, debido a la gravedad, el tiempo fluye más lentamente a ras de suelo que en el techo.[8] Según la teoría general de la relatividad, la teoría de Einstein de la gravedad, el ritmo al que se mueve el reloj depende de la posición que ocupa en el campo gravitacional. En este sentido, un reloj en movimiento dentro del campo gravitacional se mueve más lentamente que otro que permanezca quieto. Esto fue lo que permitió a Bohr advertir que el hecho de pesar la caja de luz afectaba al mantenimiento del tiempo del reloj ubicado en el interior de la caja.

La posición de la caja de luz en el campo gravitacional terrestre se ve modificada por el acto de medir la posición del puntero en la escala. Este cambio en la posición modifica el ritmo del reloj, que se desincroniza entonces del reloj del laboratorio, imposibilitando, de ese modo, la determinación exacta del momento en que la ranura se abre y el fotón escapa de la caja. Cuanto mayor es la exactitud en la medición de la energía del fotón mediante la ecuación $E = mc^2$, mayor la incertidumbre con respecto a la posición de la caja de luz en el seno del campo gravitacional. Esa incertidumbre de la posición impide, debido a la capacidad de la gravedad para influir sobre el flujo del tiempo, la determinación del momento exacto en que la persiana se abre y el fotón escapa. Esta secuencia de incertidumbres permitió a Bohr demostrar que el experimento de la caja de luz de Einstein no podía medir simultáneamente con precisión la energía del fotón y el momento de su escape.[9] Así fue como el principio de incertidumbre de Heisenberg salió ileso del ataque y, con él, también lo hizo la interpretación de Copenhague de la mecánica cuántica.

Cuando Bohr entró en el comedor a desayunar ya no parecía «el perro que acabase de recibir una paliza» de la noche anterior. Ahora era Einstein quien permanecía en silencio escuchando a Bohr explicar por qué su último reto, como los intentados tres años antes, había fracasado. Luego hubo quienes cuestionaron la refutación de Bohr por haber tratado a elementos macroscópicos, como el puntero, la escala y la caja de luz, como si fuesen objetos cuánticos y sujetos, por tanto, a las limitaciones impuestas por el principio de incertidumbre. Ese tipo de tratamiento de los objetos microscópicos estaba en contra de su insistencia en la necesidad de considerar clásicamente el equipo de laboratorio. Pero Bohr nunca había sido especialmente claro en el punto en el que había que trazar la frontera que separaba los dominios de lo microscópico y lo macroscópico dado que, a fin de cuentas, los objetos clásicos no dejan de ser una colección de átomos.

Sean cuales fueren, no obstante, las reservas posteriormente esgrimidas, Einstein acabó aceptando los argumentos de Bohr, como también lo hizo la comunidad de físicos. Y como resultado de ello cesaron todos sus intentos de poner de relieve la inexactitud del principio de incertidumbre y demostrar así la incoherencia lógica de la mecánica cuántica. En lugar de ello, Einstein centró exclusivamente todos sus esfuerzos, a partir de entonces, en subrayar la incompletud de la teoría.

En noviembre de 1930, Einstein dio una conferencia en Leiden sobre la caja de luz. Después de que un miembro de la audiencia afirmase la inexistencia de conflicto en la mecánica cuántica, Einstein afirmó: «Ya sé que esta empresa está libre de contradicciones, pero, desde mi perspectiva, contiene aspectos que no son razonables».[10] A pesar de esto, propuso de nuevo, en septiembre de 1931, a Heisenberg y Schrödinger como candidatos al Premio Nobel. Después, sin embargo, de un par de asaltos con Bohr sobre todo del segundo, que se produjo en el Congreso Solvay, hay una frase de la carta de Einstein sobre la nominación que resultaba ciertamente sorprendente: «Creo que esta teoría contiene, sin la menor duda, una pieza importante de la verdad última».[11] Y es que su «voz interior» seguía susurrándole que la mecánica cuántica era incompleta y no se trataba, en consecuencia, de la verdad «total» que Bohr quería que todo el mundo creyese.

Al finalizar el Congreso Solvay de 1930, Einstein viajó a Londres unos pocos días. Había sido nombrado huésped de honor de una cena que iba a celebrarse el 28 de octubre destinada a recaudar fondos en beneficio de los judíos pobres de Europa oriental. La cena, patrocinada por el barón Rothschild, se celebró en el hotel Savoy y atrajo a unas mil personas. Einstein no tuvo empacho alguno en ponerse frac y pajarita para cumplir con la parte que le habían encomendado en lo que llamó «ceremonia de monos» oficiada por George Bernard Shaw que contribuía a abrir las carteras.[12]

Aunque ocasionalmente se salió del guion previsto, el anciano Shaw, de setenta y cuatro años, cumplió ejemplarmente con su tarea quejándose de que había que hablar de «Ptolomeo, Aristóteles, Kepler, Copérnico, Galileo, Newton, la gravitación, la relatividad, la moderna astrofísica y Dios sabe qué...».[13] Luego, con su habitual ingenio, resumió su presentación en tres sencillas frases: «Ptolomeo creó un universo que duró mil cuatrocientos años; Newton creó un universo que duró trescientos años, y Einstein ha creado un universo... que no sé cuánto durará».[14] Una carcajada general llenó entonces el lugar destacando, entre todas las risas, la de Einstein. Después de compartir los logros de Newton y Einstein, Shaw pronunció el siguiente brindis: «¡Por Einstein, el más grande de todos nuestros contemporáneos!».[15]

Fue un acto difícil de seguir, pero cuando la ocasión lo requería, Einstein era un auténtico *showman*. Empezó expresando su gratitud a Shaw por «las inolvidables palabras que ha dirigido a ese personaje mítico en el que me han convertido y que tan difícil me hace la vida».[16] Luego dirigió unas palabras de agradecimiento a los judíos y a los gentiles «cuyo espíritu noble y cuyo intenso sentido de la justicia les han llevado a dedicar sus vidas a elevar a la sociedad humana y a liberar al individuo de la opresión degradante». «A todos ustedes les digo —sabiendo que estaba dirigiéndose a una audiencia receptiva— que la existencia y el destino de nuestro pueblo no dependen tanto de factores externos como de nuestra fe en las tradiciones morales que, durante miles de años, nos han permitido superar todas las terribles vicisitudes que nos ha deparado el destino. Al servicio de la vida —concluyó—, cualquier sacrificio se convierte en gracia».[17] Pero la tormenta nazi que se avecinaba no tardaría en poner a prueba, en millones de personas, esas palabras preñadas de esperanza.

Seis semanas antes, el 14 de septiembre, los nazis habían conseguido 6,4 millones de votos en las elecciones al Reichstag, un resultado que sorprendió a muchos. En mayo de 1924, el partido había ganado treinta y dos escaños y, en las elecciones de diciembre de ese mismo año, solo catorce. Los resultados de mayo de 1928 fueron todavía peores, consiguiendo tan solo 812.000 votos y doce escaños. Los resultados parecían confirmar que los nazis no eran más que el otro grupo marginal de extrema derecha. Pero ahora, dos años más tarde, el número de votantes se había multiplicado por ocho y, con un total de ciento siete diputados, eran el segundo mayor partido del Reichstag.[18]

Einstein no era el único en creer que «el voto a Hitler no es más que un síntoma, no necesariamente de odio antisemita, sino del resentimiento momentáneo provocado, en la descarriada juventud alemana, por la miseria económica y el desempleo».[19] Pero lo cierto era que solo una cuarta parte de ese voto provenía de jóvenes que votaban por vez primera. El grueso del voto nazi, muy al contrario, estaba compuesto por trabajadores de cuello blanco, comerciantes, pequeños empresarios, granjeros protestantes del norte, artesanos y trabajadores no cualificados que vivían alejados de los grandes centros industriales. Pero lo que contribuyó a transformar decisivamente el paisaje político alemán entre las elecciones de 1928 y las de 1930 fue la crisis de Wall Street de octubre de 1929.

Alemania se vio duramente golpeada por el terremoto financiero que tuvo su epicentro en Nueva York. La sangre que durante los últimos cinco años había dado vida a su frágil economía, se debía a las transfusiones de los préstamos a corto plazo procedentes de Estados Unidos. El caos y el aumento de las pérdidas llevaron a las instituciones financieras estadounidenses a exigir el pago inmediato de los préstamos. El resultado de todo ello fue un rápido ascenso del desempleo que, desde septiembre de 1929 hasta octubre de 1930, pasó de 1,3 a cerca de tres millones. Einstein, por el momento, consideraba a los nazis como «una enfermedad de crecimiento de la República», que no tardaría en pasar.[20] Lo cierto es que la enfermedad acabó dando la puntilla a una ya muy maltrecha República de Weimar que, exceptuando el nombre, hacía un tiempo que había abandonado la democracia parlamentaria en favor del Gobierno por decreto.

«Se acercan malos tiempos —escribió un pesimista Sigmund Freud el 7 de diciembre de 1930—. Yo debería pasar por alto estos malos augurios y refugiarme en la apatía de los viejos, pero por mis siete nietos, no puedo más que lamentarlo».[21] Cinco días antes, Einstein abandonó Alemania para pasar un par de meses en Caltech, el California Institute of Technology, ubicado en Pasadena. Boltzmann, Schrödinger y Lorentz daban todos ellos conferencias en lo que rápidamente se había convertido en uno de los centros líderes de la excelencia científica de Estados Unidos. Cuando el barco atracó en Nueva York accedió, a petición de los periodistas que estaban esperándole, a dar una conferencia de prensa de quince minutos. «¿Qué piensa usted de Adolf Hitler?», le preguntó uno de ellos. «Está viviendo del estómago vacío de Alemania —replicó Einstein—. Pero estoy seguro de que su importancia desaparecerá apenas mejoren las condiciones económicas».[22]

Un año después, en diciembre de 1931, cuando partió para pasar una segunda temporada en Caltech, Alemania se hallaba en plena agitación política y estaba sumiéndose en una depresión económica todavía más profunda. «Hoy he decidido renunciar a mi puesto en Berlín y convertirme en un ave migratoria durante el resto de mi vida», escribió Einstein en su diario, mientras el barco atravesaba el Atlántico.[23] Una vez en California, Einstein se encontró con Abraham Flexner, que estaba a punto de poner en marcha, en Princeton, un centro único de investigación, el Institute for the Advanced Study de Princeton (Nueva Jersey). Contando con una subvención de cinco millones de dólares, Flexner quería crear una «sociedad de eruditos» liberada de exigencias docentes y completamente entregada a la investigación. Durante ese encuentro, tan azaroso como afortunado, Flexner no tardó mucho en dar los primeros pasos que acabaron conduciendo al reclutamiento del científico más importante del mundo.

Einstein accedió a pasar cinco meses al año en el Institute y a dedicar el resto de su tiempo a Berlín. «Yo no abandono Alemania —dijo al *New York Times*—. Mi hogar permanente seguirá siendo Berlín».[24] Y ese arreglo, que duraría cinco años, comenzaría en el otoño de 1933, porque Einstein ya se había comprometido a pasar otra temporada en Caltech. Esa fue una suerte porque, durante su tercera visita a Pasadena, Hitler fue nombrado canciller el 30 de enero de 1933. Para medio millón de judíos alemanes, el éxodo empezó lentamente ya que, en el mes de julio, solo veinticinco mil habían abandonado el país. Einstein, seguro en California, no habló, pero actuó como si estuviera dispuesto a regresar cuando llegara el momento. Escribió a la Academia Prusiana pidiendo su salario, pero ya había tomado su decisión: «A la vista del cariz que están tomando los acontecimientos —escribió a un amigo el 27 de febrero— no volveré a pisar suelo alemán».[25] Ese mismo día, el Reichstag ardió, jalonando el comienzo de la primera ola de terror del Estado nazi.

En medio de la violencia desatada por los nazis, diecisiete millones los votaron en las elecciones al Reichstag del 5 de marzo. Cinco días antes, la víspera de su planeada partida de Pasadena, Einstein dijo, en una entrevista pública, lo que pensaba sobre las noticias que llegaban de Alemania.

> En la medida de mis posibilidades —dijo—, solo viviré en un país que respete las libertades civiles, la tolerancia y la igualdad de todos los ciudadanos ante la ley. La libertad civil es la libertad para expresar, tanto de palabra como por escrito, las propias convicciones políticas. La tolerancia se refiere al respeto por las convicciones ajenas, sean esas cuales fueren. Y esas condiciones no existen hoy en día en Alemania.[26]

Cuando la prensa alemana glosó sus palabras, se vio unánimemente condenado por una oleada de demostraciones de lealtad al régimen nazi. «Buenas noticias sobre Einstein. ¡No volverá!», rezaban, por ejemplo, los titulares del *Berliner Lokalanzeiger*. El artículo bullía de indignación insistiendo en el modo en que «ese globo hinchado de vanidad se atreva a enjuiciar a Alemania sin saber lo que está ocurriendo aquí; cuestiones que, por otra parte, deben resultar incomprensibles para un hombre que se confiesa judío y nada más que judío y que, a nuestros ojos, jamás ha sido alemán».[27]

Los comentarios de Einstein metieron a Planck en un buen dilema. El 19 de marzo escribió una carta a Einstein en la que expresaba su «profundo malestar» por «los rumores que, en estos tiempos turbulentos y difíciles, han desencadenado sus afirmaciones públicas y privadas de naturaleza política».[28] Planck se quejaba de que «esos informes dificultan mucho las manifestaciones de defensa de las personas que le respetan y le estiman». También culpaba a Einstein de empeorar la situación de sus «correligionarios y de sus colegas tribales». Cuando, el 28 de marzo, su barco atracó en Amberes (Bélgica), Einstein pidió que le llevaran a la embajada alemana de Bruselas. Allí entregó su pasaporte renunciando, por segunda vez, a la ciudadanía alemana y presentando una carta de renuncia a la Academia Prusiana.

Mientras ponderaban detenidamente lo que tenían que hacer y hacia dónde debían dirigir sus pasos, Einstein y Elsa se instalaron en una villa del pequeño balneario de Le Coq-sur-Mer, ubicado en la costa belga. Cuando empezaron a circular rumores afirmando que la vida de Einstein podía correr peligro, el Gobierno belga le asignó un par de guardias de escolta. Entretanto Planck, en Berlín, se sintió aliviado al enterarse de la dimisión de Einstein. Era la única salida honorable para cortar lazos con la Academia y «ahorrar así, al mismo tiempo, mucho dolor y sufrimiento a sus amigos», escribió a Einstein.[29] Eran muy pocas, en la nueva Alemania, las personas dispuestas a defenderlo.

El 10 de marzo de 1933, estudiantes y académicos arropados bajo el estandarte de la esvástica desfilaron con antorchas por Unter den Linden hasta Opernplatz, frente a la principal entrada de la Universidad de Berlín, donde prendieron fuego a cerca de veinte mil libros saqueados de los estantes de las bibliotecas y librerías de la ciudad. Una muchedumbre de cuarenta mil personas contempló entonces cómo las llamas consumían los libros «no alemanes» y «judío-bolcheviques» de Marx, Brecht, Freud, Zola, Proust, Kafka y Einstein. Esa fue una escena que se repitió en cada gran universidad de todo el país mientras hombres como Planck leían las señales de humo mostrando, en el mejor de los casos, una escasa resistencia. La quema de libros solo fue el primer asalto de la guerra declarada por los nazis al arte y la cultura «degenerados», pero un evento mucho más importante para los judíos alemanes había ya ocurrido con la legalización del antisemitismo.

Dos millones de funcionarios se vieron afectados por la Ley para la Restauración de la Función Pública Profesional, aprobada el 7 de abril. El tercer párrafo de esa ley, que iba en contra de los adversarios políticos de los nazis (socialistas, comunistas y judíos), contenía la infame «cláusula aria», según la cual, «aquellos funcionarios que no sean de origen ario deberán retirarse».[30] Y la misma ley definía a los no arios como aquellas personas que tenían un padre o un abuelo que no era ario. Así fue como, sesenta y dos años después de su emancipación, que sucedió en 1871, los judíos alemanes se vieron de nuevo sometidos a una discriminación legalizada por parte del Estado. Ese fue el trampolín de la posterior caza desatada por los nazis contra los judíos.

Las universidades eran instituciones estatales y, al cabo de muy poco tiempo, más de mil eruditos, entre los que se contaban trescientos trece profesores, fueron expulsados o forzados, de un modo u otro, a renunciar a su puesto de trabajo. Casi una cuarta parte de la comunidad de físicos anterior a 1933, lo que incluía la mitad de todos los teóricos, se vio entonces obligada a exilarse. En 1936, más de mil seiscientos eruditos habían sido ya expulsados, una tercera parte de los cuales eran científicos, incluidos veinte que se habían visto o se verían recompensados con el Premio Nobel (once de física, cuatro de química y cinco de medicina).[31] Formalmente, la nueva ley no se aplicaba a los funcionarios anteriores a la Primera Guerra Mundial, a los veteranos de esa guerra o a cualquiera que hubiese perdido un padre o un hijo en la contienda. Pero a medida que la purga nazi siguió adelante y se expulsaba cada vez a más personas, el 16 de mayo de 1933, Planck, en calidad de presidente de la Kaiser Wilhelm Society, fue a ver a Hitler, creyendo ingenuamente que su intervención podría poner coto al daño que se estaba haciendo a la ciencia alemana.

Por más increíble que parezca, Planck dijo a Hitler que «hay diferentes tipos de judíos y que algunos de ellos son valiosos para la humanidad, mientras que otros no lo son» y que, en consecuencia, «deben realizarse, entre ellos, distinciones».[32] «Eso es falso —atajó Hitler—. Un judío siempre será un judío y los judíos se agrupan como las sanguijuelas. Donde hay un judío, otros de igual calaña se reúnen de inmediato».[33] Después de un fracaso tan flagrante de su gambito de apertura, Planck cambió de estrategia y se centró en el daño que, para los intereses de Alemania, podría suponer la expulsión de los científicos judíos. Pero Hitler se enfureció ante la mera insinuación de ese argumento: «No revocaremos ni modificaremos nuestra política nacional, ni siquiera por los científicos. [...] ¡Y si la expulsión de los científicos judíos supone la inmolación de la ciencia contemporánea alemana, no tendremos problema alguno en prescindir, el tiempo que sea necesario, de la ciencia!».[34]

En noviembre de 1918, en las secuelas inmediatas de la derrota de la Primera Guerra Mundial, Planck había reunido a los desalentados miembros de la Academia Prusiana de Ciencias y les había dicho: «Por más que el enemigo haya despojado a nuestra patria de todo poder y de toda posibilidad de defensa, de que las crisis internas más duras hayan roto a nuestro país y de que quizá nos esperen crisis todavía peores, ningún enemigo interno ni externo podrá despojamos nunca de la posición que la ciencia alemana ocupa en el mundo».[35] Para Planck, que había perdido a su hijo mayor en el campo de batalla, el sacrificio debía servir para algo. Pero cuando su desastroso encuentro con Hitler concluyó abruptamente, Planck se dio cuenta de que los nazis estaban a punto de lograr algo que anteriormente nadie había logrado, la destrucción de la ciencia alemana.

Dos semanas antes, el físico nazi y laureado nobel Johannes Stark había sido nombrado director del Physikalisch-Technische Reichsanstalt, el Instituto Imperial de Física y Tecnología. Pronto Stark acumuló más poder al servicio de la «física aria» cuando asumió el cargo de tesorero y administrador de los fondos de investigación del Gobierno. Desde esa posición de poder emprendió entonces su propia venganza. En 1922 había decidido abandonar su cátedra de la Universidad de Wurzburgo para dedicarse a los negocios. Antisemita, dogmático y pendenciero, Stark había colocado en la lista negra a casi todo el mundo excepto al premio nobel y nazi Philipp Lenard, líder y defensor, desde hacía mucho tiempo, de la llamada «física alemana». Cuando, después del fracaso de su aventura empresarial, Stark quiso regresar a la Academia, nadie que se hallara en posición de hacerlo quiso ofrecerle trabajo. Amargamente opuesto a la «física judía» de Einstein y desdeñando la moderna física teórica, Stark estaba decidido a tener la última palabra en toda oposición a las cátedras de profesores de física y a hacer todo lo que estuviera en su mano para que se viesen asignadas a los defensores de la «física alemana».

Heisenberg llevaba mucho tiempo aspirando a suceder a Sommerfeld en Múnich. En 1935, Stark llamó a Heisenberg «espíritu del espíritu de Einstein» y lanzó una campaña contra él y la física teórica que culminó con la publicación, el 15 de julio de 1937, de un artículo en la revista de las SS *Das Schwarze Korps*, en el que descalificaba a Heisenberg como «judío blanco». Heisenberg pasó todo el año siguiente tratando de limpiar esa calumnia que, en caso de seguir, le hubiese colocado en peligro de verse aislado y desdeñado. Finalmente, Himmler le exoneró de toda culpa, pero vetó su nombramiento como sucesor de Sommerfeld. También tuvo que comprometerse, en el futuro, a «diferenciar claramente, ante su audiencia, en el reconocimiento de los resultados de la investigación científica, las características personales y políticas del investigador».[36] Así fue como Heisenberg se vio obligado a separar al científico de la ciencia... y también debía abstenerse de mencionar en público el nombre de Einstein.

Los físicos de Gotinga James Franck y Max Born estaban eximidos, en cuanto veteranos de guerra, de la «cláusula aria». Pero ese fue un derecho que, temiendo ser acusados de connivencia con los nazis, ninguno de ellos decidió ejercer. De este modo, Franck acabó viéndose condenado, por no menos de cuarenta y dos de sus colegas, al presentar su dimisión, de alentar la propaganda antinazi afirmando que «nosotros, alemanes de ascendencia judía, estamos siendo tratados como extranjeros y enemigos de la patria».[37] Born, por su parte, que no tenía la menor intención de resignarse, descubrió su nombre en una lista de funcionarios expulsados publicada en el periódico local. «Todo lo que había construido en Gotinga, a lo largo de doce años de esfuerzos, se vio reducido a cenizas —escribió posteriormente—. A mí me parece el final del mundo».[38] Se estremecía al pensar en «permanecer frente a alumnos que, por una u otra razón, me han expulsado o en moverme entre colegas que no tienen problema alguno en convivir con esta situación».[39]

Suspendido, pero todavía no despedido, Born jamás se había sentido especialmente judío, confesó a Einstein. Pero ahora era «agudamente consciente de ello, no solo porque así se le consideraba, sino también porque la opresión y la injusticia alientan mi ira y mi resistencia».[40] Born esperaba asentarse en Inglaterra, «cuya nobleza y generosidad les lleva a abrir las puertas a los refugiados».[41] Su deseo se cumplió cuando le ofrecieron un contrato de tres años como profesor de la Universidad de Cambridge. Creyendo que podría estar privando de su puesto a un físico inglés que lo mereciera, Born solo aceptó después de asegurarse de que se trataba de un puesto especialmente creado para él. Born era uno de los pocos afortunados cuyas contribuciones a la física se veían internacionalmente reconocidas, a diferencia de los «jóvenes» a los que Einstein consideraba su «principal dolor de cabeza».[42] Pero aun científicos del calibre de Born tuvieron que pasar por periodos de profunda incertidumbre sobre su futuro. Finalizado su contrato en Cambridge, Born pasó seis meses en Bangalore (India) y estaba considerando seriamente la posibilidad de aceptar un puesto en Moscú cuando, en 1936, le ofrecieron la cátedra de filosofía natural de la Universidad de Edimburgo.

Heisenberg había tratado de convencer a Born de que estaba seguro, dado que «solo muy pocos están afectados por la ley y usted y Frank ciertamente no lo están». Él, como muchos otros, esperaba que las cosas no tardarían en volver a su cauce y que «la revolución política se produciría sin daño alguno para los físicos de Gotinga».[43] Lo cierto es que el daño ya estaba hecho. En cuestión de semanas, los nazis convirtieron a Gotinga, cuna de la mecánica cuántica, de una gran universidad en una institución de segunda categoría. Cuando el ministro nazi de Educación preguntó a David Hilbert, el más célebre matemático de Gotinga, si era cierto que «su instituto sufre mucho con la partida de los judíos y sus amigos», este contestó: «¿Sufrir? No. No sufre, *Herr Minister*. Ya ha dejado de existir».[44]

Cuando las noticias sobre lo que estaba ocurriendo en Alemania se expandieron, los científicos y sus organizaciones profesionales se pusieron rápidamente en marcha para ayudar a sus colegas, con dinero u ofreciéndoles trabajo, a escapar de la opresión nazi. Entonces se fundaron organizaciones de ayuda con donativos procedentes tanto de individuos como de fundaciones privadas. En el caso de Inglaterra se puso en marcha, en mayo de 1933, el Academic Assistance Council, presidido por Rutherford, como «centro de intercambio de información» destinado a encontrar puestos de trabajo provisional y ofrecerlo a científicos, artistas y escritores refugiados. Muchos escaparon inicialmente a Suiza, Países Bajos o Francia, donde permanecieron un tiempo hasta que pudieron viajar a Inglaterra o Estados Unidos.

El Instituto Bohr de Copenhague acabó convirtiéndose, para muchos físicos, en un lugar de paso habitual. En diciembre de 1931, la Academia Danesa de Ciencias y Letras eligió a Bohr como siguiente ocupante del Aeresbolig, la llamada «Casa de honor», una mansión construida por el fundador de la cervecería Carlsberg. Su nuevo estatus como ciudadano puntero de Dinamarca le dotaba de mucha más influencia, tanto en su país como en el resto del mundo, que no dudó en emplear para ayudar a los demás. En 1933, él y su hermano Harald contribuyeron a crear el Comité Danés de Apoyo a los Trabajadores Intelectuales en el Exilio. Con la ayuda de colegas y antiguos alumnos, Bohr pudo conseguir la creación de nuevos puestos o de llenar las vacantes con refugiados. Fue Bohr quien llevó a James Franck a Copenhague para ocupar, durante tres años, una cátedra como profesor visitante en abril de 1934. Aproximadamente un año después, Franck aceptó un puesto permanente en Estados Unidos que, junto a Suecia, se había convertido en el destino final de muchos de quienes habían pasado por Dinamarca. Un hombre que no tuvo que preocuparse por su trabajo fue Einstein.

Las amenazas a su seguridad crecieron hasta un punto en el que, a comienzos de septiembre, Einstein acabó decidiendo cambiar Bélgica por Inglaterra. Pasó los siguientes nueve meses en un relativo anonimato en una casa de campo ubicada en la costa de Norfolk. Pero la tranquilidad de ese refugio pronto se vio sacudida al conocer la noticia de que, en un ataque de desesperación, Paul Ehrenfest, que se hallaba provisionalmente separado de su esposa, se había suicidado. Sucedió durante una visita a un hospital de Ámsterdam, al que había ido a ver a su hijo de dieciséis años, Vassily, que sufría de síndrome de Down. Einstein se quedó horrorizado al enterarse de que Ehrenfest también había disparado sobre su hijo que, sin embargo, sobrevivió y solo quedó tuerto.

Profundamente afectado por el suicidio de Ehrenfest, los pensamientos de Einstein se dirigieron hacia la charla que había aceptado pronunciar en una gira de recogida de fondos para ayudar a los refugiados. El encuentro, presidido por Rutherford, se llevó a cabo el día 3 de octubre en el Royal Albert Hall. Había tanto público ansioso por ver al gran hombre que, esa noche, no cabía un alfiler. Einstein se dirigió, con su fuerte acento alemán, a una audiencia de unas diez mil personas sin mencionar en ningún momento, a instancias de los organizadores, a Alemania por su nombre. El Comité de Ayuda a Refugiados creía que «el tema en cuestión no afecta tan solo a los judíos, porque muchos de los que han sufrido o están amenazados no tienen la menor conexión con los judíos».[45] Cuatro días después, la tarde del 7 de octubre, Einstein abandonó Inglaterra rumbo a Estados Unidos. Y aunque iba a pasar los siguientes cinco meses en el Institute for Advanced Study, jamás regresó a Europa. En el viaje de Nueva York a Princeton, Einstein llevaba consigo una carta de Abraham Flexner. El director del instituto le había pedido, por su propia seguridad, que fuese discreto y no asistiera a ningún evento público. La razón esgrimida por Flexner se centraba en el peligro que, para Einstein, pudieran suponer «las bandas de nazis irresponsables» con las que pudiese tropezar en Estados Unidos.[46] Lo cierto es que la verdadera preocupación giraba en torno al daño que las afirmaciones públicas de Einstein pudieran provocar en la reputación de su flamante instituto y a las donaciones, en consecuencia, en las que tanto confiaba. Al cabo de pocas semanas, Einstein encontró sofocantes las restricciones y continuas interferencias de Flexner hasta el punto de llegar, en cierta ocasión, a dar su nueva dirección como «Campo de concentración de Princeton».[47]

Einstein se quejó a los miembros del consejo de administración de la institución sobre la conducta de Flexner y les pidió garantías de «seguridad para poder llevar a cabo un trabajo digno y sin perturbaciones, sin interferencias que resulten imposibles de tolerar para cualquier persona que se respete a sí misma».[48] Si no pudieran concedérselo, afirmaba, «me vería obligado a discutir con ustedes la forma y el método más digno de cortar mi relación con su instituto».[49] Finalmente, Einstein se ganó el derecho a hacer lo que quisiera, pero al precio de no tener ninguna influencia real en el gobierno del instituto. Por ello, cuando respaldó la solicitud de Schrödinger de un puesto en el instituto, su propuesta se vio rápidamente descartada.

Aunque Schrödinger no tuvo que abandonar Berlín, lo hizo por una cuestión de principio. Llevaba exilado en el Magdalen College de la Universidad de Oxford menos de una semana cuando, el 9 de noviembre de 1933, recibió noticias inesperadas. El presidente del College, George Gordon, le informó de que el *Times* había llamado para decir que podría hallarse entre los ganadores del Premio Nobel de ese mismo año. «Creo que puede dar usted esta noticia por sentada. El *Times* no dice nada a menos que esté completamente seguro —dijo Gordon, orgullosamente—. Pero debo decirle que, en lo que a mí respecta, me ha sorprendido, porque creía que ya lo tenía».[50]

Schrödinger y Dirac se vieron recompensados compartiendo el Premio Nobel de 1933, en una ceremonia en la que Heisenberg recibió el premio demorado de 1932. La primera reacción de Dirac fue rechazarlo, ya que no quería la publicidad que ello supondría, pero finalmente aceptó, porque Rutherford le convenció de que la negativa a aceptarlo todavía generaría más publicidad. Así fue como, mientras Dirac barajaba la posibilidad de rechazar el galardón, Born se sentía profundamente herido por ser ignorado por la Academia Sueca.

«Tengo cierta mala conciencia con respecto a Schrödinger, Dirac y Born —escribió Heisenberg a Bohr—. Schrödinger y Dirac merecen un premio entero tanto como yo y yo hubiera estado muy contento de compartir el mío con Born, porque ambos trabajamos juntos».[51] Antes había respondido a una carta de felicitación de Born: «El hecho de que yo haya recibido a solas el Premio Nobel por un trabajo que hicimos usted, Jordan y yo en colaboración en Gotinga me deprime tanto que apenas sé qué decirle».[52] «No me parece justo que las matrices de Heisenberg lleven su nombre porque, en aquellos días, él ni siquiera sabía lo que era una matriz —se quejaba Born a Einstein dos décadas más tarde—. Fue él quien cosechó todas las recompensas de nuestro trabajo conjunto como, por ejemplo, el Premio Nobel».[53] Y finalmente acabó admitiendo que «desde hace veinte años no he podido desembarazarme de cierta sensación de injusticia». Born recibió finalmente el Nobel en 1954, por «su trabajo fundamental en el campo de la mecánica cuántica y, muy en especial, por su interpretación estadística de la función de onda».

Después de una difícil puesta en marcha, a finales de noviembre de 1933, Princeton estaba empezando a llamar la atención de Einstein. «Princeton es un lugar pequeño y encantador, un pueblo pintoresco y ceremonioso de insignificantes semidioses sobre zancos —escribió a la reina Isabel de Bélgica—. Pero, ignorando ciertas convenciones, he conseguido crear una atmósfera personal libre de toda distracción y muy propicia para el estudio».[54] En abril de 1934, Einstein anunció públicamente que había decidido asentarse de forma definitiva en Princeton. El «ave migratoria» había encontrado un lugar en el que anidar durante el resto de su vida.

Einstein siempre había sido un marginado, aun en el campo de la física, desde los primeros días en la Oficina de Patentes. Pero había caminado mucho y durante mucho tiempo. Y esperaba seguir haciéndolo cuando tropezó con un nuevo reto para Bohr y la interpretación de Copenhague.

13
LA REALIDAD CUÁNTICA

«Princeton es un manicomio [y] Einstein está completamente loco», escribió Robert Oppenheimer.[1] Era enero de 1935 y el más importante de los físicos teóricos de Estados Unidos tenía treinta y un años. Doce años más tarde, después de haberse hecho cargo de la construcción de la bomba atómica, regresaría al Institute for Advanced Study para asumir la dirección del «manicomio» y sus «solipsísticas luminarias brillando en su soledad aislada e impotente».[2] Einstein aceptaba que su actitud crítica hacia la mecánica cuántica le garantizase «ser considerado, en Princeton, como un viejo loco».[3]

La nueva generación de físicos que habían sido formados en la teoría compartían la afirmación de Paul Dirac de que la mecánica cuántica explicaba «la mayor parte de la física y toda la química».[4] Que unos cuantos ancianos se empeñasen en entender el significado de la teoría no tenía, para ellos, dado su extraordinario éxito práctico, mayor importancia. A finales de la década de 1920 y en la medida en que, uno tras otro, iban solucionándose los distintos problemas que aquejaban a la física atómica, el foco de la atención cambió desde el átomo hasta el núcleo. A comienzos de la década de 1930, el descubrimiento del neutrón llevado a cabo, en Cambridge, por James Chadwick y el trabajo de Enrico Fermi y su equipo de Roma sobre los efectos provocados por el impacto de los neutrones sobre los núcleos establecieron una nueva frontera en el ámbito de la física nuclear.[5] En 1932, John Cockcroft y Ernest Walton, compañeros de Chadwick en el Cavendish Laboratorio de Rutherford, construyeron el primer acelerador de partículas utilizado para romper el núcleo y dividir el átomo.

Einstein se había mudado de Berlín a Princeton, pero la física estaba avanzando sin él. Y él lo sabía, pero creía haberse ganado el derecho a dedicarse a la física que más le interesaba. Cuando, en octubre de 1933, llegó al instituto, le mostraron su nuevo despacho y, al preguntarle lo que necesitaba, respondió: «Un escritorio o una mesa, una silla, papel y lápices». Y luego agregó: «¡Ah sí, y una gran papelera a la que pueda arrojar todos mis errores!».[6] Y aunque ciertamente los errores fueran muchos, Einstein jamás perdió la esperanza de descubrir su Santo Grial, una teoría de campo unificado.

Del mismo modo que Maxwell había unificado, en el siglo XIX, la electricidad, el magnetismo y la luz en una estructura teórica omniabarcadora, Einstein esperaba hacer lo mismo con el electromagnetismo y la relatividad general. Esa unificación era, para él, el siguiente paso, un paso tan lógico como inevitable. Fue en 1925 cuando emprendió el primero de sus intentos de elaborar tal teoría que acabaron en la papelera. Después del descubrimiento de la mecánica cuántica, Einstein creía que una teoría de campo unificado conduciría, a modo de subproducto, a una nueva física.

Hubo muy poca comunicación directa, durante los años que siguieron al Congreso Solvay de 1930, entre Bohr y Einstein. Un canal de comunicación muy valioso, en este sentido, se cerró con el suicidio, en septiembre de 1933, de Paul Ehrenfest. En un conmovedor tributo, Einstein escribió sobre las luchas internas de su amigo por comprender la mecánica cuántica y «la creciente dificultad de adaptación a las nuevas ideas a la que siempre se ve obligado a enfrentarse el hombre de más de cincuenta años. No sé cuántos lectores de estas líneas serán capaces de entender plenamente esta tragedia».[7]

Había quienes leían las palabras de Einstein y las tomaban erróneamente como una queja por sus propias dificultades. Ahora, bien cumplidos los cincuenta, sabía que le consideraban una reliquia de épocas pretéritas, que se negaba o era incapaz de vivir con la mecánica cuántica. Pero también sabía la distancia que separaba a Schrödinger y a él de muchos de sus colegas: «Ellos no suelen ir de los hechos a la teoría, sino de la teoría a los hechos. O, dicho de otro modo, no pueden, una vez aceptado, separarse de un marco de referencia conceptual y acaban, por el contrario, dormitando en sus laureles».[8]

A pesar, no obstante, de esta desconfianza mutua, siempre había jóvenes físicos ansiosos por trabajar con Einstein. Uno de ellos fue Nathan Rosen, un neoyorquino de veinticinco años, que había llegado del MIT en 1934 para convertirse en su ayudante, y pocos meses antes había entrado a trabajar en el instituto un ruso de treinta y nueve años llamado Boris Podolsky, que había conocido a Einstein en 1931 en Caltech, con quien había colaborado en la elaboración de un artículo. Einstein tenía ahora una idea para otro artículo, que acabaría suponiendo un nuevo estadio en su debate con Bohr y un nuevo asalto a la interpretación de Copenhague.

Durante los congresos de Solvay de 1927 y 1930, Einstein había tratado de sortear el principio de incertidumbre para demostrar la incoherencia —y la incompletud también, por tanto— de la mecánica cuántica. Bohr, ayudado por Heisenberg y Pauli, había logrado desmantelar todos sus experimentos mentales, consolidando así la interpretación de Copenhague. Al final, Einstein aceptó que, aunque la mecánica cuántica era lógicamente coherente, seguía sin ser la teoría definitiva que afirmaba Bohr. Pero para conseguir su propósito de demostrar la incompletud de la mecánica cuántica y la prueba, en consecuencia, de que no captura completamente la realidad física, Einstein sabía que necesitaba una nueva estrategia. Y precisamente con ese objetivo diseñó su más duradero experimento imaginario.

Durante varias semanas, a comienzos de 1935, Einstein se encontró con Podolsky y Rosen en su oficina para esbozar su idea. Podolsky asumió la tarea de redactar el artículo, mientras que Rosen se encargaría de llevar a cabo la mayor parte de los cálculos matemáticos necesarios. La contribución de Einstein, como Rosen recordaría posteriormente, fue «esbozar el punto de vista general y sus implicaciones».[9] El artículo Einstein-Podolsky-Rosen (o EPR, como acabó conociéndose), de tan solo cuatro páginas, fue terminado y enviado a finales de marzo y acabó viendo la luz en la revista estadounidense *Physical Review* el 15 mayo con el título «¿Puede considerarse completa la descripción que la mecánica cuántica hace de la realidad física?».[10] La respuesta de EPR a la pregunta era un rotundo «¡no!». Y aun antes de que apareciese en prensa, el nombre de Einstein aseguró que el artículo generase el tipo de publicidad que nadie quería.

El sábado 4 de mayo de 1935, el *New York Times* publicó un artículo en la página 11 bajo el llamativo título «Einstein ataca la teoría cuántica: el profesor Einstein ataca la importante teoría de la ciencia de la mecánica cuántica, una teoría de la que él mismo es una especie de abuelo. Su conclusión es que, a pesar de tratarse de una teoría "correcta", no es "completa"». Tres días más tarde, el *New York Times* se vio obligado a publicar la réplica de un Einstein manifiestamente descontento en la que decía que, aunque en principio no descartaba hablar con la prensa, «suelo tratar las cuestiones científicas en el foro apropiado y repruebo la publicación, en la prensa ordinaria, de cualquier anuncio sobre tales cuestiones».[11]

En el artículo en cuestión, Einstein, Podolsky y Rosen empiezan diferenciando la realidad tal cual es de la comprensión física de la realidad: «Cualquier consideración seria de una teoría física debe tener en cuenta la diferencia que existe entre la realidad objetiva, que es independiente de cualquier teoría, y los conceptos físicos con los que esa teoría opera. Se pretende que estos conceptos se correspondan con la realidad objetiva, y por medio de sus conceptos nos imaginamos esta realidad».[12] Y para calibrar el éxito de cualquier teoría física concreta, EPR afirmaban la necesidad de que respondiesen con un inequívoco «sí» a las dos siguientes preguntas: ¿es la teoría correcta?, y ¿es completa la descripción esbozada por la teoría?

«La corrección de una teoría depende del grado de coincidencia entre las conclusiones de la teoría y la experiencia humana», afirmaban EPR. Se trataba de una afirmación que cualquier físico aceptaría cuando el término «experiencia» asume, en la física, el significado de experimento y de medida. No había, hasta el momento, conflicto alguno entre el experimento llevado a cabo en el laboratorio y las predicciones teóricas esbozadas por la mecánica cuántica. Parecía tratarse de una teoría correcta. Pero no bastaba, para Einstein, con que una teoría fuese correcta y estuviese de acuerdo con los experimentos, sino que también era necesario que fuese completa.

Sea cual fuera el significado del término «completo», EPR imponían una condición necesaria para la completud de una teoría física: «Todo elemento de la realidad física debe tener su contrapartida en la teoría física».[13] Este criterio de completud requería que, si EPR querían que su argumento prevaleciese, deberían definir el llamado «elemento de realidad».

Einstein no quería quedarse atrapado en las arenas movedizas de la filosofía, que habían devorado a muchos de los que habían intentado definir la «realidad». Nadie que, en el pasado, se hubiese empeñado en determinar lo que era la realidad había salido indemne de su intento. Por ello, soslayando astutamente, como «innecesario» para su propósito, cualquier intento de «definición comprehensiva de la realidad», EPR adoptaron lo que ellos consideraban un criterio «suficiente» y «razonable» para designar un «elemento de realidad»: «Si, sin perturbar, en modo alguno, el sistema, podemos predecir con certeza (es decir, con probabilidad igual a 1) el valor de determinada magnitud física, esa magnitud posee un elemento de realidad física».[14]

Einstein quería refutar la afirmación de Bohr de que la mecánica cuántica era una teoría completa y fundamental de la naturaleza demostrando que, fuera de ella, quedaban «elementos de la realidad» objetiva. De este modo, Einstein había cambiado el tema del debate con Bohr y sus defensores de la coherencia interna de la mecánica cuántica a la naturaleza de la realidad y el papel que, en ella, desempeñaba la teoría.

EPR afirmaban que, para que una teoría sea completa, debe haber, entre un elemento de la teoría y un elemento de la realidad, una correspondencia unívoca. Una condición suficiente para establecer la realidad de una cantidad física como el momento, por ejemplo, es la posibilidad de predecirla con certeza sin perturbar el sistema. Si existía un elemento de realidad física que no se viese explicado por la teoría, tal teoría necesariamente sería incompleta. La situación se asemejaría, en este sentido, a la de la persona que, después de encontrar un libro en una librería descubriese, al tratar de pagarlo que, según el catálogo, no había registro alguno de que la librería tuviese ese libro. La única explicación posible, si el libro llevaba consigo todas las anotaciones pertinentes, habría que buscarla en la incompletud del catálogo.

Según el principio de incertidumbre, una medida que transmite un valor exacto del momento de un objeto o de un sistema microfísico excluye la posibilidad incluso de medir simultáneamente su posición. La cuestión que Einstein quería responder era la siguiente: ¿significa la incapacidad de medir su posición exacta que el electrón carece de posición definida? La interpretación de Copenhague respondía que, en ausencia de medida para determinar su posición, el electrón carece de posición. Pero EPR llegaron a demostrar que había elementos de la realidad física, como un electrón que tiene una posición definida, que la mecánica cuántica no puede explicar y que, en consecuencia, es incompleta.

EPR trataron luego de ilustrar su afirmación con un experimento mental. Las partículas A y B interactúan brevemente y luego se mueven en direcciones opuestas. El principio de incertidumbre prohíbe la medición exacta y simultánea de la oposición y del momento de la partícula. Sin embargo, permite la medida exacta y simultánea del momento total de ambas partículas, A y B y la distancia relativa que existe entre ellas.

La clave del experimento imaginario esbozado por EPR consiste en no influir en modo alguno sobre la partícula B evitando cualquier observación directa sobre ella. Aun en el caso de que A y B se hallasen a años luz de distancia, no hay nada en la estructura matemática de la mecánica cuántica que impida la determinación del momento exacto de A transmitiendo información sobre el momento exacto de B, sin que este, no obstante, se vea perturbado durante el proceso. Cuando medimos con exactitud el momento de la partícula A podemos determinar simultáneamente, de forma indirecta, gracias a la ley de conservación del momento, el momento de B. Según el criterio EPR de la realidad, por tanto, el momento de B debe ser un elemento de la realidad física. Y, de manera parecida, la medida de la posición exacta de A es posible porque conocemos, sin necesidad de medirla directamente, la distancia física que separa a A de B directamente. Por eso, en opinión de EPR, debe ser un elemento de la realidad física. EPR parecían haber desarrollado un método para establecer con certeza los valores exactos *tanto* del momento *como* de la posición de B debidos a medidas realizadas sobre la partícula A, sin la menor posibilidad de influir físicamente sobre la partícula B.

Dado su criterio de realidad, EPR afirmaron que, de ese modo, habían demostrado que tanto el momento como la posición de la partícula B son «elementos de la realidad» y que B puede tener simultáneamente valores exactos de posición y momento. Dado que la mecánica cuántica gobierna, a través del principio de incertidumbre, cualquier posibilidad de que una partícula posea simultáneamente ambas propiedades, esos «elementos de realidad» carecen de contrapartida teórica.[15] De ahí que la descripción que la mecánica cuántica lleva a cabo de la realidad física es, desde la perspectiva de EPR, incompleta.

El experimento imaginario de Einstein no había sido diseñado para determinar simultáneamente la posición y el momento de la partícula B. Él admitía la imposibilidad de medir directamente cualquiera de las propiedades de una partícula sin provocar una perturbación física irreductible. En realidad, el experimento imaginario de las dos partículas había sido elaborado para demostrar que tales propiedades pueden tener una existencia simultánea definida y que tanto la posición como el momento de una partícula son «elementos de la realidad». Si es posible observar las propiedades de la partícula B sin que B sea observada (es decir, medida), las propiedades de B deben constituir, independientemente de que sean observados (es decir, medidos), elementos de la realidad física. La partícula B tiene una posición real y un momento real.

EPR eran conscientes del posible contraargumento de que «dos o más cantidades físicas solo pueden ser consideradas elementos simultáneos de la realidad cuando pueden ser simultáneamente medidas o pronosticadas».[16] Esto, sin embargo, hacía que la realidad del momento y la posición de la partícula B dependiera del proceso de medida llevado a cabo sobre la partícula A, que podía hallarse a años luz de distancia y, en modo alguno, perturbaba la partícula B. Y esto era algo, concluían EPR, que «ninguna definición razonable de la realidad permitía».[17]

En el centro mismo del argumento de EPR se hallaba la creencia de Einstein en la localidad, que afirmaba la inexistencia de cualquier tipo de acción a distancia instantánea y misteriosa. La localidad excluye la posibilidad de que un evento que se halle en una determinada región del espacio influya, de forma instantánea y más veloz que la luz, en otro evento que se halla en cualquier otro lugar. Recordemos que la velocidad de la luz era, para Einstein, el límite de velocidad establecido como infranqueable en la naturaleza para ir de un lado a otro. Para el descubridor de la relatividad resultaba inconcebible que la medición de la partícula A afectase instantáneamente a distancia a elementos independientes de la realidad física que poseía la partícula B.

Apenas apareció el artículo EPR, saltó la alarma entre los líderes del movimiento cuántico de toda Europa. «Einstein ha vuelto a manifestarse públicamente sobre la mecánica cuántica y ha escrito incluso un artículo en el número 15 de mayo de *Physical Review* (junto a Podolsky y Rosen, una compañía, dicho sea de paso, bastante normal y corriente) —escribió, desde Zúrich, un furioso Pauli a Heisenberg, que estaba en Leipzig—.[18] Y, como todo el mundo sabe —añadía— esto, ocurra donde ocurra, es un auténtico desastre». Pauli, sin embargo, concedió, con la ironía que le caracterizaba que, «si esas objeciones hubiesen sido esbozadas por un alumno de uno de los primeros cursos, habría que considerarlo como muy inteligente y prometedor».[19] Con el celo de un misionero cuántico, Pauli apremió a Heisenberg a publicar una refutación inmediata para impedir cualquier confusión u oscilación entre los físicos que estuvieran considerando la posibilidad de dejarse deslumbrar por el último guante lanzado por Einstein. Pauli admitió haber considerado, por razones estrictamente «didácticas», «malgastar papel y lápiz para formular hechos exigidos por la teoría cuántica que Einstein tiene dificultades en asumir».[20] Finalmente fue Heisenberg quien esbozó una réplica al artículo EPR y envió una copia a Pauli. En cuanto se enteró, no obstante, de que Bohr se había levantado ya en armas para defender la interpretación de Copenhague, Heisenberg demoró la publicación de su escrito.

«El ataque EPR cayó sobre nosotros cuando menos lo esperábamos —recordó Léon Rosenfeld, que por aquel entonces se hallaba en Copenhague—. Su efecto sobre Bohr fue considerable».[21] Inmediatamente abandonó cualquier otra cosa, porque estaba convencido de que el examen detenido del experimento imaginario EPR revelaría que Einstein se había equivocado y mostraría «el camino correcto».[22] Muy excitado, empezó a dictar a Rosenfeld el esbozo de una réplica. Pero pronto empezó a vacilar. «No. Esto no funciona. Debemos intentarlo de otro modo», se decía Bohr. «Así que yo esperaba un rato, sorprendido por la inesperada sutileza del argumento esbozado en el experimento [EPR] —recordaba Rosenfeld—. Una y otra vez, se giraba y me preguntaba: "¿Qué quieren decir? ¿Tú lo entiendes?"».[23] Al cabo de un rato, un Bohr cada vez más agitado se daba cuenta de que el argumento desplegado por Einstein era tan ingenioso como sutil. Una refutación, pues, del artículo EPR sería más difícil de lo que, a primera vista, parecía y anunció que convendría «consultarlo con la almohada».[24] Al día siguiente estaba bastante más tranquilo. «Lo han hecho muy inteligentemente —dijo Rosenfeld—, pero lo que cuenta es hacerlo bien».[25] Durante las seis semanas siguientes, día y noche, Bohr no trabajó en ninguna otra cosa.

Aun antes de haber concluido su réplica a EPR, Bohr escribió una carta el 29 de junio para publicarla en la revista *Nature*, titulada «La mecánica cuántica y la realidad física», en la que esbozaba brevemente su contraataque.[26] Una vez más, el *New York Times* olió que ahí había una historia que, el 28 de julio, tituló: «Bohr y Einstein en conflicto. Controversia sobre la naturaleza fundamental de la realidad». «La controversia Einstein-Bohr acaba de empezar esta semana en el número actual de la revista científica británica *Nature* —contaba el artículo a sus lectores— con un desafío preliminar del profesor Bohr al profesor Einstein y la promesa del profesor Bohr de "un desarrollo más pleno de su argumento en un artículo que no tardará en ver la luz en *Physical Review*"».

Bohr había elegido deliberadamente el mismo foro que Einstein y su respuesta de seis páginas, recibida el 13 de julio, titulada también «¿Puede la descripción mecánico-cuántica de la realidad física ser considerada completa?».[27] Publicada el 15 de octubre, la respuesta de Bohr era un enfático «sí». Aunque incapaz de identificar la presencia de ningún error en el argumento EPR, Bohr se limitaba a afirmar que la evidencia de Einstein de que la mecánica cuántica era incompleta no era lo suficientemente fuerte como para sostener el peso de tal afirmación. Apelando a una táctica del debate que poseía una larga e ilustre historia, Bohr comenzaba su defensa de la interpretación de Copenhague rechazando el principal componente de la acusación de incompletud de Einstein: el criterio de la realidad física. Bohr creía haber identificado una debilidad en la definición EPR: la necesidad de llevar a cabo una medida «sin perturbar, en modo alguno, un sistema».[28]

Bohr esperaba explotar lo que consideraba como «una ambigüedad esencial cuando se aplica a los fenómenos cuánticos» del criterio de la realidad, teniendo en cuenta que se retractaba públicamente de la postura según la cual un acto de medida va inevitablemente acompañado de una perturbación física. Había confiado en la perturbación para socavar el experimento mental de Einstein demostrando la imposibilidad de conocer simultáneamente el momento y la posición exactas de una partícula debido a que el mismo acto de medida de una de ellas provoca una perturbación incontrolable que impide la medida exacta de la otra. Bohr sabía perfectamente que EPR no pretendían desafiar el principio de incertidumbre de Heisenberg, porque su experimento mental no estaba destinado a medir simultáneamente la posición y el momento de una partícula.

Esto era algo que Bohr reconocía al afirmar que el experimento imaginario EPR «no se ocupa de investigar una perturbación mecánica del sistema».[29] Se trataba de una concesión pública significativa, una concesión que, años antes, había hecho en privado cuando él, Heisenberg, Hendrik Kramers y Oscar Klein en cierta ocasión estaban sentados junto al fuego en su casa de campo de Tisvilde:

—¿No les parece extraña la dificultad de Einstein de aceptar el papel desempeñado por el azar en la física atómica? —dijo Klein.[30]

—El efecto cuántico que introducimos debido al hecho de no poder realizar observaciones sin perturbar el fenómeno —dijo Heisenberg— acaba estableciendo automáticamente un grado de incertidumbre en el fenómeno observado.[31] Esto es lo que, aunque conozca los hechos perfectamente, Einstein se niega a aceptar.

—Yo no estoy de acuerdo con esta visión —señaló Bohr a Heisenberg—.[32] Pero, sea como fuere, afirmaciones como que «la observación genera incertidumbre en el fenómeno» me parecen inexactas y engañosas. La naturaleza nos ha enseñado que la palabra «fenómeno» no puede aplicarse a los procesos atómicos a menos que especifiquemos el tipo de experimento o los instrumentos de observación implicados. Si hemos definido un determinado entorno experimental al que sigue una determinada observación, podemos hablar adecuadamente de un fenómeno, pero no de que la observación lo perturbe.[33]

Lo cierto es que antes, durante y después del Congreso Solvay, la afirmación de que el acto de medir perturba el objeto observado sazonó los escritos de Bohr y constituyó un argumento central en su réplica a los experimentos mentales de Einstein.

Sintiendo la continua presión a la que Einstein sometía la interpretación de Copenhague, Bohr abandonó su confianza previa en la «perturbación», porque sabía que ello implicaba, de algún modo, la existencia de un electrón que podía ser perturbado. En lugar de ello, ahora afirmaba que el objeto microscópico medido y el instrumento de medida configuran una totalidad indivisible, a la que llamaba «fenómeno». No hay, desde esta perspectiva, espacio alguno para que el acto de medida provoque una perturbación física. Y ello era así porque Bohr creía en la ambigüedad del criterio de realidad sostenido por EPR.

Pero en realidad la respuesta de Bohr a EPR era muy poco clara. Años después, en 1949, admitió, al releer su artículo, ciertas «dificultades de expresión». Bohr trató de aclarar que la «ambigüedad esencial» a la que aludía en su respuesta a EPR yacía en su referencia a «los atributos físicos de los objetos ligados a fenómenos en los que no puede establecerse una distinción clara entre la conducta de los objetos y su interacción con los instrumentos de medida».[34]

Bohr no puso ninguna objeción a las predicciones de EPR sobre los resultados de posibles medidas de la partícula B basadas en el conocimiento adquirido midiendo la partícula A. Una vez medido el momento de la partícula A, es posible predecir exactamente, como afirmaban EPR, el resultado de una medida semejante del momento de la partícula B. Pero Bohr afirmaba que ello no implicaba que el momento fuese un elemento independiente de la realidad de B. Solo cuando se lleva a cabo una medida del momento «real» de B puede decirse que posee momento. El momento de una partícula solo se torna «real» cuando interactúa con un dispositivo destinado a medirlo, o, dicho de otro modo, la partícula, antes de un acto de medición, no existe en ningún estado desconocido aunque «real». En ausencia de medida que determine la posición o el momento de la partícula resulta absurdo, en opinión de Bohr, afirmar que realmente los posee.

El papel desempeñado por el aparato de medida era esencial, pues, según Bohr, para definir los elementos EPR de la realidad. Y es que cuando un físico determina el instrumental utilizado para medir la posición exacta de la partícula A, a partir de la cual puede calcularse con certeza la posición de la partícula B, excluye la posibilidad de medir el momento de A y de deducir, en consecuencia, el momento de B.

Si, como Bohr concedía a EPR, no existe perturbación física directa de la partícula B, su «elemento de realidad física» puede ser definido, en su opinión, por la naturaleza del dispositivo de medida y por la medida realizada sobre A.

Según EPR, si el momento de B es un elemento de la realidad, la medida del momento de la partícula A no puede afectar a B. Solo es posible el cálculo del momento que, independientemente de cualquier medida, tiene la partícula B. El criterio de realidad de EPR asume que, en ausencia de interacción física entre las partículas A y B, lo que le suceda a una no podrá «perturbar» a la otra. Para Bohr, sin embargo, puesto que A y B interactuaron en cierta ocasión antes de separarse, se hallarán para siempre entrelazadas como partes del mismo sistema y no podrán ser consideradas individualmente como dos partículas separadas. Medir, por tanto, el momento de A es prácticamente lo mismo que medir el de B, lo que permite tener una medida exacta y simultánea de ambos momentos.

Bohr admitía la inexistencia de perturbación «mecánica» alguna de la partícula B debida a la observación de la partícula A. Él también, como EPR, excluía la posibilidad de cualquier fuerza física que, de un modo u otro, actuase a distancia. Pero si la realidad de la posición o del momento de la partícula B se ve determinada por la medida realizada sobre la partícula A, parece existir alguna «influencia» instantánea a distancia. Esto viola la localidad, es decir, el hecho de que lo que le sucede a A no puede afectar simultáneamente a B y la separatividad, según la cual, A y B existen de manera independiente. Ambos conceptos yacen en el núcleo del argumento EPR y en la visión de Einstein de una realidad independiente del observador. Bohr, sin embargo, sostenía que una medida de la partícula A «influye» instantáneamente, de algún modo, sobre la partícula B.[35] Pero no dice mucho más sobre la naturaleza de esta misteriosa «influencia sobre las mismas condiciones que definen los posibles tipos de predicciones relativas a la conducta posterior del sistema».[36] Bohr concluía que, dado que «estas condiciones constituyen un elemento intrínseco a la descripción de cualquier fenómeno al que pueda atribuirse adecuadamente la expresión "realidad física", vemos que la argumentación de los mencionados autores no justifica su conclusión de que la descripción de la mecánica cuántica sea esencialmente incompleta».[37]

Einstein se burlaba de las «fuerzas del vudú» y de las «interacciones fantasmales» de Bohr. «Resulta difícil ver las cartas con las que juega el Todopoderoso —escribió posteriormente—.[38] Pero yo no creo ni por un instante que, como parece afirmar la presente teoría cuántica, tire los dados o recurra a dispositivos "telepáticos"». Él dijo a Born que «la física debe representar, ajena a toda acción fantasmal a distancia, la realidad en el tiempo y el espacio».[39]

El artículo EPR expresaba la visión de Einstein de que la interpretación de Copenhague de la teoría cuántica era incompatible con la existencia de una realidad objetiva. Estaba en lo cierto y Bohr lo sabía. «No existe mundo cuántico. Solo hay una descripción mecánica cuántica», afirmaba Bohr.[40] Según la interpretación de Copenhague, las partículas carecen, cuando no son observadas, de realidad independiente y no poseen, en consecuencia, propiedades. Esa fue una visión posteriormente resumida por el físico estadounidense John Archibald Wheeler: ningún fenómeno individual es un fenómeno real hasta que es un fenómeno observado. Un año antes de EPR, Pascual Jordan llevó el rechazo de Copenhague de una realidad independiente del observador a su última conclusión lógica: «Somos nosotros quienes producimos los resultados de la medida».[41]

«Ahora tenemos que comenzarlo todo de nuevo —dijo Paul Dirac—, porque Einstein ha demostrado que no funciona».[42] Inicialmente creía que Einstein había dado un golpe letal a la mecánica cuántica. Pero pronto, como la mayoría de los físicos, Dirac aceptó que Bohr había salido de nuevo victorioso de la batalla con Einstein. La mecánica cuántica llevaba mucho tiempo demostrando su importancia y muy pocos estaban interesados en revisar con detenimiento la réplica de Bohr a EPR porque, aun para ellos, resultaba demasiado difícil.

Poco después de que el artículo EPR apareciese en prensa, Einstein recibió una carta de Schrödinger: «Estoy muy contento de que, en el artículo que acaba usted de publicar en P. R., haya cogido usted a la mecánica cuántica dogmática por la cola».[43] Después de ofrecer un análisis de alguno de los aspectos más sutiles del artículo de EPR, Schrödinger explicaba su propia reserva hacia la teoría que, con tanto esfuerzo, había contribuido a crear: «No tenemos, en mi opinión, una mecánica cuántica coherente con la teoría de la relatividad, es decir, con una velocidad de transmisión finita de todas las influencias. Solo contamos con la analogía de la vieja mecánica absoluta [...]. El proceso de separación no es abarcado por el esquema ortodoxo».[44] Mientras Bohr luchaba por esbozar su respuesta, Schrödinger creía que el papel central de la separatividad y de la localidad en el argumento EPR implicaba que la mecánica cuántica no era una descripción completa de la realidad.

En su carta, Schrödinger utilizaba el término *verschränkung*, posteriormente traducido al inglés como «entrelazamiento», para describir las correlaciones que existen entre partículas que, después de interactuar, se ven separadas, como sucede en el caso del experimento EPR. Él aceptaba, como Bohr, que después de haber interactuado, no tenemos dos sistemas compuestos por una sola partícula, sino, muy al contrario, un sistema compuesto por dos partículas, de modo que cualquier cambio en una de ellas afectará, independientemente de la distancia que las separe, a la otra. «Cualquier "entrelazamiento de las predicciones" que ocurriese solo podía remontarse al hecho de que, en algún momento anterior, ambos cuerpos formaban, de algún modo, un sistema y que esa interacción mutua dejaba, de alguna manera, rastros del otro —escribió, en un conocido artículo publicado poco después ese mismo año—.[45] Si dos cuerpos separados, cada uno de los cuales es bien conocido en sí mismo, se hallan sumidos en una situación en la que pueden influirse mutuamente y luego se separan, ocurre regularmente lo que hemos dado en llamar *entrelazamiento* de nuestro conocimiento de los dos cuerpos».[46]

Aunque sin compartir el compromiso intelectual y emocional de Einstein con la localidad, Schrödinger no estaba dispuesto a rechazarla. Él podía esbozar un argumento para desarticular el entrelazamiento. Cualquier medida de una de las partículas A y B sumidas en un estado de entrelazamiento, rompe este y, en cierto modo, las independiza. «La medida de sistemas separados —concluyó— no puede producir su influencia mutua. Eso sería magia».

Schrödinger pudo haberse sorprendido cuando leyó la carta, fechada el 17 de junio, que recibió de Einstein. «En modo alguno creo —escribió—, desde el punto de vista de los principios, en el fundamento estadístico de la física del que habla la mecánica cuántica, a pesar del éxito singular del formalismo del que todos somos bien conscientes».[47] Esto es algo que Schrödinger ya conocía, pero Einstein insistía diciendo: «Esta orgía saturada de epistemología debe acabar». Y aun en el mismo momento en que escribió estas palabras, Einstein sabía perfectamente cómo sonaban: «No me cabe la menor duda de que usted sonreirá y creo que, después de todo, muchos jóvenes heréticos acaban convirtiéndose en viejos fanáticos, y muchos jóvenes revolucionarios acaban como viejos reaccionarios».

Sus cartas se habían cruzado. Un par de días antes de haber escrito esto, Einstein recibió la carta de Schrödinger sobre el artículo EPR, a la que respondió de inmediato. «Mi intento no ha quedado muy claro —explicó Einstein—. Creo que la erudición ha ocultado la cuestión fundamental».[48] El artículo EPR escrito por Podolsky carecía de la claridad característica de los escritos de Einstein publicados en Alemania. No estaba muy satisfecho de que el papel fundamental de la separatividad, es decir, de que el estado del objeto no puede depender del tipo de medida llevada a cabo sobre otro objeto del que se halla espacialmente separado, hubiese acabado eclipsado en medio del artículo. Einstein hubiese preferido que el principio de separación fuese un rasgo explícito del argumento EPR y no, como apareció, en la última página, una especie de idea tardía. Quería subrayar la incompatibilidad entre la separatividad y la completud de la mecánica cuántica. Ambas cosas no podían ser ciertas.

«La dificultad real reside en el hecho de que la física es una forma de metafísica —dijo Schrödinger—. La física describe la realidad y nosotros solo la conocemos a través de su descripción física».[49] La física no es nada menos que «una descripción de la realidad», pero esa descripción, en opinión de Einstein, «podía ser "completa" o "incompleta"». Luego trataba de ilustrar su argumento pidiéndole a Schrödinger que imaginase dos cajas cerradas, una de las cuales contenía una pelota. Abrir la tapa de la caja y mirar en su interior es «llevar a cabo una observación». Antes de mirar dentro de la primera caja, la probabilidad de que contenga la pelota es de ½ o, dicho en otras palabras, hay un 50 por ciento de probabilidades de que la pelota se halle dentro de la primera caja. Después de abrir la caja, sin embargo, la probabilidad es de 1 (si la pelota está en la caja) o de 0 (si no lo está). En opinión de Einstein, sin embargo, la pelota siempre ha estado dentro de una de las dos cajas. ¿Es la afirmación, por tanto —preguntaba Einstein—, de que la probabilidad de que la pelota se halle dentro de la primera caja sea ½, una descripción completa de la realidad? De no ser así, la única descripción completa sería «la pelota está (o no está) dentro de la primera caja». Una descripción completa, antes de abrir la caja, sería la que afirmase que «la pelota no está en una de las dos cajas». La existencia de la pelota en una caja concreta solo se da cuando abrimos una de las cajas. «Es así como emerge el carácter estadístico del mundo de la experiencia o su sistema empírico de leyes», concluyó Einstein. ¿Describe acaso completamente la probabilidad ½, el estado anterior a la apertura de la caja?

Para decidirlo, Einstein apeló al «principio de separación», según el cual, la segunda caja y su contenido son independientes de todo lo que le suceda a la primera. Por eso, en su opinión, la respuesta a la anterior pregunta es «no». Asignar una probabilidad de ½ al hecho de que la primera caja contenga la pelota es una descripción incompleta de la realidad. Era la violación de Bohr del principio de separación de Einstein la que provocaba los «misteriosos efectos a distancia» puestos de relieve en el experimento mental EPR.

El 8 de agosto de 1935, Einstein llevó su experimento de la pelota en la caja a un escenario más extremo para demostrar a Schrödinger la incompletud de la mecánica cuántica debido al hecho de que la teoría solo podía ofrecer probabilidades donde, en realidad, hay certidumbre. Para ello pidió a Schrödinger que imaginase un barril de pólvora inestable que explotase espontáneamente en algún momento del año próximo. Al comienzo, la función de onda describe un estado bien definido: un barril de pólvora sin explotar. Al cabo de un año, sin embargo, la función de onda «describe una extraña combinación de sistemas que ya han explotado y de otros que todavía no han explotado».[50] «No hay interpretación —dijo Einstein a Schrödinger— que pueda convertir esta función de onda en una descripción adecuada del estado real de las cosas [porque], en realidad, no hay estado intermedio alguno entre explotado y no explotado».[51] La pólvora, dicho de otro modo, ha explotado o no ha explotado. Ese era, en opinión de Einstein, «un burdo ejemplo macroscópico» que pone de relieve las «dificultades» que acompañan al experimento mental EPR.

El aluvión de cartas que Einstein y Schrödinger intercambiaron durante los meses de julio y agosto de 1935 sirvió de inspiración para que este pusiera a prueba la interpretación de Copenhague. Fruto de este diálogo fue un ensayo de tres partes publicado entre el 29 de noviembre y el 13 de diciembre. Schrödinger dijo que no sabía si considerar «la situación actual de la mecánica cuántica» como un «informe» o como una «confesión general». En cualquiera de los casos, contenía un párrafo relativo al destino de un gato que iba a tener un impacto duradero:

> Supongamos el caso de un gato encerrado en una cámara de acero, junto al cual hay el siguiente dispositivo diabólico (que debe estar convenientemente protegido para impedir cualquier interferencia directa del gato). Junto al gato hay un contador Geiger con una partícula radiactiva con una probabilidad de desintegración del 50 por ciento y que quizá, en consecuencia, al cabo de una hora, se desintegre o quizá no. Si tal cosa ocurre, el contador Geiger emitirá una descarga que, a través de un relé, mueva un martillo que rompa un pequeño frasco de ácido cianhídrico. Si uno deja solo el sistema

> durante una hora, podrá decir que el gato todavía vive, *siempre y cuando* ningún átomo se haya desintegrado. La primera degradación atómica podría haberlo envenenado. Esto es algo que la función de onda del sistema expresaría diciendo (y perdone la expresión) que el gato está medio vivo y medio muerto a partes iguales.[52]

Según Schrödinger y el sentido común, sin embargo, el gato está muerto o vivo, dependiendo de que haya habido o no desintegración radiactiva. Según Bohr y sus seguidores, sin embargo, el reino subatómico es una especie de país de las maravillas de Alicia donde el acto de observación puede determinar si ha habido degradación o no, y es solo esa observación la que determina si el gato está vivo o muerto. Hasta ese momento, el gato permanece en una suerte de limbo cuántico, en una superposición de estados donde no está muerto ni vivo.

Aunque censuró a Schrödinger por publicar en una revista alemana mientras los científicos alemanes se mantuvieron dispuestos a tolerar el régimen nazi, Einstein se quedó muy complacido. El ejemplo del gato evidenciaba, como dijo a Schrödinger, que «estamos completamente de acuerdo con respecto al carácter de la teoría presente». Una función de onda que permite un gato vivo y muerto «no puede considerarse que describa estados reales».[53] Años después, en 1950, Einstein hizo explotar inadvertidamente el gato olvidando que él había sido el artífice del ejemplo del barril de pólvora. En una carta que escribió a Schrödinger sobre «los físicos contemporáneos», no podía ocultar su consternación por su insistencia en que «la teoría cuántica proporciona una descripción de la realidad e incluso una descripción *completa*».[54] Esa interpretación, dijo Einstein a Schrödinger, se vio «elegantemente refutada por su sistema de átomo radiactivo + contador Geiger + amplificador + barril de pólvora + gato en una caja, en el que la función de onda del sistema se refiere a un gato que se halla simultáneamente vivo y muerto».[55]

El famoso experimento mental del felino de Schrödinger ilustraba también la dificultad del lugar en el que había que trazar la frontera entre el aparato de medida, que forma parte del mundo macroscópico cotidiano, y el objeto medido, que forma parte del mundo microscópico cuántico. Para Bohr, no existe «frontera» clara entre los mundos clásico y cuántico. Para explicar su visión sobre la existencia de una frontera infranqueable entre el observador y lo observado, Bohr apelaba al ejemplo del ciego y su bastón. ¿Dónde, se preguntaba en este sentido, debemos trazar la frontera que separa al ciego del mundo en el que vive? El ciego es inseparable de su bastón que, según afirmaba Bohr, es una extensión de sí mismo que le sirve para obtener información del mundo que le rodea. ¿Empieza acaso el mundo en la punta del bastón del ciego? «No», respondía rotundamente Bohr. El sentido del tacto del ciego, a través de la punta de su bastón, conecta con el mundo y ambos se hallan inextricablemente unidos. Bohr sugería que lo mismo podríamos decir con respecto al experimentador que trata de medir alguna propiedad de una partícula microfísica. El observador y lo observado se hallan tan íntima e inextricablemente unidos a través del acto de medida que resulta imposible decir dónde acaba uno y dónde empieza el otro.

Pero la visión de Copenhague atribuye al observador, independientemente de que se trate de un ser humano o de un dispositivo mecánico, una posición privilegiada en la construcción de la realidad. Todo lo que importa, no obstante, está compuesto de átomos y sometido, por tanto, a las leyes de la mecánica cuántica. ¿Cómo pueden, en consecuencia, el observador o el instrumento de medida, ocupar una posición privilegiada? Este es el problema de la medida. La creencia de la interpretación de Copenhague en la existencia previa del mundo clásico del instrumento de medida macroscópico parece circular y paradójica. Einstein y Schrödinger creían que esa era una manifestación palmaria de la incompletud de la mecánica cuántica como visión completa del mundo, algo que Schrödinger trató de ilustrar con su ejemplo del gato metido en una caja. La medida, en la interpretación de Copenhague, sigue siendo un proceso inexplicado, puesto que no hay nada en su formulación matemática que especifique el modo o el momento en que la función de onda se colapsa. Ese fue un problema que Bohr «resolvió» afirmando simplemente que, en realidad, la medida puede hacerse, pero sin especificar nunca cómo.

Schrödinger se encontró con Bohr mientras estaba en Inglaterra en marzo de 1936 y luego informó a Einstein de este encuentro con las siguientes palabras:

> He pasado recientemente en Londres unas pocas horas con Niels Bohr que, con su amabilidad y cortesía habitual, reiteró que se sentía «abrumado» y que consideraba una «alta traición» que personas como Laue y yo —pero, mucho más en concreto, como usted— quisieran dar un golpe de gracia a la mecánica cuántica con la conocida situación paradójica, que se halla necesariamente contenida en la forma de las cosas, tan apoyada por los experimentos. Es como si estuviésemos tratando de forzar a la naturaleza a adaptarse a nuestra visión preconcebida de la «realidad». Y lo decía con la convicción interna profunda de un hombre extraordinariamente inteligente, de modo que resultaba difícil seguir sosteniendo la propia posición.[56]

A pesar de ello, sin embargo, Einstein y Schrödinger se mantuvieron firmemente aferrados a su oposición a la interpretación de Copenhague.

En agosto de 1935, un par de meses antes de que se publicase el artículo EPR, Einstein compró finalmente una casa. Y aunque no había nada especial que diferenciase a 112 Mercer Street de las casas vecinas, acabó convirtiéndose, debido a su dueño, en una de las direcciones más famosas de todo el mundo. Estaba convenientemente ubicada a la distancia de un paseo de su despacho en el Institute for Advanced Study, aunque prefería trabajar en su estudio de casa. Ubicada en el primer piso, una gran mesa cubierta con la parafernalia habitual del erudito dominaba el centro de la estancia. Y en las paredes había retratos de Faraday, Maxwell y, posteriormente, de Gandhi.

En la pequeña construcción de madera con postigos verdes vivían también, además de Albert y Elsa, Margot, la hija pequeña de Elsa, y Helen Dukas. Pronto la tranquilidad doméstica se vio sacudida cuando a Elsa le diagnosticaron una enfermedad cardiaca. Cuando su enfermedad empeoró, Einstein se sintió cada vez peor y más deprimido, escribió Elsa a un amigo.[57] Ella estaba agradablemente sorprendida: «No creía que se hubiese encariñado tanto conmigo. Eso me resulta de gran ayuda».[58] Elsa murió a los setenta años el 20 de diciembre de 1936, y con dos mujeres cuidándole, Einstein no tardó en superar su pérdida.

«Me siento muy bien aquí —escribió a Born—. Hiberno como un oso en su caverna y me siento mucho más en casa que nunca antes en mi variada existencia».[59] Decía que su «depresión habitual se había visto acentuada por la muerte de mi pareja, que estaba más apegada a los seres humanos que yo». Born encontró «extraño», aunque no sorprendente, el comentario casi casual con el que Einstein le ponía al tanto de la muerte de Elsa.

«A pesar de su amabilidad, sociabilidad y amor a la humanidad —dijo Born más tarde—, Einstein estaba completamente desapegado de su entorno y de los seres humanos incluidos en él».[60] Solo estaba profundamente identificado con una persona, su hermana Maja. En 1939, después de que la ley racial de Mussolini la obligase a abandonar Italia, Maja se fue a vivir con su hermano y permaneció con él hasta su muerte, que sucedió en 1951.

Después del fallecimiento de Elsa, Einstein estableció, a medida que pasaban los años, una rutina cada vez más estable. Desayunaba entre las nueve y las diez y luego paseaba hasta el instituto, donde trabajaba hasta la una. Después volvía a casa, comía y se echaba la siesta. Por la tarde, seguía trabajando en su estudio hasta la hora de cenar, entre las seis y media y las siete. Y si no había visitas, volvía a trabajar hasta el momento de irse a la cama, habitualmente entre las once y las doce. Rara vez iba al teatro o a un concierto y, a diferencia de Bohr, apenas si iba al cine. Como él mismo dijo, en 1936: «Vivía el tipo de soledad que, si bien resulta doloroso en la juventud, es una delicia en la madurez».[61]

A comienzos de febrero de 1937 Bohr llegó, con su esposa y su hijo Hans, a Princeton, como parte de una gira de seis meses por todo el mundo, con la intención de pasar una semana. Era la primera vez, después de la publicación del artículo EPR, que Einstein y Bohr volvían a verse. ¿Convencería finalmente Bohr a Einstein de que aceptase la interpretación de Copenhague? «La discusión sobre la mecánica cuántica no fue muy acalorada —recordaba

Valentin Bargman, que por aquel entonces era uno de los asistentes de Einstein—.[62] Para el observador externo, sin embargo, Einstein y Bohr estaban hablando sin escucharse». Cualquier discusión importante, en su opinión, requeriría «días y días» pero, durante los encuentros que presenció, «fueron muchas las cosas que quedaron en el tintero».[63]

Pero ambos sabían muy bien lo que no se decía. Su debate sobre la interpretación de la mecánica cuántica se reducía a una creencia filosófica sobre el estatus de la realidad. ¿Existía? Bohr creía que la mecánica cuántica era una teoría fundamental completa de la naturaleza, y sobre esa creencia erigió su visión filosófica del mundo. Eso fue lo que le llevó a afirmar: «El mundo cuántico no existe. Lo único que existe es una descripción mecánico-cuántica abstracta. Es erróneo pensar que la tarea de la física consiste en descubrir cómo es la naturaleza. La física solo se preocupa por lo que podemos decir de la naturaleza».[64] Einstein, por el contrario, se inclinaba por un enfoque diferente. Su valoración de la mecánica cuántica se basaba en su inquebrantable creencia en la existencia de una realidad causal independiente del observador. Mal podía, en consecuencia, aceptar la interpretación de Copenhague. «El único objetivo de lo que llamamos ciencia —afirmaba— es determinar lo que *es*».[65]

Para Bohr, la teoría era previa y luego venía la posición filosófica, es decir, la interpretación construida para dar sentido a lo que la teoría afirmaba sobre la realidad. Einstein sabía que era peligroso, sobre los fundamentos de cualquier teoría científica, erigir una visión filosófica del mundo. Si la teoría adolece de evidencia experimental, la posición filosófica a la que sostiene se colapsa con ella. «Es básico, para la física, que uno crea en un mundo real que existe independientemente de cualquier acto de percepción. Pero eso —concluyó Einstein— no lo sabemos».[66]

Einstein era un realista filosófico y conocía la imposibilidad de justificar tal posición. Esa era una «creencia» sobre la realidad que resultaba imposible de demostrar. Pero, por más que así fuese, «lo que uno quiere comprender es su existencia y su realidad».[67] «El único calificativo que se me ocurre para subrayar mi confianza en la naturaleza racional de la realidad como algo accesible a la razón humana es el de "religioso" —escribió a Maurice Solovine—. Cuando ese sentimiento está ausente, la ciencia no tarda en degenerar en un mero empirismo despojado de toda inspiración».[68]

Heisenberg sabía que Einstein y Schrödinger querían «regresar al concepto de realidad sustentado por la física clásica o, por utilizar un término filosófico más general, a la ontología materialista».[69] La creencia en «un mundo objetivo y real cuyas partes más pequeñas existen objetivamente en el mismo sentido en que lo hacen las piedras o los árboles, independientemente de que las observemos o no», suponía, para Heisenberg, un retroceso a «la visión materialista implícita prevalente en las ciencias naturales del siglo XIX».[70] Heisenberg solo estaba parcialmente en lo cierto cuando afirmaba que Einstein y Schrödinger querían «cambiar la filosofía sin cambiar la física».[71] Einstein aceptaba que la mecánica cuántica era la mejor teoría disponible, pero consideraba que se trataba de «una representación incompleta de la realidad, aunque es la única que podemos erigir sobre los conceptos fundamentales de fuerza y de puntos materiales (correcciones cuánticas a la mecánica clásica)».[72]

Einstein también estaba esforzándose denodadamente en cambiar la física, porque en modo alguno era la reliquia conservadora que muchos pensaban. Estaba convencido de que los conceptos de la física clásica debían ser reemplazados por otros nuevos. Y puesto que el mundo macroscópico es descrito por la física clásica y sus conceptos, Bohr afirmaba que tratar de ir más allá de ellos era una pérdida de tiempo. Él había desarrollado su marco de referencia de la complementariedad para salvar los conceptos clásicos. No había, para Bohr, realidad física subyacente que existiese independientemente del instrumento con el que lo medimos, lo que significa, como subrayaba Heisenberg, que «no podemos escapar de la paradoja de la teoría cuántica, es decir, de la necesidad de utilizar los conceptos clásicos».[73] Y era precisamente esa apelación de Bohr y Heisenberg a conservar los conceptos clásicos lo que Einstein denominaba «una filosofía tranquilizante».[74]

Aunque Einstein jamás abandonó la ontología de la física clásica, que afirma la realidad independiente del observador, estaba dispuesto a romper definitivamente con la física clásica. La visión de la realidad sostenida por la interpretación de Copenhague era toda la evidencia que sustentaba la necesidad de hacerlo así. En este sentido aspiraba a una revolución más radical que la proporcionada por la mecánica cuántica. No resulta, por tanto, sorprendente que Einstein y Bohr dejasen tantas cosas en el tintero.

En enero de 1939, Bohr regresó a Princeton, donde desempeñó, durante cuatro meses, la función de profesor visitante del instituto. Y aunque los dos hombres mantuviesen una relación cordial y amable, su continua disputa sobre la realidad cuántica acabó inevitablemente enfriando la relación. «Einstein era una sombra de sí mismo», recordaba Rosenfeld, que había acompañado a Bohr a Estados Unidos.[75] Solían encontrarse, por lo general, en las recepciones formales, pero no hablaban mucho de la física que tanto les importaba. Durante la estancia de Bohr, Einstein solo pronunció una conferencia, que giró en torno a su búsqueda de una teoría del campo unificado. Y, con Bohr en la audiencia, expresó su esperanza de que la física cuántica pudiese derivarse de tal teoría. Pero Einstein ya había dicho que no discutiría más sobre el tema, «algo que —según Rosenfeld— hizo profundamente infeliz a Bohr».[76] Pero, aunque Einstein no quisiera hablar de física cuántica, Bohr acabó descubriendo que eran muchos los que, en Princeton, estaban dispuestos a escuchar sobre los últimos avances realizados en el campo de la física nuclear, dados los ominosos acontecimientos de Europa que acabarían desembocando en otra guerra mundial.

«Independientemente de lo profundo que uno se sumerja en su trabajo —escribió Einstein a la reina Isabel de Bélgica— sigue flotando en el ambiente una sensación inexpresable de tragedia».[77] La carta en cuestión estaba fechada el 9 de enero de 1939, dos días antes de que Bohr viajase a Estados Unidos, llevando consigo la noticia de un descubrimiento llevado a cabo por otros, la división de un gran núcleo en unidades más pequeñas, con una extraordinaria liberación de energía, la fisión nuclear. Fue durante ese viaje cuando Bohr comprendió que no era el uranio 238 lo que experimentaba fisión nuclear al ser bombardeado con neutrones de bajo movimiento, sino el uranio 235. Así fue como, a la edad de cincuenta y tres años, Bohr hizo su última gran contribución a la física. Con Einstein sin querer hablar de la naturaleza de la realidad cuántica, Bohr se concentró en trabajar con el estadounidense John

Wheeler, de la Universidad de Princeton, sobre los detalles de la fisión nuclear.

Después de que Bohr regresase a Europa, Einstein envió una carta, fechada el 2 de agosto, al presidente Roosevelt, apremiándole a considerar la posibilidad de construir una bomba atómica, porque Alemania había paralizado la venta de mineral de uranio de las minas que controlaban en Checoslovaquia. Roosevelt respondió en octubre, dándole las gracias por su interés e informándole de que había creado un comité para investigar el asunto. Entretanto, en septiembre de 1939, Alemania atacó Polonia.

Todavía pacifista, Einstein estaba dispuesto a comprometerse hasta que Hitler y los nazis fuesen derrotados. En una segunda carta, fechada el 7 de marzo de 1940, le comentaba: «Desde el inicio de la guerra se ha intensificado, en Alemania, el interés por el uranio. Acabo de enterarme de que están llevándose a cabo investigaciones al respecto en gran secreto».[78] Aunque Einstein no lo sabía, el hombre que estaba a cargo del programa alemán de puesta a punto de la bomba atómica era Werner Heisenberg. Pero tampoco, en esa ocasión, su carta surtió el efecto deseado. El descubrimiento de Bohr de que era el uranio 235 el que se hallaba detrás de la fisión nuclear, tuvo un efecto mucho más importante en la creación de la bomba atómica que el logrado por cualquiera de las dos cartas enviadas a Roosevelt por Einstein. El Gobierno estadounidense no empezó a pensar en serio en la construcción de la bomba atómica, el también llamado Proyecto Manhattan, hasta octubre de 1941.

Aunque Einstein se había convertido en ciudadano estadounidense en 1940, las autoridades lo consideraban, debido a sus ideas políticas, un peligro para la seguridad. Él jamás había pedido trabajar en el desarrollo de la bomba atómica, cosa que sí había sucedido con Bohr. El 22 de diciembre de 1943, hizo escala, de camino hacia Los Álamos (Nuevo México), donde habían construido la bomba, en Princeton. Ahí cenó con Einstein y Wolfgang Pauli que, en 1940, se había unido al Institute for Advanced Study.

Muchas cosas habían pasado desde el último encuentro entre Bohr y Einstein. Cuando, en abril de 1940, el ejército alemán invadió Dinamarca, Bohr decidió permanecer en Copenhague, esperando que su reputación internacional le proporcionase cierta protección, tanto a él como al resto de los integrantes del instituto. Y así fue hasta agosto de 1943 cuando, al negarse el Gobierno a declarar el estado de emergencia y castigar los actos de sabotaje con la pena de muerte, los nazis impusieron por la fuerza la ley marcial, poniendo así de relieve que la independencia del Gobierno no era tal. El 28 de septiembre, Hitler ordenó la deportación de ocho mil judíos daneses, pero un compasivo oficial alemán informó a dos políticos de Dinamarca de que la redada iba a comenzar el primero de octubre a las nueve de la tarde. La noticia del plan nazi corrió como un reguero de pólvora y casi todos los judíos desaparecieron, ocultos en casa de amigos daneses, refugiándose en las iglesias o en los hospitales, disfrazados de pacientes, hasta el punto de que los nazis solo consiguieron atrapar a unos trescientos judíos. Bohr, cuya madre era judía, consiguió escapar a Suecia con su familia, desde donde escapó a Escocia en un bombardero británico en el que casi muere de asfixia, porque viajó en el compartimento destinado a las bombas y su máscara de oxígeno estaba averiada. Y, después de encontrarse con políticos británicos, viajó a Estados Unidos donde, tras una visita fugaz a Princeton, empezó a trabajar, con el alias de Nicholas Baker, en el proyecto destinado al desarrollo de la bomba atómica.

Concluida la guerra, Bohr regresó a su instituto en Copenhague y Einstein afirmó que «no sentía la menor simpatía por ningún alemán real».[79] Lo cierto es que sentía una profunda amistad por Planck, que había sobrevivido a los cuatro hijos de su primer matrimonio. La muerte de su hijo pequeño fue el más amargo de todos los tragos que se vio obligado a experimentar durante su larga vida. Erwin, subsecretario de Estado en la Cancillería del Reich antes de que los nazis llegaran al poder, era sospechoso de haber participado, en julio de 1944, en un atentado para acabar con Hitler. Después de ser arrestado y torturado por la Gestapo fue declarado culpable de complicidad en el complot. En un momento en que había una tenue luz de esperanza en la que Planck, según sus palabras, «removió cielo e infierno», la pena de muerte se vio conmutada por una sentencia de cárcel.[80] Pero, en febrero de 1945,

Erwin fue colgado, sin advertencia alguna, en Berlín, de forma que su padre no tuvo la ocasión de ver a su hijo por última vez: «Era la dimensión más preciosa de mi ser. Era mi sol, mi orgullo y mi esperanza. No hay palabras que puedan describir lo que perdí con su muerte».[81]

Cuando se enteró de la noticia de la muerte de Planck, el 4 de octubre de 1947, a los ochenta y nueve años, de un derrame cerebral, Einstein escribió a su viuda recordando «los hermosos y fructíferos tiempos» que había tenido el privilegio de pasar con él. Luego le ofreció sus condolencias y dijo que «las horas que se me permitió pasar en su casa y las muchas conversaciones que mantuve cara a cara con ese hombre extraordinario formarán parte, durante el resto de mi vida, de mis más preciados recuerdos».[82] Y eso era algo, según aseguraba, que «no podía verse alterado por el destino fatal que acabó separándonos».

Después de la guerra, Bohr acabó convirtiéndose en miembro permanente no residente del Institute for Advanced Study y podía ir y venir cuando quisiera. Su primer viaje en septiembre de 1946 fue breve y llegó para participar en la celebración del bicentenario de la fundación de la Universidad de Princeton. Luego volvió en febrero de 1948 y permaneció hasta junio. En esta ocasión, Einstein se mostró dispuesto a hablar de física. Abraham Pais, un joven físico neerlandés que ayudó a Bohr durante su visita, describió posteriormente la ocasión cuando el danés llegó interrumpiendo en su oficina «en un estado de desesperación enojada diciendo: "¡Estoy harto de mí!"».[83] Y cuando Pais le preguntó qué había pasado, Bohr contestó que había ido a ver a Einstein y que se habían enfrascado de nuevo en una discusión sobre el significado de la mecánica cuántica.

La renovación de su amistad se vio perfectamente ilustrada por el hecho de que Einstein permitió a Bohr utilizar su oficina. En cierta ocasión, Bohr estaba dictando a Pais el esbozo de un artículo destinado a honrar el septuagésimo cumpleaños de Einstein. Atrapado en lo que iba a decir a continuación, Bohr se quedó mirando por la ventana, murmurando una y otra vez el nombre de Einstein. En ese momento, Einstein entró de puntillas en el estudio. Su doctor le había prohibido comprar tabaco, pero no había dicho nada sobre robarlo. Pais recogió posteriormente con las siguientes palabras lo que había sucedido:

> En un momento, la puerta se abrió muy lentamente y entró Einstein, acercándose de puntillas al tarro de tabaco de Bohr, que estaba sobre la mesa frente a la que yo estaba sentado. Entretanto Bohr, sin enterarse, seguía mirando por la ventana y murmurando «Einstein... Einstein». Yo no sabía lo que tenía que hacer sobre todo porque, en ese momento, no tenía la menor idea de lo que Einstein quería hacer.
>
> Entonces Bohr, con un firme «¡Einstein!» se dio la vuelta. Ahí estaban, cara a cara, como si Bohr lo hubiese conjurado. Ni que decir tiene que, durante unos instantes, Bohr se quedó sin habla. Yo mismo, que lo había visto venir, tuve durante un momento una sensación extraordinaria, de modo que podía entender perfectamente la reacción de Bohr. Instantes después, el hechizo se rompió y, cuando Einstein nos explicó lo que estaba haciendo, estallamos en risas.[84]

Aunque Bohr visitó Princeton en otras ocasiones, jamás consiguió que Einstein cambiase su opinión sobre la mecánica cuántica. Y tampoco lo consiguió Heisenberg, a quien solo vio una vez después de la guerra durante una gira de conferencias por Estados Unidos, que se solaparon con la última visita de Bohr, que se produjo en 1954. Einstein invitó a Heisenberg a su casa y, entre café y pastas, pasaron toda la tarde charlando. «No hablamos nada de política», recordaba Heisenberg.[85]

«Todo el interés de Einstein se centró en la interpretación de la teoría cuántica, que todavía seguía inquietándole tanto como, veinticinco años antes, había ocurrido en Bruselas». Einstein seguía tan decidido como siempre. «No me gusta su tipo de física», comentó».[86]

«Según se dice, la necesidad de concebir la naturaleza como una realidad objetiva es un prejuicio caduco, mientras los teóricos cuánticos se ven ensalzados —escribió, en cierta ocasión, Einstein a su viejo amigo Maurice Solovine—.[87] Los hombres son todavía más susceptibles de sugestión que los caballos, y cada época se ve sometida a un determinado estado de ánimo, como resultado del cual la mayoría no consigue ver al tirano que los gobierna».

Cuando Chaim Weizmann, primer presidente de Israel, murió en noviembre de 1952, el primer ministro David Ben Gurion se sintió obligado a ofrecerle a Einstein la presidencia. «Estoy profundamente conmovido por la oferta de nuestro Estado de Israel y avergonzado y entristecido, al mismo tiempo, por no poder aceptarla», dijo Einstein.[88] Luego subrayó que carecía «tanto de capacidad natural como de la experiencia para enfrentarme adecuadamente a las personas y de desempeñar cargos oficiales. Por esas razones —explicó— no me considero capacitado para cumplir adecuadamente, en el supuesto de que mi fortaleza lo permitiese, las obligaciones que exige tan alto cargo».

Desde el verano de 1950, cuando los médicos descubrieron que el aneurisma, es decir, el ensanchamiento, de su aorta crecía, Einstein sabía que estaba viviendo un tiempo prestado. Vivió para celebrar su septuagésimo sexto cumpleaños y uno de sus últimos actos fue firmar una declaración escrita por el filósofo Bertrand Russell solicitando el desarme nuclear. Einstein escribió a Bohr pidiendo también su firma. «¡No te preocupes! Aunque no hay nada que hacer con nuestra vieja controversia sobre la física, en esta cuestión estamos completamente de acuerdo».[89] El 13 de abril de 1955, Einstein experimentó un agudo dolor en el pecho y, dos días después, ingresó en el hospital. «Quiero irme cuando yo quiera —dijo, rechazando la cirugía—. No tiene sentido prolongar artificialmente la vida. He hecho lo que quería y ha llegado ya el momento de partir».[90]

Fue cosa del destino que su hijastra Margot se hallase en el mismo hospital. Ella vio a Einstein un par de veces y charlaron unas pocas horas. Hans Albert, que había llegado a Estados Unidos con su familia en 1937, se apresuró en viajar desde Berkeley (California) hasta el lecho de muerte de su padre. Durante un rato, Einstein parecía estar mejor y pidió su bloc de notas incapaz, aun en ese estadio, de renunciar a su búsqueda de una teoría del campo unificado. Poco después a eso de la una de la noche del 18 de abril, el aneurisma estalló. Y después de pronunciar unas palabras en alemán que la enfermera del turno de noche no pudo descifrar, Einstein murió. Poco después se incineró su cuerpo, pero no sin antes extirpar su cerebro. Sus cenizas fueron dispersadas en una ubicación desconocida. «Quien viva una vida como la mía no tendrá necesidad de novelas», escribió, en cierta ocasión, Einstein a su hermana. Era 1899 y Einstein tenía veinte años.[91]

«Dejando de lado el hecho de que fue el mayor físico desde Newton —dijo Banesh Hoffmann, uno de los asistentes de Einstein en Princeton— deberíamos insistir en que fue tanto un científico como un artista de la ciencia».[92] Bohr le ofreció su más cordial tributo, reconociendo sus logros como «los más ricos y útiles de toda la historia de nuestra cultura», llegando a decir que «la humanidad siempre estará en deuda con Einstein por el modo en que barrió los obstáculos que impedían ampliar nuestra visión más allá de las caducas nociones de espacio y tiempo absolutos. Él nos ha proporcionado una imagen mayor cuya unidad y armonía superan los sueños más osados del pasado».[93]

El debate entre Einstein y Bohr no concluyó con la muerte de Einstein. Bohr siguió refiriéndose a su viejo enemigo cuántico como si todavía estuviese vivo: «Aún puedo ver a Einstein sonreír, simultáneamente sabio, humano y amistoso».[94] A menudo, lo primero que pensaba al abordar un aspecto fundamental de física era preguntarse lo que, al respecto, hubiera dicho Einstein. El sábado 17 de noviembre de 1962, Bohr dio la última de una serie de cinco entrevistas relativas a su papel en el desarrollo de la física cuántica y, después del almuerzo del domingo, se dispuso a echarse su siesta habitual. Al cabo de un rato, su esposa Margrethe se apresuró a la habitación al escuchar que la llamaba y descubrió que estaba inconsciente. Bohr, de setenta y siete años, había sufrido un infarto fatal. El último esbozo en la pizarra de su estudio, hecho la noche anterior, revisando su argumento una vez más, era el dibujo de la caja de luz de Einstein.

CUARTA PARTE

¿Juega Dios a los dados?

Yo quiero saber cómo ha creado Dios este mundo. No me interesa tanto este o aquel fenómeno o el espectro de este o de ese elemento. Lo único que quiero es llegar a conocer Sus pensamientos, el resto no son más que detalles.

ALBERT EINSTEIN

14
¿POR QUIÉN DOBLA EL TEOREMA DE BELL?*

> Usted cree en un Dios que juega a los dados y yo en una ley y un orden completos en un mundo que existe objetivamente y que, de manera puramente especulativa, me esfuerzo en entender —escribió Einstein a Born en 1944—. Y aunque esta no sea, por el momento, más que una *firme* creencia, espero que llegue el momento en que alguien descubra un camino más realista o quizá un fundamento más tangible del que yo he podido descubrir. Ni siquiera el éxito inicial de la teoría cuántica me lleva a creer en un juego de los dados fundamental, aunque soy muy consciente de que nuestros colegas más jóvenes interpretarán esto como fruto de mi senilidad. No me cabe la menor duda de que llegara el día que finalmente sabremos cuál de nuestras actitudes intuitivas era la correcta.[1]

Lo cierto es que tuvieron que pasar veinte años antes de que ese día del juicio llegara en forma de un nuevo descubrimiento.

En 1964, los radioastrónomos Arno Penzias y Robert Woodrow detectaron el eco del Big Bang, el biólogo evolutivo Bill Hamilton publicó su teoría de la evolución genética de la conducta social y el físico teórico Murray Gell-Mann predijo la existencia de una nueva familia de partículas fundamentales llamadas quarks. Pero ninguno de esos tres grandes descubrimientos científicos de ese año pudo compararse al teorema de Bell que, según el físico e

* Juego de palabras que, si tenemos en cuenta que la palabra inglesa *bell* significa «campana», se pregunta qué es lo que ha muerto. *(N. del T.)*

historiador de la ciencia Henry Stapp, constituye «el mayor descubrimiento de la historia de la ciencia».[2] A pesar de ello, sin embargo, se trató de un descubrimiento que pasó relativamente desapercibido.

Los físicos estaban demasiado ocupados utilizando la mecánica cuántica y anotándose un éxito tras otro como para preocuparse por las sutilezas de las discusiones sobre el significado y la interpretación en las que se habían enfrascado Einstein y Bohr. No es de extrañar que no se dieran cuenta de que John Stewart Bell, un físico irlandés de treinta y cuatro años, acababa de descubrir un teorema matemático que permitía finalmente determinar cuál de las dos visiones filosóficas estaba en lo cierto. Para Bohr, «no existe mundo cuántico», sino tan solo «una descripción mecánico-cuántica abstracta».[3] Einstein, por su parte, creía en una realidad independiente de la percepción. El debate entre Einstein y Bohr giraba básicamente en torno al tipo de física que sirviera simultáneamente como descripción teórica tanto de la realidad como de su naturaleza.

Einstein estaba convencido de que Bohr y los defensores de la interpretación de Copenhague estaban jugando a un «juego peligroso» con la realidad.[4] John Bell simpatizaba con la posición de Einstein, pero parte de la inspiración sobre la que se sustentaba su revolucionario teorema se asentaba sobre el trabajo llevado a cabo, a comienzos de la década de 1950, por un físico estadounidense que había terminado viéndose obligado a exilarse.

David Bohm era un talentoso alumno de doctorado de Robert Oppenheimer en la Universidad de California en Berkeley. Nacido en Wilkes-Barre (Pensilvania) en diciembre de 1917, se vio vetado, después de que Oppenheimer fuese nombrado director, para participar en el proyecto de investigación de alto secreto de Los Álamos (Nuevo México) que, en 1943, acabó dando lugar al desarrollo de la bomba atómica. La razón esgrimida por las autoridades a fin de justificar esa exclusión fue que se le consideraba un riesgo para la seguridad, porque tenía muchos parientes en Europa (diecinueve de los cuales, por cierto, acabarían muriendo en los campos de concentración nazis). Lo cierto es que la verdadera razón de esa exclusión es que, tratando de consolidar su posición como científico líder del Proyecto Manhattan, Oppenheimer le había señalado, en una entrevista ante el servicio de inteligencia del ejército, como posible miembro del Partido Comunista de Estados Unidos.

Cuatro años después, en 1947, el autodenominado «destructor de mundos» asumió la dirección del «manicomio», el nombre con el que Oppenheimer calificó, en cierta ocasión, al Institute for Advanced Study de Princeton.[5] Quizá en un intento de expiar su veto al nombramiento de Bohm, del que su protegido no sabía nada, Oppenheimer le ayudó a conseguir un puesto como profesor adjunto de la Universidad de Princeton. En medio de la paranoia anticomunista que después de la Segunda Guerra Mundial barría Estados Unidos, las antiguas inclinaciones izquierdistas de Oppenheimer no tardaron en despertar sospechas. Después de vigilarle estrechamente durante varios años, el FBI había recopilado un grueso expediente sobre el hombre que conocía todos los secretos atómicos de Estados Unidos.

En un intento de desprestigiar a Oppenheimer, algunos de sus amigos y colegas se vieron investigados por el Comité de Actividades Antiamericanas, y fue obligado a presentarse ante él. En 1948, Bohm, que pese a haberse unido al Partido Comunista de Estados Unidos en 1942 lo había abandonado nueve meses después, se vio obligado, para evitar autoincriminarse, a apelar a la quinta enmienda. Un año más tarde recibió una citación para presentarse ante el gran jurado e invocó de nuevo la quinta enmienda. En noviembre de 1949 fue arrestado, acusado de desacato al tribunal y encarcelado brevemente, antes de obtener la libertad bajo fianza. La Universidad de Princeton, temiendo perder el favor de sus generosos colaboradores, le suspendió entonces de su cargo. Y aunque durante el juicio, que se llevó a cabo en junio de 1950, se viese absuelto, la universidad decidió pagar el año de contrato que todavía le quedaba con la condición de que no volviese a pisar el campus. El nombre de Bohm pasó entonces a formar parte de la lista negra y, sin poder encontrar otro trabajo académico en Estados Unidos, Einstein consideró muy seriamente la posibilidad de contratarlo como ayudante de investigación. Oppenheimer, sin embargo, se opuso a la idea y fue uno de los que le aconsejaron abandonar el país. En octubre de 1951, Bohm abandonó Estados Unidos y se marchó a dar clases en la Universidad de São Paulo (Brasil).

A las pocas semanas de estar en Brasil, la embajada estadounidense, temiendo que su destino final fuese la Unión Soviética, le confiscó el pasaporte y le expidió otro que solo valía para viajar a Estados Unidos. Preocupado por el hecho de que el exilio en Sudamérica pudiese alejarlo del círculo de físicos internacionales, Bohm decidió entonces, como modo de sortear la prohibición de viajar impuesta por el Gobierno estadounidense, solicitar la nacionalidad brasileña. Entretanto, en Estados Unidos Oppenheimer tuvo que presentarse a testificar ante el comité. La presión sobre él se intensificó en el momento en que se descubrió que Klaus Fuchs, uno de los físicos elegidos para trabajar en el Proyecto Manhattan, era un espía soviético. Y aunque Einstein le aconsejó presentarse, espetar a los miembros del comité que estaban locos y volver a casa, lo cierto es que no hizo tal cosa. Otra audiencia, que se celebró durante la primavera de 1954, acabó revocando la autorización de seguridad de Oppenheimer.

Bohm abandonó Brasil en 1955 y pasó un par de años en el Technion Institute de Haifa (Israel), antes de acabar recalando en Inglaterra. Después de pasar cuatro años en la Universidad de Bristol, acabó estableciéndose definitivamente, en 1961, en Londres, tras haber sido nombrado profesor de física teórica del Birkbeck College. Durante su atribulado paso por Princeton, Bohm se había dedicado a estudiar detenidamente la estructura e interpretación de la mecánica cuántica. En febrero de 1951 publicó *Quantum Theory*, uno de los primeros libros de texto que esbozaba con cierto detalle la interpretación de la teoría y el experimento mental perfilado en el artículo EPR.

Einstein, Podolsky y Rosen habían diseñado un experimento imaginario que implicaba a un par de partículas correlacionadas, A y B, tan separadas que resultaba imposible que hubiese entre ellas interacción física alguna. EPR suponían, en consecuencia, la imposibilidad de que cualquier medida llevada a cabo sobre la partícula A perturbase físicamente a la partícula B. Y puesto que cualquier medida solo afecta a una de las partículas, EPR creían poder refutar la afirmación de Bohr de que el acto de medida provoca una «perturbación física». Y como las propiedades de ambas partículas están ligadas, el artículo afirmaba que, midiendo una propiedad de la partícula A como la posición, por ejemplo, es posible conocer la propiedad correlativa de la partícula B sin provocar en ella perturbación de ningún tipo. El objetivo de EPR era demostrar que, independientemente de que se la midiera o no, la partícula B poseía determinadas propiedades, un sencillo fenómeno que, al quedar fuera del ámbito de explicación de la teoría cuántica, evidenciaba su incompletud. Bohr contrarrestó, de un modo más sucinto que nunca, que el par de partículas se hallaban tan estrechamente entrelazadas que, independientemente de lo separadas que estuvieran, formaban parte de la misma unidad. Si se mide, por tanto, una, también se estará, en cierto modo, midiendo la otra.

«Si su argumentación [EPR] pudiera demostrarse —escribió Bohm al respecto—, quizá pudiésemos esbozar una teoría más completa, que tal vez contuviera algo semejante a variables ocultas, de la que la actual teoría cuántica sería un caso concreto».[6] Finalmente concluyó «que la teoría cuántica es incoherente con la creencia de variables causales ocultas».[7] Luego Bohm prestó atención a la teoría cuántica desde la perspectiva sustentada por la interpretación de Copenhague. Y aunque estaba de acuerdo con el modo en que otros habían desestimado el argumento EPR como «injustificado y basado en creencias relativas a la naturaleza de la materia que contradicen implícitamente, desde el mismo comienzo, la teoría cuántica», Bohm no se quedó satisfecho con la interpretación de Bohr.[8]

Fue la sutileza del experimento mental EPR y las creencias sobre las que se sustentaba las que lo llevaron a cuestionar la interpretación de Copenhague. Fue un paso muy valiente para un joven físico cuyos contemporáneos, temiendo arriesgarse al suicidio profesional, se aferraban con uñas y dientes, en un intento por consolidar su reputación, a la teoría cuántica. Pero tratándose de un hombre que se había visto obligado a presentarse ante el Comité de

Actividades Antiamericanas y había sido expulsado de Princeton, Bohm tenía poco que perder.

El estadounidense regaló a Einstein un ejemplar de *Quantum Theory* y discutió sus reservas con el más famoso de los residentes de Princeton. Alentado a examinar con más detenimiento la interpretación de Copenhague, escribió un par de artículos que acabaron viendo la luz en enero de 1952. En el primero de ellos daba públicamente las gracias a Einstein «por las interesantes y estimulantes discusiones que hemos tenido».[9] Por aquel entonces Bohm estaba en Brasil, pero los artículos habían sido escritos y enviados a la *Physical Review* en julio de 1951, cuatro meses antes de la publicación de su libro. Bohm parecía haber experimentado una conversión como la de san Pablo, pero en esta ocasión no había caído del caballo camino de Damasco, sino de Copenhague.

En sus artículos, Bohm esbozaba una interpretación alternativa de la teoría cuántica y afirmaba que «la mera posibilidad de tal interpretación demuestra que, a nivel cuántico, no necesitamos dar una descripción precisa, racional y objetiva de los sistemas individuales».[10] Se trataba, reproduciendo las predicciones de la mecánica cuántica, de una versión matemáticamente más sofisticada y coherente del modelo de onda piloto de Louis de Broglie que, después de haber sido criticada en el Congreso Solvay de 1927, el príncipe francés acabó abandonando.

Mientras que, según la mecánica cuántica, la función de onda es una onda de probabilidad abstracta, se trata, no obstante, según la teoría de la onda piloto, de una onda física real que guía las partículas. Del mismo modo que las corrientes del océano arrastran a los nadadores y los barcos, la onda piloto genera una corriente que es la responsable del movimiento de la partícula. La partícula posee una trayectoria bien definida determinada por los valores concretos de posición y velocidad que tiene un determinado momento, pero que el principio de incertidumbre «oculta», impidiendo al experimentador verla.

Después de leer los dos artículos de Bohm, Bell afirmó «la posibilidad de llevar a cabo lo imposible».[11] Como casi todo el mundo, él pensaba que la alternativa de Bohm a la interpretación de Copenhague debía ser descartada como imposible. También se preguntaba por qué nadie comentaba nada sobre la teoría de la onda piloto: «¿Por qué los libros de texto soslayan la imagen de la onda piloto? ¿No debería acaso ser enseñada, no como única alternativa, sino como adecuado antídoto a la autocomplacencia imperante? ¿No deberían, la vaguedad, la subjetividad y el determinismo ser el resultado de los datos experimentales y no el fruto de una simple decisión teórica?».[12] Parte de la respuesta a estas preguntas nos la proporcionó el legendario matemático de origen húngaro John von Neumann.

El mayor de tres hermanos e hijo de un banquero judío, Von Neumann destacó, desde muy pronto, por su extraordinaria capacidad para las matemáticas. Cuando, a los dieciocho años, escribió su primer artículo, pasaba la mayor parte de su tiempo en las universidades de Berlín y Gotinga, aunque, llegado el momento de los exámenes, regresaba a la Universidad de Budapest, de la que era alumno. En 1923 se inscribió para estudiar ingeniería química en el ETH de Zúrich, después de que su padre le insistiera en la necesidad de dedicarse a algo más práctico que las matemáticas. Tras licenciarse en el ETH y conseguir un doctorado en Budapest en la mitad del tiempo habitual, Von Neumann se convirtió, en 1927, cuando solo tenía veintitrés años, en el *privatdozent* más joven de la Universidad de Berlín. Tres años después empezó a enseñar en Princeton y, en 1933, se unió a Einstein como profesor en el Institute for Advanced Study, en el que permaneció durante el resto de su vida.

Un año antes, en 1932, Von Neumann, que por aquel entonces tenía veintiocho años, escribió *Mathematical Foundations of Quantum Mechanics*, un libro que acabaría convirtiéndose en la Biblia de la física cuántica.[13] En él se preguntaba si la introducción de variables ocultas, que a diferencia de las variables ordinarias resultaban inaccesibles a la medida y no se hallaban, por tanto, sometidas a las restricciones impuestas por el principio de incertidumbre, podría contribuir a reformular la mecánica cuántica como una teoría determinista. Von Neumann afirmaba que «para posibilitar cualquier descripción no estadística de los procesos elementales, la mecánica cuántica actual debía ser objetivamente falsa».[14] Su respuesta, dicho en otras palabras, fue «no», proporcionando una demostración matemática que descartaba el enfoque de las «variables ocultas» adoptado por Bohm veinte años más tarde.

Se trataba de un enfoque que tenía una historia. Desde el siglo XVII, hombres como Robert Boyle habían estudiado las propiedades de los gases, y estudiando sus variaciones de presión, volumen y temperatura habían acabado descubriendo las leyes de los gases. Boyle descubrió la ley que describía la relación que existe entre el volumen de un gas y su presión, afirmando que, manteniendo fija la temperatura, el hecho de doblar la presión de un gas reducía a la mitad su volumen. Y cuando la presión aumentaba el triple, su volumen se reducía a un tercio. Así fue como acabó deduciendo que, a temperatura constante, el volumen de un gas es inversamente proporcional a su presión.

La explicación física correcta de las leyes de los gases tuvo que esperar hasta que Ludwig Boltzmann y James Clerk Maxwell desarrollaron, en el siglo XIX, la teoría cinética de los gases. «Muchas de las propiedades de la materia, especialmente en su forma gaseosa, pueden deducirse de la hipótesis de que sus partes más pequeñas se hallan en continuo movimiento y su velocidad aumenta con la temperatura —escribió Maxwell en 1860—, hasta el punto de que la naturaleza precisa de su movimiento acaba convirtiéndose en objeto de la curiosidad racional».[15] Eso le llevó a concluir que «las relaciones existentes entre presión, temperatura y densidad en un gas perfecto pueden explicarse suponiendo que las partículas se mueven en línea recta con una velocidad uniforme, golpeando contra las paredes del recipiente que lo contiene y generando, de ese modo, la presión».[16] Las moléculas de gas se hallan en movimiento continuo, golpeándose azarosamente entre sí y con las paredes del recipiente que lo contiene y produciendo de este modo las conocidas relaciones que existen entre presión, temperatura y volumen expresadas por las leyes de los gases. En este sentido, las moléculas pueden ser consideradas como «variables ocultas» microscópicas, es decir, variables no observables que explican las propiedades macroscópicas que presentan los gases.

La explicación, en 1905, del movimiento browniano es un ejemplo en el que la «variable oculta» son las moléculas del fluido en el que se hallan suspendidos los granos de polen. La razón que hay detrás del movimiento errático de los granos que tanto había sorprendido a todo el mundo resultó súbitamente clara después de que Einstein señalase que se debía al bombardeo, no por invisible menos real, de las moléculas.

El atractivo de la hipótesis de las variables ocultas de la mecánica cuántica hunde sus raíces en la afirmación de Einstein de la incompletud de la teoría. Quizá esa incompletud se debiese al fracaso en capturar la existencia de un estrato subyacente de la realidad. Este filón sin explotar de las variables ocultas —partículas, fuerzas o algo desconocido completamente nuevo— sería, en opinión de Einstein, lo que acabaría restableciendo una realidad independiente y objetiva. De este modo, fenómenos que a un nivel parecen probabilísticos acaban revelándose, con la ayuda de las variables ocultas, como deterministas, y las partículas poseen, en todos los casos, una velocidad y una posición definidas.

Cuando Von Neumann fue reconocido como uno de los grandes matemáticos de la época, la mayoría de los físicos asumían simplemente, sin preocuparse por verificarla, su prohibición, en el ámbito de la mecánica cuántica, de las variables ocultas. Bastaba para ellos, como «prueba», la afirmación de que «lo ha dicho Von Neumann». Lo cierto es que el húngaro-estadounidense admitió la posibilidad, ciertamente remota, es verdad, de que la mecánica cuántica estuviera equivocada. «A pesar del hecho de que la mecánica cuántica concuerda bien con los experimentos y que nos ha permitido entrar en una visión cualitativamente nueva del mundo, no debemos, no obstante, concluir que la teoría ha sido demostrada por la experiencia, sino tan solo que es la que mejor la resume», escribió, en este sentido.[17] Sin embargo, sin prestar atención a estas palabras de advertencia, casi todo el mundo tomaba erróneamente la afirmación de Von Neumann como una demostración de que ninguna teoría de las variables ocultas podía reproducir los mismos resultados experimentales que la mecánica cuántica.

Cuando analizó este argumento, Bohm creyó que estaba equivocado, pero no pudo identificar con claridad dónde estaba el error. Alentado, no obstante, por su relación con Einstein, Bohm trató entonces de esbozar la supuestamente imposible teoría de las variables ocultas. Sería Bell quien acabaría demostrando por fin la incorrección de uno de los supuestos sobre los que se asentaba la conclusión de Von Neumann y la inadecuación, por tanto, de su prueba de tal «imposibilidad».

Nacido en julio de 1928 en Belfast, John Steward Bell descendía de una familia de carpinteros, herreros, agricultores, trabajadores y tratantes de caballos. «Mis padres eran pobres, pero honrados —dijo, en cierta ocasión—. Ambos procedían de aquellas familias de ocho o nueve hijos tan frecuentes en la clase obrera irlandesa de su tiempo».[18] Con un padre sin trabajo fijo, la infancia de Bell estaba muy lejos de la cómoda educación de clase media característica de los pioneros de la física cuántica. No obstante, antes de haber cumplido los diez años y de contar a su familia que quería convertirse en físico, el estudioso Bell se había ganado a pulso el apodo de «el profe».

Bell tenía un hermano mayor y dos hermanos menores, y aunque su madre creía que una buena educación era el camino a la futura prosperidad de sus hijos, John fue el único que, después de haber cumplido los doce años, siguió estudiando. Y no fue tanto la incompetencia la que negó a sus hermanos la misma oportunidad, sino tan solo las dificultades para que el dinero llegase a fin de mes. Afortunadamente, la familia recibió una pequeña herencia que permitió a Bell ingresar en la Belfast Technical High School que, aun sin ser tan prestigiosa como otras instituciones educativas de la ciudad, proporcionaba un currículo que combinaba a la perfección lo académico con lo práctico. Así fue como, en 1944, Bell, con dieciséis años, consiguió la cualificación académica necesaria para estudiar en la Universidad de Queen, en su ciudad natal.

Como la edad mínima de admisión eran los diecisiete años y sus padres eran incapaces de financiar sus estudios universitarios, Bell decidió pasar ese año trabajando. Por suerte, encontró trabajo como ayudante de laboratorio en el Departamento de Física de la Universidad de Queen.

No tardaron mucho, los dos físicos encargados del departamento, en darse cuenta de las extraordinarias habilidades de Bell y permitirle asistir, siempre que sus obligaciones laborales no se lo impidiesen, a las clases de primer curso. Su entusiasmo y evidente talento se vieron recompensados con una pequeña beca que, junto con el dinero que pudo ahorrar, le permitieron matricularse al cabo de un año como estudiante de física de pleno derecho. Con los sacrificios que tanto él como sus padres habían llevado a cabo, Bell se hallaba ciertamente muy motivado. Demostró ser un estudiante excepcional y, en 1948, se licenció como físico experimental y, un año más tarde, como físico matemático.

Bell admitió «tener mala conciencia por haber vivido, durante tanto tiempo, a expensas de mis padres, de modo que pensé en encontrar trabajo».[19] Con sus dos títulos y excelentes referencias debajo del brazo, John fue a trabajar a Inglaterra al United Kingdom Atomic Research Establishment. En 1954 se casó con Mary Ross, una joven física, y, en 1960, después de haberse doctorado en la Universidad de Birmingham, él y su esposa entraron a trabajar en el CERN, el Conseil Européen pour la Recherche Nucléaire, cerca de Ginebra (Suiza). Para alguien que quería destacar como teórico cuántico, el trabajo de Bell, orgulloso de poder considerarse ingeniero cuántico, era diseñar aceleradores de partículas.

Bell tropezó, por vez primera, en 1949, con la prueba de Von Neumann cuando, siendo todavía estudiante, leyó el nuevo libro de Max Born titulado *Natural Philosophy of Cause and Chance*. «Estaba muy impresionado por que alguien [Von Neumann] hubiese demostrado la imposibilidad de interpretar la mecánica cuántica como una especie de mecánica estadística», recordó posteriormente.[20] Pero Bell no leyó el libro de Von Neumann, porque estaba escrito en alemán, idioma que desconocía. En lugar de ello aceptó la palabra de Born de la corrección de la prueba de Von Neumann. Según Born, Von Neumann había sustentado la mecánica cuántica sobre un fundamento axiomático, derivándola de unos cuantos postulados «de carácter más probable y general», como que «los formalismos de la mecánica cuántica se hallan exclusivamente determinados por estos axiomas».[21] En concreto, dijo Born, significa «la imposibilidad de introducir ningún parámetro oculto que permita la transformación de una visión indeterminista en otra determinista».[22] Así fue como Born defendía, de manera implícita, la interpretación de Copenhague porque, «para que una futura teoría pueda ser determinista, no debe tratarse de una modificación de la presente, sino que debe asentarse sobre fundamentos completamente diferentes».[23] El mensaje de Born era que la mecánica cuántica es completa y, por tanto, no puede modificarse.

Era 1955, antes de que el libro de Von Neumann se publicase en inglés, pero por aquel entonces Bell ya había leído los artículos de Bohm sobre las variables ocultas. «Yo veía que Von Neumann podía haberse equivocado», dijo posteriormente.[24] Pero Pauli y Heisenberg etiquetaron la alternativa de las variables ocultas de Bohm como «metafísica» e «ideológica».[25] La rápida aceptación de la prueba de la imposibilidad de Von Neumann solo demostraba, para Bell, «una evidente falta de imaginación».[26] A pesar de ello, había permitido, por más que hubiese quienes sospechaban que Von Neumann podía estar equivocado, a Bohr y los defensores de la interpretación de Copenhague consolidar su posición. Aunque posteriormente descartó el trabajo de Bohm, en sus conferencias publicadas sobre mecánica ondulatoria, Pauli escribió que «no se ha presentado ninguna prueba sobre la imposibilidad de expandirla [es decir, de completar la teoría cuántica con variables ocultas]».[27]

Así fue como, durante veinticinco años, la mera autoridad de Von Neumann descartó como imposible la teoría de las variables ocultas. Pero no había razón alguna, si tal teoría podía servir a la hora de elaborar las mismas predicciones que la mecánica cuántica, para que los físicos se limitasen exclusivamente a la interpretación de Copenhague. Cuando Bohm demostró la posibilidad de tal alternativa, la interpretación de Copenhague se hallaba tan identificada como la única interpretación posible de la mecánica cuántica que no quedaba más remedio que ignorarla o atacarla. Einstein, que inicialmente la había alentado, despreció la hipótesis de las variables ocultas de Bohm como «demasiado chapucera».[28]

«Yo creo que está buscando un redescubrimiento mucho más profundo del fenómeno cuántico —dijo Bell, cuando trató de entender la reacción de Einstein—.[29] La idea de que solo puedes tener unas pocas variables y, exceptuando la interpretación, todo sigue igual, como si se tratara de una mera adición trivial a la mecánica cuántica ordinaria, puede haberle resultado desalentadora».

Bell estaba convencido de que Einstein aspiraba a ver la emergencia de un nuevo principio que se hallara al mismo nivel que el de conservación de la energía. Lo que Bohm proporcionaba a Einstein, por el contrario, era una interpretación «no local» que requería la transmisión instantánea de las llamadas «fuerzas mecánicas cuánticas». Y también había otros horrores que acechaban a la alternativa de Bohm. «Por ejemplo —aclaró Bell—, las trayectorias asignadas a las partículas elementales cambiaban instantáneamente apenas alguien movía un imán en cualquier rincón del universo».[30]

Fue en 1964, durante un año sabático del CERN y de su trabajo cotidiano diseñando aceleradores de partículas, cuando Bell encontró tiempo para entrar en el debate Einstein-Bohr. Bell decidió descubrir si la no localidad era un rasgo peculiar del modelo de Bohm o una característica de cualquier teoría de variables ocultas que aspirase a reproducir los resultados de la mecánica cuántica. «Yo sabía, por supuesto, que el esquema Einstein-Podolsky-Rosen era crítico, porque conduce a correlaciones distantes —explicaba—. Ellos concluían su artículo afirmando que si, de algún modo, completas la descripción mecánico-cuántica, la no localidad solo sería aparente o, dicho de otro modo, que la teoría subyacente sería local».[31]

Bell empezó tratando de conservar la localidad elaborando una teoría de variables ocultas «locales» en la que, si un evento causa otro, debe haber suficiente tiempo entre ellos para que una señal, desplazándose a la velocidad de la luz, pueda ir desde una hasta la otra. «No lo consigo por más que lo intente —dijo posteriormente—. Estoy empezado a creer que no es posible».[32] Fue en su intento de eliminar lo que Einstein condenaba de forma explícita como «acciones fantasmales a distancia», es decir, las influencias no locales que se transmitían de inmediato de un lugar a otro, cuando Bell acabó esbozando su celebrado teorema.[33]

Bell empezó buscando una versión del experimento mental EPR diseñado originalmente por Bohm en 1951 que fuese más simple que el original. Donde Einstein, Podolsky y Rosen habían utilizado dos propiedades de una partícula (la posición y el momento), Bohm solo empleó una (el espín cuántico). Originalmente propuesto en 1925 por los jóvenes físicos neerlandeses George Uhlenbeck y Samuel Goudsmit, el espín cuántico de una partícula carece de correlato en la física clásica. Un electrón solo tiene dos posibles estados espín: espín «hacia arriba» y espín «hacia abajo». La versión de Bohm del experimento EPR implicaba una partícula de espín cero que se desintegra y, en el proceso, produce dos electrones, A y B. Dado que su espín combinado sigue siendo cero, un electrón deben tener espín hacia arriba y el otro espín hacia abajo.[34] Escapando en direcciones opuestas hasta que se hallen lo suficientemente lejos como para poder descartar cualquier interacción física entre ellas, el espín cuántico de cada electrón se mide luego, en el mismo instante, con un detector de espines. Bell estaba interesado en las correlaciones que pudiesen existir entre los resultados de las medidas simultáneas llevadas a cabo sobre este tipo de pares de electrones.

El espín cuántico de un electrón puede ser medido independientemente de las tres direcciones ortogonales clásicas: *x*, *y*, *z*.[35] Estas direcciones son sencillamente las tres dimensiones del mundo cotidiano en el que habitualmente nos movemos: la dirección izquierda-derecha (*x*), la dirección arriba-abajo (*y*) y la dirección hacia delante-hacia atrás (*z*). Cuando el espín del electrón A se mide en la dirección *x* mediante un detector de espines ubicado en su camino, tendremos la dirección «espín hacia arriba» y «espín hacia abajo». Las probabilidades son, en tal caso, 50 y 50 por ciento, las mismas, en suma, que si lanzamos una moneda al aire para ver si sale cara o cruz. Que salga una cosa u otra es, en ambos casos, fruto del azar. Pero si tiramos la moneda repetidas veces, es decir, si llevamos a cabo el experimento una y otra vez, acabaremos descubriendo que el electrón A tiene espín hacia arriba la mitad de las veces y espín hacia abajo la otra mitad.

A diferencia, no obstante, de lo que sucede en el caso en el que tiramos dos monedas a la vez, cada una de las cuales tiene la misma probabilidad de salir cara o cruz, si la medida del espín del electrón A resulta ser hacia arriba, la del electrón B será espín hacia abajo. Existe una correlación perfecta entre los resultados de las medidas de los dos espines. Posteriormente, Bell trató de demostrar que no hay nada extraño en la naturaleza de estas correlaciones. «El filósofo de la calle, que no ha recibido un curso de mecánica cuántica, no se ve impresionado por las correlaciones de Einstein-

Podolsky-Rosen y puede señalar la existencia, en la vida cotidiana, de muchos ejemplos de correlaciones similares. En este sentido, por ejemplo, suele citarse con cierta frecuencia el ejemplo de los calcetines del doctor Bertlemann que, según se dice, lo lleva siempre de diferentes colores. Resulta completamente impredecible determinar el color del calcetín que tal o cual día llevará en un determinado pie. Pero cuando uno sabe que lleva un calcetín rosa, puede estar seguro de que al día siguiente ya no será rosa. De este modo, la observación del primero y la experiencia de Bertlemann nos proporcionan una información inmediata del segundo. No hay explicación para los gustos, pero dejando de lado este punto, no existe ningún misterio. ¿No sucede acaso lo mismo con el caso del experimento EPR?».[36] No es extraño, como ocurre con el color de los calcetines de Bertlemann que, puesto que el espín de la partícula padre es 0, una vez establecido que el espín del electrón A en una determinada dirección es espín hacia arriba, el espín del electrón B acabe confirmándose como espín hacia abajo.

Hasta que no se lleva a cabo ninguna medición, sostiene Bohr, los electrones A y B no poseen un espín previo en ninguna dirección. «Es como si negásemos —decía, en este sentido, Bell— la realidad de los calcetines de Bertlemann, o al menos de sus colores, cuando no los miramos».[37] Antes de observarlos, los electrones existen en una superposición fantasmal de estados en la que simultáneamente son espín hacia arriba y espín hacia abajo. Dado que los dos electrones están entrelazados, la información relativa a sus espines viene dada por una función de onda similar a ψ = (espín hacia arriba de A y espín hacia abajo de B) + (espín hacia abajo de A y espín hacia arriba de B). El electrón A no tiene componente de espín x hasta que una medida destinada a determinarlo provoque el colapso de la función de onda del sistema A y B y el espín asuma entonces una propiedad hacia arriba o hacia abajo. Y en ese mismo instante, según la visión no local asumida por la interpretación de Copenhague, su pareja entrelazada B asume, aunque se halle en el otro extremo del universo, el espín opuesto en la misma dirección.

Einstein explicaría las correlaciones afirmando que, los miremos o no, ambos electrones poseen valores definidos de espín cuántico en cada una de las tres direcciones: *x*, *y*, *z*. Para Einstein, según Bell, «esas correlaciones mostraban tan solo que los teóricos cuánticos habían desdeñado muy rápidamente la realidad del mundo microscópico».[38] Y puesto que los estados preexistentes del espín del electrón no pueden ser explicados por la mecánica cuántica, esto llevó a Einstein a concluir que la teoría era incompleta. No cuestionaba la corrección de la teoría, sino tan solo la presunción de que se trataba de una imagen completa de la realidad física a nivel cuántico.

Einstein creía en el «realismo local», es decir, en el hecho de que una partícula posee, independientemente de que se la mida o no, determinadas propiedades y que no puede verse influida de forma instantánea por un evento distante. Por desgracia, la reformulación de Bohm del experimento original EPR no permitía diferenciar la posición de Einstein de la de Bohr, y ambos conseguirían explicar los resultados de tal experimento. El genio de Bell le permitió descubrir una forma de salir de ese callejón sin salida cambiando la orientación relativa de los detectores de espín.

Si los detectores de espín midiendo electrones A y B se alinean paralelamente, habrá una correlación del cien por cien entre ambos conjuntos de medidas, y si el espín medido por uno de ellos es hacia arriba, el registrado por el otro será hacia abajo, y viceversa. Si movemos ligeramente uno de los dos detectores, dejarán de estar perfectamente alineados. Cuando, en tal caso, medimos los espines de muchos pares de electrones entrelazados, si A es hacia arriba, la correspondiente medida de su pareja también será, en ocasiones, hacia arriba. De este modo, el aumento del ángulo de orientación entre los detectores va acompañado de una reducción del grado de correlación. Cuando el ángulo en cuestión es de 90° y el experimento se repite muchas veces, la determinación de A como espín hacia arriba en la dirección *x* solo va acompañado de B como espín hacia abajo la mitad de las veces. Cuando, por el contrario, el ángulo formado por los detectores es de 180°, el par de electrones se hallarán anticorrelacionados, de modo que si el espín de A es hacia arriba, el de B también lo será.

Aunque se trate de un experimento estrictamente mental, es posible calcular el grado exacto de correlación entre espines para una determinada orientación de los detectores preestablecidos por la mecánica cuántica. Pero no es posible hacer lo mismo con la teoría de variables ocultas arquetípicas que impiden la localidad. Lo único que esa teoría puede predecir es una equiparación bastante imprecisa entre los espines de A y B. Y no basta con ello, para poder decidir claramente entre la mecánica cuántica y una teoría local, que incluya variables ocultas.

Bell sabía que cualquier experimento real que descubriese correlaciones entre espines que coincidieran con las predicciones de la mecánica cuántica podría ser fácilmente cuestionado. Después de todo, siempre es posible que, en el futuro, alguien esboce una teoría de las variables ocultas que determine exactamente las correlaciones de los espines en función del grado de orientación de los detectores. Entonces fue cuando Bell hizo el sorprendente descubrimiento de que es posible decidir entre las predicciones de la mecánica cuántica y cualquier teoría local de variables ocultas midiendo las correlaciones de pares de electrones para un determinado conjunto de detectores de espín y repitiendo luego el experimento con una orientación diferente.

Esto permitiría a Bell calcular la correlación total para ambos conjuntos de orientaciones en términos de los resultados individuales predichos por cualquier teoría de variables ocultas locales. Y dado que, en tal teoría, el resultado de una medida en un detector no puede verse afectada por lo que se mide en el otro, es posible distinguir entre variables ocultas y mecánica cuántica.

De este modo, Bell calculó los límites del grado de correlación entre espines de pares de electrones entrelazados en una versión modificada del enfoque de Bohm del experimento EPR. Entonces descubrió que, en el etéreo dominio de lo cuántico, la correlación resulta mucho más elevada dentro del ámbito de la mecánica cuántica que en un mundo local y que contiene variables ocultas. El teorema de Bell afirma que ninguna teoría local de variables ocultas podrá reproducir el mismo tipo de correlaciones que la mecánica cuántica. Cualquier teoría local de variables ocultas conducirá a correlaciones espín que generan números, los llamados coeficientes de correlación, entre –2 y +2. Para ciertas orientaciones de los detectores de espín, sin embargo, la mecánica cuántica predecía coeficientes de correlación que caen fuera del rango conocido como «desigualdad de Bell», que va desde –2 hasta +2.[39]

Aunque la figura de Bell, con su barba roja y puntiaguda, resultaba difícil de olvidar, su extraordinario teorema pasó casi desapercibido. Pero tal cosa no resulta sorprendente, porque la revista en la que, en 1964, se dio a conocer fue *Physical Review*, publicada por la American Physical Society. El problema para Bell fue que *Physical Review* cobraba y que, una vez aceptado para publicación, era la universidad la que solía pagar. Pero, como huésped por aquel entonces de la Universidad de Stanford de California, Bell no quiso abusar de la hospitalidad que la institución le había demostrado. Por eso el artículo de seis páginas, titulado «Sobre la paradoja Einstein-Podolsky-Rosen», acabó siendo publicado en el tercer número de *Physics*, una revista poco leída y de corta tirada que pagaban sus suscriptores.[40]

Ese fue, de hecho, el segundo artículo escrito por Bell durante su año sabático. El primero consideraba el veredicto de Von Neumann y otros de que «la mecánica cuántica no admite una interpretación basada en variables ocultas».[41] Desafortunadamente traspapelado por la *Review of Modern Physics*, con una carta del editor que se volvió a perder y acabó demorando todavía más su publicación, el artículo no vio la luz hasta julio de 1966. Se dirigía, según Bell, a «quienes creen que "la cuestión relativa a la existencia de variables ocultas recibió una respuesta prematura y decisiva en forma de la prueba de Von Neumann de la imposibilidad matemática de tales variables en el ámbito de la teoría cuántica"».[42] En este sentido, acabó demostrando, de una vez por todas, que Von Neumann estaba equivocado.

Una teoría científica que no coincida con los datos experimentales debe ser modificada o descartada. La mecánica cuántica, sin embargo, había superado con creces todas las pruebas a las que se había sometido. No había, en ella, conflicto entre teoría y experimento. Para la inmensa mayoría de los colegas de Bell, tanto jóvenes como viejos, la disputa entre Einstein y Bohr en torno a la interpretación adecuada de la mecánica cuántica era más filosófica que física. Ellos compartían la visión de Pauli, expresada en una carta a Born en 1954, según la cual «uno no debe seguir dándole al problema de la existencia de algo que no se puede conocer más vueltas que a la antigua cuestión del número de ángeles que caben en la punta de una aguja».[43] Pauli consideraba que, en su crítica a la interpretación de Copenhague, «las preguntas de Einstein son últimamente siempre de este tipo».[44]

El teorema de Bell lo cambiaba todo. Permitía la realidad local que sustentaba Einstein, según la cual, el mundo cuántico existe independientemente de nuestra observación, y que los efectos físicos no pueden transmitirse más rápidamente que la velocidad de la luz, para ser verificados, en contra de la interpretación de Copenhague sostenida por Bohr. Bell había llevado el debate Einstein-Bohr a un nuevo terreno: la filosofía experimental. Si la desigualdad de Bell se mantenía, la opinión de Einstein de que la mecánica cuántica era incompleta sería cierta. Si, por el contrario, se violaba, Bohr saldría victorioso. Se acabaron los experimentos mentales, Einstein y Bohr acababan de entrar, gracias a Bell, en el laboratorio.

Bell fue quien primero invitó a los experimentalistas a poner a prueba sus desigualdades cuando escribió, en 1964, que «requiere poca imaginación tomar nota de las medidas realmente implicadas».[45] Pero como, un siglo antes, había ocurrido con el imaginario cuerpo negro de Gustav Kirchhoff, resulta más sencillo para un teórico «imaginar» un experimento que para sus colegas llevarlo a la práctica. Tuvieron que pasar cinco años antes de que Bell recibiese, en 1969, una carta de un joven físico de Berkeley (California). En ella, John Clauser, que por aquel entonces tenía veintiséis años, explicaba que él y otros habían diseñado un experimento que permitiría verificar la desigualdad.

Dos años antes, Clauser era alumno de doctorado en la Universidad de Columbia de Nueva York cuando se enteró del teorema de la desigualdad de Bell. Convencido de que se trataba de una cuestión que merecía ser investigada, Clauser fue a ver a su profesor, quien le respondió directamente que «ningún experimentalista que se precie perdería tiempo con este tema».[46] Esa fue una reacción acorde con «la aceptación casi universal de la teoría y de la interpretación de Copenhague como si del evangelio se tratase —escribió Clauser más tarde—, sin el menor interés en cuestionar, por más levemente que fuese, los fundamentos de la teoría».[47] En el verano de 1969, sin embargo, Clauser había diseñado, con la ayuda de Michael Home, Abner Shimony y Richard Holt, un experimento. El cuarteto tuvo que sincronizarse muy bien con la desigualdad de Bell para que el experimento pudiese ser verificado en un laboratorio real en lugar del laboratorio imaginario de la mente equipado con instrumentos perfectos.

La búsqueda de Clauser, después de doctorarse, de un puesto de trabajo le condujo hasta la Universidad de California en Berkeley, donde le aguardaba un trabajo como radioastrónomo. Por suerte, cuando Clauser explicó a su nuevo jefe el experimento que realmente quería llevar a cabo, le permitió dedicar la mitad de su tiempo, y también tuvo la suerte de poder contar con la ayuda de Stuart Freedman, un estudiante graduado dispuesto a ello. En lugar de electrones, Clauser y Freedman utilizaron, en su experimento, pares de fotones correlacionados. El cambio era posible debido a que los fotones tienen una propiedad llamada polarización que, para los propósitos de la prueba, desempeñaba el papel de espín cuántico. Aunque se trate de una simplificación, un fotón puede considerarse polarizado «hacia arriba» o «hacia abajo». Y del mismo modo que sucede con los electrones y el espín, si la polarización del fotón en la dirección x se mide «hacia arriba», el otro se medirá «hacia abajo», dado que las polarizaciones combinadas de ambos fotones debe ser cero.

La razón para emplear fotones en lugar de electrones es que son más fáciles de producir en el laboratorio, especialmente debido al hecho de que el experimento obligaría a medir numerosos pares de partículas. Hasta 1972, sin embargo, Clauser y Freedman no estuvieron en condiciones de poner a prueba la desigualdad de Bell. Para ello calentaron átomos de calcio hasta que adquirieron la suficiente energía para que un electrón saltase del estado fundamental a un estado más elevado. Cuando el electrón regresaba nuevamente al estado fundamental, lo hacía en dos estadios, emitiendo un par de fotones entrelazados, uno verde y el otro azul, que se dirigían en direcciones opuestas hasta que los detectores medían simultáneamente sus respectivas polarizaciones. Los dos detectores formaban inicialmente un ángulo de 22,5° para el primer conjunto de medidas y luego se realineaban a 67,5° para el segundo conjunto. Después de doscientas horas de mediciones, Clauser y Freedman descubrieron que la tasa de correlación interfotónica violaba la desigualdad de Bell.

Se trataba de un resultado que iba en contra de la realidad local sustentada por Einstein y a favor de la interpretación no local de Copenhague de Bohr de la mecánica cuántica, con su «acción fantasmal a distancia». Pero había serias reservas sobre la validez de los resultados. Entre 1972 y 1977, diferentes equipos de experimentadores llevaron a cabo nueve pruebas separadas de la desigualdad de Bell, violándose en siete de ellas.[48] Dada la diversidad de resultados, había ciertas dudas sobre la exactitud de los experimentos. Un problema era la ineficacia de los detectores, que solo habían permitido medir una pequeña fracción del número total de pares generados. Nadie sabía exactamente qué efecto tendría eso sobre el grado de correlación. También había otras lagunas que debían salvarse antes de poder concluir definitivamente por quién estaba doblando el teorema de Bell.

Mientras Clauser y sus colaboradores estaban ocupados diseñando y llevando a la práctica sus experimentos, un físico francés que trabajaba como voluntario en África pasaba el tiempo libre leyendo sobre mecánica cuántica. Fue mientras leía un influyente texto francés sobre el tema cuando Alain Aspect acabó fascinado con el experimento mental EPR. Después de leer los artículos originales de Bell empezó a pensar en la posibilidad de someter a una rigurosa prueba la desigualdad de Bell. En 1974, tras tres años en Camerún, Aspect regresó a Francia.

El físico de veintisiete años acabó llevando a la práctica su sueño africano en un laboratorio del sótano del Institut d'Optique Théoretique et Appliquée de la Universidad París-Sur de Orsay. «¿Tiene usted un trabajo permanente?», le preguntó Bell, cuando Aspect lo visitó en Ginebra.[49] Y cuando Aspect le respondió que no era más que un estudiante que tenía la intención de doctorarse, Bell respondió: «Muy valiente me parece», preocupado porque una tarea tan difícil pudiese malograr su futuro.[50]

Aunque necesitó más tiempo del que originalmente creía, Aspect y sus colaboradores llevaron a cabo, entre 1981 y 1982, utilizando las últimas innovaciones tecnológicas, incluidos láseres y ordenadores, no uno, sino tres experimentos destinados a verificar la desigualdad de Bell. Como Clauser, Aspect midió la correlación de la polarización que existe entre pares entrelazados de fotones desplazándose en direcciones opuestas después de haber sido emitidos simultáneamente por el mismo átomo de calcio. La tasa, sin embargo, en la que tales pares de fotones eran creados y medidos era muchas veces superior. La conclusión a la que llegó Aspect es que su experimento ponía de relieve «la mayor violación de la desigualdad de Bell y un elevado grado de concordancia con la mecánica cuántica».[51]

Bell fue uno de los examinadores cuando, en 1983, Aspect recibió su doctorado, pero todavía quedaban dudas con respecto a los resultados. Dado que lo que se hallaba en juego era la naturaleza de la realidad cuántica, había que examinar cualquier escapatoria posible, por más improbable que fuera. Siempre cabe, por ejemplo, la posibilidad de que los detectores puedan estar señalando, de algún modo, otra cosa que un cambio posterior y azaroso de orientación acabe eliminando. Aunque quedaba lejos de ser el experimento definitivo, el perfeccionamiento posterior y otras investigaciones realizadas más tarde acabaron confirmando los resultados originales del experimento de Aspect. A pesar de que no se ha llevado a cabo ningún experimento que tenga en cuenta todas las posibilidades, la mayoría de los físicos han acabado aceptando la violación de la desigualdad de Bell.

Bell derivó la desigualdad de tres únicas creencias. La primera de ellas es que existe una realidad independiente del observador. Esto se traduce en una partícula que posee una propiedad bien definida, como el espín, por ejemplo, que puede ser medido. En segundo lugar, se conserva la localidad. No hay velocidad que supere la de la luz, de modo que lo que ocurre aquí no puede afectar instantáneamente a lo que ocurre allí. Así, los resultados de Aspect obligan a renunciar a una de estas dos creencias. Pero ¿cuál? Bell estaba preparado para renunciar a la localidad. «Uno quiere poder asumir una visión realista del mundo y hablar del mundo como si realmente estuviera aquí, aun cuando no se esté observándolo», decía, en este sentido.[52]

Bell, que murió en octubre de 1990, a la edad de sesenta y dos años, de una hemorragia cerebral, estaba convencido de que «la teoría cuántica no es más que una solución provisional» que acabaría viéndose reemplazada por otra teoría mejor.[53] Sin embargo, aceptaba que los experimentos habían demostrado que «la visión del mundo de Einstein resultaba insostenible».[54] Era, pues, por Einstein y la realidad local por quien doblaba el teorema de Bell.

15
EL DEMONIO CUÁNTICO

«He pensado tantas veces en los problemas cuánticos como en la teoría de la relatividad general», reconoció, en cierta ocasión, Einstein.[1] El rechazo de Bohr de la existencia de una realidad objetiva cuando trataba de entender lo que, sobre el mundo atómico, afirmaba la mecánica cuántica era, para él, un signo evidente de que la teoría, en el mejor de los casos, solo incluía una parte de la verdad. El danés insistía en la inexistencia de una realidad cuántica más allá de lo que revela un determinado experimento o acto de observación. «Es posible, sin incurrir en contradicción alguna, creer lógicamente en esto —concedió Einstein—, pero resulta tan contrario a mi instinto científico que no puede impedirme la búsqueda de una visión más completa».[2] Por ello siguió «creyendo en la posibilidad de esbozar un modelo de la realidad que representase a los eventos mismos, sin limitarse exclusivamente a la probabilidad de su ocurrencia».[3] Al final, sin embargo, fracasó en su intento de refutar la interpretación de Copenhague sustentada por Bohr. «Hablaba con desapego de la relatividad, pero cuando se refería a la teoría cuántica, lo hacía con auténtica pasión», recordaba Abraham Pais, que conoció a Einstein en Princeton.[4] «Los cuantos eran su demonio».

«Creo poder afirmar con absoluta certeza que nadie entiende la mecánica cuántica», dijo el famoso premio nobel estadounidense Richard Feynman en 1965, diez años después de la muerte de Einstein.[5] Con la interpretación de Copenhague firmemente asentada como ortodoxia cuántica, como un edicto papal recién salido del Vaticano, la mayoría de los físicos seguían simplemente el consejo de Feynman. «Trata de no preguntarte estas cosas. Pero ¿cómo puede ser? —advertía—. Nadie lo sabe».[6] Einstein ni siquiera se lo preguntaba. Pero ¿qué hubiese pensado sobre el teorema de Bell y los experimentos que mostraban que era por él por quien doblaba la campana de Bell?

En el núcleo de la física de Einstein se hallaba su inconmovible creencia en una realidad que, independientemente de que la observemos, está «ahí fuera». «¿Existe acaso la Luna solo cuando la miramos?», se preguntaba Abraham Pais, en un intento de ilustrar el absurdo de pensar de otro modo.[7] La realidad que Einstein contemplaba se asentaba en la localidad y estaba gobernada por leyes causales cuyo descubrimiento competía a la física. «Si uno abandona la creencia de que lo que existe en diferentes partes del espacio tiene su propia realidad independiente —dijo Max Born en 1948—, simplemente no puede ver lo que la física trata de describir».[8] Einstein creía en el realismo, la causalidad y la localidad. ¿Qué deberíamos, en cualquier caso, estar dispuestos a sacrificar?

«Dios no juega a los dados», afirmaba rotunda y frecuentemente Einstein.[9] Como cualquier publicista de hoy en día, Einstein conocía a la perfección la importancia de un buen eslogan. Pero esa no era una piedra angular de su visión científica del mundo, sino su irascible denuncia de la interpretación de Copenhague, algo que no siempre estuvo claro, ni siquiera para Born, que lo conocía desde hacía medio siglo. Porque fue Pauli quien finalmente explicó a Born cuál era, en realidad, el meollo de la oposición de Einstein a la mecánica cuántica.

Durante los dos meses que, en 1954, Pauli permaneció en Princeton, Einstein le mostró un esbozo de un artículo en el que Born hablaba del determinismo. Pauli lo leyó y escribió a su viejo jefe que «Einstein no considera el concepto de "determinismo" tan fundamental como solía afirmar»,[10] algo que Einstein repitió «enfáticamente muchas veces» a lo largo de los años.[11] «El punto de partida de Einstein es más "realista" que "determinista" —explicaba Pauli—, lo que significa que su prejuicio filosófico es de un tipo diferente».[12] Por «realista», Pauli se refería al hecho de que Einstein asumía que los electrones, por ejemplo, poseen propiedades previas a cualquier acto de medida. Acusaba a Born de haber «creado, para sí, a un falso Einstein, que luego se ha dedicado a golpear a su antojo».[13] Resulta extraño que Born, dada la larga amistad que les unía, nunca acabase de entender que lo que realmente inquietaba a Einstein no era la cuestión de los dados, sino «la renuncia [de la interpretación de Copenhague] a la representación de una realidad ajena a la observación».[14]

Una posible razón de la incomprensión puede deberse al hecho de que dijese que Dios «no juega a los dados» en diciembre de 1926, cuando trataba de transmitir a Born su malestar por el papel de la probabilidad y el azar en la mecánica cuántica y el rechazo de la causalidad y del determinismo.[15] Pauli, sin embargo, entendía que las objeciones de Einstein iban mucho más allá de la teoría que se expresaba en el lenguaje de la probabilidad. «En concreto, me parece que está equivocado al centrarse, en su disputa con Einstein, en el concepto de determinismo», advirtió a Born.[16]

«El núcleo del problema —escribió Einstein en 1950, sobre la mecánica cuántica— no gira tanto en torno a la causalidad como al realismo».[17] Había pasado años esperando «poder trabajar con el rompecabezas cuántico sin necesidad de renunciar a la representación de la realidad».[18] Para el hombre que descubrió la relatividad, esa realidad debía ser local, sin espacio alguno para influencias más rápidas que la luz. La violación de la desigualdad de Bell significaba que, si queremos un mundo cuántico que exista independientemente de los observadores, Einstein se vería obligado a renunciar a la localidad.

El teorema de Bell no puede decidir si la mecánica cuántica es completa o no, sino tan solo entre ella y cualquier teoría local de variables ocultas. Si la mecánica cuántica está en lo cierto —cosa que, al haber superado cualquier prueba a la que en su momento se había sometido, Einstein creía—, el teorema de Bell implicaba que cualquier teoría de variable oculta que replicase sus resultados debía ser local. Bohr habría considerado, como otros, que los resultados de los experimentos de Alain Aspect corroboraban la veracidad de la interpretación de Copenhague. Einstein probablemente aceptaría la validez de los resultados que corroborasen la desigualdad de Bell sin tratar de salvar la realidad local a través de una de las escapatorias del experimento que todavía permanecían abiertas. Pero había otra salida, no obstante, que Einstein podría haber aceptado, aunque algunos hubiesen dicho que violaba el espíritu de la relatividad: el teorema de la no señal.

Se descubrió la imposibilidad de explotar la no localidad y el entrelazamiento cuántico para transmitir instantáneamente información útil de un lugar a otro, puesto que cualquier medida de una partícula de un par entrelazado produce un resultado completamente azaroso. Después de llevar a cabo tal medida, un experimentador solo conoce las probabilidades del resultado de la posible medida de la otra partícula entrelazada llevada a cabo, por un colega, en una ubicación distante. La realidad puede ser no local, permitiendo influencias más rápidas que la luz entre pares entrelazados de partículas en ubicaciones separadas, pero es benigna, sin que exista, entre ellas, ninguna «misteriosa comunicación a distancia».

Mientras que el equipo de Aspect y otros que verificaron la desigualdad de Bell descartaron la localidad o una realidad objetiva, pero permitían una realidad no local, un grupo compuesto por investigadores procedentes de las universidades de Viena y Gdansk fue el primero, en 2006, en poner a prueba la no localidad y el realismo. El experimento se inspiró en la obra del físico británico sir Anthony Leggett. En 1973 y todavía no nombrado caballero, Leggett tuvo la idea de corregir el teorema de Bell asumiendo la existencia de influencias instantáneas pasajeras entre partículas entrelazadas. En el año 2003, cuando ganó el Premio Nobel por su trabajo sobre las propiedades cuánticas del helio líquido, Leggett publicó una nueva desigualdad que enfrentaba las teorías no locales de las variables ocultas a la mecánica cuántica.

El grupo austropolaco dirigido por Markus Aspelmeyer y Anton Zeilinger se dedicó a medir correlaciones anteriormente no verificadas entre pares de fotones entrelazados. Así fue como descubrieron que, en concordancia con las afirmaciones de la mecánica cuántica, las correlaciones violaban la desigualdad de Leggett. Y cuando los resultados de este experimento fueron publicados en el número de abril de 2007 en la revista *Nature*, Alain Aspect señaló que «la conclusión filosófica que uno extrae no es tanto una cuestión de lógica como de gustos».[19] La violación de la desigualdad de Leggett no descarta todo tipo posible de modelos no locales y solo implica la incompatibilidad entre el realismo y cierto tipo de localidad.

Einstein jamás esbozó una teoría de las variables ocultas, aunque, en 1935, parecía abogar implícitamente, al finalizar el artículo EPR, por tal enfoque: «Aunque hayamos mostrado lentamente que la función de onda no proporciona una descripción completa de la realidad física, nos cuestionamos por la existencia o inexistencia de tal descripción. Nosotros, sin embargo, creemos que tal teoría es posible».[20] Y, en 1949, en una réplica a quienes habían participado en una recopilación de artículos para celebrar su septuagésimo aniversario, Einstein decía: «De hecho, estoy plenamente convencido de que el carácter esencialmente estadístico de la teoría cuántica contemporánea depende tan solo del hecho de que esta [teoría] opera con una descripción incompleta de los sistemas físicos».[21]

La introducción de las variables ocultas para «completar» la mecánica cuántica parecía coincidir con la visión de Einstein de que la teoría es «incompleta», pero a comienzos de la década de 1950, ya no contemplaba con la misma simpatía esos intentos. En 1954 afirmaba de manera inflexible que «no podemos desembarazarnos del carácter estadístico de la presente teoría cuántica añadiendo tan solo algo a la anterior, sin cambiar los conceptos fundamentales de toda la estructura».[22] Estaba convencido de que se necesitaba algo más radical que un mero retorno, a nivel subatómico, a los conceptos de la física clásica. Si la mecánica cuántica es incompleta y solo se refiere a una parte de toda la verdad, debe haber toda una teoría aguardando ser descubierta.

Einstein creía que esa era la elusiva teoría unificada de campo que llevaba buscando los últimos veinticinco años de su vida, es decir, el matrimonio entre la relatividad general y el electromagnetismo, una teoría completa en la que cupiese la mecánica cuántica. «Que lo que Dios ha separado, no pueda unirlo el hombre» era el cáustico juicio con el que Pauli se refería al sueño unificador de Einstein.[23] Aunque en la época en la que la mayoría de los físicos se reían de Einstein por estar «fuera de onda», la búsqueda de tal teoría se convirtió en el Santo Grial de la física, a la que los descubrimientos de la fuerza nuclear débil de la radiactividad y la fuerza nuclear fuerte que mantenía los núcleos unidos elevaron a cuatro el número de fuerzas a las que los físicos debían enfrentarse.

En lo que respecta a la mecánica cuántica había quienes, como Werner Heisenberg, acusaban simplemente a Einstein de ser «incapaz de cambiar de actitud» después de una carrera tratando de demostrar «el mundo objetivo de los procesos físicos que, independientemente de nosotros, siguen su curso en el espacio y el tiempo de acuerdo con determinadas leyes fijas».[24] No resultaba sorprendente, en opinión de Heisenberg, que Einstein encontrase imposible de aceptar una teoría que afirmaba que, a escala atómica, «el mundo objetivo del tiempo y el espacio ni siquiera existe».[25] Born creía que Einstein «no podía tomar en serio nuevas ideas de la física que contradecían sus firmemente asentadas convicciones filosóficas».[26] Aunque reconociendo que su antiguo amigo había sido «un pionero en la lucha por conquistar el territorio salvaje de los fenómenos cuánticos», el hecho de que «se mantuviera distante y escéptico» con respecto a la mecánica cuántica, lamentaba Born, era una «tragedia», porque Einstein «seguía su camino en solitario, al tiempo que nosotros perdíamos un líder y un abanderado».[27]

La influencia de Einstein iba desvaneciéndose en la misma medida en que crecía la de Bohr. Con misioneros como Heisenberg y Pauli transmitiendo el mensaje a sus huestes, la interpretación de Copenhague acabó convirtiéndose en un sinónimo de la mecánica cuántica. Cuando, en la década de 1960, John Clauser era un estudiante, se le dijo que Einstein y Schrödinger «estaban seniles» y que no había que tener muy en cuenta sus opiniones sobre cuestiones cuánticas.[28] «Esos chismes se repetían una y otra vez por conocidos físicos de muchas instituciones prestigiosas diferentes», recordaba Clauser, años después de haber empezado, en 1972, a verificar la desigualdad de Bell. En agudo contraste, se consideraba que Bohr poseía una capacidad sobrenatural de razonamiento e intuición. Había quienes llegaban a sugerir que donde otros necesitaban llevar a cabo cálculos, Bohr no los precisaba.[29] Clauser recordaba que, durante sus días de estudiante, «cualquier investigación abierta sobre las maravillas y peculiaridades de la mecánica cuántica» que fuese más allá de la interpretación de Copenhague estaba «casi prohibida por la existencia de diferentes estigmas religiosos y presiones sociales que, consideradas en conjunto, se convertían en una cruzada evangélica contra tal pensamiento».[30] Pero siempre hubo infieles que no temieron enfrentarse a la ortodoxia de Copenhague. Uno de ellos fue Hugh Everett III.

Cuando Einstein murió en abril de 1955, Everett tenía veinticuatro años y estaba estudiando para doctorarse en la Universidad de Princeton. Dos años antes había obtenido un máster con una tesis titulada «Sobre los fundamentos de la mecánica cuántica», en la que demostraba la posibilidad de tratar todos y cada uno de los posibles resultados de un experimento cuántico como si realmente existieran en el mundo real. Según Everett, para el gato de Schrödinger atrapado en su caja esto significaría que, en el momento en que la caja se abriera, el universo se dividiría, dejando un universo en el que el gato estaba muerto y otro en el que todavía estaba vivo.

Everett llamó a esta interpretación «formulación de los estados relativos de la mecánica cuántica» y mostraba que su creencia en la existencia de todas las posibilidades cuánticas existentes conducía a las mismas predicciones de la mecánica cuántica sobre los resultados de los experimentos como la interpretación de Copenhague.

Everett publicó su alternativa en julio de 1957 con una nota dirigida a su supervisor, el distinguido físico de Princeton John Wheeler. Ese fue su primer artículo y pasó inadvertido durante más de una década. Por aquel entonces desilusionado por la falta de interés, Everett había abandonado la academia y empezado a trabajar para el Pentágono, aplicando la teoría de juegos a la planificación de la guerra estratégica.

«No tengo la menor duda de la existencia real de un mundo invisible —dijo, en cierta ocasión, el director de cine estadounidense Woody Allen—. El problema es lo lejos que queda del centro y hasta qué hora permanece abierto».[31] A diferencia de Allen, la mayoría de los físicos contemplan con suspicacia las implicaciones de aceptar un número de realidades alternativas paralelas consistentes en las que se realizan las consecuencias concebibles de cada posible resultado experimental. Lamentablemente, Everett, que murió de un ataque cardiaco a los cincuenta y un años en 1982, no vivió para ver su «interpretación de los múltiples mundos», como acabaría conociéndosela, tomada seriamente en cuenta por los cosmólogos cuánticos al tratar de explicar el misterio del origen del universo. Las muchas interpretaciones del mundo les permitían sortear un problema para el que la interpretación de Copenhague no tenía respuesta: ¿qué acto de observación podía provocar el colapso de la función de onda de todo el universo?

La interpretación de Copenhague requiere la existencia de un observador ajeno al universo que pueda observarlo. Pero, puesto que no hay ninguno —excepto Dios—, el universo jamás llega a la existencia, sino que permanece para siempre en una superposición de múltiples posibilidades. Este es el problema de la medida del que tanto se ha escrito. La ecuación de Schrödinger, que describe la realidad cuántica como una superposición de posibilidades y atribuye a cada una de ellas un rango de probabilidades, no incluye el acto de la medida. No hay observadores en las matemáticas de la mecánica cuántica. La teoría no dice nada sobre el colapso de la función de onda, el cambio súbito y discontinuo del estado de un sistema cuántico cuando lo posible se torna real. No hay, en la interpretación de los múltiples mundos de Everett, necesidad de observación o medida para colapsar la función de onda, porque todas y cada una de las posibilidades cuánticas coexisten como una realidad en un conjunto de universos paralelos.

«El problema de la interpretación resultó bastante más difícil que trabajar solamente con las ecuaciones», dijo Paul Dirac, cincuenta años después del Congreso Solvay de 1927.[32] El premio nobel estadounidense Murray Gell-Mann creía que parte de la razón se debía al «lavado de cerebro con el que Niels Bohr había convencido a toda una generación de físicos de que el problema se había resuelto».[33] Una encuesta llevada a cabo en julio de 1999 durante un congreso de física cuántica que se celebró en la Universidad de Cambridge reveló las respuestas de una nueva generación a la controvertida cuestión de la interpretación.[34] Solo cuatro de los noventa físicos encuestados votaron por la interpretación de Copenhague, pero treinta se mostraron favorables a la versión moderna de los múltiples mundos.[35] También resulta significativo que cincuenta de los encuestados marcasen la casilla «ninguna de las anteriores o indeciso».

Las dificultades conceptuales no resueltas, como los problemas de medida y la capacidad de decir exactamente dónde finaliza el mundo cuántico y dónde empieza el mundo clásico de lo cotidiano, han llevado a un número creciente de físicos a buscar algo más profundo que la mecánica cuántica. «Una teoría que responde "quizá" —dice el físico teórico y premio nobel neerlandés Gerard't Hooft— debería ser reconocida como una teoría inexacta».[36] Él creía que el universo es determinista y buscaba una teoría más fundamental que explicase todos los rasgos extraños y contraintuitivos de la mecánica cuántica. Otros, como Nicolas Gisin, uno de los primeros investigadores del entrelazamiento, afirma que «no tengo problemas en admitir la incompletud de la teoría cuántica».[37]

La emergencia de otras interpretaciones y las afirmaciones de que la completud de la mecánica cuántica resulta cuestionable han abocado a una revisión del veredicto en contra de Einstein en su largo debate con Bohr. «¿Es posible, como sostienen los seguidores de Bohr, que Einstein estuviera, en un sentido significativo, profundamente "equivocado"? —se pregunta el matemático y físico británico sir Roger Penrose—. A decir verdad, yo no lo creo. Yo estoy del lado de Einstein en su creencia en una realidad submicroscópica y en su convencimiento de la incompletud de la mecánica cuántica actual».[38]

Aunque en sus encuentros con Bohr, Einstein nunca consiguió dar un golpe definitivo, su reto resultó continuo y estimulante. Movilizó a hombres como Bohm, Bell y Everett a demostrar y valorar la por aquel entonces todopoderosa interpretación de Copenhague de Bohr, y cuando eran muy pocos los que distinguían entre teoría e interpretación. El debate que sostenían Einstein y Bohr en torno a la naturaleza de la realidad fue, por otra parte, la inspiración que alentó el desarrollo del teorema de Bell. Y el estudio de la desigualdad de Bell contribuyó, de manera directa o indirecta, al desarrollo de nuevas áreas de la investigación, como la criptografía cuántica, la teoría de la información cuántica y la computación cuántica. Uno de los más notables de todos estos campos fue la teleportación cuántica, que se dedica a investigar el fenómeno del entrelazamiento. Aunque parezca pertenecer al reino de la ciencia ficción, en el año 1997, no uno, sino dos equipos de físicos consiguieron teleportar una partícula. Y aunque sea cierto que la partícula no se vio físicamente transportada, su estado cuántico sí se vio transferido a una segunda partícula ubicada en otro lugar, teleportando así eficazmente la partícula inicial de un lugar a otro.

Después de haber permanecido marginado durante los últimos treinta años de su vida debido a sus críticas a la interpretación de Copenhague y a sus intentos de acabar con su demonio cuántico, la figura de Einstein se ha visto parcialmente rehabilitada. Einstein *versus* Bohr tiene poco que ver con las ecuaciones y números generados por las matemáticas de la mecánica cuántica. ¿Qué significa la mecánica cuántica? ¿Qué nos dice sobre la naturaleza de la realidad? Fueron las respuestas que personalmente dieron a este tipo de preguntas las que acabaron separándolos. Einstein jamás esbozó una interpretación propia, porque no estaba empeñado en que su filosofía se adaptase a una teoría física. En lugar de ello utilizó su creencia en la existencia de una realidad independiente del observador para valorar la mecánica cuántica y descubrir la teoría a la que aspiraba.

En diciembre de 1900, los físicos clásicos tenían un lugar para todo y casi todo en su lugar. Entonces Max Planck tropezó accidentalmente con los cuantos, y desde entonces la física sigue tratando de entenderlos. Cincuenta largos años de «reflexión consciente», decía Einstein, no nos han acercado un ápice a la comprensión de los cuantos.[39] Pero él siguió tratando, hasta el final, de buscar consuelo en las palabras del dramaturgo y filósofo alemán Gotthold Lessing, según el cual «la aspiración a la verdad es más preciosa que su posesión segura».[40]

CRONOLOGÍA

1858 *23 de abril*: Max Planck nace en Kiel (Alemania).

1871 *30 de agosto*: Ernest Rutherford nace en Spring Grove (Nueva Zelanda).

1879 *14 de marzo*: Albert Einstein nace en Ulm (Alemania).

1882 *11 de diciembre*: Max Born nace en Breslavia, Silesia (Alemania).

1885 *7 de octubre*: Niels Bohr nace en Copenhague (Dinamarca).

1887 *12 de agosto*: Erwin Schrödinger nace en Viena (Austria).

1892 *15 de agosto*: Louis de Broglie nace en Dieppe (Francia).

1893 *Febrero*: Wilhelm Wien descubre la ley de desplazamiento de la radiación del cuerpo negro.

1895 *Noviembre*: Wilhelm Röntgen descubre los rayos X.

1896 *Marzo*: Henri Becquerel descubre una radiación anteriormente desconocida de los compuestos del uranio a la que denomina «rayos uránicos».
Junio: Wien publica una ley de distribución para la radiación del cuerpo negro que explica los datos disponibles.

1897 *Abril*: J. J. Thomson anuncia el descubrimiento del electrón.

1900 *25 de abril*: Wolfgang Pauli nace en Viena (Austria).
Julio: Einstein se gradúa en el Federal Polytechnikum de Zúrich.
Septiembre: Se confirma, más allá de toda posible duda, el fracaso de la ley de distribución de Wien en la región infrarroja del espectro del cuerpo negro.
Octubre: Planck anuncia, en un encuentro celebrado en la Sociedad de Física Alemana de Berlín, su ley de la radiación del cuerpo negro.
14 de diciembre: Planck presenta, durante una conferencia pronunciada en la Sociedad de Física Alemana, la derivación de su ley de la radiación del cuerpo negro. La presentación del concepto de cuanto de energía apenas si recibe atención y, en el mejor de los casos, se considera un malabarismo teórico provisional destinado a acabar desapareciendo.

1901 *5 de diciembre*: Werner Heisenberg nace en Wurzburgo (Alemania).

1902 *Junio*: Einstein empieza a trabajar como «experto de clase III» en la Oficina de Patentes de Berna (Suiza).
8 de agosto: Paul Dirac nace en Bristol (Inglaterra).

1905 *Junio*: Einstein publica un artículo en la revista *Annalen der Physik* en el que habla de los cuantos de luz y del efecto fotoeléctrico.
Julio: Publicación de un artículo en la revista *Annalen der Physik* en el que Einstein explica el movimiento browniano.
Septiembre: El artículo de Einstein titulado «Sobre la electrodinámica de los cuerpos en movimiento», en el que presenta su teoría especial de la relatividad, ve la luz en *Annalen der Physik*.

1906 *Enero*: Einstein se doctora, al tercer intento, en la Universidad de Zúrich, con una tesis titulada «Una nueva determinación de las dimensiones moleculares».

Abril: Einstein es ascendido a «experto de clase II» en la Oficina de Patentes de Berna.
Septiembre: Ludwig Boltzmann se suicida mientras está de vacaciones cerca de Trieste (Italia).
Diciembre: La revista *Annalen der Physik* publica un artículo de Einstein sobre la teoría cuántica del calor específico.

1907 *Mayo*: Rutherford se hace cargo del puesto de profesor y jefe del Departamento de Física de la Universidad de Manchester.

1908 *Febrero*: Einstein se convierte en *privatdozent* de la Universidad de Berna.

1909 *Mayo*: Einstein es contratado, por la Universidad de Zúrich, como profesor extraordinario de física teórica, puesto que ocupará a partir de octubre de ese mismo año.
Septiembre: Einstein pronuncia la conferencia de apertura en el encuentro anual del Gesellschaft Deutscher Naturforscher und Äzte celebrado, este año, en Salzburgo (Austria). En ella, Einstein dice que «el siguiente estadio del desarrollo de la física teórica consistirá en una teoría de la luz que pueda ser concebida como una suerte de fusión entre la teoría ondulatoria y la teoría de emisión de la luz».
Diciembre: Bohr recibe su grado de máster de la Universidad de Copenhague.

1911 *Enero*: Einstein es contratado como profesor de la Universidad Alemana de Praga, donde deberá empezar a trabajar en abril de 1911.
Marzo: Rutherford anuncia, durante una reunión celebrada en Manchester (Inglaterra), el descubrimiento del núcleo atómico.
Mayo: Bohr se doctora en la Universidad de Copenhague con una tesis sobre la teoría electrónica de los metales.
Septiembre: Bohr llega a la Universidad de Cambridge para trabajar como posgraduado con J. J. Thomson.

30 de octubre-4 de noviembre: Se celebra en Bruselas el primer Congreso Solvay al que asisten, entre otros invitados, Einstein, Planck, Marie Curie y Rutherford.

1912 *Enero*: Einstein es nombrado profesor de física teórica del Eidgenossische Technische Hochschule (ETH) de Zúrich, nuevo nombre del Polytechnikum Federal en el que estudió.
Marzo: Bohr se traslada desde Cambridge hasta el laboratorio de Rutherford en la Universidad de Manchester.
Septiembre: Bohr es nombrado *privatdozent* y asistente del profesor de física de la Universidad de Copenhague.

1913 *Febrero*: Bohr escucha hablar por vez primera de la ecuación de Balmer para las líneas espectrales del hidrógeno, una pista esencial en su desarrollo del modelo del átomo cuántico.
Julio: *Philosophical Magazine* publica el primer artículo de Bohr de una trilogía sobre la teoría cuántica del átomo de hidrógeno. Planck y Walther Nernst viajan a Zúrich para convencer a Einstein de la necesidad de ir a Berlín. Einstein acepta su oferta.
Septiembre: Bohr presenta su nueva teoría del átomo cuántico en la British Association for the Advancement of Science (BAAS) en Birmingham (Inglaterra).

1914 *Abril*: El experimento de Franck-Hertz confirma los conceptos de Bohr de salto cuántico y de niveles de energía atómica. Su experimento se dedicó a bombardear vapor de mercurio con electrones y a medir la frecuencia de la radiación emitida, que se corresponde con las transiciones entre diferentes niveles de energía. Einstein llega a Berlín para hacerse cargo de una cátedra en la Academia Prusiana de Ciencias y en la Universidad de Berlín.
Agosto: Estalla la Primera Guerra Mundial.
Octubre: Bohr vuelve a trabajar en la Universidad de Manchester. Planck y Röntgen se hallan entre los firmantes del *Manifiesto de los noventa y tres*, afirmando que Alemania no tiene ninguna responsabilidad en la guerra, que no ha

violado la neutralidad belga y que no ha cometido ninguna atrocidad.

1915 *Noviembre*: Einstein concluye su teoría de la relatividad general.

1916 *Enero*: Arnold Sommerfeld esboza una teoría para explicar la estructura fina de las líneas espectrales del hidrógeno e introduce un segundo número cuántico que reemplaza, con órbitas elípticas, las órbitas circulares de Bohr.
Mayo: Bohr es nombrado profesor de física teórica de la Universidad de Copenhague.
Julio: Einstein vuelve a trabajar sobre la teoría de los cuantos y descubre el fenómeno de la emisión espontánea e inducida de un fotón de un átomo. Sommerfeld añade el número cuántico magnético al modelo atómico original de Bohr.

1918 *Septiembre*: Pauli abandona Viena para estudiar con Arnold Sommerfeld en la Universidad de Múnich.
Noviembre: Planck gana el Premio Nobel de Física. Concluye la Primera Guerra Mundial.

1919 *Noviembre*: En un encuentro celebrado en la Royal Society y en la Royal Astronomical Society de Londres se anuncia oficialmente que la predicción de Einstein de que la luz se ve desviada por un campo gravitacional ha sido confirmada por las medidas llevadas a cabo por dos expediciones británicas durante un eclipse solar que se produjo en mayo. Einstein adquiere entonces, de la noche a la mañana, notoriedad internacional.

1920 *Marzo*: Sommerfeld introduce un cuarto número cuántico.
Abril: Bohr visita Berlín y se encuentra, por vez primera, con Planck y Einstein.
Agosto: Mitin en el Teatro Filarmónico de Berlín contra la teoría de la relatividad. Un Einstein enfadado responde a

sus críticos en un artículo de periódico. Primer viaje a Copenhague para visitar a Bohr.
Octubre: Heisenberg emprende estudios de física en la Universidad de Múnich, donde conoce a un estudiante llamado Wolfgang Pauli.

1921 *Marzo*: Apertura oficial del Instituto de Física Teórica de Copenhague, con Bohr como fundador y director.
Abril: Born llega a Gotinga procedente de Frankfurt como profesor y director del Instituto de Física Teórica, decidido a transformarlo en un equivalente del instituto dirigido por Sommerfeld en Múnich.
Octubre: Después de doctorarse en la Universidad de Múnich, Pauli se convierte en asistente de Born en Gotinga.
Noviembre: Einstein gana el Premio Nobel de Física.

1922 *Abril*: Al preferir la vida de la ciudad a la vida de una pequeña universidad de provincias, Pauli abandona Gotinga para ocupar un cargo como profesor adjunto en la Universidad de Hamburgo.
Junio: Bohr da una serie de famosas conferencias en Gotinga sobre la teoría atómica y la tabla periódica. En este «Bohr Festspiele», como acaba conociéndose, Heisenberg y Pauli se encuentran por primera vez con el danés, que queda profundamente impresionado por ambos jóvenes.
Octubre: Heisenberg comienza la estancia temporal de seis meses en Gotinga con Born. Pauli llega a Copenhague, donde trabaja como asistente de Bohr hasta septiembre de 1923.
Noviembre: Bohr gana el Premio Nobel de Física.

1923 *Mayo*: Publicación del informe global de Arthur Compton relativo al descubrimiento de la dispersión de fotones de rayos X debida a los electrones atómicos. El «efecto Compton», nombre con el que acaba conociéndose, se interpreta como una evidencia irrefutable de la hipótesis de los cuantos de luz de Einstein de 1905.

Julio: Segunda visita de Einstein a Bohr en Copenhague. Heisenberg obtiene su doctorado en la Universidad de Múnich después de pasar un pobre examen oral sobre física experimental.
Septiembre: De Broglie asocia ondas a electrones y amplía la dualidad onda-particular hasta llegar a incluir la materia.
Octubre: Heisenberg se convierte en asistente de Born en Gotinga. Pauli regresa a Hamburgo después de una estancia de un año en Copenhague.

1924 *Febrero*: Bohr, Hendrik Kramers y John Slater proponen, en un intento de contrarrestar la hipótesis de los cuantos de luz de Einstein, que en los procesos atómicos la energía solo se conserva estadísticamente. Pero la idea de BKS se ve experimentalmente desmentida por un experimento realizado entre abril y mayo de 1925.
Marzo: Primera visita de Heisenberg a Bohr en Copenhague.
Septiembre: Heisenberg abandona Gotinga para trabajar en el instituto de Bohr hasta mayo de 1925.
Noviembre: De Broglie defiende con éxito su tesis doctoral ampliando a la materia la dualidad onda-partícula. Cuando envió una copia de la tesis al supervisor de De Broglie, Einstein le había dado previamente su aprobación.

1925 *Enero*: Pauli descubre su conocido principio de exclusión.
Junio: Heisenberg viaja a la pequeña isla de Heligoland, ubicada en el mar del Norte, para recuperarse de un ataque agudo de fiebre del heno. Durante su estancia da el primer paso para el desarrollo de la mecánica matricial, su versión de la anhelada teoría de la mecánica cuántica.
Septiembre: Primer artículo revolucionario de Heisenberg sobre la mecánica matricial, titulado «Sobre una reinterpretación desde la teoría cuántica de la cinemática y de las relaciones mecánicas», que se publica en el *Zeitschrift für Physik*.
Octubre: Samuel Goudsmit y George Uhlenbeck presentan el concepto de espín cuántico.

Noviembre: Pauli aplica la mecánica matricial al átomo de hidrógeno, un auténtico *tour de force*, que ve finalmente la luz en marzo de 1926.
Diciembre: Mientras disfruta de un encuentro secreto con una antigua amante en la estación de esquí alpina de Arosa, Schrödinger elabora la que acabará convirtiéndose en su conocida ecuación de onda.

1926 *Enero*: Nuevamente en Zúrich, Schrödinger aplica su ecuación de onda al átomo de hidrógeno y descubre que reproduce la serie de niveles de energía de los átomos de hidrógeno de Bohr-Sommerfeld.
Febrero: Publicación, en noviembre de 1925, en el *Zeitschrift für Physik*, del artículo escrito por Heisenberg, Born y Pascual Jordan que ofrece un relato detallado de la estructura matemática de la mecánica matricial.
Marzo: Publicación, en *Annalen der Physik*, del primer artículo de Schrödinger sobre la mecánica ondulatoria, después de ser presentado en enero. A ese artículo le siguieron rápidamente otros tres. Schrödinger y otros demostraron la equivalencia matemática entre la mecánica ondulatoria y la mecánica matricial como dos formas diferentes de la misma teoría, la mecánica cuántica.
Abril: Heisenberg pronuncia una conferencia de dos horas sobre la mecánica matricial, a la que asisten Einstein y Planck. Luego Einstein invita al joven genio a su apartamento, donde discuten, como Heisenberg recordaría posteriormente, sobre el «sustrato filosófico de mi último trabajo».
Mayo: Heisenberg es propuesto como ayudante de Bohr y profesor de la Universidad de Copenhague. Mientras Bohr se recobra de un caso grave de gripe, Heisenberg empieza a utilizar la mecánica ondulatoria para explicar las líneas espectrales del helio.
Junio: Dirac se doctora en la Universidad de Cambridge con una tesis titulada «Mecánica cuántica».
Julio: Born esboza la interpretación probabilística de la función de onda. Schrödinger pronuncia una conferencia

en Múnich, y durante el turno de preguntas y respuestas, Heisenberg se queja de los defectos de la mecánica ondulatoria.

Septiembre: Dirac viaja a Copenhague y, durante su estancia, desarrolla la teoría de la transformación, que muestra que la mecánica ondulatoria de Schrödinger y la mecánica matricial de Heisenberg son casos especiales de una formulación más general de la mecánica cuántica.

Octubre: Schrödinger visita Copenhague, pero no puede llegar a ningún acuerdo con Bohr y Heisenberg sobre la interpretación física de la mecánica matricial ni de la mecánica ondulatoria.

1927 *Enero*: Clinton Davisson y Lester Germer obtienen pruebas concluyentes de que la dualidad onda-partícula también se aplica, en lo que respecta a la difracción de los electrones, a la materia.

Febrero: Después de pasar meses intentándolo, los nervios se crispan ante la imposibilidad de desarrollar una interpretación física coherente de la mecánica cuántica. Bohr se va un mes de vacaciones a una estación de esquí noruega y, en su ausencia, Heisenberg descubre el principio de incertidumbre.

Mayo: Después de varias discusiones entre Heisenberg y Bohr sobre su interpretación, el principio de incertidumbre es publicado.

Septiembre: En el Congreso Volta, celebrado en el lago Como (Italia), Bohr presenta su principio de complementariedad y los elementos centrales de la que acabará siendo conocida como la interpretación de Copenhague de la mecánica cuántica. Born, Heisenberg y Pauli se hallan entre los presentes, pero no asisten Schrödinger ni Einstein.

Octubre: Durante el V Congreso Solvay, celebrado en Bruselas, se inicia el debate entre Einstein y Bohr sobre el fundamento de la mecánica cuántica y la naturaleza de la realidad. Schrödinger sucede a Planck como profesor de física teórica en la Universidad de Berlín. Compton se ve

recompensado con el Premio Nobel por el descubrimiento del «efecto Compton». Heisenberg, que por aquel entonces solo tiene veinticinco años, es propuesto como profesor de la Universidad de Leipzig.
Noviembre: George Thomson, hijo de J. J. Thomson, el descubridor del electrón, explica la difracción exitosa de los electrones empleando una técnica diferente a la de Davisson y Germer.

1928 *Enero*: Pauli es nombrado profesor de física teórica del ETH de Zúrich.
Febrero: Heisenberg pronuncia su conferencia inaugural como profesor de física teórica de la Universidad de Leipzig.

1929 *Octubre*: De Broglie recibe el Premio Nobel por su descubrimiento de la naturaleza ondicular del electrón.

1930 *Octubre*: VI Congreso Solvay en Bruselas, segundo asalto del debate Einstein-Bohr en el que este refuta el experimento «del reloj en la caja», con el que Einstein pretendía cuestionar la coherencia de la interpretación de Copenhague.

1931 *Diciembre*: La Academia Danesa de las Ciencias y las Letras elige a Bohr como el siguiente ocupante del Aeresbolig, «Casa de honor», una mansión construida por el fundador de las cervecerías Carlsberg.

1932 Se publica en Alemania el libro de John von Neumann titulado *The Mathematical Foundations of Quantum Mechanics*, que contiene su famosa «prueba de la imposibilidad», según la cual ninguna teoría de variables ocultas puede reproducir las predicciones de la mecánica cuántica. Dirac es elegido profesor lucasiano de matemáticas de la Universidad de Cambridge, un cargo desempeñado siglos antes por Isaac Newton.
Noviembre: Heisenberg gana el Premio Nobel de Física.

1933 *Enero*: Los nazis llegan al poder en Alemania. Afortunadamente Einstein está por aquel entonces en Estados Unidos como profesor visitante del California Institute of Technology.
Marzo: Einstein afirma públicamente que no volverá a Alemania. Luego renuncia, apenas desembarca en Bélgica, a la Academia Prusiana de las Ciencias y corta todo vínculo con las instituciones oficiales alemanas.
Abril: Los nazis establecen la Ley para la Restauración de la Función Pública Profesional, destinada a desembarazarse de los oponentes políticos, los socialistas, los comunistas y los judíos. El tercer párrafo contiene la infame «cláusula aria», según la cual «los funcionarios que no sean de origen ario serán despedidos». En 1936, más de mil seiscientos eruditos serían expulsados, una tercera parte de ellos científicos, incluidos veinte que ya habían recibido o acabarían recibiendo el Premio Nobel.
Mayo: Arden en Berlín y en todo el país veinte mil hogueras alimentadas por obras «no alemanas». Aunque no se vea afectado por las normas nazis, a diferencia de Born y otros colegas, Schrödinger abandona Alemania por Oxford. Heisenberg, por el contrario, se queda. En Inglaterra se crea el Academic Assistance Council, dirigido por Rutherford, destinado a ayudar a científicos, artistas y escritores refugiados.
Septiembre: Temiendo por su seguridad, Einstein abandona Bélgica y se dirige a Inglaterra. Paul Ehrenfest se suicida.
Octubre: Einstein llega a Princeton (Nueva Jersey) por una visita programada. Con la intención de quedarse unos meses en el Institute for Advanced Study (IAS), Einstein ya no regresará a Europa.
Noviembre: Dirac y Schrodinger ganan el Premio Nobel de Física

1935 *Mayo*: El artículo de Einstein, Podolsky y Rosen (EPR), titulado «¿Puede la descripción cuántica de la realidad física ser considerada completa?», ve la luz en la *Physical Review*.

Octubre: Publicación, en la *Physical Review*, de la respuesta de Bohr a EPR.

1936 *Marzo*: Schrödinger y Bohr se encuentran en Londres. Bohr afirma sentirse «abrumado» y «traicionado» porque Schrödinger y, sobre todo, Einstein se muestren tan beligerantes con la física cuántica.
Octubre: Born empieza a trabajar como profesor de filosofía natural de la Universidad de Edinburgo tras pasar cerca de tres años en Cambridge y unos pocos meses en Bangalore (India), donde permaneció hasta el momento de su retiro, que se produjo en 1953.

1937 *Febrero*: Bohr llega a Princeton en una estancia de una semana de duración como parte de un viaje alrededor del mundo. Einstein y Bohr hablan sobre la interpretación de la mecánica cuántica por vez primera desde la publicación del artículo EPR, pero dejan muchas cosas en el tintero.
Julio: Heisenberg se ve etiquetado como «judío blanco» en una revista de las SS por enseñar física «judía» como, por ejemplo, la teoría de la relatividad de Einstein.
Octubre: Rutherford muere en Cambridge a los sesenta y seis años, después de una operación de hernia estrangulada.

1939 *Enero*: Bohr llega al IAS como un profesor visitante para pasar todo un semestre. Einstein evita cualquier discusión con Bohr, y durante los siguientes cuatro meses, solo se cruzan una vez en recepción.
Agosto: Einstein envía una carta al presidente Roosevelt mencionándole la posibilidad de fabricar una bomba atómica ante el peligro de que los alemanes la desarrollen.
Septiembre: Estalla la Segunda Guerra Mundial.
Octubre: Schrödinger llega a Dublín después de pasar un tiempo en las universidades de Graz y Gante. Posteriormente se quedó en Dublín como profesor del Institute for Advanced Estudies hasta 1956, fecha en la que regresó a Viena.

1940 *Marzo*: Einstein envía una segunda carta al presidente Roosevelt sobre la bomba atómica.
Agosto: Pauli abandona una Europa destruida por la guerra y se reúne con Einstein en el Institute for Advanced Studies de Princeton. Allí permanece hasta 1946, fecha en la que regresa a Zúrich y el ETH.

1941 *Octubre*: Heisenberg visita a Bohr en Copenhague. Dinamarca ha sido ocupada por las fuerzas alemanas desde abril de 1940.

1943 *Septiembre*: Bohr y su familia escapan a Suecia.
Diciembre: Bohr visita Princeton para cenar con Einstein y Pauli antes de encaminarse a Los Álamos (Nuevo México) para trabajar en la bomba atómica. Fue la primera reunión entre Einstein y Bohr desde la visita del danés en enero de 1939.

1945 *Mayo*: Alemania se rinde. Heisenberg es arrestado por las fuerzas aliadas.
Agosto: Bombardeo atómico de Hiroshima y Nagasaki. Bohr regresa a Copenhague.
Noviembre: Pauli gana el Premio Nobel de Física por el descubrimiento del principio de exclusión.

1946 *Julio*: Heisenberg es nombrado director del Kaiser Wilhelm Institute for Physics de Gotinga, posteriormente rebautizado con el nombre de Instituto Max Planck.

1947 *Octubre*: Planck muere en Gotinga a los ochenta y nueve años.

1948 *Febrero*: Bohr llega al IAS como un profesor visitante hasta junio.
Las relaciones con Einstein son más cordiales que durante las visitas anteriores, aunque siguen en desacuerdo sobre la interpretación de la mecánica cuántica. En Princeton, Bohr

escribe un relato del debate con Einstein en los congresos Solvay de 1927 y 1930 y su contribución a un volumen de artículos para celebrar el septuagésimo cumpleaños de Einstein, que se celebró en marzo de 1949.

1950 *Febrero*: Bohr permanece en el IAS hasta mayo.

1951 *Febrero*: David Bohm publica su libro *Quantum Theory*, que contiene una versión nueva y simplificada del experimento mental EPR.

1952 *Enero*: Publicación de dos artículos de Bohm en los que consigue lo que, según Von Neumann, era imposible: esbozar una interpretación de la mecánica cuántica basada en variables ocultas.

1954 *Septiembre*: Bohr permanece en el IAS hasta diciembre.
Octubre: Amargamente decepcionado por verse soslayado cuando Heisenberg fue honrado en 1932, Born recibe finalmente el Premio Nobel por «su trabajo fundamental sobre la mecánica cuántica y muy especialmente por su interpretación estadística de la función de onda».

1955 *Abril*: Einstein muere en Princeton a los setenta y seis años. Después de una breve ceremonia, sus cenizas se dispersaron en una ubicación desconocida.

1957 *Julio*: Hugh Everett III esboza la formulación del «estado relativo» de la mecánica cuántica, posteriormente conocida como la interpretación de los múltiples mundos.

1958 *Diciembre*: Pauli muere en Zúrich a los cincuenta y ocho años.

1961 *Enero*: Schrödinger muere en Viena a los setenta y tres años.

1962 *Noviembre*: Bohr muere en Copenhague a los setenta y siete años.

1964 *Noviembre*: El descubrimiento de John Bell de que cualquier teoría de variables ocultas cuyas predicciones coincidan con las de la mecánica cuántica deben ser no locales se publica en una revista de baja tirada. Conocido como desigualdad de Bell, establece los límites al grado de correlación de los espines cuánticos de los pares de partículas entrelazadas que tienen que ser satisfechas por cualquier teoría local que tenga en cuenta variables ocultas.

1966 *Julio*: Bell demuestra de manera concluyente que la prueba de Von Neumann de la exclusión de toda teoría de variables ocultas, publicada en 1932 en su libro *The Mathematical Foundations of Quantum Mechanics*, está equivocada. Debido a una desafortunada serie de contratiempos, finalmente La revista *Review of Modern Physics* publica el artículo que Bell había enviado a finales de 1964.

1970 *Enero*: Born muere en Gotinga a los ochenta y siete años.

1972 *Abril*: John Clauser y Stuart Freedman, de la Universidad de California, Berkeley, llevan a cabo las primeras pruebas de la desigualdad de Bell e informan de que es violada, es decir, que cualquier variable oculta local no puede reproducir las predicciones de la mecánica cuántica. No obstante, tienen ciertas dudas sobre la exactitud de sus resultados.

1976 *Febrero*: Heisenberg muere en Múnich a los setenta y cinco años.

1982 Años después de trabajos preliminares, Alain Aspect y sus colaboradores del Institut d'Optique Théoretique et Appliquée, de la Universidad París-Sur de Orsay, sometieron la desigualdad de Bell a la prueba más rigurosa posible por aquel entonces. Sus resultados presentan una violación de la desigualdad. Y aunque quedan ciertos aspectos sin cerrar, la mayoría de los físicos, incluido Bell, aceptan sus resultados.

1984 *Octubre*: Dirac muere en Tallahassee (Florida) a los ochenta y dos años.

1987 *Marzo*: De Broglie muere en Francia a los noventa y cuatro años.

1997 *Diciembre*: Un equipo de la Universidad de Innsbruck dirigido por Anton Zeilinger afirma haber logrado transferir el estado cuántico de una partícula de un lugar a otro, es decir, la teleportación. Parte integral del proceso es el fenómeno de entrelazamiento cuántico. Un grupo de la Universidad de Roma, bajo la dirección de Francesco De Martini, también lleva a cabo exitosamente la teleportación cuántica.

2003 *Octubre*: Anthony Leggett publica una desigualdad de tipo Bell derivada de la base de que la realidad es no-local.

2007 *Abril*: Un equipo austropolaco dirigido por Markus Aspelmeyer y Anton Zeilinger anuncia que las medidas de las correlaciones anteriormente sin verificar entre pares de fotones entrelazados corroboran la violación de la desigualdad de Leggett. El experimento solo descarta un subconjunto de teorías locales de variables ocultas.

20?? ¿Una teoría de la gravedad cuántica? ¿Una teoría de Todo? ¿Una teoría más allá de los cuantos?

GLOSARIO

Los términos que figuran en cursiva tienen una entrada en el glosario.

Amplitud: desplazamiento máximo de una *onda* u oscilación que es igual a la mitad de la distancia que existe entre la cresta de la onda (o de la oscilación) y el valle. En el ámbito de la *mecánica cuántica*, la amplitud de un proceso es un número ligado a la probabilidad de su ocurrencia.

Átomo: componente más pequeño de un elemento que consiste en un núcleo cargado positivamente en torno al cual gira un sistema asociado de *electrones* cargados negativamente. Como el átomo es neutro, el número de *protones* cargados positivamente del núcleo es igual al número de electrones.

Catástrofe ultravioleta: la *física clásica* distribuye una cantidad infinita de energía entre las frecuencias más elevadas de la *radiación del cuerpo negro*. Esta supuesta catástrofe prevista por la teoría clásica no ocurre, en realidad, en la naturaleza.

Causalidad: ley en virtud de la cual cada causa va acompañada de un efecto.

Cuerpo negro: cuerpo hipotético ideal que absorbe y emite toda la *radiación electromagnética* que llega hasta él. Puede ser emulado en el laboratorio como una cavidad caliente con un pequeño agujero en una de sus paredes.

Cámara de niebla: dispositivo inventado por C. T. R. Wilson en torno a 1911 que permite la detección de partículas observando el rastro que dejan al atravesar una cámara que contiene vapor saturado.

Colapso de la función de onda: según la *interpretación de Copenhague*, los objetos microfísicos, como el *electrón*, por ejemplo, no existen hasta el momento en que se ven observados o medidos. Y entre una medición y la siguiente, tampoco existen más allá de las posibilidades abstractas implícitas en la *función de onda*. Solo cuando se lleva a cabo una observación o una medición, uno de los estados «posibles» del electrón se convierte en su estado «real», momento en el cual la probabilidad del resto de las alternativas pasa a ser cero. Este cambio súbito y discontinuo en la función de onda provocado por el acto de medida se denomina «colapso de la función de onda».

Complementariedad: principio defendido por Niels Bohr, según el cual los aspectos ondiculares y corpusculares de la luz y de la materia son complementarios pero exclusivos. Esta naturaleza dual de la luz y de la materia se asemeja a las caras de una moneda, que puede ser cara o cruz, pero no ambas simultáneamente. Es posible, por ejemplo, diseñar un experimento que revele las propiedades ondiculares de la luz o su naturaleza corpuscular, pero no ambas al mismo tiempo.

Conmutatividad: dos variables A y B se atienen a la propiedad conmutativa cuando $A \times B = B \times A$. Si, por ejemplo, A y B son los números 5 y 4, entonces $5 \times 4 = 4 \times 5$. La multiplicación de números es, en este sentido, una operación conmutativa, porque su resultado no varía independientemente del orden en que llevemos a cabo la operación. Pero, si A y B son *matrices*, $A \times B$ no necesariamente se corresponde con $B \times A$. Cuando tal cosa ocurre, se dice que A y B son no conmutativas.

Conservación de la energía: principio según el cual la *energía* no se crea ni se destruye, sino que tan solo se transforma de una modalidad a otra. Cuando, por ejemplo, una manzana cae de un árbol, su *energía potencial* se convierte en *energía cinética*.

Constante de Planck (*h*): constante fundamental de la naturaleza que se halla en el centro mismo de la física cuántica y tiene un valor de $6{,}626 \times 10^{-34}$ julios-segundo. Al ser diferente de cero, es responsable de la separación y cuantización de la energía y de otras cantidades físicas del reino atómico.

Cuantizado: cualquier cantidad física que solo puede poseer determinados valores discretos se dice que está cuantizada. Un átomo solo posee determinados niveles de energía discretos y su energía está, por tanto, cuantizada. El espín de un electrón está cuantizado, dado que solo puede ser + ½ (espín hacia arriba) o –½ (espín hacia abajo).

Cuanto: término introducido por Max Planck en 1900 para describir los paquetes indivisibles de *energía* que, según su modelo, podía emitir o absorber un oscilador cuando trató de formular una ecuación que reprodujese la distribución de la *radiación del cuerpo negro*. El cuanto de energía (E) se presenta en diferentes tamaños determinados por $E = h\nu$, en donde h es la *constante de Planck* y ν es la *frecuencia* de la *radiación*. Lo «cuántico», o más propiamente lo «cuantizado», puede aplicarse a cualquier propiedad física de un sistema u objeto microfísico discontinuo, que solo puede cambiar ateniéndose a unidades discretas.

Cuantos de luz: expresión utilizada por vez primera por Einstein en 1905 para referirse a las partículas luminosas, posteriormente llamadas *fotones*.

Desigualdad de Bell: condición matemática establecida por John Bell en 1964 que se refiere al grado de correlación entre los espines cuánticos de pares de partículas entrelazadas que debe satisfacer cualquier teoría local que contemple la existencia de *variables ocultas*.

Descomposición alfa: proceso de descomposición radiactiva en la que el *núcleo* de un *átomo* emite una *partícula alfa*.

Determinismo: según la *mecánica clásica*, si en un determinado momento conociésemos las posiciones y momentos de todas las partículas del universo y todas las fuerzas entre esas partículas, podríamos predecir el estado subsiguiente del universo. Desde la perspectiva sustentada por la *mecánica cuántica*, sin embargo, resulta imposible especificar simultáneamente la posición y el momento de una partícula. Esta teoría conduce a una visión indeterminista del universo en la que no es posible, en principio, determinar el futuro, tampoco las partículas.

Difracción: dispersión de las ondas que se produce cuando encuentran un obstáculo o atraviesan una ranura, como las olas de agua que, por ejemplo, entran en un puerto a través de una abertura en la pared.

Dispersión: desviación de una partícula debido a otra.

Distribución espectral de energía de radiación del cuerpo negro: es la intensidad, a cualquier temperatura concreta, de la *radiación electromagnética* emitida por un cuerpo negro en cada *longitud de onda* (o en cada *frecuencia*). También se conoce simplemente como espectro del cuerpo negro.

Dualidad onda-partícula: los *electrones* y los *fotones*, la materia y la *radiación* pueden comportarse, dependiendo del experimento que llevemos a cabo para determinarlo, como ondas o como partículas.

Ecuación de Schrödinger: ecuación fundamental de la versión de la mecánica ondulatoria de la *mecánica cuántica* que gobierna la conducta de una partícula o la evolución de un sistema físico codificando el modo en que cambia su función de onda con el tiempo.

Ecuaciones de Maxwell: conjunto de cuatro ecuaciones elaboradas por James Clerk Maxwell en 1864 que unificaron y describieron, en una sola entidad, el *electromagnetismo*, los fenómenos anteriormente separados de la electricidad y el magnetismo.

Efecto fotoeléctrico: emisión de *electrones* que se da cuando una superficie metálica se ve estimulada por una determinada *radiación electromagnética* que supera una determinada *frecuencia* mínima (*longitud de onda*).

Efecto Compton: *dispersión* de los *fotones* provocada por el choque con un *electrón*, descubierta en 1923 por el físico estadounidense Arthur H. Compton.

Efecto Stark: división de *líneas espectrales* cuando los átomos se ubican en el seno de un campo eléctrico.

Electromagnetismo: hasta la segunda mitad del siglo XIX, la electricidad y el magnetismo fueron considerados como dos fenómenos distintos caracterizados por sus propias ecuaciones. Siguiendo el trabajo experimental llevado a cabo por hombres como Michael Faraday, James Clerk Maxwell formuló una teoría que unificó la electricidad y el magnetismo en el electromagnetismo, cuya conducta resumió en cuatro ecuaciones diferentes.

Electrón: partícula elemental con una carga eléctrica negativa que, a diferencia del *protón* y el *neutrón*, no está compuesta por elementos más fundamentales.

Electronvoltio (eV): unidad de energía utilizada en el ámbito de la física atómica, de la física nuclear y de la física de partículas cuya magnitud gira en torno a la diez trillonésima parte del julio (1 eV = 1,6 × 10^{-19} julios).

Elementos alcalinos: elementos como el litio, el sodio y el potasio que comparten las mismas propiedades químicas y constituyen un grupo de la *tabla periódica.*

Emisión espontánea: la emisión espontánea de un *fotón* posibilita la transición de un estado excitado a otro estado de energía inferior.

Emisión estimulada: cuando un *fotón* no es absorbido por un *átomo* excitado, sino que lo «estimula», emite un segundo fotón de la misma *frecuencia.*

Energía: propiedad física que puede existir en diferentes formas, como la *energía cinética*, la *energía potencial*, la energía química, la energía térmica y la *energía radiante.*

Energía cinética: *energía* asociada al movimiento de un objeto. Un objeto, un planeta o una partícula estacionaria carecen de energía cinética.

Energía potencial: *energía* que posee un objeto o sistema en virtud de su posición o estado. La altura del objeto sobre la superficie de la Tierra determina, por ejemplo, su energía potencial gravitacional.

Entrelazamiento: fenómeno cuántico que, independientemente de la distancia a la que se encuentren, une inexorablemente dos o más partículas.

Entropía: en el siglo XIX, Rudolf Clausius definió la entropía como la cantidad de calor dentro o fuera de un cuerpo o de un sistema, dividido por la temperatura a la que sucede la transferencia. La entropía también es una medida del desorden de un sistema, de modo que cuanto mayor es la entropía, mayor es también el desorden. No existe proceso físico alguno que conduzca naturalmente a una disminución de la entropía de un sistema aislado.

Estado fundamental: el más bajo de todos los estados de energía que puede presentar un átomo. Todos los demás estados atómicos se denominan estados excitados. El estado de energía inferior de un átomo de hidrógeno es el que corresponde al electrón que ocupa el más bajo de los niveles de energía. Si ocupase cualquier otro nivel de energía, el átomo de hidrógeno se hallaría en un estado excitado.

Estructura fina: división de un *nivel de energía* o *línea espectral* en varios componentes diferentes.

Espectro electromagnético: todo el rango de las *ondas electromagnéticas*, que va desde las *ondas de radio* hasta la *radiación infrarroja*, la luz visible, la *radiación ultravioleta*, los *rayos X* y los *rayos gamma*.

Espectroscopia: área de la física implicada en el análisis y estudio de los espectros de absorción y emisión.

Espín cuántico: propiedad fundamental de las partículas que carece de correlato en el ámbito de la *física clásica*. Cualquier intento de representación pictórica del espín de un *electrón* es una pobre ayuda que no consigue capturar la esencia de este concepto *cuántico*. El espín cuántico de una partícula no puede ser explicado en términos de rotación clásica, puesto que solo tiene ciertos valores que son iguales a otro número entero o medio número entero multiplicado por la *constante de Planck* dividida por 2π ($\hbar$, una magnitud llamada *h* con barra). El espín cuántico se dice que es hacia arriba (en el sentido de las agujas del reloj) o hacia abajo (en sentido contrario al de las agujas del reloj) con respecto a la dirección de la medida.

Éter: medio invisible hipotético que se suponía que llenaba todo el espacio y a través del cual se creía que viajaban la luz y otras *ondas electromagnéticas*.

Experimento mental: experimento imaginario e ideal concebido para corroborar la coherencia o los límites de una teoría o de un concepto físico.

Física clásica: término con el que se conoce a toda la física no cuántica, como el *electromagnetismo* y la *termodinámica*. Aunque la *teoría general de la relatividad* de Einstein es considerada por los físicos como un ejemplo de la física «moderna» del siglo XX, se trata, en realidad, de una teoría «clásica».

Fotón: cuanto de luz caracterizado por la energía $E = h\nu$ y el momento $p = h / \lambda$, en donde ν y λ son, respectivamente, la *frecuencia* y la *longitud de onda* de la radiación. Su nombre fue presentado, en 1926, por el químico estadounidense Gilbert Lewis. Véase también *cuanto de luz*.

Frecuencia (ν): número de ciclos completos por segundo que se producen en un sistema vibrante u oscilante. La frecuencia de la onda es el número de *longitudes de onda* completas que pasan, cada segundo, por un determinado punto. La unidad en la que se mide la frecuencia es el hercio (Hz), que es igual a un ciclo o longitud de onda por segundo.

Función de onda (ψ): función matemática asociada a las propiedades ondulatorias de un sistema o de una partícula. La función de onda representa todo lo que, según la *mecánica cuántica*, podemos saber sobre el estado de un sistema o de una partícula física. Utilizando, por ejemplo, la función de onda del átomo de hidrógeno podemos calcular la probabilidad de descubrir a su *electrón* en un determinado punto en torno al núcleo. Véanse *interpretación de probabilidad* y *ecuación de Schrödinger*.

Gato de Schrödinger: experimento mental diseñado por Erwin Schrödinger en el que, según las reglas de la *mecánica cuántica*, un gato existe, hasta el momento en que se ve observado, en una superposición de estados vivo y muerto.

$$-\frac{\hbar^2}{2m}\nabla^2\psi + V\psi = i\hbar\frac{\partial\psi}{\partial t}$$

en donde m es la masa de la partícula, ∇^2 es una entidad matemática denominada «operador del cuadrado», responsable de rastrear el modo en que la función de onda ψ cambia de un lugar a otro, V expresa las fuerzas que actúan sobre la partícula, i es la raíz cuadrada de -1, $\partial\psi/\partial t$ describe el modo en que la función de onda cambia con el tiempo y $\hbar$ es la constante de Planck h dividida por 2π, que se pronuncia «hache con barra». Existe otra forma de la ecuación, denominada ecuación de

Schrödinger independiente del tiempo, que nos proporciona una instantánea de la ecuación de onda en el tiempo.

Grados de libertad: se dice que un sistema posee grados de libertad cuando, para especificar los distintos estados del sistema, se requieren *n* coordenadas. Cada grado de libertad representa una forma independiente en la que un cuerpo puede moverse o un sistema cambiar. Los objetos del mundo cotidiano, por ejemplo, poseen tres grados de libertad, que se corresponden con las tres direcciones en que pueden moverse (arriba-abajo, adelante-atrás e izquierda-derecha).

Interferencia: fenómeno característico del movimiento de onda en el que interactúan dos ondas. Donde se encuentran dos valles o dos crestas, se funden produciendo un valle o una cresta mayor, en un fenómeno conocido como interferencia constructiva. Cuando, no obstante, un valle se encuentra con una cresta o viceversa, se anulan mutuamente, en un proceso denominado interferencia destructiva.

Interpretación de Copenhague: visión de la *mecánica cuántica* sustentada por su principal arquitecto, Niels Bohr, que vivía en Copenhague. Aunque, a lo largo de los años hubo diferencias de opinión entre Bohr y los demás defensores de la interpretación de Copenhague como, por ejemplo, Werner Heisenberg, todos ellos estaban, no obstante, de acuerdo en sus principios fundamentales: el *principio de correspondencia* de Bohr, el *principio de incertidumbre* de Heisenberg, la *interpretación probabilística* de las *funciones de onda* de Born, el *principio de complementariedad* de Bohr, y el *colapso de la función de onda*. No existe, desde esta perspectiva, más realidad cuántica que la revelada por un acto de medición u observación. Resulta, por tanto, absurdo afirmar la existencia, independiente de cualquier observación real, de un *electrón*. Einstein cuestionaba la afirmación, sustentada por Bohr y sus seguidores, de que la mecánica cuántica era una teoría completa.

Interpretación probabilística: interpretación sugerida por Max Born, según la cual la *función de onda* solo permite calcular la probabilidad de encontrar una partícula en una determinada ubicación. Forma parte de la idea de que la *mecánica cuántica* solo puede establecer las probabilidades relativas en la medida de un *observable* y no puede determinar el resultado concreto que se obtendrá en una determinada ocasión.

Isótopos: *átomos* del mismo elemento que, pese a tener en el *núcleo* el mismo número de *protones* (es decir, de compartir el mismo *número atómico*), poseen un número de *neutrones* diferente. Existen, por ejemplo, tres isótopos de hidrógeno, cuyos núcleos contienen 0, 1 y 2 neutrones, respectivamente. Los tres tienen propiedades químicas semejantes, aunque poseen, no obstante, masas diferentes.

Julio: unidad de *energía* utilizada en el ámbito de la *física clásica.* Una bombilla de cien vatios convierte, cada segundo, cien julios de energía eléctrica en calor y luz.

Ley de conservación: ley que afirma la conservación, en todos los procesos físicos, de algunas magnitudes físicas como, por ejemplo, el *momento* o la *energía.*

Localidad: requisito según el cual no existe acción a distancia, y causa y efecto ocurren en el mismo lugar. Para que un acontecimiento A cause otro en B, debe haber suficiente tiempo entre ambos como para permitir que algún tipo de señal atraviese a la velocidad de la luz el espacio que separa A de B. Cualquier teoría que posea localidad es calificada como una teoría local. Véase *no-localidad.*

Líneas espectrales: pauta de líneas luminosas coloreadas sobre un fondo negro, conocida también con el nombre de espectro de emisión. Una serie de líneas negras sobre un fondo de color se denomina, por el contrario, espectro de absorción. Cada elemento posee un determinado conjunto de líneas de emisión y de absorción producidas, respectivamente, por la emisión y la absorción de *fotones* y *electrones* que saltan dentro del átomo del elemento de un *nivel de energía* a otro.

Longitud de onda (λ): distancia entre dos crestas o entre dos valles consecutivos de una onda. La longitud de onda de la *radiación electromagnética* determina a qué región del *espectro electromagnético* pertenece.

Longitud de onda de De Broglie: la *longitud de onda* λ de una partícula está relacionada con el *momento* p de la partícula por la ecuación $\lambda = h / p$, en donde h es la *constante de Planck.*

Luz: el ojo humano solo puede detectar una pequeña franja de todo el amplio espectro de *ondas electromagnéticas*. Las longitudes de onda visibles del *espectro electromagnético* van desde los 400 nm (violeta) hasta los 700 nm (rojo). La luz está compuesta de rojo, naranja, amarillo, verde, azul, añil y violeta. Cuando un rayo de luz atraviesa un prisma, se descomponen las diferentes franjas que lo constituyen y configuran un arcoíris de colores llamado continuo o espectro continuo.

Luz ultravioleta: *radiación electromagnética* de longitudes de onda más cortas que las de la luz violeta visible.

Matrices: conjunto de números (u otros elementos como, por ejemplo, las variables) que poseen sus propias leyes algebraicas. Las matrices son extraordinariamente útiles para recopilar información sobre un sistema físico. Las matrices $n \times n$ (es decir, que poseen tantas filas como columnas) se denominan matrices cuadradas.

Mecánica clásica: nombre que recibe la física construida sobre las tres leyes del movimiento esbozadas por Newton. Conocida también con el nombre de mecánica newtoniana permite medir simultáneamente, con una precisión ilimitada, propiedades de las partículas como la *posición* y el *momento*, por ejemplo.

Mecánica cuántica: teoría física de los reinos atómico y subatómico que reemplazó la combinación *ad hoc* entre la *mecánica clásica* y las ideas cuánticas que aparecieron entre 1900 y 1925. Aunque diferentes, la *mecánica matricial* de Heisenberg y la *mecánica ondulatoria* de Schrödinger son representaciones matemáticamente equivalentes de la mecánica cuántica.

Mecánica matricial: versión de la *mecánica cuántica* descubierta, en 1925, por Heisenberg y desarrollada posteriormente con la colaboración de Max Born y Pascual Jordan.

Mecánica ondulatoria: versión de la *mecánica cuántica* desarrollada, en 1926, por Erwin Schrödinger.

Momento (p): propiedad física de un objeto, también llamada cantidad de movimiento, que equivale al producto de su masa por su *velocidad*.

Momento angular: propiedad de un objeto que se halla en rotación semejante al *momento lineal* (o cantidad de movimiento) de un objeto que se mueve en línea recta. El momento angular de un objeto depende de su masa, de su tamaño y de su velocidad de giro. Un objeto que da vueltas en torno a otro también posee un momento angular que depende de su masa, del radio de su órbita y de su velocidad. En el reino atómico, el momento angular se halla *cuantizado*, es decir, que solo puede cambiar entre magnitudes que son múltiples enteros de la *constante de Planck* dividida por 2π.

Movimiento browniano: movimiento errático de los granos de polen suspendidos en un fluido que fue observado por primera vez en 1827 por Robert Brown. En 1905, Einstein explicó que el movimiento browniano se debía a los choques aleatorios de los granos de polen con las moléculas del fluido.

Nanómetro (nm): billonésima parte del metro.

Neutrón: partícula desprovista de carga y de masa similar a la del *protón*.

Niveles de energía: conjunto discreto de los diferentes estados internos de energía que puede presentar un átomo y que se corresponden con sus diferentes estados de energía *cuántica*.

No-localidad: influencia que pasa instantáneamente de un sistema o de una partícula a otra a una velocidad que supera el límite impuesto por la velocidad de la luz, de modo que una causa ubicada en un determinado lugar puede producir un efecto inmediato en otra ubicación distante. Cualquier teoría que permita la no-localidad se califica como no-local. Véase *localidad*.

Núcleo: masa con carga positiva que se halla en el núcleo de un *átomo*. Inicialmente se creía que solo estaba compuesto de *protones*, pero más tarde se descubrió que también incluía *neutrones*. Aunque solo ocupa una pequeña fracción de su volumen, contiene casi toda la masa de un átomo. Fue descubierto, en 1911, por Ernest Rutherford y sus colaboradores en la Universidad de Manchester.

Número atómico (*Z*): número de *protones* que forman parte del *núcleo* del *átomo*. Cada elemento posee un determinado número atómico. El hidrógeno, con un núcleo formado por un solo protón y un electrón girando en torno a él, tiene un número atómico de 1, mientras que el uranio, con 92 protones y 92 electrones, tiene un número atómico de 92.

Número complejo: número escrito en la forma $a + ib$, en donde a y b son los números familiares reales ordinarios de la aritmética; i es la raíz cuadrada de −1, de modo que $(\sqrt{-1})^2 = -1$, y b se llama la parte «imaginaria» del número complejo.

Número cuántico: número que especifica cantidades físicas *cuantizadas*, como la *energía*, el *espín cuántico* o el *momento angular*. Los niveles de energía cuantizados del átomo de hidrógeno, por ejemplo, se ven denotados por un conjunto de números que empieza con $n = 1$ para el *estado fundamental*, en donde n es el número cuántico principal.

Observable: cualquier *variable dinámica* de un sistema u objeto que puede, en principio, ser medida. Por ejemplo, la posición, el *momento* y la *energía cinética* de un *electrón* son, todas ellas, variables observables.

Onda materia: cuando una partícula se comporta como si tuviera carácter de onda, la onda representada se denomina onda materia u onda de De Broglie. Véase *longitud de onda de De Broglie*.

Ondas electromagnéticas: generadas por cargas eléctricas oscilantes, las ondas electromagnéticas difieren en su *longitud de onda* y su *frecuencia*. Pero todas ellas, no obstante, se desplazan, en el vacío, a la misma velocidad, que gira en torno a los 300.000 km/s. Esta es la velocidad de la luz y constituye la confirmación experimental de que la luz es una onda electromagnética.

Oscilador armónico: sistema vibrante u oscilante cuya *frecuencia* de vibración u oscilación no depende de la *amplitud*.

Paquete de onda: *superposición* de muchas ondas diferentes que pueden anularse en cualquier lugar de una pequeña región confinada del espacio, posibilitando entonces la representación de una partícula.

Partícula alfa: partícula subatómica formada por dos *protones* y dos *neutrones*. Se trata de una partícula emitida durante la *descomposición alfa* que es idéntica al *núcleo* de un *átomo* de helio.

Partícula beta: partícula expulsada del núcleo de un elemento radiactivo debido a la interconversión entre *protones* y *neutrones* y que se corresponde con un *electrón*. Más rápidas y penetrantes que las *partículas alfa*, pueden ser detenidas por una delgada hoja de metal.

Periodo: tiempo necesario para que una determinada *longitud de onda* simple pase por un determinado punto. Tiempo requerido también para completar un ciclo, una oscilación o una vibración. El periodo es inversamente proporcional a la *frecuencia* de una onda, la vibración u oscilación.

Principio de correspondencia: principio guía sustentado por Niels Bohr, según el cual, en aquellos casos en los que el impacto de la *constante de Planck* es desdeñable, las leyes y ecuaciones de la física cuántica se reducen a las de la física *clásica*.

Principio de exclusión: no existen dos *electrones* que puedan ocupar el mismo estado cuántico, es decir, que puedan poseer el mismo conjunto de cuatro *números cuánticos*.

Principio de incertidumbre: principio descubierto, en 1927, por Werner Heisenberg, según el cual resulta imposible medir simultáneamente determinados pares de *observables* —como la posición y el *momento* o la *energía* y el tiempo— con un grado de exactitud que supera los límites establecidos por la *constante de Planck h*.

Protón: partícula contenida en el *núcleo* de un *átomo* que posee una carga positiva igual y opuesta a la de un electrón y una masa dos mil veces superior.

Radiación: emisión de energía o de partículas en donde cabe destacar, a modo de ejemplos, la *radiación electromagnética*, la radiación térmica y la *radiactividad*.

Radiación electromagnética: las *ondas electromagnéticas* difieren en la cantidad de energía que emiten, también llamada radiación electromagnética. Las ondas de baja frecuencia, por ejemplo las ondas de radio emiten menos radiación electromagnética que las de alta frecuencia, como los rayos gamma. Las expresiones ondas electromagnéticas y radiaciones electromagnéticas son sinónimas. Véanse *ondas electromagnéticas* y *radiación electromagnética*.

Radiación infrarroja: *radiación electromagnética* de *longitud de onda* superior a la luz roja visible.

Radiactividad: cuando un *núcleo* atómico inestable se desintegra espontáneamente para alcanzar una configuración más estable emitiendo radiación *alfa*, *beta* o *gamma*, el proceso en cuestión se denomina radiactividad o descomposición radiactiva.

Rayos gamma: *radiación electromagnética* de *longitud de onda* extraordinariamente corta. Es la más penetrante de los tres tipos de radiaciones emitidas por las sustancias radiactivas.

Rayos X: *radiación* descubierta por Röntgen en 1895 por la que, en 1901, se vio recompensado con el primer Premio Nobel de Física. Los rayos X fueron luego identificados como *ondas electromagnéticas* de *longitud de onda* extraordinariamente corta emitidos cuando *electrones* de muy rápido movimiento golpeaban un blanco.

Realismo: visión filosófica del mundo que sostiene la existencia, independientemente del observador, de un mundo «fuera de aquí». Para un realista, la Luna existe, aunque nadie esté mirándola.

Relatividad general: teoría de la gravitación de Einstein que explica la fuerza gravitacional como una distorsión del espacio-tiempo.

Relatividad especial: teoría del espacio-tiempo de Einstein de 1905 en la que la velocidad de la luz es la misma, independientemente de lo rápido que se mueva, para cualquier observador. Se denomina «especial» porque no describe gravedad ni objetos que estén acelerándose.

Radiación del cuerpo negro: *radiación electromagnética* emitida por un *cuerpo negro.*

Salto cuántico: se refiere a la transición de un *electrón* entre dos *niveles de energía* dentro de un *átomo* o molécula debido a la emisión o absorción de *un fotón.*

Serie de Balmer: conjunto de las líneas de emisión o de absorción del espectro de hidrógeno generadas por las transiciones de su *electrón* entre el segundo y otros *niveles* superiores *de energía.*

Superposición: estado *cuántico* compuesto por dos o más estados. Estado que tiene ciertas probabilidades de exhibir las propiedades de los estados de los que está compuesto. Véase *gato de Schrödinger.*

Tabla periódica: disposición de los elementos según su *número atómico* en filas y columnas que pone de manifiesto la recurrencia de sus propiedades químicas.

Teorema de Bell: prueba matemática descubierta por John Bell en 1964 según la cual cualquier teoría de *variables ocultas* cuyas predicciones coincidan con las de la mecánica cuántica debe ser no-local. Véase también *no-localidad.*

Termodinámica: comúnmente descrita como la física de las transformaciones del calor en otras modalidades de *energía*, y viceversa.

Termodinámica, primera ley: la *energía* interna de un sistema aislado es constante o, dicho de otro modo, la energía no se crea ni se destruye. También se conoce con el nombre de principio de *conservación de la energía.*

Termodinámica, segunda ley: el calor no fluye espontáneamente de los objetos fríos a los calientes o, dicho de otro modo, puesto que existen diferentes formulaciones de la ley, la *entropía* de un sistema cerrado no puede disminuir.

Variables conjugadas: pares de *variables dinámicas*, como la *posición* y el *momento* o la *energía* y el *tiempo*, que están relacionadas a través del *principio de incertidumbre*; se denominan variables conjugadas o pares conjugados.

Variables dinámicas: magnitudes utilizadas para caracterizar el estado de una partícula, como la posición, el *momento*, la *energía potencial* y la *energía cinética.*

Variables ocultas: interpretación de la *mecánica cuántica* que parte del supuesto de que la teoría es incompleta y de que existe, por tanto, un estrato subyacente de la realidad que contiene información adicional sobre el mundo cuántico. Esta información extra está en las variables ocultas, es decir, en cualidades físicas no, por invisibles, menos reales. La identificación de estas variables ocultas conduciría a predicciones exactas de los resultados de la medida y no tan solo a la probabilidad de obtener tal o cual resultado. Sus defensores creen que restauraría una realidad que existe independientemente de la observación, algo que no admite, no obstante, la *interpretación de Copenhague.*

Velocidad: rapidez con la que un objeto se desplaza en una determinada dirección.

Wien, ley de desplazamiento de: Wilhelm Wien descubrió en 1893 que, a medida que aumenta la temperatura de un *cuerpo negro*, la *longitud de onda* a la que emite la mayor intensidad de *radiación* va desplazándose hacia longitudes de onda más cortas.

Wien, ley de distribución de: ecuación descubierta por Wilhelm Wien en 1896 que describía, teniendo en cuenta los datos experimentales de los que entonces se disponía, la distribución de la radiación del *cuerpo negro*.

Zeeman, efecto: división de las *líneas espectrales* al ubicar los *átomos* en el seno de un campo magnético.

NOTAS

PRÓLOGO. UN ENCUENTRO DE MENTES

1. Pais (1982), p. 443.
2. Mehra (1975), citado en p. XVII.
3. Ibídem, citado en p. XVII.
4. Exceptuando a los tres profesores de la Universidad Libre de Bruselas que asistían en calidad de invitados (De Donder, Henriot y Piccard), a Herzen (que representaba a la familia Solvay) y a Verschaffelt (que ejercía de secretario científico), diecisiete de los veinticuatro participantes ya habían recibido o acabarían recibiendo el Premio Nobel. Se trataba de: Lorentz en 1902, Curie en 1903 (Física) y en 1911 (Química), W. L. Bragg en 1915, Planck en 1918, Einstein en 1921, Bohr en 1922, Compton en 1927, Wilson en 1927, Richardson en 1928, De Broglie en 1929, Langmuir en 1932 (Química), Heisenberg en 1932, Dirac en 1933, Schrödinger en 1933, Pauli en 1945, Debye en 1936 (Química) y Born en 1954. Los siete que no lo recibieron fueron Ehrenfest, Fowler, Brillouin, Knudsen, Kramers, Guye y Langevin.
5. Fine (1986), citado en p. 1. Carta de Einstein a D. Lipkin, fechada el 5 de julio de 1952.
6. Snow (1969), p. 94.
7. Fölsing (1997), citado en p. 457.
8. Pais (1994), citado en p. 31.
9. Ibídem.
10. Jungk (1960), citado en p. 20.
11. Gell-Mann (1981), p. 169.

12. Hiebert (1990), citado en p. 245.
13. Mahon (2003), citado en p. 149.
14. Mahon (2003), citado en p. 149.

1. REVOLUCIONARIO A SU PESAR

1. Planck (1949), pp. 33-34.
2. Hermann (1971), citado en p. 23. Carta de Planck a Robert Williams Wood, fechada el 7 de octubre de 1931.
3. Mendelssohn (1973), p. 118.
4. Heilbron (2000), citado en p. 5.
5. Mendelssohn (1973), p. 118.
6. Hermann (1971), citado en p. 23. Carta de Planck a Robert Williams Wood, fechada el 7 de octubre de 1931.
7. Heilbron (2000), citado en p. 3.
8. En el siglo XVII se sabía que, cuando un haz de luz solar atravesaba un prisma, se descomponía en los colores del arcoíris. Por aquel entonces se suponía que ese espectro era el resultado de algún tipo de transformación que, al atravesar el prisma, experimentaba la luz. Newton, que no creía que el prisma añadiese colores, llevó a cabo un par de experimentos. En el primero de ellos hizo que un haz de luz blanca atravesara un prisma para producir el espectro de colores y dejó luego que un haz de un solo color atravesara un segundo prisma. Newton afirmaba que, si el color fuese el resultado de algún cambio experimentado por la luz al atravesar el primer prisma, también hubiese experimentado otro cambio al atravesar el segundo. Pero lo que descubrió no obstante fue que, independientemente del color seleccionado, la luz no se veía modificada al atravesar un segundo prisma. En su segundo experimento, Newton consiguió mezclar luz de diferentes colores para crear luz blanca.
9. Herschel llevó a cabo su azaroso descubrimiento el 11 de septiembre de 1800, aunque no fue publicado hasta un año más tarde. Según la disposición elegida, el espectro luminoso puede ser contemplado horizontal o verticalmente. En este sentido, hay que decir que el prefijo «infra» es un término latino que significa «debajo» y que está relacionado con una disposición del espectro como una banda vertical donde el violeta está arriba y el rojo debajo.

10. Las longitudes de la luz roja y sus diversos matices van desde los 610 a los 700 nm (nanómetros, la milmillonésima parte del metro). La frecuencia de la luz roja de 700 nm es de 430.000 millones de oscilaciones por segundo. En el extremo opuesto del espectro visible, la luz ultravioleta va desde los 450 hasta los 400 nm, con la longitud de onda más corta en una frecuencia de 750 billones de oscilaciones por segundo.
11. Kragh (1999), citado en p. 121.
12. Teichmann *et al.* (2002), citado en p. 341.
13. Kangro (1970), citado en p. 7.
14. Cline (1987), citado en p. 34.
15. En 1900, la población de Londres, París y Berlín era de unas 7.488.000, 2.714.000 y 1.889.000 personas, respectivamente.
16. Large (2001), citado en p. 12.
17. Planck (1949), p. 15.
18. Ibídem, p. 16.
19. Ibídem, p. 15.
20. Ibídem, p. 16.
21. Ibídem.
22. El calor no es, como se creía, una forma de energía, sino un proceso que transfiere energía desde un punto A hasta un punto B entre los que existe una diferencia positiva de temperatura.
23. Planck (1949), p. 14.
24. Ibídem, p. 13.
25. Lord Kelvin también formuló una versión de la segunda ley. Según su formulación, equivalente a la de Clausius, es imposible que una máquina convierta calor en trabajo con una eficacia del cien por cien. Se trata de dos formas diferentes de decir lo mismo.
26. Planck (1949), p. 20.
27. Ibídem, p. 19.
28. Heilbron (2000), citado en p. 10.
29. Ibídem.
30. Planck (1949), p. 20.
31. Ibídem, p. 21.
32. Jungnickel y McCormmach (1986), citado en vol. 2, p. 52.
33. Otto Lummer y Ernst Pringsheim bautizaron, en 1899, el descubrimiento con el nombre de «ley del desplazamiento» de Wien (*Verschiebungsgesetz*).

34. Dada la relación inversa que existe entre frecuencia y longitud de onda, si aumenta la temperatura, también lo hace la frecuencia de la radiación de máxima intensidad.
35. Cuando la longitud de onda se mide en micrómetros y la temperatura en grados Kelvin, la constante en cuestión es 2.900.
36. En 1898, la Sociedad de Física de Berlín (Berliner Physikalische Gesellschaft), fundada en 1845, cambió su nombre por el de Sociedad de Física Alemana (Deutsche Physikalische Gesellschaft zu Berlin).
37. La franja infrarroja del espectro puede dividirse aproximadamente en cuatro bandas diferentes de longitudes de onda, el infrarrojo próximo, el espectro visible (0,0007-0,003 mm), el infrarrojo intermedio (0,003-0,006 mm), el infrarrojo lejano (0,006-0,015 mm) y el infrarrojo profundo (0,015-1 mm).
38. Kangro (1976), citado en p. 168.
39. Planck (1949), pp. 34-35.
40. Jungnickel y McCormmach (1986), vol. 2, citado en p. 257.
41. Mehra y Rechenberg (1982), vol. 1, imagen 1, citado en p. 41.
42. Jungnickel y McCormmach (1986), vol. 2, citado en p. 258.
43. Kangro (1976), citado en p. 187.
44. Planck (1900a), p. 79.
45. Ibídem, p. 81.
46. Planck (1949), pp. 40-41.
47. Ibídem, p. 41.
48. Ibídem.
49. Planck (1993), p. 106.
50. Mehra y Rechenberg (1982), vol. 1, p. 50, nota 64 a pie de página.
51. Hermann (1971), citado en p. 23. Carta de Planck a Robert Williams Wood, fechada el 7 de octubre de 1931.
52. Ibídem.
53. Ibídem.
54. Ibídem.
55. Heilbron (2000), citado en p. 14.
56. Planck (1949), p. 32.
57. Hermann (1971), citado en p. 16.
58. Planck (1900b), p. 84.
59. Los valores han sido redondeados.

60. Planck (1900b), p. 82.
61. Born (1948), p. 170.
62. Planck también estaba contento por haber establecido una forma de medir la longitud, el tiempo y la masa apelando a un nuevo conjunto de unidades que pudiese ser válido y fácilmente reproducible en cualquier otra región del universo. Fue una cuestión estrictamente convencional la que llevó, en diferentes lugares y momentos de la historia humana, a la introducción de diferentes sistemas de medidas, la última de las cuales condujo a la medida de la longitud en metros, el tiempo en segundos y la masa en kilogramos. Utilizando h y un par de constantes más, la velocidad de la luz (c) y la constante gravitacional de Newton (G), Planck calculó valores de longitud, masa y tiempo únicos y que pudiesen servir como fundamento de una escala universal. Es cierto que, dada la pequeñez de los valores de h y de G, no servían para ningún propósito práctico cotidiano, pero constituyen la escala de elección para comunicarse con una cultura extraterrestre.
63. Heilbron (2000), citado en p. 38.
64. Planck (1949), pp. 44-45.
65. James Franck, Archive for the History of Quantum Physics (AHQP), entrevista celebrada el 7 de septiembre de 1962.
66. Ibídem.

2. EL ESCLAVO DE LAS PATENTES

1. Hentschel y Grasshoff (2005), citado en p. 131.
2. Collected Papers of Albert Einstein (CPAE), vol. 5, p. 20. Carta de Einstein a Conrad Habicht, escrita entre el 30 de junio y el 22 de septiembre de 1905.
3. Fölsing (1997), citado en p. 101.
4. Hentschel y Grasshoff (2005), citado en p. 38.
5. Einstein (1949a), p. 45.
6. CPAE, vol. 5, p. 20. Carta de Einstein a Conrad Habicht, fechada el 18 o el 25 de mayo de 1905.
7. Ibídem.
8. Brian (1996), citado en p. 61.

9. CPAE, vol. 9, Doc. 366.
10. CPAE, vol. 9, Doc. 366.
11. Calaprice (2005), citado en p. 18.
12. CPAE, vol. 1, xx, M. Einstein.
13. Einstein (1949a), p. 5.
14. Ibídem.
15. Ibídem.
16. Ibídem, p. 8.
17. La Oktoberfest empezó en 1810 para festejar, el 17 octubre, el matrimonio entre el príncipe bávaro coronado Luis (el futuro rey Luis I) y la princesa Teresa. El evento fue tan popular que, desde entonces, se ha repetido anualmente. Pero hay que decir que, pese a su nombre, no comienza en octubre, sino en septiembre, dura dieciséis días y concluye el primer domingo de octubre.
18. CPAE, vol. 1, p. 158.
19. Fölsing (1997), citado en p. 35.
20. Estas fueron, siendo el 6 la nota más elevada, las notas que recibió Einstein: 6 en álgebra, 6 en geometría, 6 en historia, 5 en geometría descriptiva, 5-6 en física, 5 en italiano, 5,5 en química, 5 en historia natural, 4-5 en alemán, 4 en geografía, 4 en dibujo artístico, 4 en dibujo técnico y 3 en francés.
21. CPAE, vol. 1, pp. 15-16.
22. Einstein (1949a), p. 17.
23. Ludwig, p. 15.
24. Fölsing (1997), citado en pp. 52-53.
25. Overbye (2001), citado en p. 19.
26. CPAE, vol. 1, p. 123. Carta de Einstein a Mileva Maric, fechada el 16 de febrero de 1898.
27. Cropper (2001), citado en p. 205.
28. Einstein (1949a), p. 17.
29. CPAE, vol. 1, p. 162. Carta de Einstein a Mileva Maric, fechada el 4 de abril de 1901.
30. Ibídem, pp. 164-165. Carta de Hermann Einstein a Wilhelm Ostwald, fechada el 13 de abril de 1901.
31. Ibídem.
32. CPAE, vol. 1, p. 165. Carta de Einstein a Marcel Grossmann, fechada el 14 de abril de 1901.

33. Ibídem, p. 177. Carta de Einstein a Jost Winteler, fechada el 8 de julio de 1901.
34. El anuncio apareció en el número del 11 de diciembre de 1901 de *Bundesblau* (Gaceta federal). Gaceta CPAE, vol. 1, p. 88.
35. CPAE, vol. 1, p. 189. Carta de Einstein a Mileva Maric, fechada el 28 de diciembre de 1901.
36. Berchtold V, duque de Zahringen fundó, en 1191, la ciudad. Según cuenta la leyenda, Berchtold la llamó, después de cazar un oso, *Bär*, en alemán, Bärn, de donde viene Berna.
37. CPAE, vol. 1, p. 191. Carta de Einstein a Mileva Maric, fechada el 4 de febrero de 1902.
38. Pais (1982), citado en pp. 46-47.
39. Einstein (1993), p. 7.
40. CPAE, vol. 5, p. 28.
41. Hentschel y Grasshoff (2005), citado en p. 37.
42. Fölsing (1997), citado en p. 103.
43. Ibídem.
44. Highfield y Carter (1994), citado en p. 210.
45. Véase CPAE, vol. 5, p. 7. Carta de Einstein a Michele Besso, fechada el 22 de enero de 1903.
46. CPAE, vol. 5, p. 20. Carta de Einstein a Conrad Habicht, escrita entre el 30 de junio y el 22 de septiembre de 1905.
47. Hentschel y Grasshoff (2005), citado en p. 23.
48. CPAE, vol. 1, p. 193. Carta de Einstein a Mileva Maric, fechada el 17 de febrero de 1902.
49. Fölsing (1997), citado en p. 101.
50. Ibídem, citado en p. 104.
51. Ibídem, citado en p. 102.
52. Born (1978), p. 167.
53. Einstein (1949a), p. 15.
54. Ibídem, p. 17.
55. CPAE, vol. 2, p. 97.
56. Einstein (1905a), p. 178.
57. Ibídem, p. 183.
58. Einstein utilizaba también la hipótesis del cuanto de luz para explicar la ley de la fotoluminiscencia de Store y la ionización de los gases debida a la luz ultravioleta.

59. Mulligan (1999), citado en p. 349.
60. Susskind (1995), citado en p. 116.
61. Pais (1982), citado en p. 357.
62. Durante su conferencia de recepción del Premio Nobel, titulada «El electrón y el cuanto de luz desde el punto de vista experimental», Millikan también dijo: «Después de diez años de pruebas, cambios y aprendizajes y cometiendo, en ocasiones, grandes errores, todos nuestros esfuerzos se han orientado, desde el mismo comienzo, a la medición experimental exacta de las energías de emisión de fotones-electrones, como una función de la temperatura, de la longitud de onda o del material, este trabajo acabó convirtiéndose, en contra de mis expectativas, en 1914, en la primera prueba experimental directa de la validez exacta, dentro de los estrechos límites del error experimental, de la ecuación de Einstein y en la primera determinación fotoeléctrica directa de *h*, la constante de Planck».
63. CPAE, vol. 5, pp. 25-26. Carta de Max von Laue a Einstein, fechada el 2 de junio de 1906.
64. Ibídem, pp. 337-338. Propuesta de ingreso de Einstein a la Academia Prusiana de Ciencias, fechada el 12 de junio de 1913 y firmada por Max Planck, Walther Nernst, Heinrich Rubens y Emil Warburg.
65. Park (1997), citado en p. 208. Escrito en inglés, *Opticks* vio la luz por vez primera en 1704.
66. Ibídem, citado en p. 208.
67. Ibídem, citado en p. 211.
68. Robinson (2006), citado en p. 103.
69. Ibídem, citado en p. 122.
70. Ibídem, citado en p. 96.
71. En alemán, «War es ein Gott der diese Zeichen schrieb?».
72. Baierlein (2001), p. 133.
73. Einstein (1905a), p. 178.
74. Ibídem, p. 193.
75. CPAE, vol. 5, p. 26. Carta de Max von Laue a Einstein, fechada el 2 de junio de 1906.
76. En 1906, Einstein publicó *On the Theory of Brownian Motion*, en donde presentaba su teoría de un modo más elegante y amplio.

77. CPAE, vol. 5, p. 63. Carta de Jakob Laub a Einstein, fechada el 1 de marzo de 1908.
78. Ibídem, p. 120. Carta de Einstein a Jakob Laub, fechada el 19 de mayo de 1909.
79. Ibídem.
80. Ibídem.
81. Ibídem.
82. CPAE, vol. 2, p. 563.
83. CPAE, vol. 5, p. 140. Carta de Einstein a Michele Besso, fechada el 17 de noviembre de 1909.
84. Jammer (1966), citado en p. 57.
85. CPAE, vol. 5, p. 187. Carta de Einstein a Michele Besso, fechada el 13 de mayo de 1911.
86. CPAE, vol. 5, p. 190. Carta de invitación al Congreso Solvay de Ernst Solvay a Einstein, fechada el 9 de junio de 1911.
87. Ibídem, p. 192. Carta de Einstein a Walter Nernst, fechada el 20 de junio de 1911.
88. Pais (1982), citado en p. 399.
89. CPAE, vol. 5, p. 241. Carta de Einstein a Michele Besso, fechada el 26 de diciembre de 1911.
90. Brian (2005), citado en p. 128.
91. CPAE, vol. 5, p. 220. Carta de Einstein a Heinrich Zangger, fechada el 7 de noviembre de 1911.

3. EL DANÉS DE ORO

1. Niels Bohr Collected Works (BCW), vol. 1, p. 559. Carta de Bohr a Harald Bohr, fechada el 19 de junio de 1912.
2. Pais (1991), citado en p. 47. Dado que, en 1946, había albergado ya el museo de historia de la medicina de la Universidad de Copenhague.
3. Pais (1991), citado en p. 46.
4. Ibídem, citado en p. 99.
5. Ibídem, citado en p. 48.
6. La segunda universidad de Aarhus fue fundada en 1928.
7. Pais (1991), citado en p. 44.

8. Ibídem, citado en p. 108.
9. Moore (1966), citado en p. 28.
10. Rozental (1967), p. 15.
11. Pais (1989a), citado en p. 61.
12. Niels Bohr, AHQP, entrevista celebrada el 2 de noviembre de 1962.
13. Ibídem.
14. Heilbron y Kuhn (1969), citado en p. 223. Carta de Bohr a Margrethe Nørland, 26 de septiembre de 1911.
15. BCW, vol. 1, p. 523. Carta de Bohr a Ellen Bohr, 2 de octubre de 1911.
16. Weinberg (2003), citado en p. 10.
17. Astan (1940), p. 9.
18. Pais (1991), citado en p. 120.
19. BCW, vol. 1, p. 527. Carta de Bohr a Harald Bohr, 23 de octubre de 1911.
20. Ibídem.
21. Aunque carecemos de evidencia histórica al respecto, es muy probable que Bohr asistiera a una conferencia que, sobre su modelo atómico, pronunció Rutherford en octubre en Cambridge.
22. Bohr (1963b), p. 31.
23. Bohr (1963c), p. 83. El informe oficial del primer congreso Solvay se publicó en francés en 1912 y en alemán en 1913. Bohr leyó el informe apenas pudo.
24. Kay (1963), p. 131.
25. Keller (1983), citado en p. 55.
26. Nitske (1971), citado en p. 5.
27. Ibídem, p. 5.
28. Kragh (1999), p. 30.
29. Wilson (1983), citado en p. 127.
30. Los manuales e historias de la ciencia suelen presentar al científico francés Paul Villard como el descubridor, en 1900, de los rayos gamma. Y por más cierto que fuese que Villard fue el primero en descubrir que el radio emitía rayos gamma, fue Rutherford quien primero informó de ellos en su artículo sobre la radiación del uranio, publicado en enero de 1899, aunque concluido el 1 de septiembre de 1898. Wilson (1983), pp. 126-128, subraya los hechos y defiende convincentemente a Rutherford.

31. Eve (1939), citado en p. 55.
32. Andrade (1964), citado en p. 50.
33. Medidas más exactas dan una vida media de cincuenta y seis segundos.
34. Howorth (1958), citado en p. 83.
35. Wilson (1983), citado en p. 225.
36. Ibídem.
37. Ibídem, citado en p. 286.
38. Ibídem, citado en p. 287.
39. Pais (1986), citado en p. 188.
40. Cropper (2001), citado en p. 317.
41. Wilson (1983), citado en p. 291.
42. Marsden (1948), p. 54.
43. Rhodes (1986), citado en p. 49.
44. Thomson solo empezó a trabajar en una versión matemática detallada de este modelo después de familiarizarse con una idea similar esbozada, en 1902, por Kelvin.
45. Badash (1969), citado en p. 235.
46. De una cita subrayada por Geiger, Wilson (1983), p. 296.
47. Rowland (1938), citado en p. 56.
48. Cropper (2001), citado en p. 317.
49. Wilson (1983), citado en p. 573.
50. Wilson (1983), citado en p. 301. Carta de William Henry Bragg a Ernest Rutherford, fechada el 7 de marzo de 1911 y recibida el 11 de marzo.
51. Eve (1939), citado en p. 200. Carta de Hantaro Nagaoka a Ernest Rutherford, 22 de febrero de 1911.
52. Nagaoka se había visto inspirado por el famoso análisis llevado a cabo por James Clerk Maxwell sobre la estabilidad de los anillos de Saturno que, desde hacía más de un par de siglos, tenía confundidos a los astrónomos. Ese fue, en 1855, el tema elegido por la Universidad de Cambridge para la concesión del prestigioso premio bianual Adams, en un intento de llamar la atención de los mejores físicos para que abordasen el problema. Maxwell fue el único en presentar una respuesta antes de la fecha límite de diciembre de 1857. Pero eso, en lugar de minimizar el significado del premio y el logro de Maxwell, únicamente sirvió, evidenciando la dificultad del pro-

blema, para realzar todavía más su creciente reputación. Nadie más que él había conseguido esbozar un artículo que mereciese la pena. Aunque contemplados directamente a través del telescopio parecían sólidos, Maxwell demostró de forma concluyente que los anillos, de ser sólidos o líquidos, resultarían demasiado inestables. En un asombroso despliegue de virtuosismo matemático demostró que la estabilidad de los anillos de Saturno se debía al hecho de estar compuestos por un inmenso número de partículas girando en círculos concéntricos en torno al planeta. Sir George Airy, el astrónomo real, dijo que la solución de Maxwell era «una de las aplicaciones más notables de las matemáticas a la física que jamás hubiera visto». No es de extrañar que, cuando llegó el momento, Maxwell recibiese el preciado Premio Adams.

53. Rutherford (1906), p. 260.
54. Rutherford (1911a), reimpreso en Boorse y Motz (1966), p. 709.
55. En su artículo, publicado en abril de 1913, Geiger y Marsden afirmaban que sus datos eran una «clara evidencia de la corrección de las creencias subyacentes de que un átomo contenía una fuerte carga en el centro del átomo, muy pequeño comparado con su diámetro».
56. Marsden (1948), p. 55.
57. Niels Bohr, AHQP, entrevista celebrada el 7 de noviembre de 1962.
58. Ibídem, entrevista celebrada el 2 de noviembre de 1962.
59. Ibídem, entrevista celebrada el 7 de noviembre de 1962.
60. Rosenfeld y Rüdinger (1967), citado en p. 46.
61. Pais (1991), citado en p. 125.
62. Andrade (1964), citado en p. 210.
63. Ibídem, p. 209, nota 3.
64. Rosenfeld y Rüdinger (1967), citado en p. 46.
65. Bohr (1963b), p. 32.
66. Niels Bohr, AHQP, entrevista celebrada el 2 de noviembre de 1962.
67. Howorth (1958), citado en p. 184.
68. Soddy (1913), p. 400. También sugirió, a modo de alternativa, la expresión «elementos isotópicos».
69. El radiotorio, el radioactinio, el ionio y el uranio-X fueron posteriormente identificados como 4 de los 25 isótopos del torio.
70. Niels Bohr, AHQP, entrevista celebrada el 2 de noviembre de 1962.
71. Bohr (1963b), p. 33.

72. Ibídem.
73. Ibídem.
74. Niels Bohr, AHQP, entrevista celebrada el 2 de noviembre de 1962.
75. Ibídem, entrevista celebrada el 31 de octubre de 1962.
76. Ibídem.
77. Boorse y Motz (1966), citado en p. 855.
78. Georg von Hevesy, AHQP, entrevista celebrada el 25 de mayo de 1962.
79. Pais (1991), citado en p. 125.
80. Ibídem.
81. Bohr (1963b), p. 33.
82. Blaedel (1985), citado en p. 48.
83. BCW, vol. 1, p. 555. Carta de Bohr a Harald Bohr, fechada el 12 de junio de 1912.
84. Ibídem.
85. Ibídem, p. 561. Carta de Bohr a Harald Bohr, fechada el 17 de junio de 1912.

4. EL ÁTOMO CUÁNTICO

1. Margrethe Bohr, Aage Bohr y Léon Rosenfeld, AHQP, entrevista celebrada el 30 de enero de 1963.
2. Ibídem.
3. Ibídem, entrevista celebrada el 23 de enero de 1963.
4. Rozental (1998), p. 34.
5. Bohr decidió demorar la publicación del artículo hasta que se llevasen a cabo experimentos en Manchester que permitieran establecer la velocidad de las partículas alfa. El artículo, titulado «Over the Theory of the Decrease of Velocity of Moving Electrified Particles on Passing through Matter», se publicó en 1913 en la revista *Philosophical Magazine*.
6. Véase nota 6 del capítulo 3.
7. Nielson (1963), p. 22.
8. Rosenfeld y Rüdinger (1967), citado en p. 51.
9. BCW, vol. 2, p. 577. Carta de Bohr a Ernest Rutherford, fechada el 6 de julio de 1912.

10. Niels Bohr, AHQP, entrevista celebrada el 7 de noviembre de 1962.
11. BCW, vol. 2, p. 136.
12. Ibídem.
13. Niels Bohr, AHQP, entrevista celebrada el 1 de noviembre de 1962.
14. Niels Bohr, AHQP, entrevista celebrada el 31 de octubre de 1962.
15. BCW, vol. 2, p. 577. Carta de Bohr a Ernest Rutherford, fechada el 4 de noviembre de 1912.
16. BCW, vol. 2, p. 578. Carta de Ernest Rutherford a Bohr, fechada el 11 de noviembre de 1912.
17. Pi (π) es el valor numérico de la relación que existe entre la longitud de la circunferencia y el diámetro del correspondiente círculo.
18. Un electronvoltio (eV) equivale a $1{,}6 \times 10^{-19}$ julios de energía. Una bombilla de luz de cien vatios convierte cien julios de energía eléctrica en calor en un segundo.
19. BCW, vol. 2, p. 597. Carta de Bohr a Ernest Rutherford, fechada el 31 de enero de 1913.
20. Niels Bohr, AHQP, entrevista celebrada el 31 de octubre de 1962.
21. En la época de Balmer y hasta bien entrado el siglo XX, la longitud de onda se medía en una unidad que, en honor a Anders Ångström, se denominaba angstrom. El angstrom equivalía a 10^{-8} cm, es decir, la cienmillonésima parte de un centímetro y se corresponde, en las unidades modernas, a la décima parte de un nanómetro.
22. Véase Bohr (1963d), con introducción de Léon Rosenfeld.
23. En 1890, el físico sueco Johannes Rydberg esbozó una ecuación más general que la de Balmer. Contenía un número, posteriormente llamado constante de Rydberg que, partiendo de su modelo, Bohr pudo calcular. Luego reelaboró la constante de Rydberg en términos de la constante de Planck, la masa del electrón y la carga del electrón. De este modo pudo derivar un valor de la constante de Rydberg que matemáticamente era casi idéntico al valor determinado experimentalmente. Bohr contó a Rutherford que creía que supondría un «avance extraordinario e inesperado». (Véase BCW, vol. 2, p. 111).
24. Heilbron (2007), citado en p. 29.
25. Gillott y Kumar (1995), citado en p. 60. Los lectores interesados pueden acceder a las conferencias pronunciadas por los ganadores del Premio Nobel en <www.nobelprize.org>.

26. BCW, vol. 2, p. 582. Carta de Bohr a Ernest Rutherford, fechada el 6 de marzo de 1913.
27. Eve (1939), citado en p. 221.
28. Ibídem.
29. BCW, vol. 2, p. 583. Carta de Ernest Rutherford a Bohr, fechada el 20 de marzo de 1913.
30. Ibídem.
31. Ibídem, pp. 585-586. Carta de Bohr a Ernest Rutherford, fechada el 26 de marzo de 1913.
32. Eve (1939), p. 218.
33. Wilson (1983), citado en p. 333.
34. Rosenfeld y Rüdinger (1967), citado en p. 54.
35. Wilson (1983), citado en p. 333.
36. Blaedel (1988), citado en p. 119.
37. Eve (1939), citado en p. 223.
38. Cropper (1970), citado en p. 46.
39. Jammer (1966), citado en p. 86.
40. Mehra y Rechenberg (1982), vol. 1, citado en p. 236.
41. Ibídem.
42. BCW, vol. 1, p. 567. Carta de Harald Bohr a Bohr, fechada en otoño de 1913.
43. Eve (1939), citado en p. 226.
44. Moseley fue capaz de solucionar algunas anomalías que habían aparecido en la ubicación de tres pares de elementos en la tabla periódica. Ateniéndonos a su peso atómico, el argón (39,94) debía aparecer después del potasio (39,10). Pero ello entraría en conflicto con sus propiedades químicas, en la medida en que el potasio se agruparía con los gases inertes y el argón con los metales alcalinos. Para evitar tal absurdo químico, los elementos se colocaron con los pesos atómicos en orden inverso. Utilizando, sin embargo, sus respectivos números atómicos, están colocados en el orden correcto. El número atómico permitió también la ubicación correcta de otros dos pares de elementos: el yodo y el telurio y el níquel y el cobalto.
45. Pais (1991), citado en p. 164.
46. BCW, vol. 2, p. 594. Carta de Ernest Rutherford a Bohr, fechada el 20 de mayo de 1914.
47. Pais (1991), citado en p. 164.

48. CPAE, vol. 5, p. 50. Carta de Einstein a Arnold Sommerfeld, fechada el 14 de enero de 1908.
49. Posteriormente se descubrió que la *k* de Sommerfeld no podía ser igual a 0. Así, *k* era igual a 1 + 1, en donde 1 es el número del momento angular orbital. 1 = 0, 1, 2… *n*-1, en donde *n* es el principal número cuántico.
50. Actualmente hay dos tipos de efecto Stark. El efecto Stark lineal, en donde la división es proporcional al campo eléctrico y ocurre en estados de excitación del hidrógeno. Todos los demás átomos exhiben el efecto Stark cuadrático, en donde la división de las líneas es proporcional al cuadrado del campo eléctrico.
51. BCW, vol. 2, p. 589. Carta de Ernest Rutherford a Bohr, fechada el 11 de diciembre de 1913.
52. Ibídem, p. 603. Carta de Arnold Sommerfeld a Bohr, fechada el 4 de septiembre de 1913.
53. En la notación moderna, *m* se escribe m_1. Para un determinado valor del, hay 21 + 1 valores de *m*1, que van desde -1 hasta +1. Si 1 = 1, hay tres valores de m_1: –1, 0 y +1.
54. Pais (1994), citado en p. 34. Carta de Arnold Sommerfeld a Bohr, fechada el 25 de abril de 1921.
55. Pais (1991), citado en p. 170.
56. En 1965, cuando Bohr hubiera cumplido los ochenta años, se rebautizó como Niels Bohr Institute.

5. CUANDO EINSTEIN CONOCIÓ A BOHR

1. Frank (1947), citado en p. 98.
2. CPAE, vol. 5, p. 175. Carta de Einstein a Hendrik Lorentz, fechada el 27 de enero de 1911.
3. Ibídem.
4. Ibídem, p. 187. Carta de Einstein a Michele Besso, fechada el 13 de mayo de 1911.
5. Pais (1982), citado en p. 170.
6. Ibídem.
7. CPAE, vol. 5, p. 349. Carta de Einstein a Hendrik Lorentz, fechada el 14 de agosto de 1913.

8. Fölsing (1997), citado en p. 335.
9. CPAE, vol. 8, p. 23. Carta de Einstein a Otto Stern, pasado el 4 de junio de 1914.
10. Ibídem, p. 10. Carta de Einstein a Paul Ehrenfest, antes del 10 de abril de 1914.
11. Ibídem, p. 365. Carta de Einstein a Elsa Löwenthal, antes del 2 de diciembre de 1913.
12. Ibídem, pp. 32-33. Memorándum de Einstein a Mileva Einstein-Maric, fechado el 18 de julio de 1914.
13. Ibídem, p. 41. Carta de Einstein a Paul Ehrenfest, fechada el 19 de agosto de 1914.
14. Fromkin (2004), citado en pp. 49-50.
15. Rusia, Francia, Inglaterra y Serbia se vieron seguidas por Japón (1914), Italia (1915), Portugal y Rumanía (1916), Estados Unidos y Grecia (1917). Los territorios británicos lucharon, durante el desarrollo del conflicto bélico, de parte de los aliados. Tanto Alemania como el Imperio austrohúngaro fueron apoyados por Turquía (1914) y Bulgaria (1915).
16. CPAE, vol. 8, p. 41. Carta de Einstein a Paul Ehrenfest, fechada el 19 de agosto de 1914.
17. Ibídem.
18. Heilbron (2000), citado en p. 72.
19. Fölsing (1997), citado en p. 345.
20. Ibídem.
21. Gilbert (1994), citado en p. 34.
22. Fölsing (1997), citado en p. 346.
23. Ibídem.
24. Large (2001), citado en p. 138.
25. CPAE, vol. 8, p. 77. Carta de Einstein a Romain Rolland, fechada el 22 de marzo de 1915.
26. Ibídem, p. 422. Carta de Einstein a Hendrik Lorentz, fechada el 18 de diciembre de 1917.
27. Ibídem.
28. Ibídem, p. 324. Carta de Einstein a Arnold Sommerfeld, fechada el 29 de octubre de 1912.
29. Ibídem, p. 151. Carta de Einstein a Heinrich Zangger, fechada el 26 de noviembre de 1915.

30. Ibídem, p. 22. Carta de Einstein a Paul Ehrenfest, fechada el 25 de mayo de 1914.
31. Ibídem, p. 243. Carta de Einstein a Michele Besso, fechada el 11 de agosto de 1916.
32. Ibídem.
33. Ibídem, p. 246. Carta de Einstein a Michele Besso, fechada el 6 de septiembre de 1916.
34. CPAE, vol. 6, p. 232.
35. CPAE, vol. 8, p. 613. Carta de Einstein a Michele Besso, fechada el 29 de julio de 1918.
36. Born (2005), p. 22. Carta de Einstein a Max Born, fechada el 27 de enero de 1920.
37. Analogía procedente de Jim Baggott (2004).
38. Born (2005), p. 80. Carta de Einstein a Max Born, fechada el 29 de abril de 1924.
39. Large (2001), citado en p. 134.
40. CPAE, vol. 8, p. 300. Carta de Einstein a Heinrich Zangger, después del 10 de marzo de 1917.
41. Ibídem, p. 88. Carta de Einstein a Heinrich Zangger, fechada el 10 de abril de 1915.
42. En el seno de un campo gravitatorio débil, la relatividad general predice la misma curvatura que la teoría de Newton.
43. Pais (1994), citado en p. 147.
44. Brian (1996), citado en p. 101.
45. Al comienzo del interés despertado por su obra, la primera traducción inglesa de *Relativity* apareció en 1920.
46. CPAE, vol. 8, p. 412. Carta de Einstein a Heinrich Zangger, fechada el 6 de diciembre de 1917.
47. Pais (1982), citado en p. 309.
48. Brian (1996), citado en p. 103.
49. Calaprice (2005), citado en p. 5. Carta de Einstein a Heinrich Zangger, fechada el 3 de enero de 1920.
50. Fölsing (1997), citado en p. 421.
51. Ibídem, citado en p. 455. Carta de Einstein a Marcel Grossmann, fechada el 12 de septiembre de 1920.
52. Pais (1982), citado en p. 314. Carta de Einstein a Paul Ehrenfest, fechada el 4 de diciembre de 1919.

53. Everett (1979), citado en p. 153.
54. Elon (2003), citado en pp. 359-360.
55. Moore (1966), citado en p. 103.
56. Pais (1991), citado en p. 228. Postal enviada por Einstein a Planck, fechada el 23 de octubre de 1919.
57. CPAE, vol. 5, p. 21. Carta de Einstein a Conrad Habicht, escrita entre el 30 de junio y el 22 de septiembre de 1905.
58. Ibídem.
59. Ibídem.
60. Einstein (1949a), p. 47.
61. Moore (1966), citado en p. 104.
62. Ibídem, citado en p. 106.
63. Pais (1991), citado en p. 232.
64. CPAE, vol. 6, p. 232.
65. Fölsing (1997), citado en p. 477. Carta de Einstein a Bohr, fechada el 2 de mayo de 1920.
66. Ibídem. Carta de Einstein a Paul Ehrenfest, fechada el 4 de mayo de 1920.
67. Ibídem. Carta de Bohr a Einstein, fechada el 24 de junio de 1920.
68. Pais (1994), citado en p. 40. Carta de Einstein a Hendrik Lorentz, fechada el 4 de agosto de 1920.
69. *Arbeitsgemeinschaft deutscher Naturforscher zur Erhaltung reiner Wissenschaft.*
70. Born (2005), p. 34. Carta de Einstein a los Born, fechada el 9 de septiembre de 1920.
71. Ibídem.
72. Pais (1982), citado en p. 316. Carta de Einstein a K. Haenisch, fechada el 8 de septiembre de 1920.
73. Fölsing (1997), citado en p. 512. Carta de Einstein a Paul Ehrenfest, fechada el 15 de marzo de 1922.
74. BCW, vol. 3, pp. 69-72. Carta de Bohr a Arnold Sommerfeld, fechada el 30 de abril de 1922.
75. Lo que Bohr llamaba capas electrónicas eran en realidad un conjunto de órbitas electrónicas. Las órbitas primarias se numeraban de la 1 hasta la 7, siendo la 1 la más próxima al núcleo. Las órbitas secundarias se vieron designadas con las letras *s*, *p*, *d*, *f* (de los

términos *sharp*, *principal*, *difuse* y *fundamental* [es decir, «fuerte», «principal», «difusa» y «fundamental»] utilizados por los espectroscopistas para referirse a las líneas de los espectros atómicos). La órbita más próxima al núcleo es una sola órbita y se designa 1s, la siguiente es un par de órbitas etiquetadas 2s y 2p, la siguiente, un trío de órbitas 3s, 3p y 3d, etcétera.

Las órbitas pueden contener más electrones cuanto más alejadas se encuentran del núcleo. Así, por ejemplo, las *s* pueden contener 2 electrones, las *p* 6, las *d* 10 y las *f* 14.

76. Brian (1996), citado en p. 138.
77. Einstein (1993), p. 57. Carta de Einstein a Maurice Solovine, fechada el 16 de julio de 1922.
78. Véase Fölsing (1997), p. 520. Carta de Einstein a Marie Curie, fechada el 11 de julio de 1922.
79. Einstein (1949a), pp. 45-47.
80. French y Kennedy (1985), citado en p. 60.
81. Mehra y Rechenberg (1982), vol. 1, imagen 1, p. 358. Carta de Bohr a James Franck, fechada el 15 de julio de 1922.
82. Moore (1966), citado en p. 116.
83. Moore (1966), citado en p. 116.
84. BCW, vol. 4, p. 685. Carta de Bohr a Einstein, fechada el 11 de noviembre de 1922.
85. Pais (1982), citado en p. 317.
86. BCW, vol. 4, p. 686. Carta de Einstein a Bohr, fechada el 11 de enero de 1923.
87. Pais (1991), citado en p. 308.
88. Pais (1991), citado en p. 215.
89. La conferencia del banquete de Bohr está disponible en <www.nobelprize.org>.
90. Bohr (1922), p. 7.
91. Ibídem, p. 42.
92. Robertson (1979), p. 69.
93. Weber (1981), p. 64.
94. Bohr (1922), p. 14.
95. Stuewer (1975), citado en p. 241.
96. Ibídem.
97. Véase Stuewer (1975).

98. La luz visible experimenta el «efecto Compton». Pero la diferencia de longitudes de onda entre la luz primaria y la luz visible dispersada es mucho más pequeña que para los rayos X, tanto que el efecto, aunque pueda ser medido en el laboratorio, no resulta detectable para el ojo.
99. Compton (1924), p. 70.
100. Ibídem.
101. Compton (1961). Breve artículo de Compton presentando la evidencia experimental y las consideraciones teóricas que le llevaron al descubrimiento del «efecto Compton».
102. El químico estadounidense Gilbert Lewis propuso, en 1926, el nombre de *fotón* para referirse a los átomos de luz.
103. Fölsing (1997), citado en p. 541.
104. Pais (1991), citado en p. 234.
105. Compton (1924), p. 70.
106. Pais (1982), citado en p. 414.

6. EL PRÍNCIPE DE LA DUALIDAD

1. Ponte (1981), citado en p. 56.
2. A diferencia del título de duque, el de príncipe no era un título francés. A la muerte de su hermano, el título francés pasó a primer lugar y Louis se convirtió en duque.
3. Pais (1994), citado en p. 48. Carta de Einstein a Hendrik Lorentz, fechada el 16 de diciembre de 1924.
4. Abraham (1988), citado en p. 26.
5. Ibídem, citado en pp. 26-27.
6. Ibídem, citado en p. 27.
7. Ibídem.
8. Ponte (1981), citado en p. 55.
9. Véase Abraham (1988), p. 38.
10. *Corps du Génie* en francés.
11. Ponte (1981), citado en pp. 55-56.
12. Pais (1991), citado en p. 240.
13. Abraham (1988), citado en p. 30.
14. Ibídem.
15. Ibídem.

16. Ibídem.
17. Ibídem.
18. Wheaton (2007), citado en p. 58.
19. Ibídem, citado en pp. 54-55.
20. Elsasser (1978), p. 66.
21. Gehrenbeck (1978), citado en p. 325.
22. CPAE, vol. 5, p. 299. Carta de Einstein a Heinrich Zangger, fechada el 12 de mayo de 1912.
23. Weinberg (1993), p. 51.

7. LOS DOCTORES DEL ESPÍN

1. Meyenn y Schucking (2001), citado en p. 44.
2. Born (2005), p. 223.
3. Ibídem.
4. Paul Ewald, AHQP, entrevista celebrada el 8 de mayo de 1962.
5. Enz (2002), citado en p. 15.
6. Ibídem, citado en p. 9.
7. Pais (2000), citado en p. 213.
8. Mehra y Rechenberg (1982), vol. 1, imagen 2, citado en p. 378.
9. Enz (2002), citado en p. 49.
10. Cropper (2001), citado en p. 257.
11. Ibídem.
12. Ibídem.
13. Mehra y Rechenberg (1982), vol. 1, imagen 2, p. 384.
14. Pauli (1946b), p. 27.
15. Mehra y Rechenberg (1982), vol. 1, imagen 1, citado en p. 281.
16. CPAE, vol. 8, p. 467. Carta de Einstein a Hedwig Born, fechada el 8 de febrero de 1918.
17. Greenspan (2005), citado en p. 108.
18. Born (2005), p. 56. Carta de Born a Einstein, fechada el 21 de octubre de 1921.
19. Pauli (1946a), p. 213.
20. Ibídem.
21. Lorentz dio por sentado que los electrones oscilantes dentro de átomos del gas de sodio incandescente emitían la luz analizada por

Zeeman. Lorentz demostró que una línea espectral se dividiría en dos o tres líneas ligeramente separadas (un doblete o un triplete) dependiendo de que la luz emitida fuese contemplada en una dirección, respectivamente, paralela o perpendicular a la del campo magnético. Lorentz calculó la diferencia en las longitudes de onda de dos líneas adyacentes y obtuvo un valor coincidente con los resultados experimentales de Zeeman.

22. Pais (1991), citado en p. 199.
23. Pais (2000), citado en p. 221.
24. Pauli (1946a), p. 213.
25. En 1916, el físico alemán de veintiocho años Walther Kossel, a cuyo padre le había sido otorgado el Premio Nobel de Química, fue el primero en establecer la existencia de una relación importante entre el átomo cuántico y la tabla periódica. Él había señalado que la diferencia entre los números atómicos 2, 10 y 18 de los tres primeros gases nobles, el helio, el neón, el argón, era de 8 y afirmó que, en tales átomos, los electrones giraban en torno a «órbitas cerradas». La primera solo contiene 2 electrones, mientras que la segunda y la tercera contienen 8 cada una. Bohr reconoció el trabajo de Kossel. Pero ni Kossel ni otros quisieron ir tan lejos como el danés en elucidar la distribución de los electrones a lo largo de toda la tabla periódica, que culminó en el etiquetado correcto del hafnio como un elemento que no formaba parte de las tierras raras.
26. BCW, vol. 4, p. 740. Postal enviada por Arnold Sommerfeld a Bohr, fechada el 7 de marzo de 1921.
27. Ibídem. Carta de Arnold Sommerfeld a Bohr, fechada el 25 de abril de 1921.
28. Pais (1991), citado en p. 205.
29. Si $n = 3$, entonces $k = 1, 2, 3$.

    Si $k = 1$, entonces $m = 0$ y el estado de la energía es (3,1,0).

    Si $k = 2$, entonces $m = -1, 0, 1$ y los estados de energía son (3,2,–1), (3,2,0) y (3,2,1).

    Si $k = 3$, $m = -2, -1, 0, 1, 2$ y los estados de energía son (3,3,-2), (3,3,–1), (3,3,0), (3,3,1) y (3,3,2), el número total de estados de energía de la tercera capa $n = 3$ es 9 y el número máximo de electrones es 18.

Si $n = 4$, los estados de energía son (4,1,0), (4,2,-1), (4,2,0), (4,2,1), (4,3,–2), (4,3,–1), (4,3,0), (4,3,1), (4,3,2), (4,4,–3), (4,4,–2), (4,4,–1), (4,4,0), (4,4,1), (4,4,2), (4,4,3).

El número de estados de energía del electrón para un determinado n era simplemente igual a n^2. Así, para las primeras cuatro capas, $n = 1, 2, 3$ y 4, el número total de estados de energía son 1, 4, 9 y 16.

30. La primera edición de *Atombau und Spektrallinien* vio la luz en 1919.
31. Pais (2000), citado en p. 223.
32. Recuerden que, en su modelo del átomo cuántico, Bohr introdujo el cuanto en el átomo a través de la cuantización del momento angular ($L = nh / 2\pi = mvr$). Un electrón moviéndose en una órbita circular posee un momento angular. Etiquetado como L en los cálculos, el momento angular del electrón no es nada más que el valor obtenido multiplicando su masa por su velocidad y por el radio de su órbita (o, en términos simbólicos, $L = mvr$). Solo son posibles las órbitas que tienen un momento angular igual para $nh / 2\pi$, en donde n es 1, 2, 3, etcétera. Todas las demás órbitas están prohibidas.
33. Calaprice (2005), citado en p. 77.
34. Pais (1989b), citado en p. 310.
35. Goudsmit (1976), p. 246.
36. Samuel Goudsmit, AHQP, entrevista celebrada el 5 de diciembre de 1963.
37. Pais (1989b), citado en p. 310.
38. Pais (2000), citado en p. 222.
39. En realidad, los dos valores son $+½(h / 2\pi)$ y $–½(h / 2\pi)$ o, de manera equivalente, $+h / 4\pi$ y $–h / 4\pi$.
40. Mehra y Rechenberg (1982), vol. 1, imagen 2, citado en p. 702.
41. Pais (1989b), citado en p. 311.
42. George Uhlenbeck, AHQP, entrevista celebrada el 31 de marzo de 1962.
43. Uhlenbeck (1976), p. 253.
44. BCW, vol. 5, p. 229. Carta de Bohr a Ralph Kronig, 26 de marzo de 1926.
45. Pais (2000), citado en p. 304.
46. Robertson (1979), citado en p. 100.
47. Mehra y Rechenberg (1982), vol. 1, imagen 2, citado en p. 691.
48. Ibídem, citado en p. 692.

49. Ralph Kronig, AHQP, entrevista celebrada el 11 de diciembre de 1962.
50. Ibídem.
51. Pais (2000), citado en p. 305.
52. Ibídem.
53. Ibídem.
54. Ibídem.
55. Uhlenbeck (1976), p. 250.
56. Pais (2000), citado en p. 305.
57. Ibídem.
58. Pais (2000), citado en p. 230.
59. Enz (2002), citado en p. 115.
60. Ibídem, citado en p. 117.
61. Goudsmit (1976), p. 248.
62. Jarnmer (1966), p. 196.
63. Mehra Rechenberg (1982), vol. 2, imagen 2, citado en p. 208. Carta de Pauli a Ralph Kronig, fechada el 21 de mayo de 1925.
64. Ibídem, citado en p. 719.

8. EL MAGO CUÁNTICO

1. Mehra y Rechenberg (1982), vol. 2, citado en p. 6.
2. Heisenberg (1971), p. 16.
3. Ibídem.
4. Ibídem.
5. Ibídem.
6. Werner Heisenberg, AHQP, entrevista celebrada el 30 de noviembre de 1962.
7. Heisenberg (1971), p. 24.
8. Ibídem.
9. Werner Heisenberg, AHQP, entrevista celebrada el 30 de noviembre de 1962.
10. Heisenberg (1971), p. 26.
11. Ibídem.
12. Ibídem.
13. Ibídem, p. 38.

14. Ibídem.
15. Werner Heisenberg, AHQP, entrevista celebrada el 30 de noviembre de 1962.
16. Heisenberg (1971), p. 42.
17. Born (1978), p. 212.
18. Born (2005), p. 73. Carta de Born a Einstein, fechada el 7 de abril de 1923.
19. Born (1978), p. 212.
20. Cassidy (1992), citado en p. 168.
21. Mehra y Rechenberg (1982), vol. 2, citado en pp. 140-141. Carta de Heisenberg a Pauli, fechada el 26 de marzo de 1924.
22. Ibídem, citado en p. 133. Carta de Pauli a Bohr, fechada el 11 de febrero de 1924.
23. Ibídem.
24. Mehra y Rechenberg (1982), vol. 2, citado en p. 142.
25. Ibídem, citado en p. 127. Carta de Born a Bohr, fechada el 16 de abril de 1924.
26. Mehra y Rechenberg (1982), vol. 2, citado en p. 3.
27. Ibídem, citado en p. 150.
28. Frank Hoyt, AHQP, entrevista celebrada el 28 de abril de 1964.
29. Mehra y Rechenberg (1982), vol. 2, citado en p. 209. Carta de Heisenberg a Bohr, fechada el 21 de abril de 1925.
30. Heisenberg (1971), p. 8.
31. Pais (1991), citado en p. 270.
32. Mehra y Rechenberg (1982), vol. 2, citado en p. 196. Carta de Pauli a Bohr, fechada el 12 de diciembre de 1924.
33. Cassidy (1992), citado en p. 198.
34. Pais (1991), citado en p. 275.
35. Heisenberg (1971), p. 60.
36. Ibídem.
37. Heisenberg (1971), p. 61.
38. Ibídem.
39. Ibídem.

40.

$$A = \begin{pmatrix} a & b \\ c & d \end{pmatrix} \; B = \begin{pmatrix} e & f \\ g & h \end{pmatrix} \; A \times B = \begin{pmatrix} (a \times e) + (b \times g) & (a \times f) + (b \times h) \\ (c \times e) + (d \times g) & (c \times f) + (d \times h) \end{pmatrix}$$

$$\textit{si } A = \begin{pmatrix} 1 & 2 \\ 3 & 4 \end{pmatrix} \textit{si } B = \begin{pmatrix} 5 & 6 \\ 7 & 8 \end{pmatrix} \textit{ luego } A \times B = \begin{pmatrix} (1 \times 5) + (2 \times 7) & (1 \times 6) + (2 \times 8) \\ (3 \times 5) + (4 \times 7) & (3 \times 6) + (4 \times 8) \end{pmatrix} = \begin{pmatrix} 5 + 14 & 6 + 16 \\ 15 + 28 & 18 + 32 \end{pmatrix} = \begin{pmatrix} 19 & 22 \\ 43 & 50 \end{pmatrix}$$

$$\textit{si } B = \begin{pmatrix} 5 & 6 \\ 7 & 8 \end{pmatrix} \textit{si } A = \begin{pmatrix} 1 & 2 \\ 3 & 4 \end{pmatrix} \textit{ luego } B \times A = \begin{pmatrix} (5 \times 1) + (6 \times 3) & (5 \times 2) + (6 \times 4) \\ (7 \times 1) + (8 \times 3) & (7 \times 2) + (8 \times 4) \end{pmatrix} = \begin{pmatrix} 5 + 18 & 10 + 24 \\ 7 + 24 & 14 + 32 \end{pmatrix} = \begin{pmatrix} 23 & 34 \\ 31 & 46 \end{pmatrix}$$

$$\textit{por consiguiente } (A \times B) - (B \times A) = \begin{pmatrix} 19 & 22 \\ 43 & 50 \end{pmatrix} - \begin{pmatrix} 23 & 34 \\ 31 & 46 \end{pmatrix} = \begin{pmatrix} -4 & -12 \\ 12 & 4 \end{pmatrix}$$

41. Enz (2002), citado en p. 131. Carta de Heisenberg a Pauli, fechada el 21 de junio de 1925.
42. Cassidy (1992), citado en p. 197. Carta de Heisenberg a Pauli, fechada el 9 de julio de 1925.
43. Mehra y Rechenberg (1982), citado en p. 291.
44. Enz (2002), citado en p. 133.
45. Cassidy (1992), citado en p. 204.
46. Heisenberg (1925), p. 276.
47. Born (2005), p. 82. Carta de Born a Einstein, fechada el 15 de julio de 1925. Born descubrió, como pone de relieve una carta que escribió a Einstein, que la regla de la multiplicación de Heisenberg se ve afectada por la misma regla no conmutativa que afecta a la multiplicación de matrices. Born recordó en una ocasión que Heisenberg le dio el escrito el 11 o 12 de julio. Pero, en otra ocasión, dijo que la fecha en la que había identificado la extraña multiplicación con la multiplicación de matrices había sido el 10 de julio.
48. Born (2005), p. 82. Carta de Born a Einstein, fechada el 15 de julio de 1925.
49. Cropper (2001), citado en p. 269.
50. Born (1978), p. 218.
51. Schweber (1994), citado en p. 7.
52. Born (2005), p. 80. Carta de Born a Einstein, fechada el 15 de julio de 1925.
53. En 1925 y 1926, Heisenberg, Born y Jordan nunca usaron la expresión «mecánica matricial». Siempre se refirieron a ella como «nueva mecánica» o «mecánica cuántica». Otros comenzaron hablando de la «mecánica de Heisenberg» o de la «mecánica de Gotinga», antes de que algunos matemáticos empezaran a referirse a

ella como *Matrizenphysik* o «física matricial». En 1927 se la conocía como «mecánica matricial», un nombre que a Heisenberg siempre le desagradó.

54. Born (1978), p. 190.
55. Ibídem, p. 218.
56. Mehra y Rechenberg (1982), vol. 3, citado en p. 59. Carta de Born a Bohr, fechada el 18 de diciembre de 1926.
57. Greenspan (2005), citado en p. 127.
58. Pais (1986), citado en p. 255. Carta de Einstein a Paul Ehrenfest, fechada el 20 de septiembre de 1925.
59. Pais (1986), citado en p. 255.
60. Pais (2000), citado en p. 224.
61. Born (1978), p. 226.
62. Ibídem.
63. Kursunoglu y Wigner (1987), citado en p. 3.
64. Paul Dirac, AHQP, entrevista celebrada el 7 de mayo de 1963.
65. Kragh (2002) citado en p. 241.
66. Dirac (1977), p. 116.
67. Ibídem.
68. Born (2005), p. 86. Carta de Einstein a Mrs. Born, fechada el 7 de marzo de 1926.
69. Bernstein (1991), citado en p. 160.

9. «UN ARREBATO ERÓTICO TARDÍO»

1. Moore (1989), citado en p. 191.
2. Born (1978), p. 270.
3. Moore (1989), citado en p. 23.
4. Ibídem, citado en pp. 58-59.
5. Ibídem, citado en p. 91.
6. Ibídem.
7. Mehra y Rechenberg (1987), vol. 5, imagen 1, citado en p. 182.
8. Moore (1989), citado en p. 145.
9. Mehra y Rechenberg (1987), vol. 5, imagen 2, citado en p. 412.
10. Bloch (1976), p. 23. Aunque existen ciertas dudas sobre el momento exacto en que Schrödinger pronunció su conferencia en el colo-

quio, la más probable, es decir, la que más se ajusta a los hechos conocidos, es el 23 de noviembre.

11. Bloch (1976), p. 23.
12. Ibídem.
13. Abraham (1988), p. 31.
14. Bloch (1976), pp. 23-24.
15. La ecuación fue redescubierta en 1927 por Oskar Klein y Walter Gordon y acabó conociéndose con el nombre de ecuación de Klein-Gordon. Se aplica solamente a partículas de espín cero.
16. Moore (1989), citado en p. 196.
17. Ibídem, citado en p. 191.
18. El título del artículo de Schrödinger señalaba que, en su teoría, la cuantización de los niveles de energía de un átomo se basaba en los valores permitidos (*Eigenvalues*) de las longitudes de onda del electrón. Tengamos en cuenta que, en alemán, *eigen* significa «propio» o «característico». La palabra alemana *Eigenwert* solo fue medio traducida al inglés como *eigenvalue*.
19. Cassidy (1992), citado en p. 214.
20. Moore (1989), citado en p. 209. Carta de Planck a Schrödinger, fechada el 2 de abril de 1926.
21. Moore (1989), citado en p. 209. Carta de Einstein a Schrödinger, fechada el 16 de abril de 1926.
22. Przibram (1967), p. 6.
23. Moore (1989), citado en p. 209. Carta de Einstein a Schrödinger, fechada el 26 de abril de 1926.
24. Cassidy (1992), citado en p. 213.
25. Pais (2000), citado en p. 306.
26. Moore (1989), citado en p. 210.
27. Mehra y Rechenberg (1987), vol. 5, imagen 1, citado en p. 1. Carta de Pauli a Pascual Jordan, fechada el 12 de abril de 1926.
28. Cassidy (1992), citado en p. 213.
29. Ibídem. Carta de Heisenberg a Pascual Jordan, fechada el 19 de julio de 1926.
30. Ibídem.
31. Ibídem. Carta de Born a Schrödinger, fechada el 16 de mayo de 1927.
32. Mehra y Rechenberg (1987), vol. 5, imagen 2, citado en p. 639. Carta de Schrödinger a Wilhelm Wien, fechada el 22 de febrero de 1926.

33. Ibídem.
34. Pauli, Dirac y el estadounidense Carl Eckhart mostraron de manera independiente que Schrödinger estaba en lo cierto.
35. Mehra y Rechenberg (1987), vol. 5, imagen 2, citado en p. 639. Carta de Schrödinger a Wilhelm Wien, fechada el 22 de febrero de 1926.
36. Moore (1989), citado en p. 211.
37. Ibídem.
38. Cassidy (1992), citado en p. 215. Carta de Heisenberg a Pauli, fechada el 8 de junio de 1926.
39. Ibídem, citado en p. 213. Carta de Heisenberg a Pascual Jordan, fechada el 8 de abril de 1926.
40. El artículo de Heisenberg fue admitido para publicación por el *Zeitschrift für Physik* el 24 de julio y vio la luz el 26 octubre de 1926.
41. Pais (2000), citado en p. 41. Carta de Born a Einstein, fechada el 30 de noviembre de 1926. No incluido en Born (2005).
42. Bloch (1976), p. 320. En el original alemán:

    Gar Manches rechnet Erwin schon
    Mil seiner Wellenfunktion.
    Nur wissen mticht' man gerne wohl
    Was man sich dabei vorstell'n soll.

43. Estrictamente hablando, debería ser el cuadrado del «módulo» de la función de onda. Módulo es un término técnico que se refiere al valor absoluto de un número, independientemente de que su signo sea positivo o negativo. Si, por ejemplo, $x = -3$, entonces el módulo de x es 3. Esto es algo que se representa simbólicamente como $| x | = | -3 - | = 3$. En el caso de un número complejo como $z = x + iy$, el módulo de z es $| z | = \sqrt{x^2 + y^2}$.
44. El cuadrado de un número complejo se calcula del siguiente modo: $z = 4 + 3i$, z^2 no es, de hecho, $z \times z$, sino $z \times z^*$, en donde z^* se denomina el complejo conjugado. Si $z = 4 + 3i$, entonces $z^* = 4 - 3i$. De ahí que $z^2 = z \times z^* = (4 + 3i) \times (4 - 3i) = 16 - 12i + 12i - 9i^2 = 16 - 9 (\sqrt{-1})^2 = 16 - 9(-1) = 16 + 9 = 25$. Si $z = 4 + 3i$, entonces el módulo de z es 5.
45. Born (1978), p. 229.
46. Ibídem.
47. Ibídem, p. 230.

48. Ibídem, p. 231.
49. Born (2005), p. 81. Carta de Born a Einstein, fechada el 15 de julio de 1925.
50. Born (2005), p. 81. Carta de Born a Einstein, fechada el 15 de julio de 1925.
51. Pais (2000), citado en p. 41.
52. Pais (1986), citado en p. 256.
53. Pais (2000), citado en p. 42.
54. El segundo artículo fue publicado en el *Zeitschrift für Physik* el 14 septiembre.
55. Pais (1986), citado en p. 257.
56. Pais (1986), citado en p. 257.
57. Una vez más, se trata, técnicamente hablando, del módulo absoluto o del cuadrado de la función de onda. También, desde una perspectiva técnica, más que de la «probabilidad», el cuadrado absoluto de la función de onda nos da la «densidad de probabilidad».
58. Pais (1986), citado en p. 257.
59. Pais (1986), citado en p. 257.
60. Pais (2000), citado en p. 39.
61. Mehra y Rechenberg (1987), vol. 5, imagen 2, citado en p. 827. Carta de Schrödinger a Wien, fechada el 25 de agosto de 1926.
62. Ibídem, citado en p. 828. Carta de Schrödinger a Born, fechada el 2 de noviembre de 1926.
63. Heitler (1961), citado en p. 223.
64. Moore (1989), citado en p. 222.
65. Ibídem.
66. Heisenberg (1971), p. 73.
67. Cassidy (1992), citado en p. 222. Carta de Heisenberg a Pascual Jordan, fechada el 28 de julio de 1926.
68. Ibídem.
69. Mehra y Rechenberg (1987), vol. 5, imagen 2, citado en p. 625. Carta de Bohr a Schrödinger, fechada el 11 de septiembre de 1926.
70. Heisenberg (1971), p. 73.
71. Ibídem.
72. Véase Heisenberg (1971), pp. 73-75, para la reconstrucción completa de este intercambio concreto entre Schrödinger y Bohr.
73. Heisenberg (1971), p. 76.

74. Moore (1989), p. 228. Carta de Schrödinger a Wilhelm Wien, fechada el 21 de octubre de 1926.
75. Mehra y Rechenberg (1987), vol. 5, imagen 2, citado en p. 826. Carta de Schrödinger a Wilhelm Wien, fechada el 21 de octubre de 1926.
76. Born (2005), p. 88. Carta de Einstein a Born, fechada el 4 de diciembre de 1926.

10. INCERTIDUMBRE EN COPENHAGUE

1. Heisenberg (1971), p. 62.
2. Ibídem.
3. Ibídem.
4. Ibídem.
5. Ibídem, p. 63.
6. Ibídem.
7. Ibídem.
8. Werner Heisenberg, AHQP, entrevista celebrada el 30 de noviembre de 1962.
9. Heisenberg (1971), p. 63.
10. Ibídem.
11. Ibídem, p. 64.
12. Ibídem.
13. Ibídem.
14. Ibídem, p. 65.
15. Cassidy (1992), citado en p. 218.
16. Pais (1991), citado en p. 296. Carta de Bohr a Rutherford, fechada el 15 de mayo de 1926.
17. Heisenberg (1971), p. 76.
18. Cassidy (1992), citado en p. 219.
19. Pais (1991), citado en p. 297.
20. Robertson (1979), citado en p. 111.
21. Pais (1991), citado en p. 300.
22. Heisenberg (1967), p. 104.
23. Mehra y Rechenberg (2000), vol. 6, imagen 1, citado en p. 235. Carta de Einstein a Paul Ehrenfest, fechada el 28 de agosto de 1926.

24. Werner Heisenberg, AHQP, entrevista celebrada el 25 de febrero de 1963.
25. Ibídem.
26. Ibídem.
27. Heisenberg (1971), p. 77.
28. Ibídem.
29. Ibídem.
30. Ibídem.
31. En otro de sus últimos escritos, Heisenberg expresó el cambio crucial en la cuestión que había que responder: «En lugar de preguntar ¿cómo puede expresar uno en el conocido esquema matemático una determinada situación experimental?, habría que preguntar ¿es acaso cierto que las situaciones experimentales que pueden presentarse en la naturaleza pueden expresarse en el formalismo matemático?», Heisenberg (1989), p. 30.
32. Heisenberg (1971), p. 78.
33. Ibídem.
34. Ibídem, p. 79.
35. El momento se prefiere sobre la velocidad porque aparece en las ecuaciones fundamentales tanto de la mecánica clásica como de la mecánica cuántica. Ambas variables físicas están íntimamente ligadas al hecho de que el momento es la masa por la velocidad aun, con las correcciones impuestas por la teoría especial de la relatividad, para un electrón que se desplaza rápidamente.
36. Como señala Max Jammer (1974), Heisenberg utilizó los términos *Ungenauigkeit* (inexactitud o imprecisión) o *Genauigkeit* (precisión o grado de precisión). Ambos aparecen más de treinta veces en su artículo, mientras que *Unbestimmtheit* (indeterminación) aparece solamente un par de veces y *Unsicherheit* (incertidumbre) lo hace tres.
37. En su artículo publicado, Heisenberg lo describe como $\Delta p \Delta q \sim h$, o $\Delta p \times \Delta q$ es, aproximadamente, la constante de Planck.
38. Hubo ocasiones a lo largo de los años en las que Heisenberg pareció sugerir que lo que está indeterminado es nuestro conocimiento del mundo atómico: «El principio de incertidumbre se refiere al grado de indeterminación del conocimiento presente posible de los valores simultáneos de las distintas cantidades a las que se refiere

la teoría de los cuantos…», en lugar de referirse a un rasgo intrínseco de naturaleza. Véase, en este sentido, Heisenberg (1949), p. 20.

39. Heisenberg (1927), p. 68. Una traducción inglesa puede ser encontrada en Wheeler y Zurek (1983), pp. 62-84. Todas nuestras referencias se refieren a esa reimpresión.
40. Heisenberg (1927), p. 68.
41. Ibídem.
42. Heisenberg (1989), p. 30.
43. Heisenberg (1927), p. 62.
44. Heisenberg (1989), p. 31.
45. Heisenberg (1927), p. 63.
46. Ibídem, p. 64.
47. Ibídem, p. 65.
48. Heisenberg (1989), p. 36.
49. Mehra y Rechenberg (2000), vol. 6, imagen 1, citado en p. 146. Carta de Pauli a Heisenberg, fechada el 19 de octubre de 1926.
50. Ibídem.
51. Ibídem.
52. Ibídem, citado en p. 93.
53. Pais (1991), citado en p. 304. Carta de Heisenberg a Bohr, fechada el 10 de marzo de 1927.
54. Pais (1991), citado en p. 304.
55. Cassidy (1992), citado en p. 241. Carta de Heisenberg a Pauli, fechada el 4 de abril de 1927.
56. Werner Heisenberg, AHQP, entrevista celebrada el 25 de febrero de 1963.
57. Ibídem.
58. Ibídem.
59. Heisenberg (1927), p. 82.
60. El título alemán original era: «Über den anschaulichen Inhalt der quantentheoretischen Kinematik und Mechanik», *Zeitschrift für Physik*, 43, pp. 172-198 (1927). Véase Wheeler y Zurek (1983), pp. 62-84.
61. Mehra y Rechenberg (2000), vol. 6, imagen 1, citado en p. 182. Carta de Heisenberg a Pauli, fechada el 4 de abril de 1927.
62. Bohr (1949), p. 210.
63. Existe una diferencia sutil entre la complementariedad de la onda-partícula y la que implica a cualquier par de observables físicos,

como la posición y el momento. Según Bohr, los aspectos ondiculares y corpusculares complementarios de un electrón y de la luz se excluyen mutuamente. Se trata de uno o del otro. Pero posición y momento solo son mutuamente excluyentes si se miden con cierta precisión. De otro modo, la precisión con la que ambos pueden medirse y, en consecuencia, conocerse, depende de la relación de incertidumbre que existe entre momento y posición.

64. BCW, vol. 6, p. 147.
65. BCW, vol. 3, p. 458.
66. Werner Heisenberg, AHQP, entrevista celebrada el 25 de febrero de 1963.
67. Ibídem.
68. Bohr (1949), p. 210.
69. Bohr (1928), p. 53.
70. BCW, vol. 6, p. 91.
71. Mehra y Rechenberg (2000), vol. 6, imagen 1, citado en p. 187. Carta de Bohr a Einstein, fechada el 13 de abril de 1927.
72. Ibídem.
73. BCW, vol. 6, p. 418. Carta de Bohr a Einstein, fechada el 13 de abril de 1927.
74. Mackinnon (1982), citado en p. 258. Carta de Heisenberg a Pauli, fechada el 31 de mayo de 192 7.
75. Cassidy (1992), citado en p. 243. Carta de Heisenberg a Pauli, fechada el 16 de mayo de 1927. Heisenberg utiliza el símbolo ≈, que significa «aproximadamente».
76. Mehra y Rechenberg (2000), vol. 6, imagen 1, citado en p. 183. Carta de Heisenberg a Pauli, fechada el 16 de mayo de 1927.
77. Heisenberg (1927), p. 83.
78. Mehra y Rechenberg (2000), vol. 6, imagen 1, citado en p. 184. Carta de Heisenberg a Pauli, fechada el 3 de junio de 1927.
79. Heisenberg (1971), p. 79.
80. Pais (1991), citado en p. 309. Carta de Heisenberg a Bohr, fechada el 18 de junio de 1927.
81. Ibídem. Carta de Heisenberg a Bohr, fechada el 21 de agosto de 1927.
82. Cassidy (1992), citado en p. 218. Carta de Heisenberg a sus padres, fechada el 29 de abril de 1926.

83. Pais (2000), citado en p. 136.
84. Pais (1991), citado en p. 309. Carta de Heisenberg a Pauli, fechada el 16 de mayo de 1927.
85. Heisenberg (1989), p. 30.
86. Ibídem.
87. Heisenberg (1927), p. 83.
88. Ibídem.
89. Ibídem.
90. Ibídem.

11: SOLVAY 1927

1. Mehra (1975), citado en p. XXIV.
2. CPAE, vol. 5, p. 222. Carta de Einstein a Heinrich Zangger, fechada el 15 de noviembre de 1911.
3. Mehra (1975), citado en p. XXIV. Informe de Lorentz al Consejo Administrativo del Solvay Institute, fechado el 3 de abril de 1926.
4. Ibídem, citado en p. XXIV.
5. Ibídem, citado en p. XXIII. Carta de Ernest Rutherford a B. B. Boltwood, fechada el 28 de febrero de 1921.
6. Ibídem, citado en p. XXII.
7. El estatuto de la Sociedad de las Naciones se esbozó en abril de 1919.
8. En 1936, Hitler violó los Tratados de Locarno al enviar tropas alemanas para invadir la Renania desmilitarizada.
9. William H. Bragg renunció al comité en mayo de 1927 citando otros compromisos y, aunque había sido invitado, no se presentó. Edmond van Aubel, sin embargo, que también formaba parte del comité, se negó a asistir debido a que los alemanes habían sido invitados.
10. Mehra y Rechenberg (2000), vol. 6, imagen 1, citado en p. 232.
11. Ibídem, citado en p. 241. Carta de Einstein a Hendrik Lorentz, fechada el 17 de junio de 1927.
12. Ibídem.
13. Bohr (1949), p. 212.
14. Bacciagaluppi y Valentini (2006), citado en p. 408.

15. Ibídem, citado en p. 408.
16. Ibídem, citado en p. 432.
17. Ibídem, citado en p. 437.
18. Mehra (1975), citado en p. XVII.
19. Bacciagaluppi y Valentini (2006), citado en p. 448.
20. Ibídem.
21. Ibídem, citado en p. 470.
22. Ibídem, citado en p. 472.
23. Ibídem, citado en p. 473.
24. Pais (1991), citado en p. 426. «¿Podría seguir manteniéndose el determinismo convirtiéndolo en una creencia? ¿Hay que elevar el indeterminismo al estado de principio?» (Bacciagaluppi y Valentini [2006], p. 477).
25. Bohr (1963c), p. 91.
26. Bohr fue parcialmente culpable de la confusión dado que, en ocasiones, se refirió a su contribución durante el debate general como un «informe». Eso fue lo que hizo, por ejemplo, en su conferencia titulada «The Solvay Meetings and the Development of Quantum Physics», reimpresa en Ibídem.
27. Ibídem, p. 91.
28. Mehra y Rechenberg (2000), vol. 6, imagen 1, citado en p. 240.
29. Bohr (1928), p. 53.
30. Ibídem, p. 54.
31. Petersen (1985), citado en p. 305.
32. Bohr (1987), p. 1.
33. Einstein (1993), p. 121. Carta de Einstein a Maurice Solovine, fechada el 1 de enero de 1951.
34. Einstein (1949a), p. 81.
35. Heisenberg (1989), p. 174.
36. Bacciagaluppi y Valentini (2006), citado en p. 486. La traducción se basa en notas de los archivos Einstein. La traducción francesa publicada reza: «Debo disculparme por no haber discutido a fondo la mecánica cuántica. No obstante, quería hacer algún comentario de índole general».
37. Bohr (1949), p. 213.
38. Bacciagaluppi y Valentini (2006), citado en p. 487.
39. Ibídem.

40. Véase nota 43 del capítulo 9.
41. Bacciagaluppi y Valentini (2006), citado en p. 487.
42. Ibídem, citado en p. 489.
43. Ibídem.
44. Bohr (1949).
45. Ibídem, p. 217.
46. Ibídem, p. 218.
47. Ibídem.
48. Ibídem.
49. Ibídem.
50. Ibídem, p. 222.
51. De Broglie (1962), p. 150.
52. Heisenberg (1971), p. 80.
53. Ibídem, p. 107.
54. Ibídem.
55. Ibídem.
56. Ibídem, p. 117.
57. Ibídem.
58. Heisenberg (1971), p. 80.
59. Bohr (1949), p. 213.
60. Mehra y Rechenberg (2000), vol. 6, imagen 1, pp. 251-253. Carta de Paul Ehrenfest a Samuel Goudsmit, George Uhlenbeck y Gerhard Diecke, fechada el 3 de noviembre de 1927.
61. Bohr (1949), p. 218.
62. Ibídem.
63. Ibídem, p. 206.
64. Brian (1996), p. 164.
65. Cassidy (1992), citado en p. 253. Carta de Einstein a Arnold Sommerfeld, fechada el 9 de noviembre de 1927.
66. Marage y Wallenborn (1999), citado en p. 165.
67. Cassidy (1992), citado en p. 254.
68. Werner Heisenberg, AHQP, entrevista celebrada el 27 de febrero de 1963.
69. Garnov (1966), p. 51.
70. Calaprice (2005), p. 89.
71. Fölsing (1997), citado en p. 601. Carta de Einstein a Michele Besso, fechada el 5 de enero de 1929.

72. Brian (1996), citado en p. 168.
73. Mehra y Rechenberg (2000), vol. 6, imagen 1, citado en p. 256.
74. Ibídem. Carta de Schrödinger a Bohr, 5 de mayo de 1928.
75. Ibídem, citado en pp. 266-267. Carta de Bohr a Schrödinger, fechada el 23 de mayo de 1928.
76. Przibrarn (1967), p. 31. Carta de Einstein a Schrödinger, fechada el 31 de mayo de 1928.
77. Fölsing (1997), citado en p. 602. Carta de Einstein a Paul Ehrenfest, fechada el 28 de agosto de 1928.
78. Brian (1996), citado en p. 169.
79. Pais (2000), citado en p. 215. Carta de Pauli a Hermann Weyl, fechada el 11 de julio de 1929.
80. Pais (1982), citado en p. 31.

12. EINSTEIN OLVIDA LA RELATIVIDAD

1. Rosenfeld (1968), p. 232.
2. Pais (2000), citado en p. 225.
3. Rosenfeld (1968), p. 232.
4. Ibídem.
5. Rosenfeld, AHQP, entrevista.
6. Clark (1973) citado en p. 198.
7. «The Fabric of the Universe», *The Times*, 7 de noviembre de 1919.
8. Thome (1994), p. 100.
9. Alternativamente, debido a la incontrolable transferencia de momento de la caja de luz, cuando el puntero y la escala se ven iluminados, la caja se mueve de un modo impredecible y el reloj interior también se mueve dentro de un campo gravitatorio. La tasa de su movimiento (el transcurso del tiempo) se modifica imprevisiblemente, conduciendo a una incertidumbre en el momento exacto en que la ventana se abre y el fotón escapa. De nuevo, la cadena de incertidumbres obedece a los límites establecidos por el principio de incertidumbre de Heisenberg.
10. Pais (1982), citado en p. 449.
11. Ibídem, citado en p. 515. Einstein había señalado a la Academia sueca que los logros de Heisenberg y Schrödinger eran tan impor-

tantes que merecían, en consecuencia, un Premio Nobel individual y no compartido. Pero resultaba difícil, no obstante, «determinar quién lo merece antes», admitió, antes de sugerir a Schrödinger. Él había propuesto a Schrödinger y Heisenberg en 1928 cuando sugirió la importancia de De Broglie y Davisson. Las otras alternativas presentadas eran un premio compartido entre Born y Schrödinger y otro entre Born, Heisenberg y Jordan. La entrega del premio de 1928 se vio diferida hasta 1929, momento en que se concedió al físico británico Owen Richardson. Como Einstein sugirió, Louis de Broglie fue el primero de la nueva generación de teóricos cuánticos en ser honrado con el premio en 1929.

12. Fölsing (1997), citado en p. 630.
13. Brian (1996), citado en p. 200.
14. Calaprice (2005), p. 323.
15. Brian (1996), citado en p. 201.
16. Ibídem.
17. Ibídem.
18. Henig (1998), p. 64.
19. Brian (1996), citado en p. 199.
20. Fölsing (1997), citado en p. 629.
21. Brian (1996), citado en p. 199. Carta de Sigmund Freud a Arnold Zweig, fechada el 7 de diciembre de 1930.
22. Brian (1996), citado en p. 204.
23. Levenson (2003), citado en p. 410.
24. Brian (1996), citado en p. 237.
25. Fölsing (1997), citado en p. 659. Carta de Einstein a Margarete Lenbach, fechada el 27 de febrero de 1933.
26. Clark (1973), citado en p. 431.
27. Fölsing (1997), citado en p. 661 y Brian (1996), p. 244.
28. Fölsing (1997), citado en p. 662. Carta de Planck a Einstein, fechada el 19 de marzo de 1933.
29. Fölsing (1997), citado en p. 662. Carta de Planck a Einstein, fechada el 31 de marzo de 1933.
30. Friedländer (1997), citado en p. 27.
31. Física: Albert Einstein (1921), James Franck (1925), Gustav Hertz (1925), Erwin Schrödinger (1933), Viktor Hess (1936), Otto Stern (1943), Felix Bloch (1952), Max Born (1954), Eugene Wigner

(1963), Hans Bethe (1967) y Dennis Gabor (1971). Química: Fritz Haber (1918), Pieter Debye (1936), Georg von Hevesy (1943) y Gerhard Hertzberg (1971). Medicina: Otto Meyerhof (1922), Otto Loewi (1936), Boris Chain (1945), Hans Krebs (1953) y Max Delbruck (1969).

32. Heilbron (2000), citado en p. 210.
33. Ibídem.
34. Beyerchen (1977), citado en p. 43. Este capítulo no aparece en el relato publicado en Heilbron (2000), pp. 210-211, que acaba del siguiente modo: «Dicho esto, se golpeó en la rodilla, empezó a hablar de un modo cada vez más rápido y acabó tan enfadado que no pude sino guardar silencio y retirarme».
35. Forman (1973), citado en p. 163.
36. Holton (2005), citado en pp. 32-33.
37. Greenspan (2005), citado en p. 175.
38. Born (1971), p. 251.
39. Greenspan (2005), citado en p. 177.
40. Born (2005), p. 114. Carta de Born a Einstein, fechada el 2 de junio de 1933.
41. Born (2005), p. 114. Carta de Born a Einstein, fechada el 2 de junio de 1933.
42. Born (2005), p. 111. Carta de Einstein a Born, fechada el 30 de mayo de 1933.
43. Cornwell (2003), citado en p. 134.
44. Jungk (1960), citado en p. 44.
45. Clark (1973), citado en p. 472.
46. Pais (1982), citado en p. 452. Carta de Abraham Flexner a Einstein, fechada el 13 de octubre de 1933.
47. Fölsing (1997), citado en p. 682.
48. Ibídem. Carta de Einstein al consejo de administración del Institute for Advanced Study, fechada en noviembre de 1933.
49. Ibídem, citado en pp. 682-583. Carta de Einstein al consejo de administración del Institute for Advanced Study, fechada en noviembre de 1933.
50. Moore (1989), citado en p. 280.
51. Cassidy (1992), citado en p. 325. Carta de Heisenberg a Bohr, fechada el 27 de noviembre de 1933.

52. Greenspan (2005), citado en p. 191. Carta de Heisenberg a Born, fechada el 25 de noviembre de 1933.
53. Born (2005), p. 200. Carta de Born a Einstein, fechada el 8 de noviembre de 1953.
54. Mehra (1975), citado en la p. XXVII. Carta de Einstein a la reina Isabel de Bélgica, fechada el 20 de noviembre de 1933.

13. LA REALIDAD CUÁNTICA

1. Smith y Weiner (1980), p. 190. Carta de Robert Oppenheimer a Frank Oppenheimer, fechada el 11 de enero de 1935.
2. Ibídem.
3. Born (2005), citado en p. 128.
4. Bernstein (1991), citado en p. 49.
5. James Chadwick se vio recompensado con el Premio Nobel de Física en 1935 y Enrico Fermi en 1938.
6. Brian (1996), citado en p. 251.
7. Einstein (1950), p. 238.
8. Moore (1989), citado en p. 305. Carta de Einstein a Schrödinger, fechada el 8 de agosto de 1935.
9. Jammer (1985), citado en p. 142.
10. Reimpreso en Wheeler y Zurek (1983), pp. 138-141.
11. *The New York Times*, 7 de mayo de 1935, p. 21.
12. Einstein *et al.* (1935), p. 138. Referencias al artículo reimpreso en Wheeler y Zurek (1983).
13. Ibídem.
14. Ibídem.
15. EPR resistieron la tentación de utilizar el experimento de las dos partículas para desafiar el principio de incertidumbre de Heisenberg. Es posible medir directamente el momento exacto de la partícula A y determinar el momento de la partícula B. Y aunque no sea posible conocer la posición de A, debido a la medida que ya hemos realizado sobre ella, sí podemos determinar directamente la posición de B, porque no se ha realizado, sobre ella, ninguna medida previa. Por ello, puede decirse que el momento y la ubicación de la partícula B pueden ser determinados simultáneamente, lo cual contraviene el principio de incertidumbre.

16. Einstein *et al.* (1935), p. 141.
17. Ibídem.
18. BCW, vol. 7, p. 251. Carta de Pauli a Heisenberg, fechada el 15 de junio de 1935.
19. Ibídem.
20. Fölsing (1997), citado en p. 697.
21. Rosenfeld (1967), p. 128.
22. Ibídem.
23. Ibídem.
24. Ibídem.
25. Ibídem, p. 129. También en Wheeler y Zurek (1983), citado en p. 142.
26. Véase Bohr (1935a).
27. Véase Bohr (1935b).
28. Ibídem, p. 145.
29. Ibídem, p. 148.
30. Heisenberg (1971), p. 104.
31. Ibídem.
32. Ibídem.
33. Ibídem, p. 105.
34. Bohr (1949), p. 234.
35. Bohr (1935b), p. 148.
36. Ibídem.
37. Ibídem.
38. Fölsing (1997), citado en p. 699. Carta de Einstein a Cornelius Lanczos, fechada el 21 de marzo de 1942.
39. Born (2005), p. 155. Carta de Einstein a Born, fechada el 3 de marzo de 1947.
40. Petersen (1985), citado en p. 305.
41. Jammer (1974), citado en p. 161.
42. Niels Bohr, AHQP, entrevista celebrada el 17 de noviembre de 1962.
43. Moore (1989), citado en p. 304. Carta de Schrödinger a Einstein, fechada el 7 de junio de 1935.
44. Ibídem.
45. Schrödinger (1935), p. 161.
46. Ibídem.

47. Fine (1986), citado en p. 68. Carta de Einstein a Schrödinger, fechada el 17 de junio de 1935.
48. Murdoch (1987), citado en p. 173. Carta de Einstein a Schrödinger, fechada el 19 de junio de 1935.
49. Moore (1989), citado en p. 304. Carta de Einstein a Schrödinger, fechada el 19 de junio de 1935.
50. Fine (1986), citado en p. 78. Carta de Einstein a Schrödinger, fechada el 8 de agosto de 1935.
51. Ibídem.
52. Schrödinger (1935), p. 157.
53. Mehra y Rechenberg (2001), vol. 6, imagen 2, citado en p. 743. Carta de Einstein a Schrödinger, fechada el 4 de septiembre de 1935.
54. Fine (1986), citado en pp. 84-85. Carta de Einstein a Schrödinger, fechada el 22 de diciembre de 1950.
55. Ibídem.
56. Moore (1989), citado en p. 314. Carta de Schrödinger a Einstein, fechada el 23 de marzo de 1936.
57. Fölsing (1997), citado en p. 688.
58. Ibídem.
59. Born (2005), p. 125. Carta de Einstein a Born, sin fecha.
60. Ibídem, p. 127.
61. Fölsing (1997), citado en p. 704.
62. Brian (1996), citado en p. 305.
63. Ibídem.
64. Petersen (1985), citado en p. 305.
65. Einstein (1993), p. 119. Carta de Einstein a Maurice Solovine, fechada el 1 de enero de 1951.
66. Fine (1986), citado en p. 95. Carta de Einstein a M. Laserna, fechada el 8 de enero de 1955.
67. Einstein (1934), p. 112.
68. Einstein (1993), p. 119. Carta de Einstein a Maurice Solovine, fechada el 1 de enero de 1951.
69. Heisenberg (1989), p. 117.
70. Ibídem.
71. Heisenberg (1989), p. 116.
72. Einstein (1950), p. 88.

73. Heisenberg (1989), p. 44.
74. Przibram (1967), p. 31. Carta de Einstein a Schrödinger, fechada el 31 de mayo de 1928.
75. Fölsing (1997), citado en p. 704.
76. Ibídem, citado en p. 705.
77. Mehra (1975), citado en p. XXVII. Carta de Einstein a la reina Isabel de Bélgica, fechada el 9 de enero de 1939.
78. Pais (1994), citado en p. 218. Carta de Einstein a Roosevelt, fechada el 7 de marzo de 1940.
79. Clark (1973), citado en p. 29.
80. Heilbron (2000), citado en p. 195.
81. Ibídem.
82. Fölsing (1997), citado en p. 729. Carta de Einstein a Marga Planck, fechada en octubre de 1947.
83. Pais (1967), p. 224.
84. Ibídem, p. 225.
85. Heisenberg (1983), p. 121.
86. Holton (2005), citado en p. 32.
87. Einstein (1993), p. 85. Carta de Einstein a Solovine, fechada el 10 de abril de 1938.
88. Brian (1996), citado en p. 400.
89. Nathan y Norden (1960), pp. 629-630. Carta de Einstein a Bohr, fechada el 2 de marzo de 1955.
90. Pais (1982), citado en p. 477. Carta de Helen Dukas a Abraham Pais, fechada el 30 de abril de 1955.
91. Overbye (2001), citado en p. 1.
92. Clark (1973), citado en p. 502.
93. Bohr (1955), p. 6.
94. Pais (1994), citado en p. 41.

14. ¿POR QUIÉN DOBLA EL TEOREMA DE BELL?

1. Born (2005), p. 146. Carta de Einstein a Born, fechada el 7 de septiembre de 1944.
2. Stapp (1977), p. 191.
3. Petersen (1985), citado en p. 305.

4. Przibram (1967), p. 39. Carta de Einstein a Schrödinger, fechada el 22 de diciembre de 1950.
5. Goodchild (1980), citado en p. 162.
6. Bohm (1951), pp. 612-613.
7. Ibídem, p. 622.
8. Ibídem, p. 611.
9. Bohm (1952a), p. 382.
10. Bohm (1952a), p. 369.
11. Bell (1987), p. 160.
12. Bell (1987), p. 160.
13. El título alemán del libro de Von Neumann era *Mathematische Grundlagen der Quantenmechanik.*
14. Von Newnann (1955), p. 325.
15. Maxwell (1860), p. 19.
16. Ibídem.
17. Von Newnann (1955), pp. 327-328.
18. Bernstein (1991), citado en p. 12.
19. Ibídem, citado en p. 15.
20. Ibídem, citado en p. 64.
21. Bell (1987), citado en p. 159.
22. Ibídem.
23. Ibídem.
24. Bernstein (1991), citado en p. 65.
25. Bell (1987), p. 160.
26. Ibídem, p. 167.
27. Beller (1999), citado en p. 213.
28. Born (2005), p. 189. Carta de Einstein a Born, 12 de mayo de 1952.
29. Bernstein (1991), citado en p. 66.
30. Ibídem, citado en p. 72.
31. Ibídem.
32. Ibídem, citado en p. 73.
33. Born (2005), p. 153. Carta de Einstein a Born, fechada el 3 de marzo de 1947.
34. La modificación de Bohm de EPR apareció en el capítulo 22 de su libro *Quantum Theory*. Implicaba una molécula con un espín cero que se desintegra en dos átomos, uno con espín hacia arriba (+½) y el otro con espín hacia abajo (–½), cuyo giro combinado sigue

siendo cero. Desde su principio se ha convertido en práctica estándar reemplazar los átomos con un par de electrones.

35. Hemos elegido los ejes ortogonales *x*, *y*, *z* por mera conveniencia y porque nos resultan más familiares. Lo cierto es que cualquier conjunto de tres ejes serviría perfectamente para medir los componentes del espín cuántico.
36. Bell (1987), p. 139.
37. Ibídem, p. 143.
38. Ibídem.
39. Conocidas también como «desigualdades de Bell».
40. Bell (1964). Reimpreso en Bell (1987) y en Wheeler y Zurek (1983).
41. Bell (1966), p. 447. Reimpreso en Bell (1987) y en Wheeler y Zurek (1983).
42. Bell (1966), p. 447.
43. Born (2005), p. 218. Carta de Pauli a Born, fechada el 31 de marzo de 1954.
44. Born (2005), p. 218. Carta de Pauli a Born, fechada el 31 de marzo de 1954.
45. Bell (1964), p. 199.
46. Clauser (2002), p. 71.
47. Ibídem, p. 70.
48. Redhead (1987), p. 108, tabla l.
49. Aczel (2003), citado en p. 186.
50. Ibídem.
51. Aspect *et al.* (1982), p. 94.
52. Davies y Brown (1986), p. 50.
53. Ibídem, p. 51.
54. Ibídem, p. 47.

15. EL DEMONIO CUÁNTICO

1. Pais (1982), citado en p. 9.
2. Einstein (1950), p. 91.
3. Pais (1982), citado en p. 460.
4. Ibídem, p. 9.
5. Feynman (1965), p. 129.

6. Ibídem.
7. Bernstein (1991), p. 42.
8. Born (2005), p. 162. Comentario sobre los manuscritos de Einstein a Born, fechado el 18 de marzo de 1948.
9. Heisenberg (1983), p. 117. Un ejemplo de Einstein usando su famosa frase.
10. Born (2005), p. 216. Carta de Pauli a Born, fechada el 31 de marzo de 1954.
11. Ibídem.
12. Ibídem.
13. Ibídem.
14. Stachel (2002), citado en p. 390. Carta de Einstein a Georg Jaffe, fechada el 19 de enero de 1954.
15. Born (2005), p. 88. Carta de Einstein a Born, fechada el 4 de diciembre de 1926.
16. Ibídem, p. 219. Carta de Pauli a Born, fechada el 31 de marzo de 1954.
17. Isaacson (2007), citado en p. 460. Carta de Einstein a Jerome Rothstein, fechada el 22 de mayo de 1950.
18. Rosenthal-Schneider (1980), citado en p. 70. Postal enviada por Einstein a Ilse Rosenthal, fechada el 31 de marzo de 1944.
19. Aspect (2007), p. 867.
20. Einstein *et al.* (1935), p. 141.
21. Einstein (1949b), p. 666.
22. Fine (1986), citado en p. 57. Carta de Einstein a Aron Kupperman, fechada el 10 de noviembre de 1954.
23. Isaacson (2007), citado en p. 466.
24. Heisenberg (1971), p. 81.
25. Ibídem, p. 80.
26. Born (2005), p. 69.
27. Born (1949), pp. 163-164.
28. Clauser (2002), p. 72.
29. Blaedel (1988), p. 11.
30. Clauser (2002), p. 61.
31. Wolf (1988), citado en p. 17.
32. Pais (2000), citado en p. 55.
33. Gell-Mann (1979), p. 29.

34. Tegmarky Wheeler (2001), p. 61.
35. Entre los treinta se hallaban quienes apoyaban el enfoque de las «historias coherentes», que se originan en la interpretación de los múltiples mundos. Se basa en la idea de que, de todos los posibles métodos para lograr un determinado resultado experimental, solo unos pocos tienen, según las reglas de la mecánica cuántica, sentido.
36. Buchanan (2007), citado en p. 37.
37. Ibídem, citado en p. 38.
38. Stachel (1998), p. xiii.
39. French (1979), citado en p. 133.
40. Pais (1994), citado en p. 57.

BIBLIOGRAFÍA

The Collected Papers of Albert Einstein (CPAE), publicado por Princeton University Press:

Volume 1 - The Early Years: 1879-1902. Editado por John Stachel (1987).
Volume 2 - The Swiss Years: Writings, 1900-1909. Editado por John Stachel (1989).
Volume 3 - The Swiss Years: Writings, 1909-1911. Editado por Martin J. Klein, A. J. Kox, Jürgen Renn y Robert Schulmann (1993).
Volume 4 - The Swiss Years: Writings, 1912-1914. Editado por Martin J. Klein, A. J. Kox, Jürgen Renn y Robert Schulmann (1996).
Volume 5 - The Swiss Years: Correspondence,1902-1914. Editado por Martin J. Klein, A. J. Kox y Robert Schulmann (1994).
Volume 6 - The Berlin Years: Writings, 1914-1917. Editado por Martin J. Klein, A. J. Kox y Robert Schulmann (1997).
Volume 7 - The Berlin Years: Writings, 1918-1921. Editado por Michel Janssen, Robert Schulmann, Jozsef Illy, Christop Lehner y Diana Kormos Buchwald (2002).
Volume 8 - The Berlin Years: Correspondence, 1914-1918. Editado por Robert Schulmann, A. J. Kox, Michel Janssen y Jozsef Illy (1998).
Volume 9 - The Berlin Years: Correspondence, January 1919-April 1920. Editado por Diana Kormos Buchwald y Robert Schulman (2004).

Nota de CPAE: Los volúmenes 1 a 5 han sido traducidos por Anna Beck, los volúmenes 6 y 7 por Alfred Engel, y los 8 y 9 por Ann Hentschel. Las fechas de la publicación corresponden a las traducciones inglesas.

Niels Bohr Collected Works (BCW), publicado por North-Holland, Ámsterdam:

Volume 1 - Early Work, 1905-1911. Editado por J. Rud Nielsen, editor general Léon Rosenfeld (1972).

Volume 2 - Work on Atomic Physics, 1912-1917. Editado por Ulrich Hoyer, editor general Léon Rosenfeld (1981).

Volume 3 - The Correspondence Principle, 1918-1923. Editado por J. Rud Nielsen, editor general Léon Rosenfeld (1976).

Volume 4 - The Periodic System, 1920-1923. Editado por J. Rud Nielsen (1977).

Volume 5 - The Emergence of Quantum Mechanics, 1924-1926. Editado por Klaus Stolzenburg, editor general Erik Rüdinger (1984).

Volume 6 - Foundations of Quantum Physics I, 1926-1932. Editado por Jørgen Kalckar, editor general Erik Rüdinger (1985).

Volume 7 - Foundations of Quantum Physics II, 1933-1958. Editado por Jørgen Kalckar. Editores generales Finn Aaserud y Erik Rüdinger (1996).

ABRAGHAM, A., «Louis Victor Pierre Raymond de Broglie», *Biographical Memoirs of Fellows of the Royal Society*, 34, pp. 24-41 (1988).

ACZEL, AMIR D., *Entanglement*, Chichester, John Wiley, 2003. [Hay trad. cast.: *Entrelazamiento: el mayor misterio de la física*, Barcelona, Crítica, 2004].

ALBERT, DAVID Z., *Quantum Mechanics and Experience*, Cambridge, MA, Harvard University Press, 1992.

ANDRADE, E. N. DA C., *Rutherford and the Nature of the Atom*, Garden City, NY, Doubleday Anchor, 1964.

ASHTON, FRANCIS W., «J. J. Thomson», *The Times*, Londres, 4 de septiembre de 1940.

ASPECT, ALAIN, PHILIPPE GRANGIER y GÉRARD ROGER, «Experimental Tests of Realistic Local Theories via Bell's Theorem», *Physical Review Letters*, 47, pp. 460-463 (1981).

— PHILIPPE GRANGIER y GÉRARD ROGER, «Experimental Realization of Einstein-Podolsky-Rosen-Bohm *Gedankenexperiment:* A New Violation of Bell's Inequalities», *Physical Review Letters*, 49, pp. 91-94 (1982).

— «To Be or not to Be Local», *Nature*, 446, pp. 866 (2007).

BACCIAGALUPPI, GUIDO y ANTHONY VALENTINI, *Quantum Theory at the Crossroads: Reconsidering the 1927 Solvay Conference*, arXiv:quantph/0609184v1, 24 de septiembre de 2006.

BADASH, LAWRENCE, *Rutherford and Boltwood*, New Haven, CT, Yale University Press, 1969.

— «Ernest Rutherford and Theoretical Physics», en Kargon y Achinstein (1987).

BAGGOTT, JIM, *Beyond Measure*, Oxford, Oxford University Press, 2004.

BAIERLEIN, RALPH, *Newton to Einstein: The Trail of Light*, Cambridge, Cambridge University Press, 2001.

BALLENTINE, L. E., «Einstein's Interpretation of Quanturn Mechanics», *American Journal of Physics*, 40, pp. 1763-1771 (1972).

BARKAN, DIANA KORMOS (1993), «Toe Witches-Sabbath: Toe First International Solvay Congress in Physics», en Beller *et al.* (1993).

BELL, JOHN S., «On the Einstein PodolskyRosenParadox», *Physics*, 1, 3, pp. 195-200 (1964). Reimpreso en Bell (1987) y Wheeler y Zurek (1983).

— «On the Problem of Hidden Variables in Quantum Mechanics», *Review of Modern Physics*, 38, 3, pp. 447-452 (1966). Reimpreso en Bell (1987) y Wheeler y Zurek (1983).

— «On theimpossible Pilot Wave», *Foundations of Physics*, 12, pp. 989-999 (1982). Reimpreso en Bell (1987).

— *Speakable and Unspeakable in Quantum Mechanics*, Cambridge, Cambridge University Press, 1987. [Hay trad. cast.: *Lo decible e indecible en mecánica cuántica*, Madrid, Alianza, 1990].

BELLER, MARA, *Quantum Dialogue: The Making of a Revolution*, Chicago, University of Chicago Press, 1999.

— Jürgen Renn y Robert S. Cohen (eds.), *Einstein in Context*. Número especial de *Science in Context*, 6, 1 (1993).

BERNSTEIN, JEREMY, *Quantum Profiles*, Princeton, NJ, Princeton University Press, 1991. [Hay trad. cast.: *Perfiles cuánticos*, Madrid, McGraw-Hill, 1991].

BERTLMANN, R. A. y A. ZEILINGER (EDS.), *Quantum [Un]speakables: From Bell to Quantum Information*, Berlín, Springer, 2002.

BEYERCHEN, ALAN D., *Scientists under Hitler: Politics and the Physics Community in the Third Reich*, New Haven, CT, Yale University Press, 1977.

BLAEDEL, NIELS, *Harmony and Unity: The Life of Niels Bohr*, Madison, WI, Science Tech Inc., 1985.

BLOCH, FELIX, «Reminiscences of Heisenberg and the Early Days of Quanturn Mechanics», *Physics Today*, 29, pp. 23-27 (diciembre 1976).

BOHM, DAVID, *QuantumTheory*, Englewood Cliffs, NJ, Prentice-Hall, 1951.

— «A Suggested Interpretation of the Quanturn Theory in Terms of "Hidden" Variables I» (1952a), reimpreso en Wheeler y Zurek (1983), pp. 369-382.

— «A Suggested Interpretation of the Quanturn Theory in Terms of "Hidden" Variables II» (1952b), reimpreso en Wheeler y Zurek (1983), pp. 383-396.

— *Causality and Chance in Modern Physics*, Londres, Routledge, 1957. [Hay trad. cast.: *Causalidad y azar en la física moderna*, México D. F., Universidad Nacional Autónoma de México, 1959].

BOHR, NIELS, «The Structure of the Atom», conferencia Nobel presentada el 11 de diciembre de 1922, reimpreso en *Nobel Lectures* (1965), pp. 7-43.

— «The Quanturn Postulate and the Recent Development of Atomic Theory» (1928) en Bohr (1987).

— «Quanturn Mechanics and Physical Reality», *Nature*, 136, 65 (1935a). Reimpreso en Wheeler y Zurek (1983), p. 144.

— «Can Quantum-Mechanical Description of Physical Reality Be Considered Complete?», *Physical Review*, 48, pp. 696-702 (1935b). Reimpreso en Wheeler y Zurek (1983), pp. 145-151.

— «Discussion with Einstein on Epistemological Problems in Atomic Physics» (1949), en Schilpp (1969).

— «Albert Einstein: 1879-1955», *Scientific American*, 192, pp. 31-33 (junio de 1955).

— *Essays 1958-1962 on Atomic Physics and Human Knowledge*, Nueva York, John Wiley, 1963a. [Hay trad. cast.: *Física atómica y conocimiento humano*, Madrid, Aguilar, 1964].

— «The Rutherford Memorial Lecture 1958: Reminiscences of the Founder of Nuclear Science and of Sorne Developments Based on bis Work» (1963b), en Bohr (1963a).

— «The Solvay Meetings and the Development of Quantum Physics» (1963c), en Bohr (1963a).

— *On the Constitution of Atoms and Molecules: Papers of 1913 reprinted from the* Philosophical Magazine *with an Introduction by L. Rosenfeld*, Copenhague, Munksgaard Ltd; Nueva York, W. A. Benjamin, 1963d.
— *The Philosophical Writings of Niels Bohr: Volume 1 - Atomic Theory and the Description of Nature*, Woodbridge, CT, Ox Bow Press, 1987. [Hay trad. cast.: *La teoría atómica y la descripción de la naturaleza*, Madrid, Alianza, 1988].
BOORSE, HENRY A. y LLOYD MOTZ (EDS.), *The World of the Atom*, 2 vols., Nueva York, Basic Books, 1966.
BORN, MAX, «Max Plank. *Obituary Notices of Fellows of the Royal Society*, 6, pp. 161-188 (1948).
— «Einstein's Statistical Theories» (1949), en Schilpp (1969).
— «The Statistical Interpretation of Quantum Mechanics», conferencia Nobel pronunciada el 11 de diciembre de 1954, reimpreso en *Nobel Lectures* (1964), pp. 256-267.
— *Physics in My Generation*, Londres, Longman, 1970.
— *My Life: Recollections of a Nobel Laureate*, Londres, Taylor and Francis, 1978.
— *The Born-Einstein Letters 1916-1955: Friendship, Politics and Physics in Uncertain Times*, Nueva York, Macmillan, 2005. [Hay trad. cast.: *Einstein-Born: correspondencia 1916-1955*, México D. F., Siglo XXI, 1973].
BRANDSTÄTTER, CHRISTIAN (ED.), *Vienna 1900 and the Heroes of Modernism*, Londres, Thames and Hudson, 2005.
BRIAN, DENIS, *Einstein: A Life*, Nueva York, John Wiley, 1996. [Hay trad. cast.: *Einstein*, Madrid, Acento, 2004].
BROGLIE, LOUIS DE, «Toe Wave Nature of the Electron», conferencia Nobel presentada el 12 de diciembre de 1929 y reimpresa en *Nobel Lectures* (1965), pp. 244-256.
— *New Perspectives in Physics*, Nueva York, Basic Books, 1962. [Hay trad. cast.: *Por los senderos de la ciencia*, Madrid, Espasa-Calpe, 1963].
BROOKS, MICHAEL, «Reality Check», *New Scientist*, pp. 30-33 (23 de junio de 2007).
BUCHANAN, MARK, «Quantum Untanglement», *New Scientist*, pp. 36-39 (3 de noviembre de 2007).
BURROW, J. W., *The Crisis of Reason: European Thought, 1848-1914*, New Haven, CT, Yale University Press, 2000. [Hay trad. cast.: *La crisis de*

la razón: el pensamiento europeo entre 1848 y 1914, Barcelona, Crítica, 2001].

CAHAN, DAVID, «The Institutional Revolution in German Physics, 1865-1914», *Historical Studies in the Physical Sciences*, 15, pp. 1-65 (1985).

— *An Institute for an Empire: The Physikalisch-Technische Reichsanstalt 1871-1918*, Cambridge, Cambridge University Press, 1989.

— «Toe Young Einstein's Physics Education: H. F. Weber, Hermann von Helmholtz and the Zurich Polytechnic Physics Institute», en Howard y Stachel (2000).

CALAPRICE, ALICE (ED.), *The New Quotable Einstein*, Princeton, NJ, Princeton University Press, 2005.

CASSIDY, DAVID C., *Uncertainty: The Life and Science of Werner Heisenberg*, Nueva York, W. H. Freeman and Company, 1992).

CERCIGNANI, CARLO, *Ludwig Boltzmann: The Man Who Trusted Atoms*, Oxford, Oxford University Press, 1998.

CLARK, CHRISTOPHER, *Iron Kingdom: The Rise and Downfall of Prussia, 1600-1947*, Londres, Allen Lane, 2006.

CLARK, ROLAND W., *Einstein: The Life and Times*, Londres, Hodder and Stoughton, 1973.

CLAUSER, JOHN F. «Toe Early History of Bell's Theorem», en Bertlmann y Zeilinger (2002).

CLINE, BARBARA LOVETT, *Men Who Made a New Physics*, Chicago, University of Chicago Press, 1987. [Hay trad. cast.: *Los creadores de la nueva física*, México D. F., Fondo de Cultura Económica, 1973].

COMPTON, ARTHUR H., «The Scattering of X-Rays», *Journal of the Franklin Institute*, 198, pp. 57-72 (1924).

— «Toe Scattering of X-Rays as Particles» (1961), reimpreso en Phillips (1985).

CORNWELL, JOHN, *Hitler's Scientists: Science, War and the Devil's Pact*, Londres, Viking, 2003.

CROPPER, WILLIAM H., *Great Physicists: The Life and Times of Leading Physicists from Galileo to Hawking*, Oxford, Oxford University Press, 2001.

— *The Quantum Physicists*, Nueva York, Oxford University Press, 1970.

CUSHING, JAMES T., *Quantum Mechanics: Historical Contingency and the Copenhagen Hegemony*, Chicago, University of Chicago Press, 1994.

CUSHING, JAMES T., *Philosophical Concepts in Physics: The Historical Relation Between Philosophy and Scientific Theories*, Cambridge, Cambridge University Press, 1998.

CUSHING, JAMES T. y ERNAN MCMULLIN (EDS.), *Philosophical Consequences of Quantum Theory: Reflections on Bell's Theorem*, Notre Dame, IN, University of Notre Dame Press, 1989.

DAVIES, PAUL C. W. y JULIAN BROWN, *The Ghost in the Atom*, Cambridge, Cambridge University Press, 1986. [Hay trad. cast.: *El espíritu en el átomo: una discusión sobre los misterios de la física cuántica*, Madrid, Alianza, 1989].

DE HASS-LORENTZ, G. L. (ED.), *H.A. Lorentz: Impressions of his Life and Work*, Ámsterdam, North-Holland Publishing Company, 1957.

DIRAC, P. A. M., «Toe Physical Interpretation of Quantum Dynamics», *Proceedings of the Royal Society A*, 113, pp. 621-641 (1927).

— «Theory of Electrons and Positrons», conferencia Nobel pronunciada el 12 de diciembre de 1933. Reimpreso en *Nobel Lectures* (1965), pp. 320-325.

— «Recollections of an Exciting Era» (1977), en Weiner (1977).

DRESDEN, M., *H. A. Kramers*, Nueva York, Springer, 1987.

EINSTEIN, ALBERT, «On a Heuristic Point of View Concerning the Production and Transformation of Light» (1905a), reimpreso en Stachel (1998).

— «On the Electrodynamics of Moving Bodies» (1905b), reimpreso en Einstein (1952).

— *Essays in Science*, Nueva York, Philosophical Library, 1934.

— BORIS PODOLSKY y NATHAN ROSEN, «Can Quantum Mechanical Description of Physical Reality Be Considered Complete?», *Physical Review*, 47, pp. 777-780 (1935), reimpreso en Wheeler y Zurek (1983), pp. 138-141.

— «Autobiographical Notes» (1949a), en Schilpp (1969).

— «Reply to Criticism» (1949b), en Schilpp (1969).

— *Out of My Later Years*, Nueva York, Philosophical Library, 1950. [Hay trad. cast.: *De mis últimos años*, Madrid, Aguilar, 1951].

— *The Principle of Relativity: A Collection of Original Papers on the Special and General Theory of Relativity*, Nueva York, Dover Publications, 1952.

— *Ideas and Opinions*, Nueva York, Crown, 1954. [Hay trad. cast.: *Mis ideas y opiniones*, Barcelona, Bosch, 1980].

— *Letters to Solovine, with an Introduction by Maurice Solovine*, Nueva York, Citadel Press, 1993.

ELITZUR, A., S. Dolevy N. Kolenda (eds.), *Quo Vadis Quantum Mechanics?*, Berlín, Springer, 2005.

ELON, AMOS, *The Pity of it All: A Portrait of Jews in Germany 1743-1933*, Londres, Allen Lane, 2002.

ELSASSER, WALTER, *Memoirs of a Physicist*, Nueva York, Science History Publications, 1978.

EMSLEY, JOHN, *Nature's Building Blocks: An A-Z Cuide to the Elements*, Oxford, Oxford University Press, 2001.

ENZ, CHARLES, *No Time to be Brief: A Scientific Biography of Wolfgang Pauli*, Oxford, Oxford University Press, 2002.

EVANS, JAMES y ALAN S. THOMDIKE (EDS.), *Quantum Mechanics at the Crossroads*, Berlín, Springer-Verlag, 2007.

EVANS, RICHARD J., *The Coming of the Third Reich*, Londres, Allen Lane, 2003. [Hay trad. cast.: *La llegada del Tercer Reich*, Barcelona, Península, 2005].

EVE, ARTHUR S., *Rutherford: Being the Life and Letters of the Rt. Hon. Lord Rutherford, O. M.*, Cambridge, Cambridge University Press, 1939.

EVERDELL, WILLIAM R., *The First Moderns*, Chicago, University of Chicago Press, 1997.

EVERETT, SUSANNE, *Lost Berlin*, Nueva York, Gallery Books, 1979.

FEYNMAN, RICHARD P., *The Character of Physical Law*, Londres, BBC Publications, 1965. [Hay trad. cast.: *El carácter de la ley física*, Barcelona, Tusquets, 2000].

FINE, ARTHUR, *The Shaky Game: Einstein, Realism and the Quantum Theory*, Chicago, University of Chicago Press, 1986.

FORMAN, PAUL, «Weimar Culture, Causality, and Quantum Theory, 1918-1927: Adaptation by German Physicists and Mathematicians to a Hostile Intellectual Environment», *Historical Studies in the Physical Sciences*, 3, pp. 1-115 (1971).

— «Scientific Internationalism and the Weimar Physicists: The Ideology and its Manipulation in Germany after World War I», *Isis*, 64, pp. 151-178 (1973).

— JOHN L. HEILBRON y SPENCER WEART, «Physics *circa* 1900: Personnel, Funding, and Productivity of the Academic Establishments», *Historical Studies in the Physical Sciences*, 5, pp. 1-185 (1975).

FÖLSING, ALBRECHT, *Albert Einstein: A Biography*, Londres, Viking, 1997.
FRANK, PHILIPP, *Einstein: His Life and Times*, Nueva York, DaCapo Press, 1947. [Hay trad. cast.: *Einstein*, Barcelona, José Janés, 1949].
FRANKLIN, ALLAN, «Are There Really Electrons? Experiment and Reality», *Physics Today*, pp. 26-33 (octubre de 1997).
FRENCH, A. P. (ED.), *Einstein: A Centenary Volume*, Londres, Heinemann, 1979.
— y P. J. KENNEDY (EDS.), *Niels Bohr: A Centenary*, Cambridge, MA, Harvard University Press, 1985.
FRIEDLÄNDER, SAUL, *Nazi Germany and The Jews: Volume 1 - The Years of Persecution 1933-39*, Londres, Weidenfeld and Nicolson, 1997. [Hay trad. cast.: *El Tercer Reich y los judíos: los años de la persecución 1933-1939*, Barcelona, Galaxia Gutenberg, 2009].
FRISCH, OTTO, *What Little I Remember*, Cambridge, Cambridge University Press, 1980 [Hay trad. cast.: *De la fisión del átomo a la bomba de hidrógeno: recuerdos de un físico nuclear*, Madrid, Alianza, 1982].
FROMKIN, DAVID, *Europe's Last Summer: Why the World Went to War in 1914*, Londres, William Heinemann, 2004.
FULBROOK, MARY, *A Concise History of Germany* (2.ª ed.), Cambridge, Cambridge University Press, 2004.
GAMOV, GEORGE, *Thirty Years That Shocked Physics*, Nueva York, Dover Publications, 1966. [Hay trad. cast.: *Treinta años que conmovieron la física: la historia de la teoría cuántica*, Buenos Aires, Eudeba, 1971].
GAY, RUTH, *The Jews of Germany: A Historical Portrait*, New Haven, CT, Yale University Press, 1992.
GEHRENBECK, RICHARD K., «Electron Diffraction: Fifty Years Ago» (1978). Reimpreso en Weart y Phillips (1985).
GELL-MANN, MURRAY, «What are the Building Blocks of Matter?» (1979), en Huffy Prewett (1979).
— «Questions for the Future» (1981), en Mulvey (1981).
— *The Quark and the Jaguar*, Londres, Little Brown, 1994. [Hay trad. cast.: *El quark y el jaguar*, Barcelona, Tusquets, 1995].
GEIGER, HANS y ERNEST MARSDEN, «The Laws of Deflection of α-Particles through Large Angles», *Philosophical Magazine*, Series 6, 25, pp. 604-623 (1913).
GERMAN BUNDESTAG, *Questions on German History: Ideas, Forces, Decisions from 1800 to the Present* (3.ª ed.), sin actualizar, Bonn, German Bundestag Publications Section, 1989.

GILBERT, MARTIN, *The First World War*, Nueva York, Henry Holt and Co., 1994.

— *Kristallnacht: Prelude to Destruction*, Londres, HarperCollins, 2006.

GILLISPIE, CHARLES C. (ED. JEFE), *Dictionary of Scientific Biography*, 16 vols., Nueva York, Scribner's, 1970-1980.

GILLOTT, JOHN y MANJIT KUMAR, *Science and the Retreat from Reason*, Londres, Merlin Press, 1995.

GOODCHILD, PETER, *J. Robert Oppenheimer: Shatterer of Worlds*, Londres, BBC, 1980. [Hay trad. cast.: *Oppenheimer*, Barcelona, Salvat, 1989].

GOODMAN, PETER (ED.), *Fifty Years of Electron Diffraction*, Dordrecht, Países Bajos, D. Reidel, 1981.

GOUDSMIT, SAMUEL A., «It Might as well be Spin», *Physics Today* (junio de 1976). Reimpreso en Weart y Phillips (1985).

GREENSPAN, NANCY THOMDIKE, *The End of The Certain World: The life and Science of Max Born*, Chichester, John Wiley, 2005.

GREENSTEIN, GEORGE y ARTHUR G. ZAJONC, *The Quantum Challenge: Modern Research on the Foundations of Quantum Mechanics* (2.ª ed), Sudbury, MA, Jones and Bartlett Publishers, 2006.

GRIBBIN, JOHN, *Q is far Quantum: Particle Physics from A to* Z, Londres, Weidenfeld and Nicolson, 1998.

GROBLACHER, SIMON *et al.*, «An Experimental Test of Non-local Realism», *Nature*, 446, pp. 871-875 (2007).

GRUNBERGER, RICHARD, *A Social History of the Third Reich*, Londres, Penguin Books, 1974. [Hay trad. cast.: *Historia social del Tercer Reich*, Barcelona, Destino, 1976].

HAAR, DIRKTER, *The Old Quantum Theory*, Oxford, Pergamon, 1967.

HARMAN, PETER M., *Energy, Force and Matter: The Conceptual Development of Nineteenth Century Physics*, Cambridge, Cambridge University Press, 1982. [Hay trad. cast.: *Energía, fuerza y materia: el desarrollo conceptual de la física en el siglo XIX*, Madrid, Alianza, 1990].

— y SIMON MITTON (EDS.), *Cambridge Scientific Minds*, Cambridge, Cambridge University Press, 2002.

HEILBRON, JOHN L., «Lectures on the History of Atomic Physics 1900-1922», en Weiner (1977).

— *The Dilemmas of An Upright Man: Max Planck and the Fortunes of German Science*, Cambridge, MA, Harvard University Press, 2000.

— «Max Planck's Compromises on the Way to and from the Absolute», en Evans y Thomdike (2007).

— y THOMAS S. KUHN, «The Genesis of the Bohr Atom», *Historical Studies in the Physical Sciences*, 1, pp. 211-290 (1969).

HEISENBERG, WERNER, «On a Quantum-Theoretical Reinterpretation of Kinematics and Mechanical Relations» (1925), reimpreso y traducido en Van der Waerden (1967).

— «The Physical Content of Quantum Kinematics and Mechanics» (1927), reimpreso y traducido en Wheeler y Zurek (1983).

— «The Development of Quantum Mechanics», conferencia Nobel pronunciada el 11 de diciembre de 1933. Reimpreso en *Nobel Lectures* (1965), pp. 290-301.

— *The Physical Principles of Quantum Theory*, Nueva York, Dover Publications, 1949.

— «The Quantum Theory and its Interpretation», en Rozental (1967).

— *Physics and Beyond: Encounters and Conversations*, Londres, George Allen and Unwin, 1971. [Hay trad. cast.: *Diálogos sobre la física atómica*, Madrid, Biblioteca de Autores Cristianos, 1972].

— *Encounters with Einstein: And Other Essays on People, Places, and Particles*, Princeton, NJ, Princeton University Press, 1983. [Hay trad. cast.: *Encuentros y conversaciones con Einstein y otros ensayos*, Madrid, Alianza, 1985].

HEISENBERG, WERNER, *Physics and Philosophy*, Londres, Penguin Books, 1989. [Hay trad. cast.: *Física y filosofía*, Buenos Aires, La Isla, 1959].

HEITLER, WALTER, «Erwin Schrödinger», *Biographical Memoirs of Fellows of the Royal Society*, 7, 221-228 (1961).

HENIG, RUTH, *The Weimar Republic 1919-1933*, Londres, Routledge, 1998.

HENTSCHEL, ANNA M. y GERD GRASSHOFF, *Albert Einstein: «Those Happy Bernese Years»*, Berna, Staempfli Publishers, 2005.

HENTSCHEL, KLAUS (ED.), *Physics and National Socialism: An Anthology of Primary Sources*, Basilea, Birkhauser, 1966.

HERMANN, ARMIN, *The Genesis of Quantum Theory*, Cambridge, MA, MIT Press, 1971.

HIEBERT, ERWIN N., «The Transformation of Physics», en Teich y Porter (1990).

HIGHFIELD, ROGER y PAUL CARTER, *The Private Lives of Albert Einstein*, Londres, Faber and Faber, 1993. [Hay trad. cast.: *La vida privada de Albert Einstein*, Madrid, Espasa-Calpe, 1996].

HOLTON, GERALD, *Victory and Vexation in Science: Einstein, Bohr, Heisenberg and Others*, Cambridge, MA, Harvard University Press, 2005.

HONNER, JOHN, *The Description of Nature: Niels Bohr and the Philosophy of Quantum Physics*, Oxford, Clarendon Press, 1987.

HOWARD, DON y JOHN STACHEL (EDS.), *Einstein: The Formative Years 1879-1909*, Boston, MA, Birkhauser, 2000.

HOWORTH, MURIEL, *The Life of Frederick Soddy*, Londres, New World, 1958.

HUFF, DOUGLAS y OMER PREWETT (EDS.), *The Nature of the Physical Universe*, Nueva York, John Wiley, 1979.

ISAACSON, WALTER, *Einstein: His Life and Universe*, Londres, Simon and Schuster, 2007. [Hay trad. cast.: *Einstein: su vida y su universo*, Barcelona, Debate, 2008].

ISHAM, CHRIS J., *Lectures on Quantum Theory*, Londres, Imperial College Press, 1995.

JAMMER, MAX, *The Conceptual Development of Quantum Mechanics*, Nueva York, McGraw-Hill, 1966.

— *The Philosophy of Quantum Mechanics: The Interpretations of Quantum Mechanics in Historical Perspective*, Nueva York, Wiley-Interscience, 1974.

— «The EPR Problem and its Historical Development», en Lahti y Mittelstaedt (1985).

JORDAN, PASCUAL, «Philosophical Foundations of Quantum Theory», *Nature*, 119, p. 566 (1927).

JUNGK, ROBERT, *Brighter Than A Thousand Suns: A Personal History of The Atomic Scientists*, Londres, Penguin, 1960. [Hay trad. cast.: *Más brillante que mil soles*, Barcelona, Argos Vergara, 1976].

JUNGNICKEL, CHRISTA y RUSSELL MCCORMMACH, *Intellectual Mastery of Nature: Theoretical physics from Ohm to Einstein*, 2 vols., Chicago, University of Chicago Press, 1986.

KANGRO, HANS, «Max Planck», *Dictionary of Scientific Biography*, 7-17, Nueva York, Scribner, 1970.

— *Early History of Planck's Radiation Law*, Londres, Taylor and Francis, 1976.

KARGON, ROBERT y PETER ACHINSTEIN (EDS.), *Kelvin's Baltimore Lectures and Modern Theoretical Physics: Historical and Philosophical Perspectives*, Cambridge, MA, MIT Press, 1987.

KAY, WILLIAM A., «Recollections of Rutherford: Being the Personal Reminiscences of Lord Rutherford's Laboratory Assistant Here Published for the First Time», *The Natural Philosopher*, 1, pp. 127-155 (1963).

KELLER, ALEX, *The Infancy of Atomic Physics: Hercules in his Cradle*, Oxford, Clarendon Press, 1983.

KELVIN, LORD, «Nineteenth Clouds Over the Dynamical Theory of Heat and Light», *Philosophical Magazine*, 2, pp. 1-40 (1901).

KLEIN, MARTIN J., «Max Planck and the Beginnings of Quantum Theory», *Archive for History of Exact Sciences*, 1, pp. 459-479 (1962).

— «Einstein, Specific Heats, and the Early Quantum Theory», *Science*, 148, pp. 173-180 (1965).

— «Thermodynamics and Quanta in Planck's Work», *Physics Today* (noviembre de 1966).

— «Thermodynamics in Einstein's Thought», *Science*, 157, pp. 509-516 (1967).

— «The First Phase of the Einstein-Bohr Dialogue», *Historical Studies in the Physical Sciences*, 2, pp. 1-39 (1970).

— *Paul Ehrenfest: The Making of a Theoretical Physicist*, vol. 1, Ámsterdam: North-Holland, 1985.

KNIGHT, DAVID, *The Age of Science*, Oxford, Blackwell, 1986. [Hay trad. cast.: *La era de la Ciencia*, Madrid, Pirámide, 1988].

KRAGH, HELGE, *Dirac: A Scientific Biography*, Cambridge, Cambridge University Press, 1990.

— *Quantum Generations: A History of Physics in the Twentieth Century*, Princeton, NJ, Princeton University Press, 1999. [Hay trad. cast.: *Generaciones cuánticas: una historia de la física en el siglo XX*, Madrid, Akal, 2007].

— «Paul Dirac: A Quantum Genius», en Harman y Mitton (2002).

KUHN, THOMAS S., *Blackbody Theory and the Quantum Discontinuity, 1894-1912*, con un nuevo prólogo, Chicago, University of Chicago Press, 1987. [Hay trad. cast.: *La teoría del cuerpo negro y la discontinuidad cuántica: 1894-1912*, Madrid, Alianza, 1980].

KURSUNOGLU, BEHRAM N. y EUGENE P. WIGNER (EDS.), *Reminiscences about a Great Physicist: Paul Adrien Maurice Dirac*, Cambridge, Cambridge University Press, 1987.

LAHTI, P. y P. MITTELSTAEDT (EDS.), *Symposium on the Foundations of Modern Physics*, Singapur, World Scientific, 1985.

LAIDLER, KEITH J., *Energy and the Unexpected*, Oxford, Oxford University Press, 2002.

LARGE, DAVID CLAY, *Berlin: A Modern History*, Londres, Allen Lane, 2001.

LEVENSON, THOMAS, *Einstein in Berlin*, Nueva York, Bantam Dell, 2003.

LEVI, HILDE, *George de Hevesy: Life and Work*, Bristol, Adam Hilger Ltd., 1985.

LINDLEY, DAVID, *Boltzmann's Atom: The Great Debate That Launched a Revolution in Physics*, Nueva York, Toe Free Press, 2001.

MACKINNON, EDWARD M., *Scientific Explanation and Atomic Physics*, Chicago, University of Chicago Press, 1982.

MAGRIS, CLAUDIO, *Danube*, Londres, Toe Harvill Press, 2001. [Hay trad. cast.: *El Danubio*, Barcelona, Anagrama, 1997].

MAHON, BASIL, *The Man Who Changed Everything: The Life of James Clerk Maxwell*, Chichester, John Wiley, 2003.

MARAGE, PIERRE y GRÉGOIRE WALLENBOM (EDS.), *The Solvay Councils and the Birth of Modern Physics*, Basilea, Birkhauser, 1999.

MARSDEN, ERNEST, «Rutherford Memorial Lecture» (1948), en Rutherford (1954).

MAXWELL, JAMES CLERK, «Illustrations of the Dynamical Theory of Gases», *Philosophical Magazine*, 19, pp. 19-32 (1860), reimpreso en Niven (1952).

MEHRA, JAGDISH, *The Solvay Conferences on Physics: Aspects of the Development of Physics since 1911*, Dordrecht, Países Bajos, D. Reidel, 1975.

— y HELMUT RECHENBERG, *The Historical Development of Quantum Theory*, vol. 1, partes 1 y 2: *The Quantum Theory of Planck, Einstein, Bohr, and Sommerfeld: Its Foundations and the Rise of Its Difficulties 1900-1925*, Berlín, Springer, 1982.

— y HELMUT RECHENBERG, *The Historical Development of Quantum Theory*, vol. 2: *The Discovery of Quantum Mechanics*, Berlín, Springer, 1982.

— y HELMUT RECHENBERG, *The Historical Development of Quantum Theory*, vol. 3: *The Formulation of Matrix Mechanics and Its Modifications 1925-1926*, Berlín, Springer, 1982.

— y HELMUT RECHENBERG, *The Historical Development of Quantum Theory*, vol. 4: *The Fundamental Equations of Quantum Mechanics 1925-1926* y *The Reception of the New Quantum Mechanics 1925-1926*, Berlín, Springer, 1982.

— y HELMUT RECHENBERG, *The Historical Development of Quantum Theory*, vol. 5, partes 1 y 2: *Erwin Schrödinger and the Rise of Wave Mechanics*, Berlín, Springer, 1987.

— y HELMUT RECHENBERG, *The Historical Development of Quantum Theory*, vol. 6, parte 1: *The Completion of Quantum Mechanics 1926-1941*, Berlín, Springer, 2000.

— y HELMUT RECHENBERG, *The Historical Development of Quantum Theory*, vol. 6, parte 2: *The Completion of Quantum Mechanics 1926-1941*, Berlín, Springer, 2001.

MENDELSSOHN, KURT, *The World of Walther Nernst: The Rise and Fall of German Science*, Londres, Macmillan, 1973.

METZGER, RAINER, *Berlin in the Twenties: Art and Culture 1918-1933*, Londres, Thames and Hudson 2007.

MEYENN, KARL VON y ENGELBERT SCHUCKING, «Wolfgang Pauli», *Physics Today*, pp. 43-48 (febrero de 2001).

MILLIKAN, ROBERTA, «New tests of Einstein's photoelectric equation», *Physical Review*, 6, p. 55 (1915).

MOORE, RUTH, *Niels Bohr: The Man, His Science, and The World They Changed*, Nueva York, Alfred A. Knopf, 1966.

MOORE, WALTER, *Schrödinger: Life and Thought*, Cambridge, Cambridge University Press, 1989.

MULLIGAN, JOSEPH F., «Max Planck and the «black year» of German Physics», *American Journal of Physics*, 62, 12, pp. 1089-1097 (1994).

— «HEINRICH HERTZ and PHILIPP LENARD: Two Distinguished Physicists, Two Disparate Men», *Physics in Perspective*, 1, 345-366 (1999).

MULVEY, J. H. (ED.), *The Nature of Matter*, Oxford, Oxford University Press, 1981.

MURDOCH, DUGALD, *Niels Bohr's Philosophy of Physics*, Cambridge, Cambridge University Press, 1987.

NATHAN, OTTO y HEINZ NORDEN (EDS.), *Einstein on Peace*, Nueva York, Simon and Schuster, 1960.

NEUMANN, JOHN VON, *Mathematical Foundations of Quantum Mechanics*, Princeton, NJ, Princeton University Press, 1955. [Hay trad. cast.: *Fundamentos matemáticos de la mecánica cuántica*, Madrid, Centro Superior de Investigaciones Científicas, 1991].

NIELSEN, J. RUD, «Memories of Niels Bohr», *Physics Today* (octubre de 1963).

NITSKE, W. ROBERT, *The Life of Wilhelm Conrad Röntgen: Discoverer of the X-Ray*, Tucson, AZ, University of Arizona Press, 1971.

NIVEN, W.D. (ED.), *The Scientific Papers of James Clerk Maxwell*, 2 vols., Nueva York, Dover Publications, 1952.

Nobel Lectures, Physics 1942-1962, Ámsterdam, Elsevier, 1964.

— *Physics 1922-1941*, Ámsterdam, Elsevier, 1965.

— *Physics 1901-1921*, Ámsterdam, Elsevier, 1967.

NORRIS, CHRISTOPHER, *Quantum Theory and the Flight from Reason: Philosophical Responses to Quantum Mechanics*, Londres, Routledge, 2000.

NYE, MARY JO, *Before Big Science: The Pursuit of Modern Chemistry and Physics 1800-1940*, Cambridge, MA, Harvard University Press, 1966.

OFFER, AVNER, *The First World War: An Agrarian Interpretation*, Oxford, Oxford University Press, 1991.

OMNÈS, ROLAND, *Quantum Philosophy: Understanding and Interpreting Contemporary Science*, Princeton, NJ, Princeton University Press, 1999. [Hay trad. cast.: *Filosofía de la ciencia contemporánea*, Barcelona, Idea Books, 2000].

OVERBYE, DENNIS, *Einstein in Love*, Londres, Bloomsbury, 2001. [Hay trad. cast.: *Las pasiones de Einstein*, Barcelona, Lumen, 2005].

OZMENT, STEVEN, *A Mighty Fortress: A New History of the German People, 100 BC to the 21st Century*, Londres, Granta Books, 2005.

PAIS, ABRAHAM, «Reminiscences of the Post-War Years», en Rozental (1967).

— *«Subtle is the Lord ...»: The Science and the Life of Albert Einstein*, Oxford, Oxford University Press, 1982. [Hay trad. cast.: *El Señor es sutil: la ciencia y la vida de Albert Einstein*, Barcelona, Ariel, 1984].

— *Inward Bound: Of Matter and Forces in the Physical World*, Oxford, Clarendon Press, 1986.

— «Physics in the Making in Bohr's Copenhagen», en Sarlemijn y Sparnaay (1989).

— «George Uhlenbeck and the Discovery of Electron Spin», *Physics Today* (diciembre de 1989). Reimpreso en Phillips (1992).

— *Niels Bohr's Times, in Physics, Philosophy, and Polity*, Oxford, Clarendon Press, 1991.

— *Einstein Lived Here*, Oxford, Clarendon Press, 1994.

— *The Genius of Science: A Portrait Gallery of Twentieth Century Physicists*, Nueva York, Oxford University Press, 2000.

— *J. Robert Oppenheimer: A Life*, Oxford, Oxford University Press, 2006.
— *The Fire Within The Eye: A Historical Essay on the Nature and Meaning of Light*, Princeton, NJ, Princeton University Press, 1997.
PAULI, WOLFGANG, «Remarks on the History of the Exclusion Principle», *Science*, 103, pp. 213-215 (1946).
— «Exclusion Principle and Quantum Mechanics», conferencia Nobel pronunciada el 13 de diciembre de 1946. Reimpreso en *Nobel Lectures* (1964), pp. 27-43.
PENROSE, ROGER, *The Emperor's New Mind*, Londres, Vintage, 1990. [Hay trad. cast.: *La nueva mente del emperador*, Barcelona, Grijalbo, 1991].
— *Shadows of the Mind*, Londres, Vintage, 1995. [Hay trad. cast.: *Las sombras de la mente: hacia una comprensión científica de la consciencia*, Barcelona, Crítica, 1995].
— *The Large, the Small and the Human Mind*, Cambridge, Cambridge University Press, 1997. [Hay trad. cast.: *Lo grande, lo pequeño y la mente humana*, Madrid, Cambridge University Press, 1999].
PETERSEN, AAGE, «Toe Philosophy of Niels Bohr», en French y Kennedy (1985).
PETRUCCIOLI, SANDRO, *Atoms, Metaphors and Paradoxes: Niels Bohr and the Construction of a New Physics*, Cambridge, Cambridge University Press, 1993.
PHILLIPS, MELBA NEWELL (ED.), *Physics History from AAPT Journals*, College Park, MD: American Association of Physics Teachers, 1985.
— (ed.), *The Life and Times of Modern Physics: History of Physics II*, Nueva York, American Institute of Physics, 1992.
PLANCK, MAX, «On An Improvement of Wien's Equation for the Spectrum» (1900). Reimpreso en Haar (1967).
— «On the Theory of the Energy Distribution Law of the Normal Spectrum» (1900b). Reimpreso en Haar (1967).
— *Scientific Autobiography and Other Papers*, Nueva York, Philosophical Library, 1949. [Hay trad. cast.: *Autobiografía científica*, México D. F., Universidad Nacional Autónoma de México, 1987].
— *A Survey of Physical Theory*, Nueva York, Dover Publications, 1993.
PONTE, M. J. H., «Louis de Broglie» (1981), en Goodman (1981).
POWERS, JONATHAN, *Philosophy and the New Physics*, Londres, Methuen, 1985.
PRZIBRAM, KARL (ED.), *Letters on Wave Mechanics*, traducción e introducción de Martín Klein, Nueva York, Philosophical Library, 1967.

PURRINGTON, ROBERT D., *Physic s in the Nineteenth Century*, New Brunswick, NJ, Rutgers University Press, 1997.

REDHEAD, MICHAEL, *Incompleteness, Nonlocality and Realism*, Oxford, Clarendon Press, 1987.

RHODES, RICHARD, *The Making of the Atomic Bomb*, Nueva York, Simon and Schuster, 1986.

ROBERTSON, PETER, *The Early Years: The Niels Bohr Institute 1921-1930*, Copenhague, Akademisk Forlag, 1979.

ROBINSON, ANDREW, *The Last Man Who Knew Everything*, Nueva York, Pi Press, 2006.

ROSENKRANZ, ZE'EV, *The Einstein Scrapbook*, Baltimore, MD, Johns Hopkins University Press, 2002.

ROWLAND, JOHN, *Understanding the Atom*, Londres, Gollancz, 1938.

ROSENFELD, LÉON, «Niels Bohr in the Thirties. Consolidation and Extension of the Conception of Complementarity» (1967), en Rozental (1967).

— «Sorne Concluding Remarks and Reminiscences» (1968), en Solvay Institute (1968).

— y ERIK RÜDINGER, «Toe Decisive Years: 1911-1918» (1967), en Rozental (1967).

ROSENTHAL-SCHNEIDER, ILSE, *Reality and Scientific Truth: Discussions with Einstein, Von Laue, and Planck*, editado por Thomas Braun, Detroit, MI, Wayne State University Press, 1980.

ROZENTAL, STEFAN (ED.), *Niels Bohr: His Life and Work as Seen by his Friends and Colleagues*, Ámsterdam, North-Holland, 1967.

— *Niels Bohr: Memoirs of a Working Relationship*, Copenhague, Christian Ejlers, 1998.

RUHLA, CHARLES, *The Physics of Chance: From Blaise Pascal to Niels Bohr*, Oxford, Oxford University Press, 1992.

RUTHERFORD, ERNEST, *Radiactive Transformations*, Londres, Constable, 1906.

— «The Scattering of Alpha and Beta Particles by Matter and the Structure of the Atom», *Philosophical Magazine*, 21, pp. 669-688 (1911), reimpreso en Boorse y Motz (1966), vol. 1.

— «Conference on the Theory of Radiation», *Nature*, 88, pp. 82-83 (1911).

— *Rutherford By Those Who Knew Him. Being the Collection of the First Five Rutherford Lectures of the Physical Society*, Londres, The Physical Society, 1954.

— y HANS GEIGER, «An Electrical Method for Counting the Number of Alpha Particles from radiactive Substances», *The Proceedings of the Royal Society A*, 81, pp. 141-161 (1908a).

— y HANS GEIGER, «The Charge and Nature of the Alpha Particle», *The Proceedings of the Royal Society A*, 81, pp. 162-173 (1908b).

SARLEMIJN, A. y M. J. SPARNAAY (EDS.), *Physics in the Making*, Ámsterdam, Elsevier, 1989.

SCHILPP, PAUL A. (ED.), *Albert Einstein: Philosopher-Scientist*, Nueva York, MJF Books, 1969. Primera colección publicada en 1949 como vol. VII de la serie *The Library of Living Philosophers* por Open Court, La Salle, IL.

SCHRÖDINGER, ERWIN, «The Fundamental Idea of Wave Mechanics» (1933), conferencia Nobel pronunciada el 12 de diciembre. Reimpreso en *Nobel Lectures* (1965), pp. 305-316.

— «The Present Situation in Quantum Mechanics» (1935), reimpreso y traducido en Wheeler y Zurek (1983), pp. 152-167.

SCHWEBER, SILVAN S., *QED and the Men Who Made It: Dyson, Feynman, Schwinger, and Tomonaga*, Princeton, NJ, Princeton University Press 1994.

SEGRÈ, EMILIO, *From X-Rays to Quarks: Modern Physicists and Their Discoveries*, Nueva York, W. H. Freeman and Company, 1980.

— *From Falling Bodies to Radio Waves*, Nueva York, W. H. Freeman and Company, 1984.

SIME, RUTH LEWIN, *Lise Meitner: A Life in Physics*, Berkeley, CA, University of California Press, 1996.

SMITH, ALICE KIMBALL y CHARLES WEINER (EDS.), *Robert Oppenheimer: Letters and Recollections*, Cambridge, MA, Harvard University Press, 1980.

SNOW, C. P., *Variety of Men: Statesmen, Scientists, Writers*, Londres, Penguin, 1969. [Hay trad. cast.: *Nueve hombres del siglo XX*, Madrid, Alianza, 1969].

— *The Physicists*, Londres, Macmillan, 1981.

SODDY, FREDERICK, «Intra-Atomic Charge», *Nature*, 92, pp. 399-400 (1913).

SOLVAY INSTITUTE, *Fundamental Problems in Elementary Particle Physics: proceedings of the 14th Solvay Council held in Brussels in 1967*, Nueva York, Wiley Interscience, 1968.

STACHEL, JOHN (ED.), *Einstein's Miraculous Year: Five Papers That Changed the Face of Physics*, Princeton, NJ, Princeton University Press, 1998.

STACHEL, JOHN, *Einstein from «B to* Z», Boston, MA, Birkhauser, 2002.

STAPP, HENRY P., «Are Superluminal Connections Necessary?», *Il Nuovo Cimento*, 40B, pp. 191-205 (1977).

STÜRMER, MICHAEL, *The German Century*, Londres, Weidenfeld and Nicolson, 1999.

— *The German Empire*, Londres, Weidenfeld and Nicolson, 2000.

STUEWER, ROGER H., *The Compton Effect: Turning Point in Physics*, Nueva York, Science History Publications, 1975.

SUSSKIND, CHARLES, *Hein rich Hertz: A Short Life*, San Francisco, San Francisco Press, 1995.

TEGMARK, MAX y JOHN WHEELER, «100 Years of Quantum Mysteries», *Scientific American*, pp. 54-61 (febrero de 2001).

TEICH, MIKULAS y ROY PORTER (EDS.), *Fin de Siecle and its Legacy*, Cambridge, Cambridge University Press, 1990.

TEICHMANN, JÜRGEN, MICHAEL ECKERT y STEFAN WOLFF, «Physicists and Physics in Munich», *Physics in Perspective*, 4, pp. 333-359 (2002).

THOMSON, GEORGE, *J.J. Thomson and the Cavendish Laboratory in his day*, Londres, Nelson, 1964).

THORNE, KIP S., *Black Hales and Time Warps: Einstein's Outrageous Legacy*, Londres, Picador, 1994. [Hay trad. cast.: *Agujeros negros y tiempo curvo*, Barcelona, Grijalbo, 1995].

TRIGG, ROGER, *Reality at Risk: A Defence of Realism in Philosophy y and the Sciences*, Hemel Hempstead, Harvester Wheatsheaf, 1989.

TREIMAN, SAM, *The Odd Quantum*, Princeton, NJ, Princeton University Press, 1999.

TUCHMAN, BARBARA W., *The Proud Tower: A Portrait of the World Before the War 1890-1914*, Nueva York, Macmillan, 1966.

UHLENBECK, GEORGE E., «Personal reminiscences», *Physics Today* (junio de 1976). Reimpreso en Weart y Phillips (1985).

VAN DER WAERDEN, B. L., *Sources of Quantum Mechanics*, Nueva York, Dover Publications, 1967.

WEART, SPENCER R. y MELBA PHILLIPS (EDS.), *History of Physics: Readings from Physics Today*, Nueva York, American Institute of Physics, 1985.

WEBER, ROBERT L., *Pioneers of Science: Nobel Prize Winners in Physics*, Londres, Toe Scientific Book Club, 1981.

WEHLER, HANS-ULRICH, *The German Empire*, Leamington Spa, Berg Publishers, 1985.

WEINBERG, STEVEN, *Dreams of a Final Theory: The Search far the Fundamental Laws of Nature*, Londres, Hutchinson, 1993. [Hay trad. cast.: *El sueño de una teoría final*, Barcelona, Crítica, 1994].

— *The Discovery of Subatomic Particles*, Cambridge, Cambridge University Press, 2003. [Hay trad. cast.: *Partículas subatómicas*, Barcelona, Labor, 1985].

WEINER, CHARLES (ED.), *History y of Twentieth Century Physics*, Nueva York, Academic, 1977.

WHEATON, BRUCE R., «Atomic Waves in Private Practice» (2007), en Evans y Thomdike (2007).

WHEELER, JOHN A., *At Home in the Universe*, Woodbury, NY, AIP Press, 1994.

— y WOJCIECH H. ZUREK (EDS.), *Quantum Theory and Measurement*, Princeton, NJ, Princeton University Press, 1983.

WHITAKER, ANDREW, «John Bell in Belfast: Early Years and Education» (2002), en Bertlmann y Zeilinger (2002).

WILSON, DAVID, *Rutherford: Simple Genius*, Londres, Hodder and Stoughton, 1983.

WOLF, FRED ALAN, *Parallel Universes: The Search for Other Worlds*, Londres, Toe Bodley Head, 1988. [Hay trad. cast.: *Universos paralelos: la búsqueda de otros mundos*, Castellón, Ellago, 2010].

AGRADECIMIENTOS

Durante muchos años, la fotografía de quienes asistieron al V Congreso Solvay celebrado en Bruselas en octubre de 1927 permaneció colgada en la pared de mi estudio. Las veces que le prestaba atención me parecía el punto de partida perfecto para una narración sobre los cuantos. Cuando finalmente escribí una propuesta para *Quantum*, tuve la suerte de enviársela a Patrick Walsh, cuyo entusiasmo resultó decisivo para que el proyecto acabase viendo la luz. La suerte me acompañó también cuando el talentoso editor científico Peter Tallack se unió a Conville & Walsh y se convirtió en mi agente. A él le ofrezco mi más sincero agradecimiento por ser, al mismo tiempo, amigo y agente a lo largo de los años que necesité para escribir este libro y superar todas las dificultades provocadas por mi mala salud. Junto a Pete, Jake Smith Bosanquet ha desempeñado la función de hombre clave para los editores extranjeros de *Quantum*. Quisiera expresarle mi agradecimiento tanto a él como al resto del equipo de Conville & Walsh, especialmente a Claire Conville y Sue Armstrong, por su apoyo y su ayuda continuos. Es un auténtico placer tener la oportunidad de dar las gracias a Michael Carlisle y, especialmente, a Emma Parry por el esfuerzo que han hecho patrocinando mi libro en Estados Unidos.

Tengo una gran deuda con los estudios de los eruditos mencionados en las notas y enumerados en la bibliografía. Estoy sobre todo en deuda con Denis Brian, David L. Cassidy, Albrecht Fölsing, John L. Heilbron, Martin J. Klein, Jagdish Mehra, Walter Moore, Dennis Overbye, Abraham Pais, Helmut Rechenberg y

John Stachel. También quisiera dar las gracias a Guido Bacciagaluppi y Anthony Valentini por permitirme utilizar su primera traducción al inglés de las actas del V Congreso Solvay y su comentario antes de su publicación.

Doy las gracias a Pandora Kay-Kreizman, Ravi Bali, Steven Böhm, Jo Cambridge, Bob Cormican, John Gillott y Eve Kay por haber leído los borradores del libro. Gracias a todos y cada uno de ellos por sus agudas críticas y sugerencias. Mitzi Angel fue, al mismo tiempo, mi editor y sus profundos comentarios del primer borrador del libro fueron extraordinariamente importantes. Christopher Potter fue un defensor de *Quantum*, y por ello le estoy profundamente agradecido. Simon Flynn, mi editor en Icon Books, se ha empeñado infatigablemente en que este libro acabase viendo la luz. Son muchas las cosas que ha hecho que estaban más allá de sus obligaciones, y por ello le estoy sumamente agradecido. Duncan Heath ha revisado el manuscrito con mucho detenimiento y me considero, por ello, sumamente afortunado. También estoy muy agradecido a Andrew Furlow y Najma Finlay de Icon por su entusiasmo y trabajo en el patrocinio de *Quantum*, y a Nicholas Halliday por las figuras que ilustran el texto. Gracias también a Neal Price y a su equipo de Faber & Faber.

Este libro no habría sido posible sin el infatigable apoyo de muchos años de Lahmber Ram, Gurmit Kaur, Rodney Kay-Kreizman, Leonora Kay-Kreizman, Rajinder Kumar, Santosh Morgan, Eve Kay, John Gillott y Ravi Bali.

También quisiera, por último, dar las gracias, de todo corazón, a mi esposa Pandora y a mis hijos Ravinder y Jasvinder. No hay palabras que puedan transmitir el agradecimiento que siento por vosotros.

MANJIT KUMAR
Londres, agosto de 2008

ÍNDICE ALFABÉTICO

Este libro se terminó
de imprimir en
Castellar del Vallès, Barcelona,
en el mes de
febrero de 2026.

«Para viajar lejos no hay mejor nave que un libro».

Emily Dickinson

Gracias por leer este libro.

En **penguinlibros.club** encontrarás las mejores recomendaciones de lectura.

Únete a nuestra comunidad y viaja con nosotros.

penguinlibros.club

Penguin Random House Grupo Editorial

penguinlibros